国家出版基金项目
NATIONAL PUBLICATION FOUNDATION

"十四五"时期国家重点出版物出版专项规划项目

密码理论与技术丛书

椭圆曲线离散对数问题

张方国　著

密码科学技术全国重点实验室资助

科学出版社

北　京

内 容 简 介

椭圆曲线密码体制 (ECC) 是当前主流的公钥密码体制, 该体制的安全核心是椭圆曲线离散对数问题 (ECDLP). 本书首先对椭圆曲线离散对数及其相关问题, 以及它们之间的相互关系进行了探讨, 然后主要介绍了椭圆曲线离散对数问题的计算方法, 包括通用的平方根算法及其改进、特殊椭圆曲线离散对数的计算方法、指标计算方法的努力、归约到 NPC 问题的方法和量子算法等, 基本涵盖了 ECDLP 的所有求解算法. 这些算法大都给出了实例验证, 这为读者更好地理解它们提供了帮助.

本书选材丰富, 每种算法的介绍都配有必要的预备知识, 这使得本书能自成体系. 本书可作为密码学及相关学科的研究人员和研究生的参考书.

图书在版编目 (CIP) 数据

椭圆曲线离散对数问题/张方国著. —北京: 科学出版社, 2023.9
（密码理论与技术丛书）
国家出版基金项目 "十四五" 时期国家重点出版物出版专项规划项目
ISBN 978-7-03-076276-4

I. ①椭… II. ①张… III. ①椭圆曲线-密码-研究 IV. ①O187.1

中国国家版本馆 CIP 数据核字（2023）第 167213 号

责任编辑: 李静科 范培培 / 责任校对: 彭珍珍
责任印制: 赵 博 / 封面设计: 无极书装

科学出版社 出版
北京东黄城根北街 16 号
邮政编码: 100717
http://www.sciencep.com
北京富资园科技发展有限公司印刷
科学出版社发行 各地新华书店经销
*
2023 年 9 月第 一 版 开本: 720 × 1000 1/16
2024 年 4 月第二次印刷 印张: 16 1/2
字数: 324 000
定价: 98.00 元
(如有印装质量问题, 我社负责调换)

"密码理论与技术丛书"序

随着全球进入信息化时代, 信息技术的飞速发展与广泛应用, 物理世界和信息世界越来越紧密地交织在一起, 不断引发新的网络与信息安全问题, 这些安全问题直接关乎国家安全、经济发展、社会稳定和个人隐私. 密码技术寻找到了前所未有的用武之地, 成为解决网络与信息安全问题最成熟、最可靠、最有效的核心技术手段, 可提供机密性、完整性、不可否认性、可用性和可控性等一系列重要安全服务, 实现数据加密、身份鉴别、访问控制、授权管理和责任认定等一系列重要安全机制.

与此同时, 随着数字经济、信息化的深入推进, 网络空间对抗日趋激烈, 新兴信息技术的快速发展和应用也促进了密码技术的不断创新. 一方面, 量子计算等新型计算技术的快速发展给传统密码技术带来了严重的安全挑战, 促进了抗量子密码技术等前沿密码技术的创新发展. 另一方面, 大数据、云计算、移动通信、区块链、物联网、人工智能等新应用层出不穷、方兴未艾, 提出了更多更新的密码应用需求, 催生了大量的新型密码技术.

为了进一步推动我国密码理论与技术创新发展和进步, 促进密码理论与技术高水平创新人才培养, 展现密码理论与技术最新创新研究成果, 科学出版社推出了"密码理论与技术丛书", 该丛书覆盖密码学科基础、密码理论、密码技术和密码应用等四个层面的内容.

"密码理论与技术丛书"坚持"成熟一本, 出版一本"的基本原则, 希望每一本都能成为经典范本. 近五年拟出版的内容既包括同态密码、属性密码、格密码、区块链密码、可搜索密码等前沿密码技术, 也包括密钥管理、安全认证、侧信道攻击与防御等实用密码技术, 同时还包括安全多方计算、密码函数、非线性序列等经典密码理论. 该丛书既注重密码基础理论研究, 又强调密码前沿技术应用; 既对已有密码理论与技术进行系统论述, 又紧密跟踪世界前沿密码理论与技术, 并科学设想未来发展前景.

"密码理论与技术丛书"以学术著作为主, 具有体系完备、论证科学、特色鲜明、学术价值高等特点, 可作为从事网络空间安全、信息安全、密码学、计算机、通信以及数学等专业的科技人员、博士研究生和硕士研究生的参考书, 也可供高等院校相关专业的师生参考.

冯登国

2022 年 11 月 8 日于北京

前　　言

椭圆曲线密码体制 (ECC) 是当前主流的公钥密码体制. 与其他公钥密码体制 (如 RSA) 相比, 在同等安全级别下, ECC 具有参数选取灵活、处理速度快、存储空间小等优势. 从居民身份证到数字货币, 从电子商务到电子政务, ECC 在信息安全领域具有广泛的应用. 基于椭圆曲线上的双线性映射, 如 Weil 对或 Tate 对, 可以设计基于双线性对的密码体制, 如基于身份的加密方案、三方一轮的密钥协商方案以及各种各样的签名方案等. 基于双线性对的密码体制一度成为密码学研究领域的一个热点. 不管是传统的椭圆曲线密码体制还是基于双线性对的密码体制, 椭圆曲线离散对数问题 (ECDLP) 是它们的安全核心. ECDLP 经历了三十多年的研究, 目前除了对一些特殊椭圆曲线具有有效算法外, 一般随机椭圆曲线上的 ECDLP 还没有发现优于平方根算法的求解方法. 可以说除了量子计算机是 ECC 的潜在致命威胁外, 还没有发现 ECC 的安全缺陷. 随着 ECC (包括双线性对密码) 的应用越发广泛, ECDLP 越发被关注, 但目前为止, ECDLP 依然是密码学的一块牢固的基石. 探索 ECDLP 的有效求解算法仍然是密码学, 乃至计算机科学和数学领域的一个重要问题.

本书主要对椭圆曲线离散对数问题及其计算方法进行介绍. 我们首先介绍了椭圆曲线的基本理论知识 (第 2 章) 和基于椭圆曲线的密码体制 (第 3 章), 包括传统的 ECC 和基于双线性对的密码体制. 第 4 章阐述了 ECDLP 及其变形以及与一些相关问题的关系. 在这一章中, 我们首次给出了在一类群上离散对数问题到平方根计算 Diffie-Hellman 问题 (CDHP) 的多项式时间归约算法和我国 SM2 标准中推荐的 256 比特安全级别的椭圆曲线上 ECDLP 与椭圆曲线 Diffie-Hellman 问题 (ECDHP) 等价证明的辅助曲线. 然后重点介绍了 ECDLP 的求解方法, 包括特殊椭圆曲线上的 ECDLP 的计算 (第 5 章)、通用的平方根算法及其改进 (第 6 章)、指标计算算法方面的努力 (第 7 章). 其中在第 6 章中, 利用我们提出的一些改进算法给出了在工作站和天河超级计算机上对 ECC2-131 的求解测试和评估分析. 我们还考虑了将 ECDLP 归约到多项式非确定性完备 (NPC) 问题的方法 (第 8 章). 尽管 NPC 问题不太可能有多项式时间解决算法, 但是当所归约到的 NPC 问题有比平方根算法高效的解决方法时, 这种归约就是有意义的, 或者借助不同的问题形式也可能为 ECDLP 的求解扩展新的解决思路. 最后介绍了 ECDLP 的量子计算算法 (第 9 章). 本书中的算法大都给出实例验证, 对更好地理解这些算法提供了帮助.

本书的选材丰富, 基本涵盖了 ECDLP 的所有求解算法. 每种算法的介绍都配有必要的预备知识, 这使得本书能自成体系.

本书的部分内容曾作为密码学方向研究生教学用书在中山大学使用. 感谢中山大学密码学讨论班的教师和同学们对本书写作的帮助, 他们是教师赵昌安、韦宝典、田海博、杜育松、伍春晖, 博士生陈超、张卓然等. 特别感谢韦宝典老师对本书初稿的勘误和润色. 非常感谢和我一起在 ECDLP 这个研究领域苦斗过的我的几个学生, 他们是王平、颜世骏、刘志杰、关沛冬.

本书的写作得到了国内同行专家的支持和鼓励, 在此一并表示衷心的感谢! 本书的写作得到国家出版基金、密码科学技术全国重点实验室学术专著出版基金、国家自然科学基金 "列表译码技术在密码中的新应用" (No.61972429) 以及广东省基础与应用基础研究重大项目 "抗量子计算攻击的公钥密码体制研究" (No.2019B030302008) 的资助, 特此感谢.

张方国

2022 年 4 月

目　　录

"密码理论与技术丛书" 已出版书目

第 1 章 绪　　论

密码学是保障信息安全的核心工具. 密码学的英文是 Cryptography, 是由古希腊语 κρυπτός (罗马化为 kryptós) "隐藏的" 和 γράφειν (罗马化为 gráphein) "书写" 派生而来的, 是研究如何隐秘地传递信息的学科. 密码学已经有数千年的历史, 从古埃及金字塔中的加密象形文字和中国古代周朝兵书《六韬·龙韬》记载的《阴符》和《阴书》的远古密码, 到近代第二次世界大战时期德军使用的恩尼格玛 (ENGMA) 和日军使用的紫密的电子机械密码, 现在广泛应用的高级加密标准 (AES)、RSA 和椭圆曲线密码体制 (ECC), 以及正在研究中的后 (抗) 量子公钥密码等现代密码体制. 密码学的研究从时间上来分的话, 分为古典密码学和现代密码学. 这种分类的时间分水岭是 1976 年, 因为这一年密码学研究历史上发生了两个非常重要的事件: 公钥密码学的提出和美国数据加密标准 (DES) 的颁布. 这两大事件标志着现代密码学的开始, 密码学的研究从军事和外交走向了公开. Whitfield Diffie 和 Martin Hellman[73] 在 1976 年发表的论文 "New Directions in Cryptography", 标志着公钥密码学的诞生, 这一体制不仅可以用来加密, 还可以用来实现数字签名, 从而实现认证性、完整性以及不可否认性.

信息化和网络化的发展是公钥密码学诞生的历史背景和社会需求. 迅速发展的互联网给人们的生活、工作带来了极大的方便, 人们可以坐在家里通过互联网进行收发电子邮件、视频通话、网上购物、银行转账等活动. 在利用像互联网这样的公开性网络进行通信或商业活动时, 一个非常大的现实问题是如何同不认识的人进行安全的或秘密的通信, 或确认对方发来的信息是否正确. 在公钥密码体制未出现之前, 不借助安全通道或密钥共享来解决这个问题几乎是不可能的. 而有了公钥密码体制, 这个问题就可以很容易解决了. 在公钥密码出现以前的密码体制的主要功能就是加密, 从而确保信息的机密性. 有了公钥密码, 密码不仅具有加密的功能, 还具有了认证的功能. 在今天的信息安全中, 特别是在数字签名、身份认证和密钥管理中, 公钥密码学是必不可少的.

公钥密码体制又称非对称密码或双钥密码体制, 通信的接收方和发送方使用的密钥不同, 而且几乎不可能从加密密钥推导出解密密钥. 公钥密码系统的每个用户 U 选择一对密钥 $(\mathrm{PK}_U, \mathrm{SK}_U)$, 分别称为公钥和私钥, 并构造出自己的加密算法 E_{PK_U} 和解密算法 D_{SK_U}. 每个用户将他的加密密钥和加密算法公开, 可以像电话号码簿一样公开让其他用户来查找, 而解密密钥则由用户自己保密管理. 如

果用户 A 要给用户 B 传送秘密信息 m, A 首先从公开信息上查到 B 的公钥 PK_B, 用 B 的加密算法和公钥对明文 m 加密得密文 $c = E_{\mathrm{PK}_B}(m)$, 并将 c 发送给 B. B 接收到密文 c 后, 用自己的私钥和一个确定的解密算法来恢复明文消息 $m = D_{\mathrm{SK}_B}(c)$. 这就是一般的公钥密码系统的加密、解密过程. 由此可见, 公钥密码系统使得任何一个用户都可用某一用户 U 公开的加密密钥给该用户发送经公开加密算法加密的消息, 用户不必事先分配和保管传统密码系统 (即对称密码系统) 所需的大量密钥. 另外, 如果用户 U 用自己的私钥 SK_U 对消息 m 作用, 作用结果只有借助 U 的公钥 PK_U 才可以验证的话, 则该公钥系统就给用户 U 提供了对消息进行签名和身份认证的功能.

　　Diffie 和 Hellman 在提出公钥密码系统的崭新概念时, 自己还未能解决实现这种系统的具体方法, 但他们的思想很快引发了 RSA 和背包公钥密码系统的诞生. 实际上, 公钥密码体制可以看成是单向陷门函数. 非形式化地讲, 单向函数就是那些容易计算但难于求逆的函数 (关于单向函数的形式化定义和性质, 可以参见 Goldreich 的书 [108] 关于单向函数的描述). 构造公钥加密方案, 仅靠一个单向函数是不够的, 还得需要存在某个陷门使得这个函数能够有效求逆. 如果有这样的单向陷门函数就可以构造公钥加密方案: 单向函数的描述就是公钥, 函数计算就是加密算法; 而陷门就是私钥, 借助陷门有效求逆过程就是解密算法. 所以, 只要构造出单向陷门函数, 就可以构造公钥加密方案. 尽管有很多函数被认为是单向的, 例如整数分解问题、离散对数问题、背包问题等, 但至今还没有一个函数能被严格证明是单向的. 也就是说, 单向函数是否存在至今还没有被证明. 根据计算复杂性理论我们知道, 如果单向函数存在, 那么任何 NP 问题都有零知识证明协议. 然后, 借助 Fiat-Shamir 变换可以将交互式零知识证明转换为非交互式的, 从而可以构造出数字签名方案. 也就是说, 基于任何单向函数都可以构造数字签名方案 (当然效率高低取决于具体函数的性质). 但是, 构造公钥加密方案不只是需要单向函数, 还得是单向陷门函数. 从这一点上说, 数字签名方案比公钥加密方案更容易构造.

　　自从公钥密码的概念被提出以来, 相继出现了许多公钥密码方案. 在不断的研究和实践中, 有些方案被攻破了, 有些方案不太实用. 在四十多年的公钥密码研究中, 我们发现基本上十多年就出现一个研究热点. 在公钥密码学提出的第一个十年 (1976—1986) 的研究中, 主要是基于初等数论的公钥密码学, 集中在整数分解密码体制 (如 RSA, Rabin 等) 和有限域乘法群的离散对数密码体制 (如 Diffie-Hellman 密钥协商协议、ElGamal 加密方案和数字签名方案等). 这两类密码体制成了公钥密码学的第一个研究热点. 尽管在这一时期也有一些其他的非常有趣的方案被提出, 例如 Merkle 和 Hellman [173] 提出的基于背包问题的公钥密码系统、McEliece [166] 提出利用纠错码构造的公钥密码体制等, 但由于这些方案要么被证明不安全了, 要么被认为不实用, 所以在当时并没有形成主流研究方向. 第二个研究热点是 1985 年提出的椭圆曲线密码体制, 这一体制的数学基础比之前的公钥密码体制更高深和丰富些. 由于这种体制与当时存在的一些公钥密码体制 (特别是与当时已经占主导地位的 RSA 体制) 相比, 无论在安全性上还是性能上都有着非常大的优势, 所以该体制一经提出, 就被广泛关注, 甚至成了当前应用最广泛的公钥密码体制. 公钥密码学的第三个研究热点是 2000 年左右开始的基于双线性对的密码体制. 双线性对在密码中的最早应用是 1993 年, Menezes, Okamoto 和 Vanstone[168] 给出的超奇异椭圆曲线离散对数问题的 MOV 攻击. 在 2000 年, 双线性对被发现在密码中有正面的应用——能够用来构造密码体制, 如基于身份的密码体制 (IBE)、三方一轮密钥协商、一些带有特殊性质的签名等, 这使得双线性对密码体制的研究一度成为一个热点, 并持续了十多年. 所取得的研究成果 (特别是发表的文章数量) 在密码学研究领域创造了一个不小的奇迹. 量子计算理论和量子计算机的研究与发展, 对已经广泛应用的 ECC 和 RSA 等公钥密码体制产生了严重的安全威胁. 为抗击量子计算机的挑战, 近十多年来国内外掀起了后量子密码体制的研究热潮. 基于一些 NP 困难问题的后量子公钥密码研究是当前的一个研究热点, 特别是基于格的密码体制、多变量多项式的密码体制、纠错码的密码体制等.

　　密码学是一个理论和实践相结合的学科, 密码体制的研究最终要为实际应用服务. 评价一个公钥密码体制好不好, 有没有使用价值, 除了安全性以外, 还有以下几个因素: 密钥尺寸不能太大; 加、解密的实现比较容易, 用硬件实现电路规模不大, 用软件实现速度较快; 密文没有太大的扩展; 能够方便地产生大量的新密钥; 能够进行数字签名等. 目前, 经典的广泛应用于实际中的只有三种类型的公钥系统是有效的和安全的, 即基于大整数分解的 RSA 公钥密码、基于有限域乘法群上的离散对数问题的数字签名算法 (DSA) 或 ElGamal 加密体制和基于椭圆曲线离散对数的 ECC. 这三类实用的公钥密码体制相比较的话, 最主流的公钥密码体制当属 ECC.

　　椭圆曲线密码体制是由华盛顿大学的 Neal Koblitz[143] 和当时在 IBM 工作的 Victor Miller[174] 于 1985 年相互独立地提出的, 这使得被数学家在数学领域研究了 150 多年的椭圆曲线在密码领域中得以发挥重要作用. 椭圆曲线密码体制的数学基础是有限域上椭圆曲线有理点群中的离散对数问题 (ECDLP) 的计算困难性. 所以说 ECC 属于离散对数密码系统.

　　一般来说, 如果一个群 $\mathbb{G}(\times, 1)$ 满足如下三个性质时, 就可用于构造基于离散对数的密码体制:

　　(1) 群元素可以 (用计算机) 紧致地表示;

　　(2) 群运算可以有效地执行;

(3) 离散对数问题 (给定 $g, h = g^a \in \mathbb{G}$, 计算 a) 是困难的.

有限域的非零元素全体构成一个循环群, 显然这个循环群满足前两个条件. 而这个群的离散对数问题具有亚指数时间算法, 所以选择合适的参数, 可以利用有限域上的乘法群构造密码体制, 例如 ElGamal 加密方案和 DSA 数字签名方案就是利用素域 $\mathbb{F}_p$ 的乘法群来构造的. 从体制上说, ECC 并没有给出任何新的方案, 它只是提供了一个实现传统离散对数密码体制的新的载体, 就是将原来基于有限域的乘法循环子群的密码方案平移到有限域的椭圆曲线群上来, 如 Diffie-Hellman 密钥协商协议变成 ECDH、DSA 变成 ECDSA 等. 由于椭圆曲线所具有的特性, ECC 可以在相同安全级别下使用比其他一些密码体制更短的密钥, 例如在 128 比特的对称密码体制的安全级别下, ECC 只需要 256 比特的密钥, 而 RSA 密码体制则需要 2048 比特的密钥. 所以利用 ECC 不但可以实现高度安全性, 而且在同等安全强度下, 可以只需要较小的开销 (所需的计算量、存储量、带宽、软件和硬件实现的规模等) 和时延 (加密和签名速度高). 因此, ECC 特别适用于计算能力和集成电路空间受限 (如 Smart 卡)、带宽受限 (如无线通信和某些计算机网络)、要求高速实现的情况. 由于 ECC 比其他的公钥体制有着无法替代的优点, 所以 ECC 从一提出就被得到广泛关注. 经过这几十年的研究, ECC 的理论已经比较成熟, 并在实际中得到了广泛应用. 当前流行的公钥密码产品多数是用 ECC 实现的. 以比特币为代表的一些密码货币的实现也是基于 ECC 的. 作为 ECC 的一个推广, Neal Koblitz 在 1989 年提出了超椭圆曲线密码体制 (HCC) [144], 它是基于有限域上超椭圆曲线的 Jacobian 上的离散对数问题, 所以也属于离散对数密码系统. Cantor 的算法 [60] 为实现超椭圆曲线的 Jacobian 中的群运算提供了一个有效的算法. 在同等安全水平下, 超椭圆曲线密码体制所用的基域要比椭圆曲线密码的小, 且可以模拟基于一般乘法群上的如 DSA, ElGamal 等几乎所有协议, 所以对超椭圆曲线密码体制的研究也被大家重视.

椭圆曲线理论的研究本来属于数学领域, 从 20 世纪 80 年代初才开始进入到密码学研究领域. 关于椭圆曲线应用在密码中的一个介绍, 可以参看文献 [7]. 椭圆曲线在密码中的最早应用是荷兰数学家 Hendrik Lenstra 在 1984 年 [153] 提出的利用椭圆曲线性质分解整数的精妙算法. 之后, Shafi Goldwasser 和 Joe Kilian 在 1986 年提出一个利用椭圆曲线做素性检测的想法 [110], 该想法由 Oliver Atkin 在同年转化成一个算法, 后来该算法被许多研究者改进 [19], 变成了现在常用的素性检测算法 ECPP. 1985 年, Koblitz 和 Miller 提出的 ECC 实际上是利用椭圆曲线群代替了有限域上的乘法群, 只是提出了一个实现传统离散对数密码体制的新载体. 真正利用椭圆曲线构造出新的密码体制的是双线性对密码体制. 双线性对具有非常有趣的特性, 利用双线性对可以构造出一些其他数学问题所不能或很难设计的密码方案, 如基于身份的密码体制、形形色色的签名方案等. 基于双线性对的密码体制在工业界已经有了许多应用实例. 随着应用的日趋广泛, 国际上许多标准组织也制定了这一密码体制的一些标准, 如国际标准化组织 (ISO) 在 ISO/IEC 14888-3 中给出了两个利用双线性对设计的基于身份的签名体制的标准, 电气电子工程师学会 (IEEE) 也组织了专门的基于身份的密码体制的工作组 (IEEE P1363.3). 我国也推出了商用密码标准 SM9 基于标识的密码 (IBC) 等.

　　不管是椭圆曲线密码体制还是双线性对密码体制, 如果定义在有限域上的椭圆曲线群的离散对数问题 (ECDLP) 被有效解决了, 那么这两类密码体制都将被攻破! 所以 ECDLP 是 ECC 和双线性对密码体制的安全核心.

　　ECDLP 如何计算? 它到底有多么难? 这就是本书后面章节即将要阐述的内容.

第 2 章　椭　圆　曲　线

2.1　椭圆曲线及其群运算

椭圆曲线就是三次光滑代数平面曲线, 用代数几何的语言说就是亏格为 1 的代数曲线. 椭圆曲线的英文是 "elliptic curve". 经 Heβ 等考证[121], 最早使用 "elliptic curve" 这个词的是苏格兰诗人 James Thomson (1700—1748), 因为他在 1727 年为纪念牛顿写的一首诗 "A Poem Sacred to the Memory of Sir Isaac Newton"①(纪念艾萨克·牛顿爵士的诗歌) 中这样写道: "He, first of men, with awful wing pursu'd the comet through the long **elliptic curve**" (诗歌大意: 他, 是带有可怕的翅膀沿着长长的椭圆曲线追逐彗星的第一人). 说起来牛顿的确与椭圆曲线也有些关联, 因为他在 1707 年证明了在坐标变换下三次曲线有如下标准方程:

$$y^2 = x^3 + ax^2 + bx + c,$$

这就是椭圆曲线方程. 椭圆曲线与椭圆是完全不同的. 椭圆的一般方程是

$$\frac{x^2}{a^2} + \frac{y^2}{b^2} = 1 \quad (a > b > 0),$$

它是一个二次方程, 而椭圆曲线的方程是三次的. G. C. Fagnano (1682—1766) 在计算椭圆的弧长时, 导出一个如下的积分[59]:

$$\int \frac{1}{\sqrt{4x^3 + ax^2 + bx + c}} dx.$$

这个积分称为椭圆积分, 它的逆函数是一个双周期函数, 称为椭圆函数. 椭圆积分中的被积函数里有椭圆曲线方程表达式, 鉴于椭圆与椭圆曲线有这么一个联系, 这也可以当成我们为什么把 $y^2 = x^3 + ax^2 + bx + c$ 叫作 "椭圆" 曲线的一个牵强的理由吧! Gauss, Abel, Jacobi 于 19 世纪 20 年代发现椭圆函数与椭圆积分的联系, 后来被 Riemann (19 世纪 50 年代)、Weierstrass (1863) 和 Poincaré (1901) 进一步明朗化, 从此对椭圆曲线 (早期主要是椭圆积分和椭圆函数) 的研究开始兴起.

下面我们介绍一下椭圆曲线的基本理论知识, 关于椭圆曲线理论的详细介绍可以参看一些经典的椭圆曲线专著, 如 [125], [142], [213], [214] 等.

---

① https://www.poetry.com/poem/20555/a-poem-sacred-to-the-memory-of-sir-isaac-newton.

令 $\mathbb{K}$ 是一个域, $\overline{\mathbb{K}}$ 是 $\mathbb{K}$ 的代数闭域. 定义在域 $\mathbb{K}$ 上的椭圆曲线 E 就是满足下列非奇异的 (或光滑的)Weierstrass 方程的所有点 $(x,y) \in \mathbb{K}^2$ 的集合:

$$E: y^2 + a_1 xy + a_3 y = x^3 + a_2 x^2 + a_4 x + a_6. \tag{2.1}$$

为了方便理解系数的下标, 假定 x 的权重是 2, y 的权重是 3. 为了凑成上式中所有单项式的权重都达到 6, a_i 中的 i 就是该单项式所需补充的权重的大小, 例如 xy 的权重是 5, 它距离总权重 6 近差 1, 所以它的系数就是 a_1. 而常数项就是 $x^0 y^0$ 的系数, $x^0 y^0$ 的权重是 0, 所以把常数项记为 a_6.

所谓非奇异或光滑的是指该 Weierstrass 方程定义的函数没有奇异点 (或奇点), 也就是没有解 $(x,y) \in \overline{\mathbb{K}} \times \overline{\mathbb{K}}$ 同时满足椭圆曲线方程 $y^2 + a_1 xy + a_3 y = x^3 + a_2 x^2 + a_4 x + a_6$ 以及它的两个偏导方程 $2y + a_1 x + a_3 = 0$ 和 $a_1 y - 3x^2 - 2a_2 x - a_4 = 0$.

下面我们推导一下这个方程没有奇异点的充要条件. 为此我们定义

$$
\begin{aligned}
b_2 &= a_1^2 + 4a_2, \\
b_4 &= 2a_4 + a_1 a_3, \\
b_6 &= a_3^2 + 4a_6, \\
b_8 &= a_1^2 a_6 + 4a_2 a_6 - a_1 a_3 a_4 + a_2 a_3^2 - a_4^2.
\end{aligned}
$$

当 $\mathbb{K}$ 的特征不为 2 时, 我们总可以通过 $\frac{1}{2}y$ 替换 $y + \frac{1}{2}(a_1 x + a_3)$, 把原 Weierstrass 方程转换为如下形式:

$$y^2 = 4x^3 + b_2 x^2 + 2b_4 x + b_6. \tag{2.2}$$

显然, (2.1) 是非奇异的当且仅当 (2.2) 是非奇异的. 利用奇异点的定义, 或我们直接借助文献 [142] 中性质 3.5 可以得到:

"$y^2 = 4x^3 + b_2 x^2 + 2b_4 x + b_6$ 是非奇异的当且仅当三次方程 $f(x) = 4x^3 + b_2 x^2 + 2b_4 x + b_6$ 在 $\mathbb{K}$ 上没有重根".

利用三次方程的求根公式可以得到: 三次方程 $f(x) = 4x^3 + b_2 x^2 + 2b_4 x + b_6$ 在 $\mathbb{K}$ 上没有重根的判别条件就是

$$4\left(\frac{24b_4 - b_2^2}{3 \times 4^2}\right)^3 + 27\left(\frac{27 \times 4^2 \times b_6 - 36b_2 b_4 + 2b_2^3}{27 \times 4^3}\right)^2 \neq 0,$$

即 $-b_2^2 b_8 - 8b_4^3 - 27b_6^2 + 9b_2 b_4 b_8 \neq 0$.

所以我们定义 Weierstrass 方程的判别式如下

$$\Delta = -b_2^2 b_8 - 8b_4^3 - 27b_6^2 + 9b_2 b_4 b_8.$$

由上面的讨论我们得到结论: 在特征不为 2 的域上, 方程 (2.1) 是非奇异的当且仅当 $\Delta \neq 0$.

下面我们简要证明一下, 即使当域的特征为 2 时这个结论也是成立的. 假定 $\mathrm{char}(\mathbb{K}) = 2$, $\Delta = b_2^2 b_8 + b_6^2 + b_2 b_4 b_8$, 即

$$\Delta = a_1^6 a_6 + a_1^5 a_3 a_4 + a_1^4 a_2 a_3^2 + a_1^4 a_4^2 + a_3^4 + a_1^3 a_3^3.$$

假定 (x_0, y_0) 是 E 的奇异点, 那么有: $a_1 y_0 + x_0^2 + a_4 = 0$, $a_1 x_0 + a_3 = 0$ 和 $y_0^2 + a_1 x_0 y_0 + a_3 y_0 = x_0^3 + a_2 x_0^2 + a_4 x_0 + a_6$. 所以, 如果 $a_1 = 0$, 则 $\Delta = 0$ 当且仅当 $a_3 = 0$; 若 $a_1 \neq 0$, 则 $x_0 = a_1^{-1} a_3$ 和 $y_0 = a_1^{-3} a_3^2 + a_1^{-1} a_4$. 如果 (x_0, y_0) 是 E 的奇异点, 则需要满足

$$y_0^2 + a_1 x_0 y_0 + a_3 y_0 = x_0^3 + a_2 x_0^2 + a_4 x_0 + a_6,$$

代入 x_0 和 y_0 的值后, 得到

$$(a_1^{-6} a_3^4 + a_1^{-2} a_4^2) + (a_1^{-3} a_3^3 + a_1^{-1} a_3 a_4) + (a_1^{-3} a_3^3 + a_1^{-1} a_3 a_4)$$
$$+ a_1^{-3} a_3^3 + a_1^{-2} a_2 a_3^2 + a_1^{-1} a_3 a_4 + a_6 = 0.$$

上式等式左边恰好就是 $a_1^{-6} \Delta$. 所以 (x_0, y_0) 是 E 的奇异点当且仅当 $\Delta = 0$.

对任意域 $\mathbb{K}$, 我们称 Δ 为椭圆曲线的判别式. 当判别式 Δ 不为 0 时, 方程 E 就定义了一条椭圆曲线. 我们继续定义

$$c_4 = b_2^2 - 24b_4,$$
$$c_6 = -b_2^3 + 36b_2 b_4 - 216b_6.$$

定义 $j = c_4^3 / \Delta$, 称为椭圆曲线 E 的 j-不变量.

对于定义在 $\mathbb{K}$ 上的两条椭圆曲线

$$E: y^2 + a_1 xy + a_3 y = x^3 + a_2 x^2 + a_4 x + a_6$$

和

$$E': y^2 + a_1' xy + a_3' y = x^3 + a_2' x^2 + a_4' x + a_6'.$$

我们说 E 和 E' 是 $\mathbb{K}$-同构的, 如果存在 $r, s, t \in \mathbb{K}$ 和 $u \in \mathbb{K}^*$, 通过仿射变换

$$(x, y) \longleftarrow (u^2 x + r, u^3 y + su^2 x + t)$$

将 E 变换成 E'. 等价地, 如果存在 $r, s, t \in \mathbb{K}$ 和 $u \in \mathbb{K}^*$, 使得

$$
\begin{aligned}
ua_1' &= a_1 + 2s, \\
u^2 a_2' &= a_2 - sa_1 + 3r - s^2, \\
u^3 a_3' &= a_3 + ra_1 + 2t, \\
u^4 a_4' &= a_4 - sa_3 + 2ra_2 - (t + rs)a_1 + 3r^2 - 2st, \\
u^6 a_6' &= a_6 + ra_4 + r^2 a_2 + r^3 - ta_3 - t^2 - rta_1,
\end{aligned}
$$

那么 E 和 E' 是 $\mathbb{K}$-同构的.

不难计算出, 在 $\mathbb{K}$ 上同构的椭圆曲线具有相同的 j-不变量. 实际上, 关于椭圆曲线同构和它们的 j-不变量的关系有下面的定理:

定理 2.1 如果两条椭圆曲线在 $\mathbb{K}$ 上是同构的, 那么它们的 j-不变量相等. 反之, 如果定义在 $\mathbb{K}$ 上的两条椭圆曲线具有相同的 j-不变量, 那么它们在 $\overline{\mathbb{K}}$ 上是同构的.

在讨论椭圆曲线的非奇异性时, 当域的特征不为 2 时, 我们通过有理变换可将 Weierstrass 方程转换为 $y^2 = 4x^3 + b_2 x^2 + 2b_4 x + b_6$. 假定域的特征也不为 3, 我们可以进一步化简. 通过变量替换

$$
(x, y) \to \left(\frac{x - 3b_2}{36}, \frac{y}{108} \right),
$$

椭圆曲线方程就变成了

$$
y^2 = x^3 - 27c_4 x - 54c_6.
$$

一般地, 我们称

$$
y^2 = x^3 + ax + b
$$

为短 Weierstrass 方程. 这时的 $\Delta = -2^4(4a^3 + 27b^2)$, 而 j-不变量为

$$
j = 1728 \frac{4a^3}{4a^3 + 27b^2}.
$$

我们举个例子看一下椭圆曲线在不同域上的样子. 考虑椭圆曲线 $E: y^2 = x^3 + 2x + 8$, 它在实数域和有限域 $\mathbb{F}_{127}$ 上的图像如图 2.1 所示.

定义在 $\mathbb{K}$ 上的椭圆曲线方程 $E: y^2 + a_1 xy + a_3 y = x^3 + a_2 x^2 + a_4 x + a_6$ 的全体解和一个特殊点 $\mathcal{O}$ (称为无穷远点) 可以定义一个群运算, 这个群运算是利用著名的切割线法则来定义的. 切割线法则是 Jacobi 在 1835 年首次建议使用的 (见 [125] 的引言中的介绍). E 上的任何两个不同的点 P 和 Q 在平面上可以确定一条直线 l_{PQ}. 该直线与曲线的三次方程必有 3 个交点, 我们假定第三个交点

是 $-R$. 经过 $-R$ 点的 x 坐标轴的垂线与曲线的交点就定义为 $P+Q$. 当定义点 P 加它自身时, 我们取曲线在 P 点的切线, 如果该切线与曲线的交点是 $-R$. 经过 $-R$ 点的 x 坐标轴的垂线与曲线的交点就定义为 $P+P=2P$. 当曲线是形如 $y^2 = x^3 + ax + b$ 时, 上面的几何描述如图 2.2 所示.

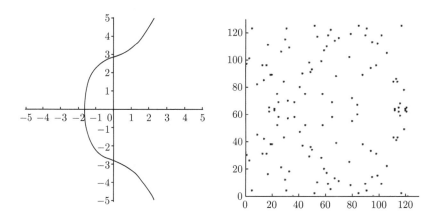

图 2.1 椭圆曲线图像

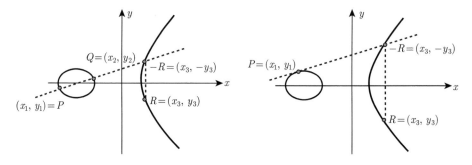

图 2.2 切割线法则

当这条切线是垂线时, 该切线不会与曲线相交, 但我们可以想象 (或假定) 它们在无穷远处相交, 这个交点就是无穷远点 $\mathcal{O}$.

我们称这个群运算为椭圆曲线加法运算, 上面的几何描述的群运算法则可以用代数公式描述出来[214]:

定理 2.2 (椭圆曲线群运算法则) 令 E 是由 Weierstrass 方程

$$E: y^2 + a_1 xy + a_3 y = x^3 + a_2 x^2 + a_4 x + a_6$$

定义的一条椭圆曲线. 假定 $P_1 = (x_1, y_1)$ 和 $P_2 = (x_2, y_2)$ 是椭圆曲线 E 上的两个点, $\mathcal{O}$ 是无穷远点, 则

(1) $-P_1 = (x_1, -y_1 - a_1 x_0 - a_3)$.

(2) 如果 $x_1 = x_2$ 且 $y_1 + y_2 + a_1 x_2 + a_3 = 0$, 则 $P_1 + P_2 = \mathcal{O}$.

(3) 如果 $x_1 \neq x_2$, 则 $P_3 = (x_3, y_3) = P_1 + P_2$,

$$x_3 = \lambda^2 + a_1\lambda - a_2 - x_1 - x_2,$$
$$y_3 = -(\lambda + a_1)x_3 - \nu - a_3,$$

这里 $\lambda = \dfrac{y_2 - y_1}{x_2 - x_1}$, $\nu = \dfrac{y_1 x_2 - y_2 x_1}{x_2 - x_1}$.

(4) 如果 $P_1 = P_2$, 则 $2P_1 = (x_3, y_3)$,

$$x_3 = \lambda^2 + a_1\lambda - a_2 - 2x_1 = \frac{x_1^4 - b_4 x_1^2 - 2b_6 x_1 - b_8}{4x_1^3 + b_2 x_1^2 + 2b_4 x_1 + b_6},$$
$$y_3 = -(\lambda + a_1)x_3 - \nu - a_3,$$

这里 $\lambda = \dfrac{3x_1^2 + 2a_2 x_1 + a_4 - a_1 y_1}{2y_1 + a_1 x_1 + a_3}$, $\nu = \dfrac{-x_1^3 + a_4 x_1 + 2a_6 - a_3 y_1}{2y_1 + a_1 x_1 + a_3}$.

容易验证, 对于椭圆曲线上的有理点和无穷远点 $\mathcal{O}$ 组成的集合, 以及该集合上定义的二元加法运算, 构成一个交换 (或 Abel) 群. 单位元是 $\mathcal{O}$, 群元素的封闭性、逆元 (负点运算) 和交换性是显然满足的, 关于结合律成立的证明有很多书都给出介绍, 如 [142], [214] 等, 这里我们就不证明了. 椭圆曲线本来是一个几何研究对象, 引入了交换群的结构后就可以借助代数的工具来研究这个几何对象, 所以椭圆曲线是代数几何中的一个重要研究内容.

在很多情况下我们会考虑椭圆曲线的射影坐标. 射影平面 (或二维射影空间) $\mathbf{P}^2(\mathbb{K})$ 是包含所有形如 (X, Y, Z) 的且不全为 0 的三元组, 并具有性质: 对任意 $\mathbb{K}$ 中非零元素 λ, 有 $(X, Y, Z) = (\lambda X, \lambda Y, \lambda Z)$. 如果 $(X, Y, Z) \in \mathbf{P}^2(\mathbb{K})$, 且 $Z \neq 0$, 则 $(X, Y, Z) = (X/Z, Y/Z, 1)$. 这样的点称为射影平面 $\mathbf{P}^2(\mathbb{K})$ 中的有限点. 而点 $(X, Y, 0)$ 称为射影平面 $\mathbf{P}^2(\mathbb{K})$ 的无穷远点.

射影平面 $\mathbf{P}^2(\mathbb{K})$ 上的椭圆曲线 Weierstrass 方程为

$$Y^2 Z + a_1 XYZ + a_3 YZ^2 = X^3 + a_2 X^2 Z + a_4 X Z^2 + a_6 Z^3.$$

点 $(0, 1, 0) \in \mathbf{P}^2(\mathbb{K})$ 且满足椭圆曲线的射影方程, 我们把点 $(0, 1, 0)$ 记为椭圆曲线在射影坐标下的无穷远点. 仿射空间上的椭圆曲线群运算也可以在射影空间上定义, 在射影坐标下实现的群运算较之于仿射坐标的一个优势就是不需要除法运算.

定义在特征不为 2 和 3 的域 $\mathbb{K}$ 上的方程

$$E: y^2 = x^3 + ax + b$$

满足 $4a^3 + 27b^2 \neq 0$ 时定义了 $\mathbb{K}$ 上一条椭圆曲线. 方程的所有解 $(x,y) \in \mathbb{K}^2$ 和一个额外的无穷远点 $\mathcal{O}$ 所构成的集合 $E(\mathbb{K})$ 在切割线法则定义的运算下构成一个交换群. 具体的点加公式为: 设 $P_1 = (x_1, y_1) \in E(\mathbb{K})$ 和 $P_2 = (x_2, y_2) \in E(\mathbb{K})$ 为两个满足 $x_1 \neq x_2$ 的点. 则 $P_1 + P_2 = (x_3, y_3)$, 其中

$$x_3 = \lambda^2 - x_1 - x_2,$$

$$y_3 = \lambda(x_1 - x_3) - y_1,$$

$$\lambda = \frac{y_2 - y_1}{x_2 - x_1}.$$

具体的倍点公式为: 设点 $P_1 = (x_1, y_1) \in E(\mathbb{K})$ 满足 $y_1 \neq 0$ (如果 $y_1 = 0$, 则 $P_1 = -P_1$, 且 $2P_1 = \mathcal{O}$). 则 $2P_1 = (x_3, y_3)$, 其中

$$x_3 = \lambda^2 - 2x_1,$$

$$y_3 = \lambda(x_1 - x_3) - y_1,$$

$$\lambda = \frac{3x_1^2 + a}{2y_1}.$$

上面的群运算公式在标准射影坐标下表示如下[2,20]: 假设 $P_1 = (X_1, Y_1, Z_1)$, $P_2 = (X_2, Y_2, Z_2)$, 则和 $P_1 + P_2 = (X_3, Y_3, Z_3)$ 的计算公式如下

$$\lambda_1 = X_1 Z_2^2, \quad \lambda_2 = X_2 Z_1^2, \quad \lambda_3 = \lambda_1 - \lambda_2, \quad \lambda_4 = Y_1 Z_2^3,$$

$$\lambda_5 = Y_2 Z_1^3, \quad \lambda_6 = \lambda_4 - \lambda_5, \quad \lambda_7 = \lambda_1 + \lambda_2, \quad \lambda_8 = \lambda_4 + \lambda_5,$$

$$Z_3 = Z_1 Z_2 \lambda_3, \quad X_3 = \lambda_6^2 - \lambda_7 \lambda_3^2, \quad \lambda_9 = \lambda_7 \lambda_3^2 - 2X_3, \quad Y_3 = (\lambda_9 \lambda_6 - \lambda_8 \lambda_3^3)/2.$$

假设 $P_1 = (X_1, Y_1, Z_1)$, 则其倍点 $2P_1 = (X_3, Y_3, Z_3)$ 的计算公式如下

$$\lambda_1 = 3X_1^2 + aZ_1^4, \quad Z_3 = 2Y_1 Z_1, \quad \lambda_2 = 4X_1 Y_1^2,$$

$$X_3 = \lambda_1^2 - 2\lambda_2, \quad \lambda_3 = 8Y_1^4, \quad Y_3 = \lambda_1(\lambda_2 - X_3) - \lambda_3.$$

以上对于定义在特征不为 2 和 3 的域 $\mathbb{K}$ 上的短 Weierstrass 方程的椭圆曲线群运算的计算量为: 点加在仿射坐标下是 $1\mathcal{I} + 1\mathcal{S} + 2\mathcal{M}$, 在标准射影坐标下是 $2\mathcal{S} + 12\mathcal{M}$; 倍点在仿射坐标下是 $1\mathcal{I} + 2\mathcal{S} + 2\mathcal{M}$, 在标准射影坐标下是 $5\mathcal{S} + 7\mathcal{M}$. 这里 $\mathcal{M}, \mathcal{S}, \mathcal{I}$ 分别记为域 $\mathbb{K}$ 上的一次乘法、一次平方和一次逆运算.

射影坐标除了上面提到的标准射影坐标外, 还有很多其他形式, 如 Jacobian 射影坐标、Chudnovsky Jacobian 射影坐标、混合 Jacobian 射影坐标等. 椭圆曲

线的群运算在不同的坐标形式下计算成本也会不同. 关于这些射影坐标形式的定义, 以及椭圆曲线在这些射影坐标下的群运算公式, 可以参看文献 [20] 第 13.2 节的介绍.

2.2 椭圆曲线的其他方程形式及其运算

椭圆曲线除了我们常用的 Weierstrass 方程形式外, 还有一些其他的表现形式. 这一节我们介绍一下这些形式以及它们与 Weierstrass 方程的关系和它们的群运算公式.

2.2.1 三次方程 (Hessian 曲线)

当域 $\mathbb{K}$ 的特征不为 2 和 3 时, Hessian 形式的椭圆曲线定义为[62]

$$H_d : x^3 + y^3 = 1 - dxy,$$

这里 $d \in \mathbb{K}$, 且 $d^3 \neq 1$. 通过双有理变换 $Y = -y^3$, $X = -xy$, 我们得到 $X^3/Y - Y = 1 + 3dX$, 即

$$E_{3d} : Y^2 + 3dXY + Y = X^3.$$

可看出这只是一种特殊的 Weierstrass 方程 (形如 E_{3d} 的椭圆曲线也称为 Deuring 形式曲线, (0,0) 是它上面的 3 阶点).

Hessian 形式的椭圆曲线上的群运算定义如下: 单位元是无穷远点, 点 (x, y) 的逆元是 (y, x). 点 (x_1, y_1) 和 (x_2, y_2) 的加法公式是

$$(x_3, y_3) = \left(\frac{y_1^2 x_2 - y_2^2 x_1}{x_2 y_2 - x_1 y_1}, \frac{x_1^2 y_2 - x_2^2 y_1}{x_2 y_2 - x_1 y_1} \right),$$

倍点公式是

$$2(x_1, y_1) = \left(\frac{y_1(1 - x_1^3)}{x_1^3 - y_1^3}, \frac{x_1(1 - y_1^3)}{x_1^3 - y_1^3} \right).$$

广义的 Hessian 形式的椭圆曲线定义为[62]

$$H_{c,d} : x^3 + y^3 + c = dxy.$$

当 $d = 0$ 时, 曲线

$$x^3 + y^3 = c$$

称为 Selmer 曲线 (或扭 Fermat 曲线).

2.2.2 四次方程

考虑特征不为 2 的域 $\mathbb{K}$ 上的四次方程

$$v^2 = au^4 + bu^3 + cu^2 + du + q^2,$$

这里 $a, b, c, d, q \in \mathbb{K}$. 令

$$x = \frac{2q(v+q) + du}{u^2}, \quad y = \frac{4q^2(v+q) + 2q(du + cu^2) - d^2u^2/2q}{u^3},$$

定义

$$a_1 = d/q, \quad a_2 = c - d^2/4q^2, \quad a_3 = 2qb, \quad a_4 = -4q^2a, \quad a_6 = a_2a_4,$$

则有

$$y^2 + a_1xy + a_3y = x^3 + a_2x^2 + a_4x + a_6.$$

逆变换定义为

$$u = \frac{2q(x+c) - d^2/2q}{y}, \quad v = -q + \frac{u(ux - d)}{2q}.$$

四次方程形式的椭圆曲线上的单位元定义为 $(0, q)$. 关于四次方程形式的椭圆曲线的详细讨论可以参见 [232].

Jacobi 四次曲线

$$y^2 = dx^4 + 2ax^2 + 1$$

是特殊的四次椭圆曲线方程. 我们利用 2003 年 Billet 和 Joye [45] 的工作给出这类椭圆曲线的群运算公式. Jacobi 四次曲线上两个点 (x_1, y_1) 和 (x_2, y_2) 的和 (x_3, y_3) 的公式是

$$x_3 = \frac{x_1y_2 + y_1x_2}{1 - dx_1^2x_2^2},$$

$$y_3 = \frac{(y_1y_2 + 2ax_1x_2)(1 + dx_1^2x_2^2) + 2dx_1x_2(x_1^2 + x_2^2)}{(1 - dx_1^2x_2^2)^2}.$$

2.2.3 二次曲面的交

三维空间中两个二次曲面的交 [232] 一般也是一条椭圆曲线. 假定域 $\mathbb{K}$ 的特征不为 2, a, b, c, d, e, f 是域 $\mathbb{K}$ 中不为 0 的元素, 考虑如下形式的方程对

$$au^2 + bv^2 = e, \quad cu^2 + dw^2 = f.$$

每个二次方程都可以看成是 uvw-空间中的一个曲面, 这两个曲面相交于一条曲线, 假定为 C. 假定 $P = (u_0, v_0)$ 是 C 上一个点, 利用

$$u = u_0 + t, \quad v = v_0 + mt,$$

参数化曲面 $au^2 + bv^2 = e$ 的解, 得到

$$a(2u_0 t + t^2) + b(2v_0 mt + m^2 t^2) = 0.$$

求解 t 得到

$$t = -\frac{2au_0 + 2bv_0 m}{a + bm^2}.$$

所以

$$u = u_0 - \frac{2au_0 + 2bv_0 m}{a + bm^2}, \quad v = v_0 - \frac{2au_0 m + 2bv_0 m^2}{a + bm^2}.$$

将 u 代入第二个曲面方程得到

$$dw^2 = f - c\left(u_0 - \frac{2au_0 + 2bv_0 m}{a + bm^2}\right)^2.$$

上式也可以写成如下形式:

$$d(w(a + bm^2))^2 = (b^2 f - cb^2 u_0^2)m^4 + 4cb^2 u_0 v_0 m^3$$
$$+ (2abf + 2abcu_0^2 - 4cb^2 v_0^2)m^2 - 4abcu_0 v_0 m + (a^2 f - a^2 cu_0^2).$$

令 $y = \sqrt{d}w(a + bm^2)$, $x = m$, 则 x, y 满足形式如下的四次方程

$$y^2 = f_4 x^4 + f_3 x^3 + f_2 x^2 + f_1 x + f_0.$$

根据上一节的讨论, 这个四次方程是双有理等价于一个 Weierstrass 方程的.

Jacobi 交是一种特殊的二次曲面交形式下的椭圆曲线, 由下面两个定义在域 $\mathbb{K}$ 上的二次曲面相交得到

$$u^2 + v^2 = 1, \quad au^2 + w^2 = 1.$$

D. V. Chudnovsky 和 G. V. Chudnovsky [67] 考虑了上面的二次曲面的交, 并给出了一个群运算的点加公式: 给定 Jacobi 交上的两个点 (u_1, v_1, w_1) 和 (u_2, v_2, w_2), 可以用如下公式计算它们的和

$$u_3 = \frac{u_1 v_2 w_2 + u_2 v_1 w_1}{v_2^2 + (w_1 u_2)^2},$$

$$v_3 = \frac{v_1 v_2 - u_1 w_1 u_2 w_2}{v_2^2 + (w_1 u_2)^2},$$

$$w_3 = \frac{w_1 w_2 - a u_1 v_1 u_2 v_2}{v_2^2 + (w_1 u_2)^2}.$$

Liardet 和 Smart [157] 在 2001 年给出了 Jacobi 交的群运算的倍点公式, 并将 Jacobi 交应用在抗击简单能量攻击 (SPA) 或差分能量攻击 (DPA) 型的侧信道攻击中.

2.2.4　Huff 曲线

Huff 曲线模型最早是由 Huff 在 1948 年求解一类丢番图方程时使用的, 后来 Joye 等 [139] 重新研究了这一曲线形式及其群运算公式, 并将其引入到密码中. 定义在特征不为 2 的域 $\mathbb{K}$ 上的 Huff 曲线方程 [139] 为

$$E_{\mu,\nu}: \mu x(y^2 - 1) = \nu y(x^2 - 1),$$

其中, $\mu, \nu \in \mathbb{K}^*$ 且 $\mu^2 \neq \nu^2$. $E_{\mu,\nu}$ 上有单位元点 $(0,0)$. 曲线 $E_{\mu,\nu}$ 还可以被简化为

$$H_c: cx(y^2 - 1) = y(x^2 - 1),$$

其中 $c = \mu/\nu$, 对应的仿射坐标并没有发生变化. Wu 和 Feng [237] 提出了 Huff 曲线的更一般的方程形式

$$H_{a,b}: x(ay^2 - 1) = y(bx^2 - 1). \tag{2.3}$$

如果 $a = \mu^2$, $b = \nu^2$ 为 $\mathbb{K}$ 上的平方数, 那么 $H_{a,b}$ 通过 $x' = \nu x$ 和 $y' = \mu y$ 转化, $\mathbb{K}$-同构于 Huff 曲线 $\mu x'(y'^2 - 1) = \nu y'(x'^2 - 1)$.

一般的 Huff 曲线 $H_{a,b}$ 上的两个点 (x_1, y_1) 和 (x_2, y_2) 的和公式为

$$(x_3, y_3) = \left(\frac{(x_1 + x_2)(1 + ay_1 y_2)}{(1 + bx_1 x_2)(1 - ay_1 y_2)}, \frac{(y_1 + y_2)(1 + bx_1 x_2)}{(1 - bx_1 x_2)(1 + ay_1 y_2)} \right). \tag{2.4}$$

当点 (x_1, y_1) 和 (x_2, y_2) 在 Huff 曲线 H_c 上时, 加法公式为

$$(x_3, y_3) = \left(\frac{(x_1 + x_2)(1 + y_1 y_2)}{(1 + x_1 x_2)(1 - y_1 y_2)}, \frac{(y_1 + y_2)(1 + x_1 x_2)}{(1 - x_1 x_2)(1 + y_1 y_2)} \right). \tag{2.5}$$

Huff 曲线 $H_{a,b}$ 可以通过下面的双有理变换

$$(x, y) \to \left(\frac{bx - ay}{y - x}, \frac{b - a}{y - x} \right)$$

转换成 Weierstrass 方程形式 $y^2 = x^3 + (a + b)x^2 + abx$. 逆变换是

$$(x, y) \to \left(\frac{x + a}{y}, \frac{x + b}{y} \right).$$

2.2.5 Edwards 曲线

2007 年, Edwards 在文献 [76] 中提出一种新的椭圆曲线规范模型并给出了非特征 2 域上的加法公式. 同年, Bernstein 和 Lange [41] 把 Edwards 曲线引入到密码领域, 并给出了它上面的快速点加和倍点公式. Edwards 证明了在特征不为 2 的域上的椭圆曲线都可以转化为形如 $x^2 + y^2 = c^2(1 + x^2 y^2)$ 的形式. 这里需要注意, 有些椭圆曲线需要域的扩张才能变换, 而有些椭圆曲线在原来的域上就可以变换. Bernstein 和 Lange 建议考虑域 $\mathbb{K}$ 上更一般的 Edwards 曲线形式:

$$x^2 + y^2 = c^2(1 + dx^2 y^2),$$

其中 $c, d \in \mathbb{K}$, $c \neq 0, d \neq 0$, 且 $dc^4 \neq 1$. 这时椭圆曲线群的单位元是 $(0, c)$, 点 (x, y) 的逆元是 $(-x, y)$. 点 (x_1, y_1) 和 (x_2, y_2) 的加法公式是

$$(x_3, y_3) = \left(\frac{x_1 y_2 + y_1 x_2}{c(1 + dx_1 y_1 x_2 y_2)}, \frac{y_1 y_2 - x_1 x_2}{c(1 - dx_1 y_1 x_2 y_2)} \right).$$

经常也会考虑 $c = 1$ 的情形, 即

$$x^2 + y^2 = 1 + dx^2 y^2.$$

此时的加法运算的代价是 $10\mathcal{M} + 1\mathcal{S} + 1D$, 这里 D 记为用曲线常数乘.

例如在密码中常用的 Curve25519 曲线, 即定义在有限域 $\mathbb{F}_{2^{255}-19}$ 上的曲线

$$v^2 = u^3 + 486662 u^2 + u,$$

在很多情况下会考虑用它的 Edwards 形式 (如在 EdDSA 的快速实现时[40])

$$x^2 + y^2 = 1 + \frac{121665}{121666} x^2 y^2,$$

它们之间的双有理等价变换是

$$x = \sqrt{486664}\frac{u}{v}, \quad y = \frac{u-1}{u+1}.$$

作为 Edwards 曲线推广, Bernstein 等在 [37] 中还引入了扭 Edwards 曲线:

$$ax^2 + y^2 = 1 + dx^2 y^2.$$

关于特征为 2 的域上的 Edwards 曲线的讨论可以参见 Bernstein, Lange 和 Farashahi 在文献 [42] 给出的结果.

除了上面讨论的几种形式外, 椭圆曲线还有一些特殊的形式, 或特殊的椭圆曲线, 例如 Legendre 方程:

$$y^2 = x(x-1)(x-\lambda), \quad \lambda \in \mathbb{K}, \quad \lambda \neq 0, 1;$$

Montgomery 曲线:

$$By^2 = x^3 + Ax^2 + x;$$

等等.

我们讨论的这些椭圆曲线的不同形式的方程, 有的是一些特殊的椭圆曲线形式, 不是所有椭圆曲线都能等价表示成这个形式, 只是满足某些特定条件的椭圆曲线具有这种形式, 例如 Hessian 曲线 (要求有 3 阶点)、Huff 曲线 (要求有 2 阶点) 等. 有的在定义域上与 Weierstrass 方程是完全等价的, 例如四次方程、二次曲面的交等. 有的需要在扩域上才可以转成等价形式, 例如 Edwards 曲线, 具体地, 设 E 是 $\mathbb{K}$ 上的椭圆曲线, 如果群 $E(\mathbb{K})$ 含有一个 4 阶点, 则可以在定义域上等价转换成一个 Edwards 曲线的形式. 如果没有 4 阶点, 我们可以构造一个 $\mathbb{K}$ 的扩域 $\mathbb{K}'$, 使得群 $E(\mathbb{K}')$ 含有一个阶为 4 的点, 这样在扩域上可以转换成等价的 Edwards 曲线的形式. 这些不同形式的椭圆曲线在密码中具有各自的优势, 有的在快速实现 (如椭圆曲线密码体制的标量乘、双线性对计算或同源计算等) 中有用处, 有的在安全性方面有优势.

在前面讨论不同方程形式的椭圆曲线的群运算时可以看到, 有的点加公式和倍点公式是不一样的 (如短 Weierstrass 方程), 但有的点加公式同样可以适用于倍点公式, 我们称那些同时适用于点加和倍点的加法公式为一致点加公式或统一公式. 从上面的各种不同曲线以及它们的群运算公式看出, Hessian 曲线、Jacobi 四次曲线、Jacobi 交、Edwards 曲线、Huff 曲线等的点加公式是一致的. 侧信道攻击中有一种通过测试算法所消耗的能量进行攻击的方法, 称为能量攻击, 如 SPA, DPA 等. 这种攻击方法能利用椭圆曲线上点加和倍点公式所消耗能量的不同从而分析出用户的私钥. 一致性公式是一种抵抗该攻击的有效方法.

椭圆曲线的不同表现形式有时还是出于群运算的完备性考虑. 群运算的完备性是指群运算公式适用于所有的群元素. 如果群运算公式是完备的, 则在编程实现 ECC 密码算法时没有例外的点加情况需要说明, 这对提高算法效率是有帮助的. 例如短 Weierstrass 方程形式的椭圆曲线群运算公式是不适用于无穷远点的, 所以这个群运算公式不是完备的. Huff 曲线或 Edwards 曲线上定义的群运算适用于所有有理点, 从而它们是完备的. 关于椭圆曲线的各种形式的一致性公式以及公式的完备性讨论可看这方面的综述文献 [247].

2.3 有理数域上的椭圆曲线

2.3.1 Mordell 定理

当我们考虑的椭圆曲线的定义域是有理数域 $\mathbb{Q}$ 时, 则曲线方程为

$$E: y^2 = x^3 + ax + b,$$

这里 $a, b \in \mathbb{Q}$, 且满足 $4a^3 + 27b^2 \neq 0$. 方程的所有解 $(x, y) \in \mathbb{K} \times \mathbb{K}$ 和一个额外的无穷远点 $\mathcal{O}$ 所构成的集合 $E(\mathbb{Q})$ 在切割线法则下构成一个群. 1921 年, Louis Mordell 证明了定义在有理数域上的椭圆曲线的全体有理点构成的群 $E(\mathbb{Q})$ 是有限生成的, 具体地有

$$E(\mathbb{Q}) \approx \mathbb{Z}^r \oplus E_{\text{tors}}(\mathbb{Q}).$$

这就是著名的 Mordell 定理. 这里 r 是一个非负整数, 称为椭圆曲线 E 在 $\mathbb{Q}$ 上的秩 (rank), $E_{\text{tors}}(\mathbb{Q})$ 是 E 在 $\mathbb{Q}$ 上所有有限阶点的全体, 称为 E 的挠子群.

Weil 推广了 Mordell 定理, 将有理数域推广到 $\mathbb{Q}$ 任意有限生成数域 $\mathbb{K}$, 即 Mordell-Weil 定理:

定理 2.3 (Mordell-Weil 定理) 如果 $\mathbb{K}$ 是一个有限生成域, E 是定义在 $\mathbb{K}$ 上的椭圆曲线, 则群 $E(\mathbb{K})$ 是有限生成的. $E(\mathbb{K})$ 具有如下形式

$$\mathbb{Z}^r \oplus E_{\text{tors}}(\mathbb{K}),$$

这里 $E_{\text{tors}}(\mathbb{K})$ 是有限的, $\mathbb{Z}$ 记为无限循环群.

2.3.2 标准高度

我们首先定义一个有理数的高度. 令 $x = \dfrac{m}{n}$ 是一个最简形式的有理数, 我们定义 x 的高度 $H(x)$ 为它的分子和分母的绝对值的最大值, 即

$$H(x) = H\left(\frac{m}{n}\right) = \max\{|m|, |n|\}.$$

关于有理数的高度, 不难证明有如下的事实: 高度小于某个固定的数的有理数集合是有限的.

对于定义在有理数域 $\mathbb{Q}$ 上的椭圆曲线

$$E: y^2 = x^3 + ax + b$$

上的任意一个有理点 $P = (x, y)$, 我们可以定义 P 的高度为它的 x 坐标的高度, 即

$$H(P) = H(x).$$

有时候我们用小写 h 来标记高度的对数, 即 $h(P) = \log H(P)$. 所以 $h(P)$ 永远是一个非负实数.

对于 $E(\mathbb{Q})$ 中的无穷远点 $\mathcal{O}$, 我们定义 $H(\mathcal{O}) = 1$, 等价地, 有 $h(\mathcal{O}) = 0$. 所以, 高度 h 实际上是定义了 $E(\mathbb{Q})$ 到 $[0, +\infty)$ 的一个函数. 这个高度函数满足下列性质[213]:

(1) 对每一个实数 M, 下面的集合是有限的

$$\{P \in E(\mathbb{Q}) : h(P) \leqslant M\}.$$

(2) 令 P_0 是 $E(\mathbb{Q})$ 的一个固定点, 则存在一个与 P_0 和 a, b 相关的常数 k_0, 使得对所有 $P \in E(\mathbb{Q})$, 都有

$$h(P + P_0) \leqslant 2h(P) + k_0.$$

(3) 存在一个与 a, b 相关的常数 k, 使得对所有 $P \in E(\mathbb{Q})$, 都有

$$h(2P) \geqslant 4h(P) - k.$$

定义

$$\hat{h}(P) = \frac{1}{2} \lim_{n \to \infty} \frac{h(2^n P)}{2^{2n}}$$

为点 P 的标准 (canonical) 高度或 Neron-Tate 高度. 从标准高度的定义不难验证它具有下列性质:

(1) **幂次规则**: 对所有 $P \in E(\mathbb{Q})$ 和 $n \in \mathbb{Z}$, 都有

$$\hat{h}(nP) = n^2 \hat{h}(P).$$

(2) **加性规则**: 对所有 $P, Q \in E(\mathbb{Q})$, 有

$$\hat{h}(P + Q) = 2\hat{h}(P) + 2\hat{h}(Q).$$

(3) **正规化**: 令 $|P|_2$ 表示 $E(\mathbb{Q})$ 中元素 P 的二进制字符串表示的长度, 则存在常数 $c_1 > 0$ 和 $c_2 > 0$, 对所有 $P \in E(\mathbb{Q})$, 有

$$c_1 |P|_2 \leqslant \hat{h}(P) \leqslant c_2 |P|_2.$$

(4) **有限性**: 对每一个实数 M, 下面的集合是有限的

$$\{P \in E(\mathbb{Q}) : \hat{h}(P) \leqslant M\}.$$

2.3.3 除多项式与椭圆除序列

椭圆曲线的除多项式可以由任意域上的椭圆曲线来定义. 当定义域 $\mathbb{K}$ 的特征不为 $2, 3$ 时, 定义椭圆曲线

$$E\colon y^2 = x^3 + ax + b$$

的除多项式如下

$$\psi_0(x, y) := 0,$$

$$\psi_1(x, y) := 1,$$

$$\psi_2(x, y) := 2y,$$

$$\psi_3(x, y) := 3x^4 + 6ax^2 + 12bx - a^2,$$

$$\psi_4(x, y) := 4y(x^6 + 5ax^4 + 20bx^3 - 5a^2x^2 - 4abx - 8b^2 - a^3),$$

$$\psi_{2m+1} := \psi_{m+2}\psi_m^3 - \psi_{m-1}\psi_{m+1}^3, \quad m \geqslant 2,$$

$$\psi_{2m} := \frac{1}{2y}\psi_m(\psi_{m+2}\psi_{m-1}^2 - \psi_{m-2}\psi_{m+1}^2), \quad m \geqslant 3.$$

定义

$$\phi_n := x\psi_n^2 - \psi_{n-1}\psi_{n+1}$$

和

$$\omega_n := \frac{\psi_{2n}}{2\psi_n}.$$

如果 $P = (x, y)$ 是 E 的一个有理点, 利用椭圆曲线的加法公式可以验证, 如果 $\psi_n(P) \neq 0$, 那么 $n \cdot P \neq \mathcal{O}$, 并且

$$n \cdot P = \left(\frac{\phi_n(P)}{\psi_n^2(P)},\ \frac{\omega_n(P)}{\psi_n^3(P)} \right).$$

特别地,

$$n \cdot P = \mathcal{O} \Rightarrow \psi_n(P) = 0.$$

另外, 对于任意有理点 P, 除多项式满足

$$\psi_{nk}(P) = \psi_k(P)^{n^2}\psi_n(k \cdot P).$$

除多项式与椭圆除序列有紧密联系. 椭圆除序列 (EDS) 是一个由非线性递推定义的整除序列, Morgan Ward 对 EDS 进行了深入研究[230,231].

定义 2.1 一个整数可除序列 (h_n) 是一个椭圆除序列, 如果对所有的 $m \geqslant n \geqslant 1$, 下列递推关系成立

$$h_{m+n}h_{m-n} = h_{m+1}h_{m-1}h_n^2 - h_{n+1}h_{n-1}h_m^2,$$

并且具有性质: 当 m 整除 n 时, h_m 整除 h_n.

椭圆除序列 (h_n) 满足

$$h_{2n}h_2 = h_n(h_{n+2}h_{n-1}^2 - h_{n-2}h_{n+1}^2),$$

$$h_{2n+1} = h_{n+2}h_n^3 - h_{n-1}h_{n+1}^3,$$

$$h_{-n} = -h_n.$$

椭圆除序列与椭圆曲线的除多项式的关系如下:

定理 2.4 令 (h_n) 是一个椭圆除序列, 那么存在椭圆曲线

$$E: \quad y^2 = x^3 + ax + b,$$

这里 $a, b \in \mathbb{Q}$ 由 h_2, h_3, h_3 确定, 并且存在一个有理点 $P = (x, y) \in E(\mathbb{Q})$, 使得对所有 $n \in \mathbb{N}$ 有 $h_n = \psi_n(x, y)$. 这里 (ψ_n) 是椭圆曲线 E 的除多项式序列.

2.4 自同态与自同构

椭圆曲线作为数学的研究对象, 它具有三种天然结构: ① 它是一条代数曲线; ② 它 (在复数域上) 是一个维数为 1 的解析流形, 即紧致黎曼 (Riemann) 曲面; ③ 它是一个交换群. 在数学中, 当一类对象被定义后, 一般就需要定义并研究这些对象之间的自然映射 (一旦该对象赋予了某个范畴后, 映射有时就被称为态射 (morphisms)). 因此, 定义两条椭圆曲线之间的态射是很自然的. 不同的结构定义的态射也不一样. 从代数几何和微分几何的知识我们知道, 所有紧致黎曼曲面都是代数的, 所以椭圆曲线上的前两个结构实际上是相同的. 代数曲线间的态射就是一个有理映射, 关于这些概念的详细讨论可以参见代数几何的书如 [116] 或 Silverman 的书 [214] 的第 1, 2 章. 下面的定理[93] 告诉我们代数曲线间的态射和群同态的关系.

定理 2.5 E 和 E' 是定义在 $\mathbb{K}$ 上的两条椭圆曲线, 分别以 $\mathcal{O}$ 和 $\mathcal{O}'$ 为单位元. 令 ϕ 是从 E 到 E' 的代数曲线态射 (即 ϕ 是由一有理函数定义), 则 ϕ 是从 $E(\mathbb{K})$ 到 $E'(\mathbb{K})$ 的一群同态当且仅当 $\phi(\mathcal{O}) = \mathcal{O}'$.

定义 2.2 设 $\phi: E \to E'$ 是一个有理映射, 若满足 $\phi(\mathcal{O}) = \mathcal{O}'$, 则称 ϕ 为同源 (isogeny) 映射.

椭圆曲线 E 和 E' 称为同源的, 如果它们之间存在一个同源映射. 椭圆曲线上的同源映射是一个群同态映射, 即对所有的 $P, Q \in E$, 有

$$\phi(P + Q) = \phi(P) + \phi(Q).$$

因为同源映射是一个有理映射, 所以 $\phi\colon E \to E'$ 都形如

$$\phi\colon (x, y) \to \left(\frac{f_1(x, y)}{h_1(x, y)}, \frac{f_2(x, y)}{h_2(x, y)} \right),$$

这里 h_1, h_2 都是首一的, 且 f_1 与 h_1 互素, f_2 与 h_2 互素.

由于椭圆曲线方程中 y^2 总可以用 x 的多项式和 y 来表示, 同时借助同源也是群同态, 特别地, $\phi(-P) = -\phi(P)$, 我们可以得到关于椭圆曲线同源的表达式的如下结论 ([93] 中的引理 9.6.12):

定理 2.6 假定 $E : y^2 + a_1 xy + a_3 y = x^3 + a_2 x^2 + a_4 x + a_6$ 和 $E' : y^2 + a_1' xy + a_3' y = x^3 + a_2' x^2 + a_4' x + a_6'$ 是定义在 $\mathbb{K}$ 上的两条椭圆曲线, $\phi\colon E \to E'$ 是同源映射, 则 ϕ 具有如下形式:

$$\phi : (x, y) \to \left(\frac{p_1(x)}{q_1(x)}, \; y \frac{p_2(x)}{q_2(x)} + \frac{p_3(x)}{q_3(x)} \right),$$

其中

$$\frac{2 p_3(x)}{q_3(x)} = -a_1' \frac{p_1(x)}{q_1(x)} - a_3' + (a_1 x + a_3) \frac{p_2(x)}{q_2(x)}.$$

这里的 $p_i(x), q_i(x) \in \mathbb{K}[x]$, 并且 $p_i(x)$ 与 $q_i(x)$ 互素 $i = 1, 2, 3$.

定义 2.3 同源 ϕ 的次数定义为

$$\deg(\phi) = \max\{\deg(p_1(x)), \deg(q_1(x))\}.$$

例如定义在 $\mathbb{Q}$ 上的两条椭圆曲线如下

$$E : Y^2 = x^3 + 3x^2 + x,$$

$$E' : Y^2 = x^3 - 6x^2 + 5x.$$

容易验证如下定义的 ϕ 就是 E 到 E' 的一个 2 次同源:

$$\phi(x, y) = \left(\frac{x^2 + 3x + 1}{x}, y \frac{1 - x^2}{x^2} \right).$$

定义 2.4 同源 $\phi\colon E \to E'$ 的对偶同源是指 $\hat{\phi}\colon E' \to E$, 使得 $\hat{\phi}\phi\colon E \to E$ 相当于 $\deg(\phi)$ 倍乘.

令 $\mathrm{Hom}(E, E')$ 定义为 E 到 E' 的同源全体, 即

$$\mathrm{Hom}(E, E') = \{\phi : E \to E'\}.$$

那么 $\mathrm{Hom}(E, E')$ 在同态加法运算 $(\phi_1 + \phi_2)(P) = \phi_1(P) + \phi_2(P)$ 下构成一个群.

当 $E = E'$ 时, 我们复合同源运算, 从而可以定义 $\mathrm{Hom}(E, E)$ 的乘法运算: $(\phi_1\phi_2)(P) = \phi_1(\phi_2(P))$. 这样 $\mathrm{Hom}(E, E) = \mathrm{End}(E)$ 就有了一个环结构, 我们称 $\mathrm{End}(E)$ 为椭圆曲线 E 的自同态环. 对每一个整数 $m \in \mathbb{Z}$, 我们都可以定义一个 $E \to E$ 的同源 $[m]$: 当 $m > 0$ 时, 定义 $[m](P) = P + P + \cdots + P(m$ 次); 当 $m < 0$ 时, 定义 $[m](P) = [-m](-P)$; 当 $m = 0$ 时, 定义 $[0](P) = \mathcal{O}$. 所以椭圆曲线的自同态环 $\mathrm{End}(E)$ 是永远包含着全体整数 $\mathbb{Z}$ 的.

关于椭圆曲线的自同态环, 我们有下面性质:

定理 2.7　椭圆曲线 E 的自同态环 $\mathrm{End}(E)$ 要么是 $\mathbb{Z}$, 要么是一个虚二次域的一个序 (order, 就是一种子环) 或四元数代数的一个极大序.

定义 2.5　如果 $\mathrm{End}(E)$ 严格大于 $\mathbb{Z}$, 则称 E 具有复乘 (complex multiplication).

$\mathrm{End}(E)$ 中的可逆元素全体构成椭圆曲线 E 的自同构群 $\mathrm{Aut}(E)$. 关于椭圆曲线的自同构群我们有如下事实:

定理 2.8　E 是定义在 $\mathbb{K}$ 上的椭圆曲线, 则 $\mathrm{Aut}(E)$ 是一个阶能整除 24 的有限群. 具体地,

- $\sharp\mathrm{Aut}(E) = 2$ $(j(E) \neq 0, 1728)$;
- $\sharp\mathrm{Aut}(E) = 4$ $(j(E) = 1728$, 且 $\mathbb{K}$ 的特征不为 $2, 3)$;
- $\sharp\mathrm{Aut}(E) = 6$ $(j(E) = 0$, 且 $\mathbb{K}$ 的特征不为 $2, 3)$;
- $\sharp\mathrm{Aut}(E) = 12$ $(j(E) = 0, 1728$, 且 $\mathbb{K}$ 的特征为 $3)$;
- $\sharp\mathrm{Aut}(E) = 24$ $(j(E) = 0, 1728$, 且 $\mathbb{K}$ 的特征为 $2)$.

下面我们给出一个具有较大自同构群的椭圆曲线的例子.

$\mathbb{F}_p$ 是有限域, p 是大于 3 的素数, 且 $p \equiv 1 \pmod 3$. 假定定义在 $\mathbb{F}_p$ 上的椭圆曲线 E 的方程是

$$E : y^2 = x^3 + B,$$

这里 $B \in \mathbb{F}_p^*$. 显然 E 满足 $j(E) = 0$, 且 $\mathbb{K}$ 的特征不为 $2, 3$. 假设 β 为 $\mathbb{F}_p^*$ 中的三阶元, 即 $\beta^3 = 1$. 曲线 E 的一个非平凡自同构为

$$\phi : E \to E,$$

$$(x, y) \to (\beta x, y).$$

因为一个自同构显然也是同源, 则 ϕ 的对偶同源为

$$\hat{\phi}: E \to E,$$

$$(x, y) \to (\beta^2 x, y).$$

不难得到 $\hat{\phi} \circ \phi = [1]$, 即 ϕ 是 E 的 1 次同源. 同时 $\hat{\phi} = \phi^2$, $\hat{\phi}^2 = \phi$ 和 $\#\ker(\phi) = 1$. 注意 $\hat{\phi}$ 也是曲线 E 的另一个非平凡自同构. 事实上, E 的自同构群 $\mathrm{Aut}(E) = \{\pm 1, \pm \phi, \pm \hat{\phi}\}$.

2.5 有限域上的椭圆曲线

在计算机科学, 特别是密码学中, 我们关心的是有限域上的椭圆曲线, 即椭圆曲线的定义域 $\mathbb{K} = \mathbb{F}_q$ (或 $\mathrm{GF}(q)$), 这里 q 是一个素数或素数的幂. 当椭圆曲线定义在有限域上时, 满足椭圆曲线方程的点就只有有限个, 椭圆曲线就是一个有限群.

2.5.1 有限域上的椭圆曲线的群结构

定义在有限域 $\mathbb{F}_q$ 上的椭圆曲线的有理点的个数是有限的, 一般用 $\sharp E(\mathbb{F}_q)$ 来标记. 计算给定的椭圆曲线在有限域上的点的个数是一个非常重要和有意义的工作. 这不仅是一个数论中的重要问题, 而且也是现代密码学中一个重要的问题. 当有限域规模比较小时, 我们可以直接遍历这个有限域, 找到这个椭圆曲线的点数. 例如当有限域 $\mathbb{F}_p$ 的 p 是大于 3 的素数时, 我们可以利用下面公式通过遍历有限域所有元素来计算点数:

$$\sharp E(\mathbb{F}_p) = p + 1 + \sum_{x \in \mathbb{F}_p} \left(\frac{x^3 + ax + b}{p} \right),$$

这里 $\left(\dfrac{x^3 + ax + b}{p} \right)$ 是 Legendre 符号. 当有限域非常大时, 这种方法显然是计算不可行的. 1985 年, Schoof[201] 提出了一个多项式时间算法计算点数, 该算法计算复杂度是 $O(\log^9 q)$. 尽管这已经是一个多项式时间算法, 但由于整个算法需要的存储量相当大, 所以当 q 较大时, 在具体实现 Schoof 算法时依然不太可行. 之后, Atkin 和 Elkies 对 Schoof 算法进行了一些改进[18,79], 将算法的时间复杂度降低到 $O(\log^6 q)$, 即 Schoof-Elkies-Atkin 算法, 简称 SEA 算法, 从而使得这一算法得以实用.

E 是定义在有限域 $\mathbb{F}_q$ 上的椭圆曲线, 假设

$$\sharp E(\mathbb{F}_q) = q + 1 - t.$$

定义椭圆曲线 E 的 Frobenius 变换如下

$$\varphi: \begin{cases} E(\overline{\mathbb{F}}_q) \to E(\overline{\mathbb{F}}_q), \\ (x,y) \to (x^q, y^q), \\ \mathcal{O} \to \mathcal{O}. \end{cases} \tag{2.6}$$

很容易验证 φ 将 E 上的点映到 E 上, 且保持群运算, 即 $\varphi \in \mathrm{End}(E)$, 称为 Frobenius 同态. 所以定义在有限域上的椭圆曲线总是有复乘的. $\sharp E(\mathbb{F}_q) = q+1-t$ 中的 t 被称为椭圆曲线 E 的 Frobenius 变换的迹. 这是因为 t 与 Frobenius 同态满足下列方程

$$\varphi^2 - t\varphi + q = 0,$$

也就是说, 对椭圆曲线 E 上的任意一个点 $P = (x,y)$, 我们有

$$(x^{q^2}, y^{q^2}) - t(x^q, y^q) + q(x,y) = \mathcal{O}.$$

这里的 $+, -, q(x,y)$ 是指椭圆曲线群上的群加法、群减法和 q 次连续群加法运算 (即 q 标量乘).

Hasse 研究了有限域上椭圆曲线有理点的个数和 Frobenius 变换迹的关系, 给出如下结论:

定理 2.9 (Hasse) E 是定义在有限域 $\mathbb{F}_q$ 上的椭圆曲线, $t = q + 1 - \sharp E(\mathbb{F}_q)$, 则 $|t| \leqslant 2\sqrt{q}$.

也就是说 Hasse 定理给出了 $\mathbb{F}_q$ 上椭圆曲线的点数的一个范围, 即位于 $[q + 1 - 2\sqrt{q}, q + 1 + 2\sqrt{q}]$.

E 是定义在有限域 $\mathbb{F}_q$ 上的椭圆曲线, 那么 $E(\mathbb{F}_q)$ 是一个有限群, 假定 $\sharp E(\mathbb{F}_q) = n$. 这个有限群的结构如下

$$E(\mathbb{F}_q) \cong \mathbb{Z}_n,$$

或者

$$E(\mathbb{F}_q) \cong \mathbb{Z}_{n_1} \times \mathbb{Z}_{n_2}, \quad n_1 | n_2, n_1 n_2 = n.$$

定义 2.6 P 是定义在特征为 p 的域 $\mathbb{F}_q$ 上的椭圆曲线 E 的一个点, 设 m 为整数, 如果 $mP = \mathcal{O}$, 称 P 为 m-挠点 (m-torsion point). 所有的 m-挠点组成的集合记为 $E[m]$.

关于 $E[m]$ 的群结构有如下的定理:

定理 2.10 设 $m = p^v m'$, $p \nmid m'$, 则

(1) 若 $E[p] = \{\mathcal{O}\}$, 则 $E[m] \cong \mathbb{Z}_{m'} \times \mathbb{Z}_{m'}$;

(2) 否则, $E[m] \cong \mathbb{Z}_{m'} \times \mathbb{Z}_m$.

定义在特征为 p 的有限域 $\mathbb{F}_q$ 上的椭圆曲线分为一般椭圆曲线与超奇异椭圆曲线两类. 超奇异椭圆曲线是一类特殊的椭圆曲线, 这类曲线最早由 Hasse 研究, 并用 Hasse 不变量来定义这类曲线, 即 Hasse 不变量为 0 的曲线, 而 Hasse 不变量不等于零的就是一般曲线. 后来关于超奇异椭圆曲线多用 p 阶点来定义, 这样的定义更容易理解, 即

定义 2.7 定义在特征为 p 的域 $\mathbb{F}_q$ 上的椭圆曲线 E 称为超奇异的, 如果 E 中没有 p 阶点, 即 $E[p] = \{\mathcal{O}\}$.

关于超奇异椭圆曲线, 我们有下面结论:

定理 2.11 有限域 $\mathbb{F}_q$ (特征为 p) 上的椭圆曲线 E 是超奇异的, 当且仅当 $\sharp E(\mathbb{F}_q) \equiv 1 (\bmod\, p)$.

该定理的证明可以参见 [232] 的 4.6 节或 [214].

下面我们举一个超奇异椭圆曲线的例子: $\mathbb{F}_p$ 是大素数域 $(p > 3)$, 且 $p \equiv 2 \pmod 3$. 令 $B \in \mathbb{F}_p^*$, 则定义在 $\mathbb{F}_p$ 上的椭圆曲线 $E: y^2 = x^3 + B$ 就是超奇异的. 这是因为 $p - 1$ 不被 3 整除, 则 $3^{-1} \bmod (p-1)$ 存在, 所以对任意的 $y \in \mathbb{F}_p$, 都存在唯一的 x, 使得 $y^2 - B = x^3$. 这样, 我们在 $\mathbb{F}_p$ 上得到了 E 的 p 个点, 再加上无穷远点, 所以有 $\sharp E(\mathbb{F}_p) = p + 1$, 即 E 是超奇异的.

Waterhouse 和 Schoof 研究了有限域上椭圆曲线的阶的可能取值, 对于超奇异椭圆曲线有下列的结论:

定理 2.12 如果有限域 $\mathbb{F}_q$ 上的椭圆曲线 E 是超奇异的, 则 t^2 是 $0, q, 2q, 3q, 4q$ 中的一个.

关于超奇异椭圆曲线的一些性质和结论的详细讨论, 建议参看文献 [214] 的第 5 章和 [125] 的第 13 章.

对于有限域上超奇异椭圆曲线的总体情形, 我们借助 Enge[80] 的归纳有如下结论 (表 2.1).

表 2.1 超奇异椭圆曲线结构

$t = q + 1 - |E(\mathbb{F}_q)|$	群结构	n_2	k	c
0	循环	$q + 1$	2	1
0	$\mathbb{Z}_2 \times \mathbb{Z}_{(q+1)/2}$	$(q+1)/2$	2	2
$\pm\sqrt{q}$	循环	$q + 1 \pm \sqrt{q}$	3	$\sqrt{q} \pm 1$
$\pm\sqrt{2q}$	循环	$q + 1 \pm \sqrt{2q}$	4	$q \pm \sqrt{2q} + 1$
$\pm\sqrt{3q}$	循环	$q + 1 \pm \sqrt{3q}$	6	$\dfrac{q+1}{q+1 \pm \sqrt{3q}}$
$\pm 2\sqrt{q}$	$\mathbb{Z}_{\sqrt{q}\pm 1} \times \mathbb{Z}_{\sqrt{q}\pm 1}$	$\sqrt{q} \pm 1$	1	1

这里的整数 n_2, k 和 c 是如下定义的: 如果 $E(\mathbb{F}_q) = \mathbb{Z}_{n_1} \times \mathbb{Z}_{n_2}$, $n_1 | n_2$, 那么 $E(\mathbb{F}_{q^k}) = \mathbb{Z}_{cn_1} \times \mathbb{Z}_{cn_2}$, 其中 k 是满足 $E[n_2] \in E(\mathbb{F}_{q^k})$ 的最小整数.

2.5.2　$\mathbb{F}_{2^m}$ 上的椭圆曲线及其群运算

在密码中常用的两类椭圆曲线分别是定义在大素数域和特征 2 有限域上的椭圆曲线. 对于特征大于 3 的有限域的椭圆曲线的形式和群运算与前面介绍的特征不是 2, 3 的一般域一样, 这里就不再赘述了. 下面我们介绍一下特征 2 的有限域上的椭圆曲线及其群运算.

一个由参数 $a, b \in \mathbb{F}_{2^m}, b \neq 0$ 定义的 $\mathbb{F}_{2^m}$ 上 (非超奇异) 椭圆曲线 $E(\mathbb{F}_{2^m})$ 是方程

$$y^2 + xy = x^3 + ax^2 + b$$

的所有解 $(x, y) \in \mathbb{F}_{2^m} \times \mathbb{F}_{2^m}$ 和一个额外的无穷远点 $\mathcal{O}$ 所构成的集合.

椭圆曲线 $E(\mathbb{F}_{2^m})$ 上点的集合在如下加法运算规则下构成一个群:

(1) $\mathcal{O} + \mathcal{O} = \mathcal{O}$.

(2) $(x, y) + \mathcal{O} = \mathcal{O} + (x, y) = (x, y)$ 对所有的点 $(x, y) \in \mathbb{F}_{2^m}$ 成立.

(3) $(x, y) + (x, x + y) = \mathcal{O}$ 对所有的点 $(x, y) \in E(\mathbb{F}_{2^m})$ 成立 (即点 (x, y) 的负点 $-(x, y) = (x, x + y)$).

(4) 设 $P_1 = (x_1, y_1) \in E(\mathbb{F}_{2^m})$ 和 $P_2 = (x_2, y_2) \in E(\mathbb{F}_{2^m})$ 为两个满足 $x_1 \neq x_2$ 的点, 则 $P_1 + P_2 = (x_3, y_3)$, 其中

$$x_3 = \lambda^2 + \lambda + x_1 + x_2 + a,$$

$$y_3 = \lambda(x_1 + x_3) + x_3 + y_1,$$

$$\lambda = \frac{y_2 + y_1}{x_2 + x_1}.$$

(5) 设点 $P_1 = (x_1, y_1) \in E(\mathbb{F}_{2^m})$ 满足 $x_1 \neq 0$. 如果 $x_1 = 0$, 则 $P_1 = -P_1$, 且 $2P_1 = \mathcal{O}$. 则 $Q = 2P_1 = (x_2, y_2)$, 其中

$$x_2 = \lambda^2 + \lambda + a, \tag{2.7}$$

$$y_2 = x_1^2 + (\lambda + 1)x_2, \tag{2.8}$$

$$\lambda = x_1 + \frac{y_1}{x_1}. \tag{2.9}$$

规则 (5) 称为倍点运算. 在特征 2 域上的椭圆曲线可以考虑半点 (point halving) 运算. 半点运算或半分可以看作倍点运算的逆运算: 即给定点 $Q = (x_2, y_2)$, 计算点 $H \triangleq \frac{1}{2}Q = (x_1, y_1)$, 使得 $Q = 2H$. 借助上面的倍点公式我们可以逆推出计算半点如下: 解 (2.7) 得 λ, 解 (2.8) 得 x_1 及最后解 (2.9) 得 y_1. 也就是, 解 $\lambda^2 + \lambda = x_2 + a$ 得 λ 和解 $x_1^2 = y_2 + (\lambda + 1)x_2$ 得 x_1, 以及最后计算 $y_1 = x_1^2 + \lambda x_1$.

设 $\sharp E(\mathbb{F}_{2^m}) = 2^k n$, 其中 n 是奇数. 设 P 是 E 上一个阶为奇数 n 的点. 很显然, 倍点和半点均是 $\langle P \rangle$ 上的自同构. 因此, 给定一个点 $Q \in \langle P \rangle$, 我们总能找到一个唯一的点 $H \in \langle P \rangle$ 满足 $Q = 2H$. 如果 $k = 1$, 我们称曲线 E 有最小 2-挠点. 设 $c \in \mathbb{F}_{2^m}$, 我们定义 c 的迹 (trace) 为 $\mathrm{Tr}(c) = \sum_{t=0}^{m-1} c^{2^i}$. 容易验证 E 有最小 2-挠点的性质等价于 $\mathrm{Tr}(a) = 1$. 当 $\mathrm{Tr}(a) = 1$ 时, 我们可以计算半点如下: 解二次方程 $\lambda^2 + \lambda = x_2 + a$ 得 λ. 设其解为 λ' 和 $\lambda' + 1$, 一个解对应 λ 和 H, 另一个解对应 $\lambda + 1$ 和 $H + T$, 其中 T 是阶为 2 的点. 事实上, 只有 H 可以被半分, 而 $H + T$ 则不行. 因此, λ' 对应 λ 和 $H = (x_1, y_1)$ 当且仅当方程 $x^2 + x = x_1 + a$ 有一个解在 $\mathbb{F}_{2^m}$ 里, 也就是, 当且仅当 $\mathrm{Tr}(x_1 + a) = 0$. 进一步, 我们有 $\mathrm{Tr}(x_1 + a) = \mathrm{Tr}(x_1^2 + a^2)$. 下面我们用算法 1 概括上述步骤[20,87].

算法 1 半点运算

输入: $Q = (x_2, y_2) \in \langle P \rangle$.

输出: $H = (x_1, y_1) \in \langle P \rangle$, 满足 $Q = 2H$.

1. 解 $\lambda^2 + \lambda = x_2 + a$ 得 λ.
2. $w \leftarrow x_2(\lambda + 1) + y_2$.
3. **if** $\mathrm{Tr}(w + a^2) = 0$ **then**
4. $\quad x_1 \leftarrow \sqrt{w}, y_1 \leftarrow x_1(x_1 + \lambda)$.
5. **else**
6. $\quad x_1 \leftarrow \sqrt{w + x_2}, y_1 \leftarrow x_1(x_1 + \lambda + 1)$.
7. **end if**

一般用在密码中的特征 2 椭圆曲线大都是 $k = 1$ 的情形, 对更一般情形时的半分计算公式的讨论可以参看文献 [20], [148].

2.5.3 标量乘运算

计算椭圆曲线点 P 的倍数 kP (或记为 $[k]P$) 称为椭圆曲线的标量乘运算. 类似于一般教科书 [219] 上利用 "平方-乘" 算法计算乘法群中的幂次 a^k, 我们可以用 "倍点-点加" 算法计算椭圆曲线标量乘 (平方运算 $a \to a^2$ 改成倍点运算 $P \to 2P$, 两个群元素的乘换为椭圆曲线上两点的加). 从前面我们讨论的椭圆曲线群的群运算公式可以看出, 椭圆曲线群具有一个很好的性质, 即群加法运算的逆非常容易计算. 所以我们可以利用这个性质来提速椭圆标量乘的计算, 这就是常用的 "倍点-和差" 算法.

设 P 为一个阶为 n 的椭圆曲线的点. 给定整数 k 的任何一个带符号的二进制表示 $(k_{l-1}, \cdots, k_1, k_0)$, 其中 $k_i \in \{-1, 0, 1\}$, 利用下面的算法 2, 我们可以计算 kP.

算法 2　倍点-和差算法计算标量乘

输入: P 和 $k = (k_{l-1}, \cdots, k_1, k_0)$.

输出: kP.

1. $Q \leftarrow \mathcal{O}$.
2. **for** $i \leftarrow l - 1$ **downto** 0 **do**

   $Q \leftarrow 2Q$.

   if $k_i = 1$ **then** $Q \leftarrow Q + P$.

   else if $k_i = -1$ **then** $Q \leftarrow Q - P$.
3. 返回 Q.

整数 k 的一个带符号的二进制表示 $(k_{l-1}, \cdots, k_1, k_0)$ 中, 如果没有两个连续的 k_i 是非零的, 则说它是非相邻的形式, 这种表示形式称为 NAF 表示. 整数的任何一个带符号的二进制表示都可以很容易地转换为 NAF 表示. 一个整数的 NAF 表示可以证明是唯一的, 并且 NAF 表示中比通常的二进制表示中有更多的零 (平均来讲, 一个 l 比特的整数的 NAF 表示中含有 $2l/3$ 个零). 计算标量乘 $Q = kP$, 设 k 的比特数为 l, 则上面的算法一般需要 $l - 1$ 次椭圆曲线倍点和 $l/3$ 次点加运算.

当考虑的曲线是在特征为 2 的有限域上时, 可以利用半分替换倍点运算, 得到半分-和差计算标量乘的算法.

2.6　除子和双线性对

2.6.1　除子

除子理论在代数几何中是非常重要的一部分. 不仅代数曲线可以定义除子, 代数曲面, 更一般地, 任意 n 维代数簇都可以定义除子. 在这里我们介绍定义在有限域上的椭圆曲线的除子以及相关的基础知识. 更多内容请参考 [214], [232].

假设 E 为定义在有限域 $\mathbb{F}_q$ 上的椭圆曲线 (根据有限域 $\mathbb{F}_q$ 的特征不同, 可以化简成不同的短 Weierstrass 方程形式)

$$E: y^2 + a_1 xy + a_3 y = x^3 + a_2 x^2 + a_4 x + a_6. \tag{2.10}$$

定义 $F(x, y) \stackrel{\triangle}{=} y^2 + a_1 xy + a_3 y - x^3 - a_2 x^2 - a_4 x - a_6 \in \mathbb{F}_q[x, y]$.

定义 2.8　对任意点 $P \in E(\overline{\mathbb{F}}_q)$, 定义形式符号 (P). 那么 E 上的除子 D 是如下的形式和:

$$D = \sum_{P_j \in E(\overline{\mathbb{F}}_q)} n_j (P_j), \qquad n_j \in \mathbb{Z},$$

其中仅有有限多个 $n_j \neq 0$.

有时候我们也不用形式符号 (P), 而是直接用 P 表示 (只要未与椭圆曲线群运算混淆就可以). 因此一个除子是由椭圆曲线 E 上的点所生成的自由 Abel 群中的某个元素. 假设 $D_1 = \sum_{P_j \in E(\overline{\mathbb{F}}_q)} n_j(P_j)$ 和 $D_2 = \sum_{P_j \in E(\overline{\mathbb{F}}_q)} m_j(P_j)$, 其中 n_j, $m_j \in \mathbb{Z}$, 定义形式加法 $D_1 + D_2 = \sum_{P_j \in E(\overline{\mathbb{F}}_q)} (n_j + m_j)(P_j)$. 按照这样的形式加法运算, E 上的所有除子形成自由 Abel 群, 记作 $\mathrm{Div}(E)$.

一个除子 $D = \sum_{P_j \in E(\overline{\mathbb{F}}_q)} n_j(P_j)$ 的次数定义如下

$$\deg(D) = \sum_j n_j \in \mathbb{Z},$$

E 上次数为 0 的除子全体形成的集合 $\mathrm{Div}^0(E)$ 是 $\mathrm{Div}(E)$ 的一个子群.

除子的支撑 $\mathrm{supp}(D)$ 是指出现在 D 中的那些非零系数的有理点全体. 除子 D 称为有效除子, 如果出现在 D 中的有理点的系数都是非负的.

定义 2.9 如果 $D = \sigma(D)$, 这里 $\sigma \in \mathrm{Gal}(\overline{\mathbb{F}}_q/\mathbb{F}_q)$ ($\overline{\mathbb{F}}_q$ 的 Galois 群), 则除子 D 称为定义在 $\mathbb{F}_q$ 上的.

如果一个除子 D 的支撑 $\mathrm{supp}(D) \subseteq E(\mathbb{F}_q)$, 则 D 一定是定义在 $\mathbb{F}_q$ 上, 但反之不然.

除子的和函数定义如下

$$\mathrm{sum}(D) = \sum_j n_j P_j.$$

注意在和函数中的加法即为椭圆曲线有理点群中的加法运算, 一个除子在和函数的作用下所得到的结果为椭圆曲线上的点, 而不再是除子.

由椭圆曲线的定义可知, $F(x,y)$ 是 $\mathbb{F}_q[x,y]$ 中一不可约多项式. 令 $(F(x,y))$ 为由 $F(x,y)$ 生成的理想, 则商环 $\mathbb{F}_q[x,y]/(F(x,y))$ 称为椭圆曲线 E 的坐标环. 这个坐标环的分式域 (或商域) 称为椭圆曲线 E 的函数域, 记为 $\mathbb{F}_q(E)$.

$\mathbb{F}_q(E)$ 中的元素称为有理函数, 或 E 上的函数. 任一有理函数都形如

$$f(x,y) = \frac{N(x,y)}{M(x,y)}, \quad N(x,y), M(x,y) \in \mathbb{F}_q[x,y]$$

且至少在 $E(\overline{\mathbb{F}}_q)$ 中的一点有意义 (比如, 函数 $1/F(x,y)$ 是不允许的). 如果一个函数 $f(x,y)$ 在某点 $P(x_0,y_0)$ 取函数值 $f(x_0,y_0) = 0$, 则称 f 以点 P 为零点. 如果取值为无穷大, 则称 f 以点 P 为极点.

如果 f 是 $\mathbb{F}_q(E)$ 中一个非零函数, 则 $\mathrm{ord}_P(f)$ 定义为 f 以点 P 为零点 (或者极点) 的重数. 非零函数 f 可以如下定义一个除子

$$\mathrm{div}(f) = \sum_{P \in E(\overline{\mathbb{F}}_q)} \mathrm{ord}_P(f)(P).$$

这类除子称为主除子.

定理 2.13 任意光滑代数曲线的主除子都是 0 次除子.

这是主除子的一个特性, 关于这个定理的证明可以参见 Hartshorne 的书 [116] 的 II.6.10 或 [214] 的第二章. 椭圆曲线是亏格为 1 的代数曲线, 所以椭圆曲线上的主除子也是 0 次除子.

定义 2.10 如果两个除子 D_1 和 D_2 之差为一个主除子, 我们称除子 D_1 和 D_2 是线性等价的, 即存在 $f \in \mathbb{F}_q(E)$, 使得

$$D_1 \smile D_2 \Leftrightarrow D_1 - D_2 = \mathrm{div}(f).$$

关于椭圆曲线的除子和主除子的关系, 有如下结论:

定理 2.14 假设 $D = \sum_{P \in E} n_P(P)$ 为椭圆曲线 E 上的一个除子, 则 D 为主除子 (即存在 $f \in \mathbb{F}_q(E)$ 满足 $\mathrm{div}(f) = D$) 的充分必要条件是

$$\sum_{P \in E} n_P = 0, \quad \sum_{P \in E} n_P P = \mathcal{O}.$$

关于这个定理的证明, 可以参见 [232] 中的定理 11.2 的证明或 Silverman 的书 [214].

定义 2.11 假设 f 为椭圆曲线 E 上的一个函数, 假设除子

$$D = \sum_{P_j \in E(\overline{\mathbb{F}}_q)} n_j(P_j)$$

满足 $\deg(D) = 0$, 且 $\mathrm{supp}(D) \cap \mathrm{supp}(\mathrm{div}(f)) = \varnothing$. 定义函数 f 在除子 D 的赋值为

$$f(D) = \prod_{P_j} f(P_j)^{n_j}.$$

2.6.2 双线性对

令 $\mathbb{G}_1, \mathbb{G}_2$ 和 $\mathbb{G}_T$ 是三个 n 阶循环群 (n 可以是素数, 也可以是合数). 我们考虑 $\mathbb{G}_1, \mathbb{G}_2$ 是加法群, $\mathbb{G}_T$ 是乘法群. 当然我们也可以把这 3 个群都考虑成是乘法群. 之所以考虑 $\mathbb{G}_1, \mathbb{G}_2$ 是加法群, 是因为早期的双线性对密码方案中 $\mathbb{G}_1, \mathbb{G}_2$ 是用椭圆曲线群来实现的.

定义 2.12 假设 $\mathbb{G}_1$ 和 $\mathbb{G}_2$ 是两个加法群, $\mathbb{G}_T$ 是乘法群. 又假设 $P \in \mathbb{G}_1$, $Q \in \mathbb{G}_2$ 和 $g \in \mathbb{G}_T$. 如果存在有效的映射 e 从 $\mathbb{G}_1 \times \mathbb{G}_2$ 到 $\mathbb{G}_T$, 即

$$e: \mathbb{G}_1 \times \mathbb{G}_2 \to \mathbb{G}_T,$$

$$e(P, Q) = g,$$

满足下面的性质:

(1) 双线性性: 即对任意 P_1, $P_2 \in \mathbb{G}_1$ 和 Q_1, $Q_2 \in \mathbb{G}_2$,

$$e(P_1 + P_2, Q_1) = e(P_1, Q_1)e(P_2, Q_1)$$

和

$$e(P_1, Q_1 + Q_2) = e(P_1, Q_1)e(P_1, Q_2).$$

(2) 非退化性: 一定存在 $P \in \mathbb{G}_1$ 和 $Q \in \mathbb{G}_2$ 使得 $e(P, Q) \neq 1_{\mathbb{G}_T}$, 其中 $1_{\mathbb{G}_T}$ 表示 $\mathbb{G}_T$ 中的单位元.

(3) 可计算性: 存在有效的多项式时间算法计算出双线性对的值.

那么映射 e 被称为从 $\mathbb{G}_1 \times \mathbb{G}_2$ 到 $\mathbb{G}_T$ 的一个 (有效的) 双线性对.

双线性性也可以表述成: 对任意 $P \in \mathbb{G}_1$, $Q \in \mathbb{G}_2$ 和任意 $a, b \in \mathbb{Z}_n$, 有

$$e(aP, bQ) = e(P, Q)^{ab}.$$

利用数学工具可以构造不同形式的双线性对, 但目前应用在密码学领域的双线性对主要是基于椭圆曲线有理点群 (或超椭圆曲线的 Jacobian 群) 构造的双线性对.

利用椭圆曲线或超椭圆曲线构造的双线性对有下面三种类型[98]:

(1) 类型 I, $\mathbb{G}_1 \to \mathbb{G}_2$ 有一个有效可计算的同构, 这时一般可假定 $\mathbb{G}_1 = \mathbb{G}_2$(可以通用 "$\mathbb{G}$" 表示), 这样的双线性对也称为对称双线性对. 这类双线性对一般可以用超奇异椭圆曲线或超奇异超椭圆曲线来实现.

(2) 类型 II, 有一个有效计算群同态 $\phi: \mathbb{G}_2 \to \mathbb{G}_1$, 但没有从 $\mathbb{G}_1$ 到 $\mathbb{G}_2$ 的有效计算同态. 这类双线性对一般是用素数域上的一般椭圆曲线来实现的, $\mathbb{G}_1$ 是基域上椭圆曲线群, $\mathbb{G}_2$ 是扩域上椭圆曲线子群, $\mathbb{G}_2$ 到 $\mathbb{G}_1$ 的同态一般取有限扩域到基域上的迹映射诱导的群同态.

(3) 类型 III, 没有任何 $\mathbb{G}_1 \to \mathbb{G}_2$ 或 $\mathbb{G}_2 \to \mathbb{G}_1$ 的有效可计算的同态 (同态甚至同构一定是存在的, 这里是指没有有效计算的同构或同态). 这类双线性对也是用素域上的一般曲线来构造的, $\mathbb{G}_2$ 一般取迹映射诱导的群同态的核.

下面我们介绍两个著名的基于椭圆曲线构造的双线性对, 即双线性 Weil 对和 Tate 对.

1. Weil 对

令 E 为有限域 $\mathbb{F}_q$ 上的椭圆曲线, 其中有限域 $\mathbb{F}_q$ 的特征为 p. 假设 n 为一正整数, 且 $p \nmid n$. 存在 $\mathbb{F}_q$ 的有限次扩域 $\mathbb{F}_{q^k}$, 使得 $E[n] \subseteq E(\mathbb{F}_{q^k})$.

任取 $P, Q \in E[n]$, 因为 P, Q 都是 n 阶元素, 所以 $n(P)-n(\mathcal{O})$ 和 $n(Q)-n(\mathcal{O})$ 都是主除子, 则存在有理函数 $f_{n,P}$ 和 $f_{n,Q}$ 分别满足

$$\mathrm{div}(f_{n,P}) = n(P) - n(\mathcal{O}) = nD_P,$$

$$\mathrm{div}(f_{n,Q}) = n(Q) - n(\mathcal{O}) = nD_Q.$$

利用 $f_{n,P}$ 和 $f_{n,Q}$ 定义双线性 Weil 对如下

$$e_w : E[n] \times E[n] \to \mu_n,$$

$$e_w(P,Q) = f_{n,P}(D_Q)/f_{n,Q}(D_P),$$

其中 μ_n 为 n 次单位根群, 即

$$\mu_n = \{x \in \overline{\mathbb{F}}_q | x^n = 1\}.$$

双线性 Weil 对除了满足双线性性, 还有如下的性质[214,232]:

(1) (双线性) $\forall S, S_1, S_2, T, T_1, T_2 \in E[n]$,

$$e_w(S_1 + S_2, T) = e_w(S_1, T)e_w(S_2, T),$$

$$e_w(S, T_1 + T_2) = e_w(S, T_1)e_w(S, T_2).$$

(2) (非退化性)

$$\forall S \in E[n], \quad e_w(S,T) = 1 \Leftrightarrow T = \mathcal{O},$$

$$\forall T \in E[n], \quad e_w(S,T) = 1 \Leftrightarrow S = \mathcal{O}.$$

(3) (恒等性) $e_w(T,T) = 1$, 其中 $T \in E[n]$.

(4) (交错性) $e_w(P,Q) = e_w(Q,P)^{-1}$, 其中 $P, Q \in E[n]$.

(5) $e_w(\sigma P, \sigma Q) = \sigma(e_w(P,Q))$, 其中 σ 为 $\overline{\mathbb{F}}_{q^k}$ 的自同构映射, 作用于椭圆曲线 E 的系数上相当于恒等映射.

(6) 对 E 的所有可分自同态 α, 必有 $e_w(\alpha(P), \alpha(Q)) = e_w(P,Q)^{\deg(\alpha)}$.

(7) 如果 $E[n] \subseteq E(\mathbb{F}_{q^k})$, 则 $\mu_n \in \mathbb{F}_{q^k}^*$.

这些性质的详细证明可参见文献 [214] 和 [232].

2. Tate 对

假设 $q = p^m$, 其中 p 为素数, m 为正整数. 又设 $\mathbb{F}_q$ 是含有 q 个元素的有限

域, 则 p 为 $\mathbb{F}_q$ 的特征, m 为扩张次数.

令 E 为定义在有限域 $\mathbb{F}_q$ 上的椭圆曲线. 假设 $P \in E(\mathbb{F}_{q^k})[n]$, k 为曲线 E 的嵌入次数, $Q \in E(\mathbb{F}_{q^k})$, $f_{n,P}$ 是 E 上的有理函数, 其对应的除子满足 $\operatorname{div}(f_{n,P}) \sim n(P) - n(\mathcal{O})$. 除子 $D_Q \sim (Q) - (\mathcal{O})$, 且除子 $\operatorname{div}(f_{n,P})$ 和 D_Q 的支撑不相交, 比如可以任取点 $S \in E$, 令 $D_Q \sim (Q+S) - (S)$ 来满足条件.

双线性 Tate 对为如下定义的非退化双线性映射:

$$e_t \colon E(\mathbb{F}_{q^k})[n] \times E(\mathbb{F}_{q^k})/nE(\mathbb{F}_{q^k}) \to \mathbb{F}_{q^k}^*/(\mathbb{F}_{q^k}^*)^n,$$

$$e_t(P,Q) \equiv f_{n,P}(D_Q).$$

由上述定义可知, 计算传统的双线性 Tate 对结果为陪集值, 即对相同的 P 和 Q, 计算 $e(P,Q)$ 可能得到不同的数值, 但这些数值属于同一个陪集. 而实际应用中往往要求在双线性映射后得到唯一值, 因此有如下约化的双线性 Tate 对定义:

$$\hat{e}_t \colon E(\mathbb{F}_{q^k})[n] \times E(\mathbb{F}_{q^k})/nE(\mathbb{F}_{q^k}) \to \mu_n,$$

$$\hat{e}_t(P,Q) = f_{n,P}(D_Q)^{q^k-1/n},$$

其中 μ_n 为 $\mathbb{F}_{q^k}^*$ 中的 n 次单位根群.

如果限制 $P \in E(\mathbb{F}_q)$, 由 Barreto 等的工作 [30], 可定义如下变形的约化双线性 Tate 对:

$$\tilde{e}_t(P,Q) = f_{n,P}(Q)^{q^k-1/n}.$$

2.6.3　Miller 算法

由双线性 Tate 对和双线性 Weil 对的定义可看出, 计算双线性 Tate 对或者双线性 Weil 对的关键在于确定有理函数在一些特定除子或者有理点的赋值. 直观的想法是首先给出有理函数的确定形式, 然后将有理点的坐标代入有理函数. 当有理函数的次数 (degree) 较小时, 这样做是合理的. 当有理函数的次数非常大时, 先给出有理函数, 然后再赋值的方法显然不实际了. Miller 于 1986 年在一篇未发表的论文中首先提出了计算双线性 Weil 对的多项式时间算法[175].

对任意的 R, $T \in E(\mathbb{F}_{q^k})$, 用 $l_{R,T}$ 表示过点 R 和 T 的直线. 如果 R 等于 T, 那么 $l_{R,T}$ 表示过点 R (或 T) 的切线; 如果 R 或 T 其中一点是无穷远点, 那么 $l_{R,T}$ 表示过 R 或 T 中另一点的垂线. 特别地, 如果点 R 不是无穷远点, 我们用 v_R 表示过点 R 的垂线, 则有

$$\operatorname{div}(l_{R,T}) = (R) + (T) + (-R-T) - 3(\mathcal{O})$$

和

$$\operatorname{div}(v_R) = (R) + (-R) - 2(\mathcal{O}).$$

下面先讨论如何计算有理函数 $f_{n,P}$ 在有理点 Q 的赋值. 假设点 $P \in E(\mathbb{F}_{q^k})[r]$, $f_{j,P}$ 为椭圆曲线 $E(\mathbb{F}_{q^k})$ 上的有理函数, 且其除子满足

$$\mathrm{div}(f_{j,P}) = j(P) - (jP) - (j-1)(\mathcal{O}), \quad j \in \mathbb{Z}.$$

对任意的 $i, j \in \mathbb{Z}$, 有

$$\mathrm{div}\left(\frac{f_{i+j,P}}{f_{i,P}f_{j,P}}\right) = (i+j)(P) - ([i+j]P) - (i+j-1)(\mathcal{O})$$

$$- (i(P) - ([i]P) - (i-1)(\mathcal{O})) - (j(P) - ([j]P) - (j-1)(\mathcal{O}))$$

$$= ([i]P) + ([j]P) - ([i+j]P) - (\mathcal{O})$$

$$= ([i]P) + ([j]P) + (-[i+j]P) - 3(\mathcal{O}) - (([i+j]P) + (-[i+j]P)$$

$$- 2(\mathcal{O}))$$

$$= \mathrm{div}\left(\frac{l_{[i]P,[j]P}}{v_{[i+j]P}}\right).$$

故有

$$\mathrm{div}(f_{i+j,P}) = \mathrm{div}\left(f_{i,P} \cdot f_{j,P} \cdot \frac{l_{[i]P,[j]P}}{v_{[i+j]P}}\right).$$

特别地, 当 $i = j$ 时,

$$\mathrm{div}(f_{2i,P}) = \mathrm{div}\left(f_{i,P}^2 \cdot \frac{l_{[i]P,[i]P}}{v_{[2i]P}}\right);$$

当 $j = 1$ 时, 取 $f_{1,P} = 1$, 则

$$\mathrm{div}(f_{i+1,P}) = \mathrm{div}\left(f_{i,P} \cdot \frac{l_{[i]P,P}}{v_{[i+1]P}}\right).$$

对任意的 $i, j \in \mathbb{Z}$, 有

$$f_{i+j}(Q_1) = f_i(Q_1)f_j(Q_1)\frac{l_{iP,jP}(Q_1)}{v_{(i+j)P}(Q_1)}.$$

利用这个基本公式, 下面的算法 3 给出有理函数 $f_{n,P}$ 在有理点 Q 的赋值的计算过程.

算法 3 Miller 算法

输入: 素数 $n = \sum_{i=0}^{l} n_i 2^i$, 其中 $n_i \in \{0, 1\}$.

椭圆曲线 E 上的点 $P \in E(\mathbb{F}_{q^k})[n]$ 和点 $Q \in E(\mathbb{F}_{q^k})$.

输出: $f_{n,P}(Q)$.

  1. $T \leftarrow P, f \leftarrow 1$.

  2. **for** $i = l-1, l-2, \cdots, 1, 0$ **do**

        [2.1] $f \leftarrow f^2 \cdot \dfrac{l_{T,T}(Q)}{v_{2T}(Q)}, \quad T \leftarrow 2T$.

        [2.2] **if** $n_i = 1$ **then**

        [2.3] $f \leftarrow f \cdot \dfrac{l_{T,P}(Q)}{v_{T+P}(Q)}, \quad T \leftarrow T + P$.

  3. 返回 f.

由于大多数情况下计算 Tate 对比计算 Weil 对要有效得多, 所以对双线性对的实现大都关注 Tate 对及其一些有效变形. 假设椭圆曲线子群的阶为 n, 那么不管是 Tate 对还是 Weil 对的计算其实就是求有理函数 $f_{n,P}$ 在某个除子的赋值. 影响双线性对快速实现的因素很多, 例如有限域的运算、椭圆曲线形式及其群运算效率等, 其中一个很重要的因素就是 Miller 算法中的循环次数 (可简称 Miller 循环): 循环次数越少, 计算速度越快. 在 Miller 算法中的一个改进技巧便是如何减少 Miller 循环的次数. 围绕如何减少 Miller 循环次数, 提出了一些新的双线性对.

2003 年, Duursma 等加速了一类特殊的超奇异椭圆曲线 (曲线的方程形如 $y^2 = x^p - x + d$) 上的双线性对计算[75]. Duursma-Lee 算法的一个基本思想是将 $f_{n,P}$ 中的 n 用其倍式来替代, 并且最终的 Miller 链中无须任何有理函数的加法赋值运算. 但这一算法只能适用于这类非常特殊的超奇异曲线, 即所谓的 Duursma 曲线. 受文献 [75] 的启发, Barreto 等将 Duursma 的工作推广到一般的超奇异 Abelian 簇上, 引入了双线性 Eta (或 η) 对的概念[31].

假设 $\mathbb{F}_q$ 表示含有 q 个元素的有限域, E 为定义在有限域 $\mathbb{F}_q$ 上的超奇异曲线. k 为曲线 E 的嵌入次数, ψ 为曲线 E 的变形映射, 即 $\psi: E(\mathbb{F}_q) \to E(\mathbb{F}_{q^k})$.

假设曲线有理点群的阶 $\#E(\mathbb{F}_q) = q+1-t$. 对 $P \in E(\mathbb{F}_q)[r]$ 和 $Q \in E(\mathbb{F}_q)$, Barreto 等定义 η_T 对[31] 如下

$$\eta_T(P, Q) = f_{T,P}(\psi(Q))^{\frac{q^k-1}{n}},$$

其中 $T = q - \#E(\mathbb{F}_q) = t - 1$. 在一定条件下, $\eta_T(P, Q)$ 定义了一个新的非退化双线性对.

Hess 等在双线性 Eta 对的基础上, 提出了双线性 Ate 对和扭 (twist) Ate 对[120]. Ate 对实际上就是 η_T 对在一般椭圆曲线上的推广.

如果 n 的大小接近 $\#E(\mathbb{F}_q)$, 又由 Hasse 定理, $|t| \leqslant 2\sqrt{q}$, 可得计算双线性 η_T 对和 Ate 对所需要的 Miller 循环次数仅为计算双线性 Tate 对时的一半.

Matsuda 等令 $T = (t-1) \bmod n$, 提出了优化的 Ate 对[160]. 这里的 T 是模过 n 的, 显然总小于 n, 所以计算优化的 Ate 对总是比计算 Tate 对效率要高. Zhao 等[248] 推广了 Matsuda 等的想法, 定义

$$T_i = (t - 1)^i \bmod n,$$

其中 $1 \leqslant i \leqslant k-1$, 提出了一系列变形的优化的 Ate 对, 称为广义的双线性 Ate 对或 Ate$_i$ 对. 随着 i 的变化, T_i 的取值有可能比 $T = (t-1) \bmod n$ 的值要小.

Lee 等利用双线性 Tate 对和某一 Ate$_i$ 对的比值组合构造了 R-ate 对[152], 这种组合出来的新双线性对的 Miller 循环次数可以达到 $\log n^{1/\varphi(k)}$, 这里 $\varphi(k)$ 是 k 的欧拉函数. Vercauteren[226] 利用格归约算法构造了最优 Ate 对, 并猜想双线性对的迭代循环次数最低下界为 $\log n^{1/s}$, 其中 s 表示线性独立且可计算的自同态最大集合的个数. Hess[119] 利用格理论对目前所有已发现的双线性对函数给出了框架性结构, 并证明 Vercauteren 的猜想是成立的. 这些变形的双线性对的详细讨论可以参见赵昌安和张方国在文献 [10] 中给出的计算双线性对的研究综述.

第 3 章　椭圆曲线密码体制介绍

3.1　椭圆曲线密码体制

Koblitz[143] 和 Miller[174] 于 1985 年提出的椭圆曲线公钥密码 (ECC) 只是提供了一个实现传统离散对数密码系统的新载体, 就是将原来基于有限域的乘法循环子群的密码方案平移到有限域的椭圆曲线群上来. 给定椭圆曲线密码体制的参数, 如有限域、曲线、群的阶、生成元等, 那么基于椭圆曲线的加密、签名、密钥协商等协议都可以由现有的那些基于一般离散对数的方案转化过来, 如 Diffie-Hellman 密钥协商协议变成 ECDH、MQV 变成 ECMQV、ElGamal 加密方案变成 EC-ElGamal、DSA 变成 ECDSA 等. 由于椭圆曲线群本身具有一些其他的群所不具备的特性, ECC 具有一些独特的性质和优势. 这一节我们介绍一下利用椭圆曲线构造的一些主要密码方案.

椭圆曲线密码系统参数主要包括:

(1) **有限域 $\mathbb{F}_q$ 的描述**: 目前用在密码中的主要有两类有限域, 即大素数域和特征 2 的域. 当 $\mathbb{F}_q$ 是大素数域时, 就可以用一个素数来表示有限域. 当 $\mathbb{F}_q = \mathrm{GF}(2^m)$ 时, 则用 $\mathrm{GF}(2^m)$ 的生成多项式来表示. 从有限域的运算效率考虑, 一般取本原 3 项生成多项式 $x^m + x^r + 1$. 若不存在 3 项的, 则考虑 5 项生成多项式 $x^m + x^{r_1} + x^{r_2} + x^{r_3} + 1$. 此时的有限域 $\mathbb{F}_q$ 可以用 (m,r) 或 (m,r_1,r_2,r_3) 来描述.

(2) **椭圆曲线 E 的描述**: 从第 2 章关于椭圆曲线理论的介绍可以知道, 不管有限域是大素数域还是特征 2 的域, 椭圆曲线 $E(\mathbb{F}_q)$ 只需要两个元素 $a,b \in \mathbb{F}_q$ 就可以表示.

(3) **椭圆曲线群的阶**: $\sharp E(\mathbb{F}_q) = hn$, 这里 n 是一个大素数, h 称为余因子, 一般 h 要求比较小 (如大素数域情形 $h = 1$, 特征 2 域情形 $h = 2$).

(4) **基点**: 椭圆曲线 $E(\mathbb{F}_q)$ 的一个 n 阶生成元 $G = (x_G, y_G)$.

(5) **其他可选项等**, 如哈希 (Hash) 函数和密钥派生函数 (KDF) 等的描述.

一般用 $(\mathbb{F}_q, E, n, h, G)$ 来表示椭圆曲线密码系统的基本参数.

对于用户 A 的密钥对生成可通过如下操作: 随机选取 $d_A \in \mathbb{Z}_n$, 计算 $P_A = [d_A]G = (x_A, y_A)$. 公开 P_A 作为公钥, 秘密保存 d_A 作为自己的私钥.

3.1.1 椭圆曲线密钥协商方案

Diffie 和 Hellman 在 1976 年的关于公钥密码体制的开创性文章中没有提出公钥加密算法[73], 但他们利用离散对数问题提出了一个密钥协商方案, 即 Diffie-Hellman 密钥协商方案. 这个密钥协商方案可以实现从一个用户的私钥和另一个用户的公钥导出一个共享的秘密值. 如果双方能够正确地执行完该协议, 则他们将得到相同的结果, 这样可以用来产生一个共享的密钥, 从而双方就可以利用对称密码进行秘密通信了. 这个双方的协议可以推广到多个用户的情形.

利用椭圆曲线实现的 Diffie-Hellman 密钥协商就是原来有限域乘法群上的 DH 算法的模拟. 下面我们以 Alice 和 Bob 两方进行密钥协商为例描述椭圆曲线 Diffie-Hellman 密钥协商方案.

Alice 和 Bob 共享椭圆曲线密码系统的基本参数 $(\mathbb{F}_q, E, n, h, G)$, ECDH 协议如图 3.1.

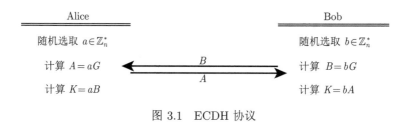

图 3.1 ECDH 协议

这样, Alice 和 Bob 就可以共享一个值 $K = aB = bA = abG$. 我们假设椭圆曲线离散对数问题是困难的, 所以公共信道上的其他人不能计算 $K = abG$.

和原始的 Diffie-Hellman 密钥协商方案一样, ECDH 方案也不能抗击中间人攻击. 为了抗击中间人攻击需要加认证. 一些基于一般离散对数构造的 DH 协议的改进也可以用到椭圆曲线情形, 例如 MQV 方案可以转化为 EC-MQV 等.

3.1.2 椭圆曲线加密方案

直接把大素数域乘法群的 ElGamal 加密方案[77] 平推到椭圆曲线群上, 可得到如下方案 (我们称之为教科书式的 EC-ElGamal, 见算法 4 和算法 5):

假定用户的公钥信息是 $\mathbb{F}_q, E, n, h, G, P_A = [d_A]G = (x_A, y_A)$, 私钥是 $d_A \in \mathbb{Z}_n$.

教科书式的 EC-ElGamal 加密算法需要消息编码, 即将任意消息映射到椭圆曲线上的点 (消息嵌入编码). 在 2007 年之前, 到任意椭圆曲线上的消息嵌入都是概率算法. 2009 年美国密码会议 (Crypto, 简称美密会) 上, Icart[249] 提出了一个确定性多项式时间算法. 当然也可以将消息看成 $\mathbb{F}_q$ 中元素, 借助椭圆曲线有理点的 x 坐标将加密改为 $c_2 = x(kP_A) + m$ (此时第二部分的密文不是椭圆曲线上的点, 而是有限域中的元素, 所以用 c_2 表示. 解密变为 $m = c_2 - x(R)$, 从而避免了消息嵌入编码.

算法 4 教科书式的 EC-ElGamal 加密算法

输入: 用户公钥信息 $(\mathbb{F}_q, E, n, G, P_A)$ 和消息 m.

输出: 密文 C.

1. 将消息 m 通过消息编码嵌入到椭圆曲线 E 上, 记为 $M \in E(\mathbb{F}_q)$;
2. 随机选数 $k \in \mathbb{Z}_n$, 计算 $C_1 = kG$;
3. 计算 $C_2 = kP_A + M$;
4. 返回: $C = (C_1, C_2)$.

算法 5 教科书式的 EC-ElGamal 解密算法

输入: 椭圆曲线系统参数 $(\mathbb{F}_q, E, n, G)$, 用户私钥 $d_A \in \mathbb{Z}_n$ 和密文 $C = (C_1, C_2)$.

输出: 消息 m.

1. 利用私钥计算 $R = d_A C_1$;
2. 计算 $M' = C_2 - R$;
3. 通过消息编码嵌入的逆映射从 M' 恢复得到消息 m;
4. 返回: m.

即使不使用消息嵌入方案, 由于 EC-ElGamal 方案的密文是 $(C_1 \in E, c_2)$, 从而有一个大约 3 倍的消息扩展因子. 另外教科书式的 EC-ElGamal 加密方案的密文没有认证性, 达不到选择密文攻击下的安全性, 即达不到 IND-CCA.

椭圆曲线集成加密系统 (elliptic curve integrated encryption system, ECIES) 是基于椭圆曲线设计的一个公钥加密系统. 由于一般的公钥加密体制实现起来速度较慢, 所以 ECIES 中的数据加密部分采用了对称密码体制, 使得这一系统可以加密任何类型的消息. 之所以称为 "集成", 是因为 ECIES 实际上是一个混合加密体制. 为了保证加密数据的完整性, 在这一系统中采用了消息认证码 (MAC). ECIES 并没有给出一种具体的实现方案, 其中的 MAC、密钥派生函数 KDF 以及对称加密方法都可以根据各自的实际需要进行设计.

ECIES 的主要参数包括: 椭圆曲线密码系统的基本参数 $(\mathbb{F}_q, E, n, G)$、用户的公私钥对 (d_A, P_A)、密钥长度为 l_1 的对称加密算法 $(\mathrm{ENC}(m), \mathrm{DEC}(c))$、密钥长度为 l_2 的消息认证码 $\mathrm{MAC} \colon \{0,1\}^{l_2} \times \{0,1\}^* \to \{0,1\}^\lambda$ 和密钥派生函数 $\mathrm{KDF} \colon E \times \mathbb{N} \to \{0,1\}^*$.

ECIES 的加解密过程描述如算法 6 和算法 7 所示.

算法 6 ECIES 加密算法

输入: 待加密消息 m, 公钥 P_A.

输出: 密文 C.

1. 随机选择一个整数 $k \in \mathbb{Z}_n$;

2. 计算 $R = kG$;

3. 计算 $K = kP_A$;

4. $(k_1 \| k_2) \leftarrow \mathrm{KDF}(K, l_1 + l_2)$;

5. $c = \mathrm{ENC}_{k_1}(m)$;

6. $t = \mathrm{MAC}_{k_2}(c)$;

7. 输出 $C = (R, c, t)$.

算法 7 ECIES 解密算法

输入: 密文 $C = (R, c, t)$ 和用户私钥 $d_A \in \mathbb{Z}_n$.

输出: 消息 m 或 "非法密文".

1. 从密文 C 的最左端取出 R;

2. 利用私钥计算 $K = d_A R$;

3. $(k_1 \| k_2) \leftarrow \mathrm{KDF}(K, l_1 + l_2)$;

4. 验证 $t = \mathrm{MAC}_{k_2}(c)$, 否则输出 "非法密文";

5. 解密消息 $m = \mathrm{DEC}_{k_1}(c)$;

6. 输出 m.

这一方案在选择明密文攻击下是可证明安全的. 关于 ECIES 的安全性证明, 可以参见文献 [46] 的第 3 章.

在椭圆曲线密码中还会用到一个小技巧, 即点压缩, 这可以降低椭圆曲线上点的存储空间. 我们以特征不为 2, 3 的大素数域 $\mathbb{F}_p$ 上定义的椭圆曲线 $E: y^2 = x^3 + ax + b$ 为例来说明如何进行椭圆曲线点的压缩和解压缩, 其他类型的椭圆曲线都可以类似地处理. 假定 (x, y) 是 E 上任意一点 (非无穷远), 给定 x 的值, y 有两个可能的值 (除非 $x^3 + ax + b \equiv 0 \bmod p$). 不难验证, 当 p 是奇素数时, y 的两个可能的值模 p 互为相反数, 从而一个是奇数, 一个是偶数. 这样我们可以指定 x 的值, 连同一比特 $(y \bmod 2)$ 来唯一确定 E 上的一个点 $P = (x, y)$. 点压缩函数可以定义为

$$\mathrm{PointCompress}(P) = (x, y \bmod 2), \quad P = (x, y) \in E.$$

解压缩运算就是从 x 和 $(y \bmod 2)$ 重构 E 上的点 $P = (x, y)$: 对 $x^3 + ax + b$

在模 p 下开平方, 得到 y 的两个可能的值, 然后借助比特 $(y \bmod 2)$ 唯一确定出 y.

可以看出椭圆曲线上的点压缩减少了大约一半的存储空间, 代价就是需要额外的计算来重构 P 点的 y 坐标. 这是一个典型的用时间换空间的做法.

在 Diffie-Hellman 密钥协商等协议中, 也可以利用椭圆曲线点压缩技术大约减少近 50% 的传输带宽和存储量.

3.1.3 椭圆曲线数字签名方案

椭圆曲线数字签名算法(elliptic curve digital signature algorithm, ECDSA)[130] 是类似于数字签名算法 (digital signature algorithm, DSA) 的一种基于椭圆曲线的数字签字算法. ECDSA 最早是由 Scott Vanstone 等 [130] 在 1992 年为了响应 NIST 对数字签名标准公众评价的要求而提出的. ECDSA 于 1998 年作为 ISO 标准被采纳, 在 1999 年作为 ANS 标准被采纳, 并于 2000 年成为 IEEE 和 FIPS 标准.

ECDSA 的主要参数包括: 椭圆曲线密码系统的基本参数 $(\mathbb{F}_q, E, n, h, G)$、用户的公私钥对 (d_A, P_A)、一个安全的 Hash 函数 Hash: $\{0,1\}^* \to \mathbb{Z}_n$ 和一个将椭圆曲线上点的 x 坐标映到 $\mathbb{Z}_n$ 的函数 f,

$$f : \begin{cases} E(\mathbb{F}_q) \to \mathbb{Z}_n, \\ P \to x_P \bmod n. \end{cases} \tag{3.1}$$

ECDSA 的签名生成算法如算法 8 所示.

算法 8 ECDSA 签名

输入: 待签名的消息 m 和私钥 d_A.

输出: 关于消息 m 的签名 (r, s).

1. 随机选择一个整数 $k \in \mathbb{Z}_n$;
2. 计算 $R = kG$;
3. 计算 $r = f(R)$, 如果 $r = 0$, 则返回到 1;
4. 计算 $k^{-1} \bmod n$;
5. 计算 $e = \text{Hash}(m)$;
6. 计算 $s = k^{-1}(e + rd_A) \bmod n$, 如果 $s = 0$, 则返回到 1;
7. 输出 (r, s).

验证者如算法 9 所示验证 (r, s) 是否是签名者对消息 m 的签名.

算法 9　ECDSA 验证

输入: 消息 m、公钥 P_A 和签名 (r, s).

输出: 接受或拒绝.

1. 验证 r, s 是 $\mathbb{Z}_n$ 中的整数. 如果不是, 直接输出 "拒绝";
2. 计算 $e = \text{Hash}(m)$;
3. 计算 $u_1 = es^{-1} \bmod n$, $u_2 = rs^{-1} \bmod n$;
4. 计算 $R = u_1 G + u_2 P_A = (x_R, y_R)$, 如果 $R = \mathcal{O}$, 则拒绝这个签名;
5. 计算 $v = f(R)$;
6. 当且仅当 $v = r$ 时接受这个签名.

关于 ECDSA 的安全性证明, 可以参见文献 [46] 的第 2 章.

3.2　椭圆曲线密码体制的标准

3.2.1　国外标准简介

从 1998 年起, 一些国家或国际化标准组织, 例如 IEEE、国际标准化组织 (ISO)、国际电工委员会 (IEC)、美国国家标准学会 (ANSI) 和美国国家标准与技术研究院 (NIST) 等开始制定椭圆曲线密码的标准. 其中, 1998 年底, NIST 公布了专门针对椭圆曲线密码的 ANSI X9.62 和 ANSI X9.63 标准, 同时, IEEE P1363 工作组也将椭圆曲线密码写入了当时正在讨论制定的 "公钥密码标准" 的草案中. 后来 RSA 公司、互联网工程任务组 (IETF)、异步传输模式论坛 (ATMF) 等也做了大量的标准化工作, 并颁布了一些椭圆曲线密码标准的文档. 加拿大 Certicom 是 ECC 的主要商业支持者, 是在商界探索如何高效、安全、低成本来实现和推广 ECC 技术和产品的最早的公司. 该公司在 ECC 产品、专利和标准化方面做了大量工作. 此外, 日本、韩国、俄罗斯和欧盟等也在纷纷进行 ECC 技术研发, 并推出了一些重要成果或 ECC 标准 (如日本的 PSEC、韩国的 EC-KDSA 和欧洲的 NESSIE) 等.

下面我们简要介绍一下国际上一些国家或组织机构颁布的 ECC 的相关标准:

(1) **ANSI X9.62, X9.63**: ANSI 是美国非营利性质的民间标准化团体, 但它实际上已成为美国的标准化中心. ANSI 关于椭圆曲线密码体制标准的文档主要是 X9.62 和 X9.63. 这些文档始于 1995 年, 并于 1999 年正式作为 ANSI 标准颁布. ANSI X9.62 介绍 ECDSA, 所用椭圆曲线是使用随机方法选取的. 椭圆曲线的定义域可以是大素数域 $\mathbb{F}_p$, 也可以是 $\mathbb{F}_{2^m}$. $\mathbb{F}_{2^m}$ 中的元素可以以多项式形式或正规基形式来表示. ANSI X9.63 介绍与加密相关的椭圆曲线密码标准 ECDH, ECMQV 和 ECIES. 这些标准都规定使用以字节为单位的字符串形式来表示曲线上的点, 并指定了要使用的消息格式, 也给出了推荐的椭圆曲线列表.

(2) **IEEE 1363-2000**: 该标准于 2000 年 2 月作为 IEEE 标准问世. IEEE 1363 的覆盖面很广, 包括公钥加密、密钥协商、数字签名等. 这个标准包括我们熟知的三类公钥体制 (ECC、一般离散对数体制和基于整数分解的 RSA 体制). 该标准对椭圆曲线密码体制的描述非常详细, 基本覆盖了关于椭圆曲线的所有密码算法, 如 ECDH, ECMQV, ECDSA 和 ECIES. 椭圆曲线的定义域可以是大素数域 $\mathbb{F}_p$, 也可以是 $\mathbb{F}_{2^m}$. 对于有限域及其元素的表示, 该标准与 ANSI X9.62 是一致的. 这一标准的附录 A 给出了三类公钥密码体制的许多数学算法.

(3) **FIPS 186-2**: 1997 年, NIST 开始制定包括椭圆曲线和 RSA 签名算法的 FIPS 186 标准. 1998 年, NIST 推出了 FIPS 186, 它包括 RSA 与 DSA 数字签名方案, 这个标准也称为 FIPS 186-1. 1999 年, NIST 又面向美国政府推出了 15 种椭圆曲线. 这些曲线都遵循 ANSI X9.62 和 IEEE 1363-2000 的形式. 2000 年 2 月, NIST 颁布了 FIPS 186-2 标准. FIPS 186-2 包含了 ANSI X9.62 中说明的 ECDSA, 并使用向美国政府推荐的那些椭圆曲线. NIST 成立于 1901 年, 原名美国国家标准局 (NBS), 是美国技术化发展的后方, 与 ANSI 建立了非常特殊的关系.

(4) **ISO/IEC 14888-3**: 这是由 ISO 和 IEC 发布的关于椭圆曲线密码的标准, 这个标准包含若干签名算法, 其中 ECDSA 部分与 ANSI X9.62 一致.

(5) **SECG**: 高效密码标准组 (SECG) 成立于 1998 年, 是一个行业联盟, 旨在开发商业标准, 以促进高效密码技术的采用和跨各种计算平台的互操作性. SECG 成员包括信息安全行业的领先技术公司和关键行业参与者. SECG 的主旨是开发有效密码标准, 特别是可以在一大类能够兼容的计算平台中容易实现和价格低廉的安全有效的密码商业标准. SECG 的密码标准主要是 Certicom 公司牵头做的, 关于椭圆曲线密码体制的标准文档有 SEC1 和 SEC2. SEC1 主要是关于椭圆曲线密码协议的标准, SEC2 列出了实现 SEC1 中密码方案常用安全级别的椭圆曲线基本参数示例. 当然这些曲线也可以应用在其他标准或产品中, 例如比特币中所采用的椭圆曲线就是 SEC2 中的 secp256k1.

(6) **RSA PKCS ♯13**: PKCS (The Public-Key Cryptography Standards) 是由美国 RSA 数据安全公司及其合作伙伴制定的一组公钥密码学标准, 其中包括证书申请、证书更新、证书作废表发布、扩展证书内容以及数字签名、数字信封的格式等方面的一系列相关协议. PKCS ♯13 就是关于椭圆曲线密码体制的.

(7) **NESSIE 中的 ECC**: 自 2000 年 1 月至 2002 年 12 月, 欧洲委员会投资 33 亿欧元支持其信息社会技术规划中一项名为 NESSIE (New European Schemes for Signatures, Integrity, and Encryption) 的工程. 该工程的主要目标是通过公开征集和进行公开透明的测试评价提出一套强的密码标准. 经过 3 年评测, 2003 年 2 月, 从提交的 42 个提案中选出了 12 个. 其中选出的 3 个公钥加密算法中的

PSEC-KEM 是基于椭圆曲线设计的密钥封装方案, 而选出的 3 个签名算法中有一个是 ECDSA.

EdDSA (Edwards-curve Digital Signature Algorithm) 签名算法是 Bernstein 等[40] 在 2011 年设计的基于 Edwards 曲线的数字签名算法. EdDSA 签名机制是 Schnorr 签名机制的一个变种, 其设计初衷是在不牺牲安全性的前提下提升签名/验签速度, 并同时解决 ECDSA 在应用方面存在的一些问题. 关于 EdDSA 已经有一些产品, 如一些密码货币 (门罗币等) 就是基于这一签名的. 这一签名体制的标准化工作也在推进中.

3.2.2   中国椭圆曲线密码标准 SM2

我国在 ECC 的标准化和产业化方面做了很多工作: 2003 年 5 月 12 日, 中国颁布的无线局域网国家标准 GB 15629.11—2003 中, 包含了全新的 WAPI (WLAN Authentication and Privacy Infrastructure) 安全机制, 能为用户的 WLAN 系统提供全面的安全保护. WAPI 中采用的公钥密码体制就是椭圆曲线算法. 2012 年 3 月 21 日, 国家密码管理局颁布了六项密码行业标准, 其中包括椭圆曲线密码算法标准, 即 GM/T 0003—2012《SM2 椭圆曲线公钥密码算法》.

SM2 椭圆曲线公钥密码算法 (简称 SM2 算法)[2] 在 2010 年 12 月首次公开发布, 2012 年正式颁布为中国商用密码标准 (标准号为 GM/T 0003—2012). 2016 年 8 月, SM2 从中国商用密码标准成为中国国家密码标准 (标准号为 GB/T 32918—2016). 现在 SM2 算法已经在我国商用密码行业大规模应用和推广, 如《中国金融集成电路 (IC) 卡规范》(简称 PBOC 3.0) 采用了 SM2 算法以增强金融 IC 卡应用的安全性. 国际可信计算组织 (TCG) 发布的 TPM2.0 规范采纳了 SM2 算法. 2016 年 10 月, ISO/IEC S27 会议通过了 SM2 算法标准草案, SM2 算法进入 ISO/IEC 14888-3 正式文本阶段. 2018 年 11 月, 我国 SM2/3/9 密码算法正式成为 ISO/IEC 国际标准.

SM2 标准共有四个部分. 第一部分为总则, 主要给出了 SM2 椭圆曲线公钥密码算法涉及的必要数学基础知识与相关密码技术, 如素数域和二元扩域上的椭圆曲线的定义和运算、各种数据类型的相互转换、椭圆曲线系统参数及其验证以及密钥对的生成与公钥的验证, 适用于定义域为素域和二元扩域的椭圆曲线公钥密码算法等. 本部分还有四个附录, 分别给出了椭圆曲线的一些背景知识、与椭圆曲线相关的一些数论算法、素数域和二元扩域上的安全级别分别为 192 比特和 256 比特的椭圆曲线示例以及椭圆曲线方程参数的拟生成过程与验证. 第二部分规定了 SM2 椭圆曲线公钥密码算法的数字签名算法, 包括数字签名生成算法和验证算法, 并给出了数字签名与验证示例及相应的流程. 第三部分规定了 SM2 椭圆曲线公钥密码算法的密钥交换协议, 并给出了密钥交换与验证示例及相应的流程.

第四部分规定了 SM2 椭圆曲线公钥密码算法的公钥加密算法, 并给出了消息加解密示例和相应的流程.

SM2 椭圆曲线数字签名算法主要包括系统参数生成 (包括椭圆曲线参数生成和用户公私钥产生)、数字签名生成和数字签名验证等三个算法, 详细描述如下.

SM2 椭圆曲线系统参数包括有限域 $\mathbb{F}_q$ 的规模及表示, 定义椭圆曲线 $E(\mathbb{F}_q)$ 的方程的两个元素 $a, b \in \mathbb{F}_q$, $E(\mathbb{F}_q)$ 上的基点 $G = (x_G, y_G)$ 和 G 的阶 n 及其他可选项, 如哈希 (Hash 在很多地方叫作杂凑, 特别是一些行业标准中) 函数 $H_v(\ )$(消息摘要长度为 v 的密码 Hash 函数)、伪随机数产生器等. 这里的哈希函数规定使用国家密码管理局批准的算法, 如 SM3 算法. 用户 A 的密钥对包括其私钥 d_A 和公钥 $P_A = d_A G = (x_A, y_A)$. 作为签名者的用户 A 具有长度为 entlen_A 的可辨别标识 ID_A, 记 ENTL_A 是由整数 entlen_A 转换而成的两个字节. 将椭圆曲线参数用户信息一起通过哈希函数运算, 得到一个与用户信息相关联的值 Z_A, 即

$$Z_A = H_{256}(\text{ENTL}_A || \text{ID}_A || a || b || x_G || y_G || x_A || y_A).$$

SM2 的数字签名生成算法和验证算法分别如算法 10 和算法 11 的描述.

SM2 椭圆曲线数字签名算法是中国自主研发的基于椭圆曲线的数字签名算法, 安全性基于椭圆曲线离散对数问题. SM2 签名除了在算法设计上与已有的算法和标准不同外, 在签名消息的预处理方面也有很大不同. SM2 椭圆曲线数字签名的信息预处理为 $\overline{M} = Z_A || M$, 明显使待签名信息的预处理中包含了签名者自身的信息等, 这样安全性大大提高, 抗抵赖性更强.

SM2 密钥交换协议是以 ECDH 密钥交换协议为基础进行设计的. 由于传统的 ECDH 密钥交换协议是不能抵抗中间人攻击的, 所以 SM2 椭圆曲线密钥交换协议在设计时将信息认证方法加入到双方的信息交换过程中, 从而增加了针对中间人攻击的防御能力.

算法 10 SM2 数字签名生成

输入: 待签名的消息 M 和私钥 d_A.

输出: 关于消息 M 的签名 (r, s).

1. 置 $\overline{M} = Z_A || M$;
2. 计算 $e = H_v(\overline{M})$, 将 e 转化为整数;
3. 用随机数产生器产生随机数 $k \in \mathbb{Z}_n$;
4. 计算 $(x_1, y_1) = kG$, 将 x_1 转化为整数;
5. 计算 $r = (e + x_1) \bmod n$, 如果 $r = 0$ 或 $r + k = n$, 则返回到第 3 步;
6. 计算 $s = (1 + d_A)^{-1}(k - r \cdot d_A) \bmod n$, 若 $s = 0$, 则返回到第 3 步;
7. 将 r, s 转化为字节串;
8. 输出 (r, s).

算法 11　SM2 数字签名验证

输入: 消息 M, 公钥 P_A 和签名 (r, s).

输出: 接受或拒绝.

1. 首先将 r, s 转化为整数, 并验证转化后的值是否是 $\mathbb{Z}_n$ 中的整数, 如果不是, 直接输出 "拒绝";
2. 置 $\overline{M} = Z_A || M$;
3. 计算 $e = H_v(\overline{M})$, 将 e 转化为整数;
4. 将 r, s 转化为整数, 计算 $t = (r + s) \bmod n$, 若 $t = 0$, 则拒绝这个签名;
5. 计算椭圆曲线点 $(x_1, y_1) = sG + tP_A$;
6. 将 x_1 转化为整数, 计算 $R = (e + x_1) \bmod n$;
7. 检验 $R = r$ 是否成立, 若成立, 验证通过, 接受签名, 否则拒绝.

　　SM2 椭圆曲线密钥交换协议的系统参数包括椭圆曲线系统参数 $(\mathbb{F}_q, a, b, G, n, h)$, 哈希函数 Hash 和密钥派生函数 KDF. 这里的哈希函数规定使用国家密码管理局批准的算法. 密钥派生函数的作用是从一个共享的秘密比特串中派生出密钥数据. SM2 中给出了一个基于密码哈希函数的密钥派生函数的构造. 用户 A 的密钥对包括其私钥 d_A 和公钥 $P_A = d_A G = (x_A, y_A)$, 用户 B 的密钥对包括其私钥 d_B 和公钥 $P_B = d_B G = (x_B, y_B)$. 除了用户的公私钥, 参与用户还要用到如下信息: 用户 A 或 B 具有长度为 entlen_A(或 entlen_B) 的可辨别标识 ID_A(或 ID_B), 记 ENTL_A(或 ENTL_B) 是由整数 entlen_A(或 entlen_B) 转换而成的两个字节. 参与密钥协商的 A, B 双方都需要用密码哈希函数求得用户 A 的哈希值 Z_A 和用户 B 的哈希值 Z_B, 这里

$$Z_A = H_{256}(\text{ENTL}_A || \text{ID}_A || a || b || x_G || y_G || x_A || y_A),$$

$$Z_B = H_{256}(\text{ENTL}_B || \text{ID}_B || a || b || x_G || y_G || x_B || y_B).$$

　　设用户 A 和 B 协商获得密钥数据的长度为 klen, 用户 A 为发起方, 用户 B 为响应方. 用户 A 和 B 双方为了获得相同的密钥, 我们将 SM2 标准中的密钥交换协议具体流程不加修改地在图 3.2 中描述, 有关该协议更详细的描述和分析可以参看标准文件 [2] 或一些相关的行业标准和实现文档.

　　SM2 椭圆曲线公钥加密算法主要包括系统参数生成、加密和解密三个算法. 椭圆曲线系统参数包括 $\mathbb{F}_q, a, b, G, n, h$, 用户 B 的密钥对包括其私钥 d_B 和公钥 $P_B = d_B G = (x_B, y_B)$、哈希函数 Hash 和密钥派生函数 KDF. 设用户 A 要发送给用户 B 的消息为比特串 M (klen 为 M 的比特长度), 作为加密者的用户 A 实现以下运算步骤, 如算法 12 所示.

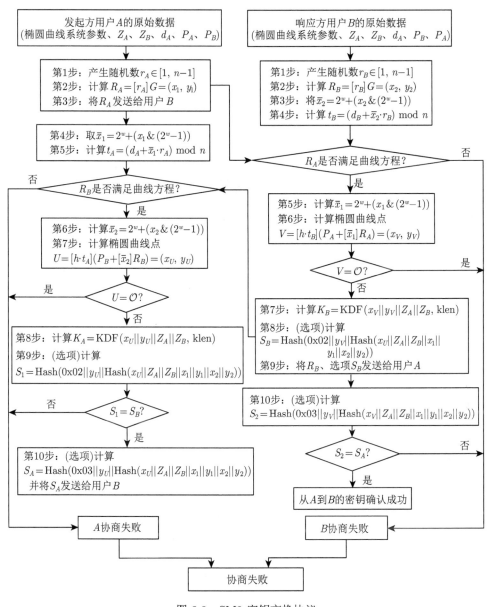

图 3.2　SM2 密钥交换协议

设 klen 为密文中 C_2 的比特长度, 解密者具体解密过程如算法 13 描述.

　　SM2 椭圆曲线公钥加密算法使用椭圆曲线公钥进行加密和私钥进行解密算法, 其实现上是在椭圆曲线 Diffie-Hellman 上派生出流密钥, 之后与明文或者密文进行异或运算. SM2 椭圆曲线公钥加密算法采用 IND-CPA 加密方案组合一次性

MAC 的形式达到 IND-CCA 安全, C_3 就起到了一次性 MAC 的作用. 该算法可以采用混合加密的形式, 将 C_2 的生成用任何安全的对称加密实现, 从而能有效地实现公钥加密, 达到信息的机密性的安全要求.

算法 12   SM2 公钥加密算法
___

输入: 明文 M 和用户 B 的公钥 P_B.

输出: 密文 C.

1. 用随机数发生器产生随机数 $k \in \mathbb{Z}_n$;
2. 计算椭圆曲线点 $C_1 = kG = (x_1, y_1)$, 将 C_1 的数据类型转换为比特串;
3. 计算椭圆曲线点 $S = hP_B$, 若 S 是无穷远点, 则报错并退出;
4. 计算椭圆曲线点 $kP_B = (x_2, y_2)$, 将坐标 x_2, y_2 的数据类型转换为比特串;
5. 计算 $t = \mathrm{KDF}(x_2 || y_2, \mathrm{klen})$, 若 t 为全 0 比特串, 则返回 1;
6. 计算 $C_2 = M \oplus t$;
7. 计算 $C_3 = \mathrm{Hash}(x_2 || M || y_2)$;
8. 输出密文 $C = C_1 || C_2 || C_3$.

算法 13   SM2 公钥解密算法
___

输入: 密文 $C = C_1 || C_2 || C_3$ 和用户 B 的私钥 d_B.

输出: 明文 M.

1. 从 C 中取出比特串 C_1, 将 C_1 的数据类型转换为椭圆曲线上的点, 验证 C_1 是否满足椭圆曲线方程, 若不满足则报错并退出;
2. 计算椭圆曲线点 $S = hC_1$, 若 S 是无穷远点, 则报错并退出;
3. 计算 $d_B C_1 = (x_2, y_2)$, 将坐标 x_2, y_2 的数据类型转换为比特串;
4. 计算 $t = \mathrm{KDF}(x_2 || y_2, \mathrm{klen})$, 若 t 为全 0 比特串, 则报错并退出;
5. 从 C 中取出比特串 C_2, 计算 $M' = C_2 \oplus t$;
6. 计算 $u = \mathrm{Hash}(x_2 || M' || y_2)$, 从 C 中取出比特串 C_3, 若 $u \neq C_3$, 则报错并退出;
7. 输出明文 M'.

3.3   双线性对密码体制

因为双线性对密码体制目前也主要是利用椭圆曲线来构造的, 且其安全性也是依赖于椭圆曲线离散对数问题, 所以我们把基于双线性对的密码体制也纳入到 (广义的) 椭圆曲线密码体制中. 假设 $\mathbb{G}_1 = \langle P_1 \rangle$ 和 $\mathbb{G}_2 = \langle P_2 \rangle$ 是两个 n 阶加法群, $\mathbb{G}_T = \langle g \rangle$ 是 n 阶乘法群. $e: \mathbb{G}_1 \times \mathbb{G}_2 \to \mathbb{G}_T$ 是双线性对. 下面我们介绍利用双线性对构造的主要的密码方案.

3.3.1 密钥协商

密钥协商协议允许两个或多个用户在公开网络中建立一个共享密钥, 是密码学的一个基本原语. 第一个密钥协商协议是 Diffie-Hellman 协议[73], 该协议是一个两方协议. 如果不考虑通信的复杂度, 双方的密钥协商协议很容易推广到三方或多方. 使用双线性对的好处是可以设计一个一轮通信的三方密钥协商协议. Joux[131] 首次提出了这样的一个密钥协商协议.

假定有双线性对 $e : \mathbb{G}_1 \times \mathbb{G}_2 \to \mathbb{G}_T$, $\mathbb{G}_1 = \langle P_1 \rangle$, $\mathbb{G}_2 = \langle P_2 \rangle$ 是 n 阶加法群. 参与方 Alice, Bob 和 Carol 各自产生秘密随机值 $a, b, c \in \mathbb{Z}_n$, 并各自广播 (aP_1, aP_2), (bP_1, bP_2) 和 (cP_1, cP_2). 当所用的双线性对是 I 型或 II 型的时候, 三方广播的信息只需要群中一个元素. 利用双线性对, 它们就可以分别计算共享密钥

$$K = K_A = e(bP_1, cP_2)^a = K_B = e(aP_1, cP_2)^b = K_C = e(aP_1, bP_2)^c = e(P_1, P_2)^{abc}.$$

就像原始的 Diffie-Hellman 协议一样, Joux 的三方一轮密钥协商协议不是认证的, 容易受到中间人攻击. 基于这一基本协议, 许多认证的三方密钥协商协议被提出. 这一基本的协议也被推广到基于身份的体制.

3.3.2 基于身份的加密体制及其推广

双线性对在密码构造中的一个重要应用是实现基于身份的加密. 基于身份的加密体制的思想早在 1984 年就由 Shamir[207] 提出, 最初的动机就是为了简化传统的公钥基础设施 (PKI) 体系架构中证书认证机构 (CA) 对各用户证书的管理, 其基本的想法就是将用户的身份与其公钥以最自然的方式捆绑在一起. 在提出基于身份的密码体制概念的同时, Shamir 给出了一个采用 RSA 算法的基于身份的签名方案 (IBS), 但是基于身份的加密算法 (IBE) 长时期内都未能找到有效的解决方法. 虽然有一些早期学者的努力, 不过第一个真正实用的 IBE 方案是使用椭圆曲线上的双线性对构造的, 它们分别被 Sakai 等[195] 及 Boneh 和 Franklin[49] 在 2001 年发现.

下面我们给出 Boneh 和 Franklin 的基于双线性对的基本 IBE 方案的描述:

(1) **系统建立**: 双线性对 $e : \mathbb{G}_1 \times \mathbb{G}_2 \to \mathbb{G}_T$, $\mathbb{G}_1 = \langle P_1 \rangle$ 和 $\mathbb{G}_2 = \langle P_2 \rangle$ 是两个 n 阶加法群, 两个哈希函数 $H_1 : \{0,1\}^* \to \mathbb{G}_1$ 和 $H_2 : \mathbb{G}_T \to \{0,1\}^k$(假定消息空间是 $\{0,1\}^k$), 密钥生成中心 (PKG) 生成系统主密钥 $\mathrm{MSK} = a \in \mathbb{Z}_n$, 系统公钥是 $\mathrm{MPK} = aP_2 \in \mathbb{G}_2$.

(2) **私钥提取**: 对身份信息 ID, 计算 $P_{\mathrm{ID}} = H_1(\mathrm{ID}) \in \mathbb{G}_1$, 对应的私钥是 $\mathrm{SK}_{\mathrm{ID}} = aP_{\mathrm{ID}} \in \mathbb{G}_1$.

(3) **加密**: 随机取 $r \in \mathbb{Z}_n$, 计算 $K = e(P_{\mathrm{ID}}, \mathrm{MPK})^r$, 消息 m 的密文计算如下

$$C = (C_1, C_2) = (rP_2, m \oplus H_2(K)).$$

(4) **解密**: 计算 $K = e(\mathrm{SK}_{\mathrm{ID}}, C_1)$, 用 K 解密出 $m = C_2 \oplus H_2(K)$.

Boneh 和 Franklin 在他们的文章中, 假定双线性计算 Diffie-Hellman 问题是困难的, 上述 Boneh-Franklin 的基本 IBE 方案在随机预言模型 (RO) 下被证明是 IND-ID-CPA 的. 利用 Fujisaki-Okamoto 变换技术, Boneh 和 Franklin 在随机预言模型下也证明了他们的 IBE 方案对选择密文攻击 (CCA) 是安全的. 在基于身份的密码体制中, 用户的公钥可以是任何唯一识别用户身份的信息, 如身份证号、E-mail 地址、驾驶证号等等, 当然可以唯一识别用户的一些生物特征, 如指纹、虹膜等也自然可以作为基于身份的公钥体制中的用户公钥. 然而由于生物特征具有非精确再生性, 即同一个生物特征的两个测量值不完全相同, 所以将生物特征作为公钥信息时, 就带有了模糊性. Sahai 和 Waters [196] 在对 IBE 和生物特征进行了研究后, 提出了基于模糊身份的加密体制 (FIBE). 由于生物特征信息被看成是具有某些特定属性的一个集合, Sahai 和 Waters 将基于模糊身份的加密体制加以简单推广, 得到了基于属性的加密体制 (ABE). 基于属性的加密体制有两种方法可以用在接入控制结构的设计中, 它们分别是密钥策略 (key-policy) ABE 和密文策略 (ciphertext-policy) ABE. 断言 (或谓词) 加密 (predicate encryption) 是基于身份的加密的一个推广, 密钥对应于一个断言 f, 密文关联着一些属性, 对应于断言 f 的密钥 SK_f 能够用来解密具有属性 I 的密文当且仅当 $f(I) = 1$. Boneh 和 Hamburg [50] 在 ASIACRYPT 2008 上给出了广义的基于身份的加密 (GIBE) 的概念. 一个广义的基于身份的加密方案, 允许一些策略的参与来进行加密信息, 这些策略来自一些允许的策略集合 P. 2004 年, Boneh 等 [48] 提出了带有关键字搜索的公钥加密方案 (PEKS), 并基于双线性对给出了实现. Abdalla 等 [13] 指出, 带有关键字搜索的公钥加密实际上和匿名 IBE 等价, 所以 PEKS 也是基于身份的加密体制的一种变形. 2008 年, Sahai 和 Waters 首次在一次演讲中提出了函数 (或功能) 加密的概念; 第一次正式出现在文献中是 2010 年欧洲密码会议 (Eurocrypt, 简称欧密会) 上 Lewko 等 [155] 的论文. 广义上来说, 诸如基于身份的加密、匿名 IBE、基于属性的加密体制、隐藏向量加密 (HVE)、内积断言加密、广播加密、基于身份的广播加密、基于分层身份的广播加密、可搜索加密等都属于功能加密的各种不同特例. 可见, 功能加密的应用极为广泛, 可用来确定对加密数据的访问权, 实现不同权限用户访问不同加密数据的功能. 一般地, 函数或功能加密就是对于消息 m 的密文 C, 用对应于函数 f 的密钥 SK_f 解密可以得到函数 f 作用在 m 上的结果 $f(m)$. 利用双线性对可以实现函数加密, 不过所涉及的

函数 f 都是比较简单的函数. 由于基于属性的加密可以在云存储中实现高效、精细、灵活的密文访问控制, 函数加密和可搜索的加密可以实现对加密消息的操作, 所以基于身份的密码体制及其推广方案被广泛应用于隐私保护和访问控制, 特别是在当前比较热门的安全云计算领域有了重要应用.

3.3.3 基于双线性对的签名

双线性对在密码构造中另一个重要的应用是构造短签名, 短的数字签名在某些环境下特别是通信带宽和存储空间受限制的情况下是需要的. 两个最常用的数字签名方案是 RSA 和 ECDSA. 在 80 比特的安全级别下, 这两个签名方案分别提供 1024 比特和 320 比特长度的签名. 基于双线性对 $e: \mathbb{G}_1 \times \mathbb{G}_2 \to \mathbb{G}_T$ 设计的签名可以是 $\mathbb{G}_1$ 中一个元素, 而 $\mathbb{G}_1$ 一般是由基域上的椭圆曲线群构造的, 80 比特安全级别的椭圆曲线上的有理点可以用 160 比特表示, 从而使得利用双线性对构造的签名只需要 160 比特, 因此达到了短签名效果. 第一个利用双线性对构造的短签名是 Boneh 等[51]2001 年提出的 Boneh-Lynn-Shacham 签名方案, 简称 BLS 方案.

BLS 短签名方案描述如下:

(1) **系统建立**: 双线性对 $e: \mathbb{G}_1 \times \mathbb{G}_2 \to \mathbb{G}_T$, $\mathbb{G}_1 = \langle P_1 \rangle$ 和 $\mathbb{G}_2 = \langle P_2 \rangle$ 是两个 n 阶加法群, 哈希函数 $H_1: \{0,1\}^* \to \mathbb{G}_1$. 签名公钥: $V = sP_2$, 签名私钥是 $s \in \mathbb{Z}_n$.

(2) **签名**: $\sigma = sH_1(m)$.

(3) **验证**: $e(\sigma, P_2) = e(H_1(m), V)$.

BLS 短签名需要一个特殊哈希函数, 即将任意消息映射到椭圆曲线上的点 (消息嵌入编码). 在 2004 年公钥密码会议 (PKC) 上, 张方国等[244] 提出了另一个基于双线性对的短签名方案 ZSS04.

ZSS 短签名方案描述如下:

(1) **系统建立**: 双线性对 $e: \mathbb{G}_1 \times \mathbb{G}_2 \to \mathbb{G}_T$, $\mathbb{G}_1 = \langle P_1 \rangle$ 和 $\mathbb{G}_2 = \langle P_2 \rangle$ 是两个 n 阶加法群, 哈希函数 $H_2: \{0,1\}^* \to \mathbb{Z}_n$. 签名公钥: $V = sP_2$, 签名私钥是 $s \in \mathbb{Z}_n$.

(2) **签名**: $\sigma = \dfrac{1}{s + H_2(m)} P_1$.

(3) **验证**: $e(\sigma, V + H_2(m)P_2) = e(P_1, P_2)$.

ZSS04 方案与 BLS 方案中的签名都是 $\mathbb{G}_1$ 中的一个群元素. 作为基域上椭圆曲线群的 $\mathbb{G}_1$ 中元素可以进行点压缩, 从而使得签名大小基本与 $\mathbb{F}_q$ 中的一个元素大小相仿. 所以, 即使不用超奇异椭圆曲线, 只要 $\mathbb{G}_1$ 群元素有短的表示, ZSS04 方案与 BLS 方案仍然可以实现短签名. 这两个签名方案具有相同的签名长度和安全性, 但 ZSS04 方案比 BLS 方案更有效, 且不需要特殊哈希函数. ZSS04 方案在随机预言模型下被证明是安全的, 同年的欧密会上 Boneh 和 Boyen[47] 将 ZSS04

中的 $H(m)$ 定义为 $my + r$, 这里 y 是另一个签名私钥, r 是随机数, 从而避免了随机预言模型, 给出了标准模型下签名方案的构造和证明, 即 BB04 方案.

在 2006 年的越南密码会上, 张方国等利用 I 型双线性对提出了另一个基于双线性对的签名方案 ZCSM[241], 该方案是利用双线性平方根 CDHP 构造的.

ZCSM 签名方案描述如下:

(1) **系统建立**: 双线性对 $e: \mathbb{G} \times \mathbb{G} \to \mathbb{G}_T$, $\mathbb{G} = \langle P \rangle$ 是 n 阶加法群, 哈希函数 $H: \{0,1\}^* \to \mathbb{Z}_n$. 签名公钥: $V = sP$, 签名私钥是 $s \in \mathbb{Z}_n$.

(2) **签名**: $\sigma = (H(m\|i) + x)^{\frac{1}{2}}P$, 这里 i 从 0 递增, 直到 $H(m\|i) + x$ 是模 n 的二次剩余.

(3) **验证**: $e(\sigma, \sigma) = e(H(m\|i)P + V, P)$.

假定平方根 CDHP 题是困难的, ZCSM 签名方案在随机预言模型下可以被证明是安全的. 模仿 BB04 方案, ZCSM 签名方案也可以改造成是标准模型下安全的签名方案. 由于 ZCSM 签名方案是利用 I 型双线性对来构造的, 而这类双线性对目前只能通过超奇异椭圆曲线或超奇异超椭圆曲线来构造, 但现在的这类双线性对的构造已经不能使 $\mathbb{G}$ 中的元素有短的表示, 所以 ZCSM 签名方案目前提供不了短签名了.

将 ZCSM 签名方案与 Rabin 签名结合, 利用合数阶 I 型双线性对, 可以构造基于身份的签名, 这个新的签名与其他基于身份的签名相比有一个非常有意思的特点, 就是签名只有一个群元素. 下面我们给出这个基于身份的签名的描述:

(1) **系统建立**: 双线性对 $e: \mathbb{G} \times \mathbb{G} \to \mathbb{G}_T$, $\mathbb{G} = \langle P \rangle$ 是 n 阶加法群, 这里 $n = pq$, 并且 $p \equiv 3 \bmod 4, q \equiv 3 \bmod 4$. 两个哈希函数 $H_1: \{0,1\}^* \to \mathbb{Z}_n$ 和 $H_2: \{0, 1\}^* \to \mathbb{G}$. 密钥生成中心 PKG 的公钥是 MPK $= \{e, \mathbb{G}, \mathbb{G}_T, n\}$, 系统主密钥 MSK $= \{p, q\}$.

(2) **私钥提取**: 对身份信息 id, 对应的私钥是 $s_{\mathrm{id}} = H_1(\mathrm{id})^{\frac{1}{2}} \bmod n$. 如果 $H_1(\mathrm{id})$ 不是模 n 的二次剩余, 则给用户返回 $s_{\mathrm{id}} = (-H_1(\mathrm{id}))^{\frac{1}{2}} \bmod n$. 这一步实际上就是一个对身份 id 的 Rabin 签名.

(3) **签名**: 对于消息 m, 具有身份 id 的签名者计算签名如下

$$\sigma = s_{\mathrm{id}} H_2(m) \in \mathbb{G}.$$

(4) **验证**: 给定 id, m, σ, 验证

$$e(\sigma, \sigma) \overset{?}{=} e(H_2(m), H_2(m))^{H_1(\mathrm{id})}$$

或

$$e(\sigma, \sigma) \overset{?}{=} e(H_2(m), H_2(m))^{-H_1(\mathrm{id})}.$$

我们还不知道具有一个群元素的基于身份的签名有什么优势, 但上面的这个基于身份的签名具有聚合性质, 这也可能在安全云存储等方面有应用. 另外, 这个基于身份的签名很容易给出对应的盲签名方案:

(1) 对消息 m, 用户随机选取 $r \in \mathbb{Z}_n$ 来盲化消息, 计算 $R = rH_2(m) \in \mathbb{G}$, 将 R 发给签名者.

(2) 签名者验证 $R \in \mathbb{G}$, 然后计算

$$\sigma' = s_{\mathrm{id}}R \in \mathbb{G},$$

并将 σ' 返回给用户.

(3) 用户计算

$$\sigma = (r^{-1} \bmod n)\sigma' \in \mathbb{G},$$

这是一个轮数最优的基于身份的盲签名方案, 该盲签名的验证与原来基于身份的签名的验证是一样的.

除了这几个签名方案外, 还有几个利用双线性对构造的非常重要的签名方案, 它们是: Waters05 签名方案[233]、Camenisch-Lysyanskaya 签名 (CL04) 方案[61]、Okamoto 签名方案[180] 等. 这些签名方案各有特色, 在构造群签名、直接匿名认证 (DAA) 等隐私保护相关的方案或系统方面起着重要作用.

除了以上提到的关于双线性对签名、三方一轮密钥协商和基于身份的加密及其推广, 双线性对还有其他形形色色的应用, 如: 聚合签名、可验证加密的签名、部分盲签名、群签名、环签名、代理重加密、门限加密、可验证伪随机函数、广播加密、叛徒追踪、秘密握手协议等. 关于双线性对的实现以及基于双线性对的密码体制及其安全性的研究可以参看作者的综述文章 [8].

3.3.4 双线性对密码的标准化

随着应用的逐渐广泛, 国际上许多标准组织也在积极地进行双线性对密码体制的标准化工作. 2006 年, 国际标准化组织 ISO 在 ISO/IEC 14888-3 中给出了两个利用双线性对设计的基于身份的签名体制的标准; ISO/IEC 18033-5 信息技术-安全技术-加密算法-第五部分: 基于标识的密码. IEEE 也组织了专门的基于身份的密码体制的工作组 (IEEE P1363.3). 2007 年 8 月, NIST 也在着手制定基于身份的密码体制和基于双线性对的密码体制的标准.

国际互联网工程任务组 (The Internet Engineering Task Force, IETF) 制定和发布了大量关于双线性对密码的 RFC (request for comments), 如 RFC 5091, 5409, 6267, 6508 等.

我国也非常重视基于身份的密码体制的发展和应用, 努力从国家标准层面对其进行支持. 从 2006 年开始, 国家密码管理局就组织了相关领域的专家开展中国

标识密码算法标准规范的制定工作, 并于 2008 年制定了商密算法 SM9. 经完善和修改后, SM9 于 2016 年 3 月由国家密码管理局正式对外公布, 标准号为 GM/T 0044—2016.

　　SM9 共包含总则、数字签名算法、密钥交换协议、密钥封装机制和公钥加密算法、参数定义五个部分. SM9 算法同其他标识密码算法一样, 安全性基于椭圆曲线双线性映射的性质, 当椭圆曲线离散对数问题和扩域离散对数问题的求解难度相当时, 可用椭圆曲线对构造出安全性和实现效率兼顾的基于标识的密码算法. 2017 年 11 月, SM9 数字签名算法成为 ISO/IEC 国际标准. 2021 年 2 月, SM9 标识加密算法作为国际标准 ISO/IEC 18033-5:2015/ADM:2021《信息技术安全技术加密算法第 5 部分: 基于标识的密码补篇 1: SM9》由 ISO 正式发布. 2021 年 10 月, ISO 正式发布了 SM9 密钥交换协议 ISO/IEC 11770-3. 有关 SM9 密码标准算法的详细情况可以参看文献 [3].

第 4 章　椭圆曲线离散对数及其相关问题

4.1　ECDLP

4.1.1　ECDLP 的定义

简单来说, 所谓离散对数问题就是指数 (幂次) 运算的逆问题. 离散对数问题可以定义在任意群和其子群中. 给定任意一个群, $*$ 是群运算, g 是该群的一个 n 阶元素. $\mathbb{G}$ 是由 g 生成的 n 阶循环群, $\mathbb{G}$ 中任意一元素 h 关于 g 的**离散对数**是指整数 $x \in \mathbb{Z}_n$, 使得 $x = \log_g h$, 即 $h = g^x$. $\mathbb{G}$ 中的**离散对数问题** (DLP) 是指给定两个群元素 g, h, 找一个整数 $x \in \mathbb{Z}_n^*$, 使得 $h = g^x$.

椭圆曲线离散对数问题就是把群 $\mathbb{G}$ 考虑成有限域上的椭圆曲线群. 详细定义如下:

定义 4.1 (ECDLP 定义)　令 E 是定义在有限域 $\mathbb{F}_q$ 上的一条椭圆曲线, 令 $P \in E(\mathbb{F}_q)$ 是一个阶为 n 的点, $\mathbb{G} = \langle P \rangle$ 是由点 P 生成的子群. 如果 $Q \in \langle P \rangle$, 那么存在整数 s $(0 \leqslant s < n)$ 使得 $Q = sP$. 整数 $s := \log_P Q$ 定义为 Q 关于基点 P 的离散对数. 给定 E 的参数和 P, Q, 计算 s 的问题称为椭圆曲线离散对数问题, 简记为 ECDLP.

给定 P 和 s, 利用 2.5.3 节介绍的标量乘算法可以有效计算 $Q = sP$. ECDLP 就是椭圆曲线标量乘的逆运算, 这个逆运算目前还没有发现通用的有效算法, 一般认为是困难的, 所以椭圆曲线标量乘可以看成是一个单向函数. 简单地说, 单向函数就是一种易于计算而难于求逆的函数, 形式化的定义如下[108]:

定义 4.2 (单向函数)　函数 $f: \{0,1\}^* \to \{0,1\}^*$ 如果满足下面两个条件, 则被称为是单向函数.

(1) 计算容易: 存在一个多项式时间算法 A, 使得对所有 $x \in \{0,1\}^*$, $A(x) = f(x)$.

(2) 求逆困难: 对每一个多项式时间算法 A', 每一个正多项式 $p(\cdot)$ 和所有足够大的 λ 都有

$$\Pr_{x \in \{0,1\}^\lambda}[A'(f(x), 1^\lambda) \in f^{-1}(f(x))] < \frac{1}{p(\lambda)}.$$

这里的概率是均匀选取所有 $x \in \{0,1\}^\lambda$ 可能取值和所有可能的内部抛硬币结果作为 A' 的输入而得到的.

对于给定的椭圆曲线群 $\mathbb{G} = \langle P \rangle \subseteq E(\mathbb{F}_q)$, 定义

$$f_{E,P} : \{0,1\}^l \to \mathbb{G},$$

$$f_{E,P}(x) = xP,$$

这里 $l = \lceil \log_2 n \rceil$, 即群 $\mathbb{G}$ 的阶的规模. 这个函数的逆函数就是 ECDLP. 但我们一般称 ECDLP 是个单向函数, 严格来说, 应该幂指数或标量乘函数是单向函数.

4.1.2 ECDLP 的比特安全性

在讨论一些密码困难问题之间的关系时, 经常会用到归约这个概念. 简单讲, 归约就是子程序调用. 这里的子程序的功能被详细规定, 但没有规定其操作, 并且这些子程序的运行时间是用单位代价来计数的. 归约可以通过利用求解一个计算问题的子程序调用来求解另一个计算问题. 我们一般考虑的归约是高效的, 即多项式时间归约. 我们给出如下定义:

(1) 我们说问题 A 是多项式时间归约到问题 B, 记为 A ⩽ B (或 A ↪ B), 如果存在多项式时间算法 $\mathcal{R}$, 能够通过调用求解问题 B 的解的算法来实现求解问题 A. 此时我们也说问题 B 比问题 A 难.

(2) 问题 A 和 B 是多项式时间等价的, 如果 A 是多项式时间归约到 B, 同时 B 也能多项式时间归约到问题 A.

一般性算法归约称为图灵归约, 实际上就是预言图灵机. 当考虑的是多项式时间归约时, 通常会考虑 Cook 归约、Karp 归约和 Levin 归约. 具体地可以参看计算复杂性的相关资料, 如文献 [109] 的 2.2 节等, 在本书后面的第 8 章我们也会做简单介绍.

给定 E 的参数和 P, Q, s 是 Q 关于基点 P 的离散对数. 假定

$$s = (s_{l-1}, \cdots, s_1, s_0)$$

是 s 的二进制表示, 用记号 $L_i(Q)$ 表示 Q 关于基点 P 的 ECDLP 的第 i 个最低比特, 即 $L_i(Q) = s_{i-1}$. ECDLP 的最低有效比特 (least significant bit) $\mathrm{LSB}_P(Q) = L_1 = s_0$. ECDLP 的比特安全性就是考虑 ECDLP 的单个比特的计算困难性.

下面我们简要证明, 对于素数阶的椭圆曲线群, ECDLP 的 LSB 等价于整个 ECDLP. 很显然, 如果 ECDLP 可解的话, $\mathrm{LSB}_P(Q)$ 就知道了. 假定存在一个算法可以求解 ECDLP 的最后 1 比特, 即给定 E 的参数和 P, Q, 存在一个算法 $\mathcal{A}$, 使得 $\mathcal{A}(P, Q) = L_1(Q) = s_0$. 借助下面的算法 14, 至多调用 $\log_2 s$ 次算法 $\mathcal{A}$ 就可以完全计算出 s.

算法 14 ECDLP 的 LSB 安全性
_____

输入: P 和 $Q = sP$.

　　调用 $\mathcal{A}$.

输出: s.

　1. $s_0 = \mathcal{A}(P, Q)$.
　2. **for** $i = 1$ **to** $l - 1$ **do**

　　　$Q \leftarrow (2^{-1} \bmod n)(Q - s_{i-1}P)$.

　　　$s_i = \mathcal{A}(P, Q)$.
　3. 返回 $s = (s_{l-1}, \cdots, s_1, s_0)$.

_____

所以, 如果 ECDLP 的最后 1 比特可以有效计算的话, 那么整个 ECDLP 都可以有效计算出. 也就是说 $\mathrm{LSB}_P(Q)$ 是 ECDLP 的硬核比特.

定义 4.3 (硬核谓词 (比特))　一个多项式时间可计算的布尔函数 $b: \{0,1\}^* \to \{0,1\}$ 称为是一个函数 $f: \{0,1\}^* \to \{0,1\}^*$ 的硬核比特或硬核谓词 (或核心断言), 如果对每一个概率多项式时间算法 A', 每一个正多项式 $p(\cdot)$ 和所有足够大的 λ 有

$$\Pr[A'(f(x)) = b(x)] < \frac{1}{2} + \frac{1}{p(\lambda)}.$$

这里的概率也是均匀选取所有 $x \in \{0,1\}^\lambda$ 可能取值和所有可能的内部抛硬币结果作为 A' 的输入而得到的.

并不是 ECDLP 的所有的比特都是硬核比特, 这要取决于椭圆曲线群的阶. 例如当椭圆曲线群 $\mathbb{G} = \langle P \rangle$ 的阶 $n = 2^{l-1} + v$ 是个素数时, 假设 $0 < v < 2^{(l-1)/2}$. 则对随机的 $Q \in \langle P \rangle$, $\log_P Q = s = (s_{l-1}, \cdots, s_1, s_0)$ 是 $\mathbb{Z}_n$ 中一随机数, 可以表示成一个 l 长的比特串. 此时, s 的最高比特 $s_{l-1} = 1$ 的概率是 $v/2^{l-1}$, 显然有 $v/n < v/2^{l-1} < 1/2^{(l-1)/2}$. 而 $s_{l-1} = 0$ 的概率至少是 $1 - 1/2^{(l-1)/2}$. 所以此时的最高有效比特 (MSB) 不是 ECDLP 的硬核比特. 如果群的阶是 $n = 2^l - 1$ (是一个梅森素数), 则容易验证, 不只是 ECDLP 的最高位比特, 实际上对任意的 $0 < i \leqslant l$, $L_i(Q) = s_{i-1}$ 都是 ECDLP 的硬核比特.

从上面的例子可以看出, 计算 ECDLP 的最低位比特总是和计算 ECDLP 一样困难, 而计算最高位比特则可能困难, 也可能不困难. 在我们给出的最高位比特计算容易的例子中可以看出, 能计算最高比特位并不是由于 ECDLP 本身的任何弱点, 而是对模 n 余数的统计性质. 为了定义所有比特都是难的, 要对这个 "难" 给出一个合理的定义. 一种定义比特为 "难" 的方式可以如下定义: 如果计算出该比特不会比利用自然统计偏差估计出它容易. 如果这样定义比特为难的话, 则计算 ECDLP 的任意比特都是困难的.

另外, 在密码中有时会用到多个比特同时硬核的时候. 就像前面举的例子, 最

高位比特可能不是硬核比特, 但连续的 k 个高位比特的计算就可以和 ECDLP 计算等价. 我们首先给出多个比特同时难的定义 (借用 [93] 中的定义 21.6.14).

定义 4.4　假定 $f\colon \{0,1\}^n \to \{0,1\}^m$ 是一个单向函数, $S \subseteq \{1,\cdots,n\}$. 我们说由 S 所标识的比特集合是同时难的, 如果给定 $f(x)$, 不存在多项式时间算法可以区分序列 $(x_i : i \in S)$ 和一个 $\sharp S$ 长随机比特串.

借助 [117] 中的定理 10.2, 我们可以给出关于一般群的阶的离散对数问题的比特安全性和多比特同时难的结论 (对于离散对数多比特同时难的讨论也可以参看文献 [200]).

定理 4.1　令 $\mathbb{G} = \langle g \rangle$ 是一个 n 阶循环群 (乘法运算), $l = \lceil \log_2 n \rceil$, $n = 2^k p$, 并定义 $f_q(x) = g^x$, 则 $f_g(x)$ 的第 $k, k+1, \cdots, l-1$ 位比特都是硬核比特, 除非 $\mathbb{G}$ 中的离散对数问题存在概率多项式时间算法并能够以概率 $1 - O(l^{-1})$ 成功求解. 长度为 $O(\log_2 l)$ 的多比特是同时难的.

也就是说, 对大多数的 n, 计算任意单个比特 (或区分离散对数的长度为 $O(\log_2(\log_2(n)))$ 的比特组与随机比特串) 等同于计算整个离散对数问题. 上面的定理没有限定群的运算, 所以自然适用于椭圆曲线群和 ECDLP.

4.1.3　ECDLP 的通用算法

在讨论 ECDLP 的通用算法下界前, 我们考虑如下的问题: 给定有限域 $\mathbb{F}_q$, 定义在该有限域上的椭圆曲线有很多. 如果定义的不同椭圆曲线群具有不同的阶, 则显然这些不同的椭圆曲线群上的离散对数问题的计算难度是不一样的. 如果定义的不同椭圆曲线群具有相同的阶, 那么它们的 ECDLP 是否具有相同的计算难度呢?

定义在 $\mathbb{F}_q$ 上的椭圆曲线 E 和 E', 如果它们在 $\mathbb{F}_q$ 上是同构的, 则显然具有相同的点的个数, 并且有理点群也作为群是同构的, 从而 $E(\mathbb{F}_q)$ 和 $E'(\mathbb{F}_q)$ 上的 ECDLP 是相互归约的, 因此是计算等价的. 但也有这种情形: 定义在 $\mathbb{F}_q$ 上的椭圆曲线 E 和 E' 在 $\mathbb{F}_q$ 上的有理点个数相同, 但在域 $\mathbb{F}_q$ 上却不是同构的. 我们可以举个例子, 特征大于 3 的有限域 $\mathbb{F}_p$ $(p > 3)$ 上的椭圆曲线的同构是如下定义的: 对于定义在 $\mathbb{F}_p$ 上的椭圆曲线 E 和 E',

$$E\colon y^2 = x^3 + ax + b,$$

$$E'\colon y^2 = x^3 + a'x + b',$$

如果存在 $u \in \mathbb{F}_p^*$, 使得 $a = u^4 a', b = u^6 b'$, 则椭圆曲线 E 和 E' 在域 $\mathbb{F}_p$ 上是同构的. 令 $\mathbb{F}_p = \mathbb{F}_{103}$, 定义

$$E\colon y^2 = x^3 - 3x + 27,$$

$$E'\colon y^2 = x^3 - 3x + 28.$$

很容易验证 $\sharp E(\mathbb{F}_{103}) = \sharp E'(\mathbb{F}_{103}) = 123$, 但在 $\mathbb{F}_p^*$ 上找不到 u, 使得 $-3 = u^4 \times (-3)$ 和 $27 = u^6 \times 28$ 成立, 也就是说上面的椭圆曲线 E 和 E' 在域 $\mathbb{F}_{103}$ 上是不同构的.

类似上面的例子, 曲线在有限域上不同构, 但有理点群的阶是相同的, 这样的椭圆曲线群的离散对数问题是否也是计算等价的呢? 如果我们能够找到一个从 $E(\mathbb{F}_q)$ 到 $E'(\mathbb{F}_q)$ 的有效计算群同态, 则可以把 $E(\mathbb{F}_q)$ 上的 ECDLP 归约到 $E'(\mathbb{F}_q)$ 上 (反之亦然). 椭圆曲线同源理论给我们提供了这么一个群同态.

定理 4.2(Tate 定理) 定义在有限域 $\mathbb{F}_q$ 上的两条椭圆曲线 E, E', 如果 $\sharp E(\mathbb{F}_q) = \sharp E'(\mathbb{F}_q)$, 则它们是同源的, 即存在一个同源映射 $\phi\colon E \to E'$.

当 E 和 E' 之间的同源映射能够有效计算时, $E(\mathbb{F}_q)$ 和 $E'(\mathbb{F}_q)$ 上的离散对数问题就能相互归约, 从而计算等价. 但是如果 E 和 E' 之间的同源映射不能有效计算时, 它们的离散对数问题就不能相互有效归约, 从而无法衡量它们的 ECDLP 的关系.

Jao, Miller 和 Venkatesan 在文献 [127] 中研究了这个问题. 他们在广义黎曼猜测 (GRH) 假设下, 通过说明这些同源椭圆曲线类中的离散对数问题的多项式时间随机可归约性, 证明了相同定义域上同阶椭圆曲线群的 ECDLP 具有等价难度. 基本想法是首先构造椭圆曲线同源图 (顶点是椭圆曲线, 边是低次同源), 然后从曲线 E 开始在这个图上随机游走, 通过一个相对短的随机路径到达同源图上的一条随机椭圆曲线 E'. 这样就构造了一个从 $E(\mathbb{F}_q)$ 到 $E'(\mathbb{F}_q)$ 的有效计算群同态, 从而实现了 ECDLP 的随机归约.

目前计算 ECDLP 有很多算法, 我们在本书的后面章节会逐一介绍. 其中有些求解离散对数的算法不依赖于群的任何特别的性质, 即适用于任意的循环群的离散对数问题, 这类算法一般称为通用算法, 如第 6 章将会介绍的小步大步法和 Pollard rho 算法等. 如果不考虑群的特殊性质, 利用通用算法计算一个群的离散对数问题是否存在一个复杂度的下界? Victor Shoup[212] 研究了这一问题, 并给出如下结论:

定理 4.3 只考虑 $\mathbb{G}$ 是一个素数阶 n 的抽象群, 不考虑它的任何群结构以及群元素表示特征, 那么计算 $\mathbb{G}$ 中的离散对数问题的复杂度下界是 $O(\sqrt{n})$.

阶为 n 的循环群 $\mathbb{G}$ 同构于 $(\mathbb{Z}_n, +)$. 首先定义一个编码函数 $\sigma\colon \mathbb{Z}_n \to S$, S 是能唯一表示 $\mathbb{G}$ 元素的二进制字符串. 这样, 将 $\mathbb{G}$ 中的元素运算: 给定 P 和整数 t, 计算 $Q = tP$, 就可以重新解释为给定 P 的编码和整数 t, 计算 P 的编码的 t 倍编码. 所以计算 $\mathbb{G}$ 中的离散对数问题 $(P, Q = tP)$ 就可以重新如下表示: 给定 $\sigma(1), \sigma(t)$, 去找 $t \in \mathbb{Z}_n$.

假定 $\mathcal{A}$ 是 S 上 $\mathbb{Z}_n$ 的一个通用算法, 它可以询问 m 次. 假定编码函数 $\sigma\colon \mathbb{Z}_n \to S$ 是随机选的. $\mathcal{A}$ 的输入是 $\sigma(1), \sigma(t)$; 输出是 $v \in \mathbb{Z}_n$. Victor Shoup 证

明了 $t = v$ 的概率是 $O(m^2/n)$. 所以, 要达到一个不可忽略的成功概率, 需要付出 $O(\sqrt{n})$ 次的询问.

定理的详细的证明和分析可以参看 Shoup 的论文 [212] 或密码学教材 [219] 中 6.3 节的描述. 如果把阶为 n 的椭圆曲线群看成抽象群 (或一般群), 那么 ECDLP 的通用计算复杂度是 $O(\sqrt{n})$. 所以对于 ECDLP 来说, 如果不借助椭圆曲线的特殊性质, 想在低于 $O(\sqrt{n})$ 这个级别的计算复杂度内求解它是不可能的.

4.1.4　ECDLP 的其他形式

计算复杂性理论是计算机科学的重要组成部分, 同时也是密码学的理论基础之一. 在计算复杂性理论中经常考虑两类问题, P 和 NP 问题类. 简单地讲, P 问题类就是那些能够有效 (多项式时间) 求解的问题的全体, 而 NP 问题类是那些能够有效验证解的问题的全体. 很容易证明 ECDLP 是属于 NP 问题的: 给定一个椭圆曲线离散对数问题 P, Q 和 Q 关于基点 P 的离散对数 s, 很容易验证 s 是不是这个问题的解, 即计算一下 sP, 检查这个值是否等于 Q. 这个检测过程 (一个标量乘计算和一个比较) 是多项式时间的, 所以 ECDLP 属于 NP 问题. P 和 NP 问题是按照解决某类问题的最坏复杂性分类的, 即当我们说某类问题 A 属于 P 问题时, 就说明 A 问题的任何实例都能有效解决. 尽管 ECDLP 有个别情形有多项式时间算法 (下一章会提到), 但现在还没有找到解决任意 ECDLP 的有效算法, 所以我们不确定 ECDLP 是否属于 P. 不过要想证明 ECDLP 不属于 P, 即证明 ECDLP 不存在多项式时间算法求解看起来更困难. 因为如果能够证明 ECDLP 不存在多项式时间算法, 即证明了 P 和 NP 不相等!

对任何一个具体问题, 都会有搜索 (search) 型的描述和判定 (decision) 型的描述. 离散对数问题本身属于搜索型问题, 下面我们引入一个与计算离散对数本质等价的判定型问题: 对数区间判定问题 (log range decision).

定义 4.5 (对数区间判定问题)　给定一个循环群 $\mathbb{G}$ 和一个三元组 (g, h, B), 判定是否存在 $x \in [0, B]$, 使得 $h = g^x$. 如果存在, 则回答是, 否则回答否.

椭圆曲线离散对数区间判定问题就是把上面的群换成椭圆曲线群就可以了. 如果离散对数问题可解, 那么很容易就知道离散对数值的范围. 反之, 如果存在一个算法可以求解对数区间判定问题, 那么借助二分搜索 (binary search) 也可以有效求解离散对数问题. 从而对数区间判定问题本质等价于计算离散对数问题.

在密码应用中我们还会用到一些与 ECDLP 相关的问题. 为了通用或兼容性等需求, 很多不同的密码应用或设备上都采用相同的椭圆曲线基本参数, 即有限域相同、曲线相同, 基点也相同. 这种情况下就会出现多 ECDLP(Multi-ECDLP) 情形.

定义 4.6 (多椭圆曲线离散对数问题, Multi-ECDLP)　设 E 是一个定义在有

限域 $\mathbb{F}_q$ 上的椭圆曲线. 设 $P \in E$ 是一个阶为素数 n 的点, 设 $\mathbb{G}$ 表示由点 P 生成的 E 的子群. 我们需要在相同的群 $\mathbb{G}$ 中 (使用相同的生成元 P) 求解多个 ECDLP, 设需要求解 L 个, 给定随机点 $Q_i \in \mathbb{G}$, 其中 $1 \leqslant i \leqslant L$, 求解所有的整数 $0 \leqslant x_i < n$ 使得 $Q_i = x_i P$ 成立.

Hitchcock 等 [122] 提出了基于 Pollard rho 方法求解 Multi-ECDLP 的算法, 仅仅够得到 6 比特的优势. 对于 RSA 密码体制是不允许使用公共模的, 但对于椭圆曲线目前没有发现使用公共参数的安全威胁或弊端. 这主要是因为求 Multi-ECDLP 并没有比单独求解出每一个 ECDLP 具有更本质的提速. 考虑 $\mathbb{G}$ 为 n 阶一般群, 则计算具有 m 个多离散对数问题的通用算法需要执行 $O(\sqrt{mn})$ 个群运算. Yun 在 [238] 中研究了多离散对数问题的一般难度, 并证明了 $O(\sqrt{mn})$ 实际上也是求解 m 个多离散对数问题的通用下界.

还有一类问题是多基 DLP, 或者是多维离散对数问题, 可以看成是 DLP 的高维化. 这类问题是 Brands [57] 在 1993 年设计电子现金方案时提出的, 他当时称之为离散对数表示问题. 该问题后来被广泛应用在一些密码协议设计中.

定义 4.7 (多维 ECDLP) 设 E 是一个定义在有限域 $\mathbb{F}_q$ 上的椭圆曲线. 设 $\mathbb{G}$ 是 E 的 n 阶子群. $P_1, P_2, \cdots, P_d$ 是 $\mathbb{G}$ 的生成元. 给定 $P_1, \cdots, P_d, Q \in \mathbb{G}$, d-维 ECDLP 就是求 $x_i \in \mathbb{Z}_n$, 使得

$$Q = x_1 P_1 + x_2 P_2 + \cdots + x_d P_d,$$

向量 $(x_1, x_2, \cdots, x_d)$ 称为 Q 关于 $P_1, P_2, \cdots, P_d$ 的指数向量, 或一个表示.

给定 E 的参数和 P, Q, s 是 Q 关于基点 P 的 ECDLP. 假定 $s = (s_{l-1}, \cdots, s_1, s_0)$ 是 s 的二进制表示, s 的 Hamming 重量定义为

$$\mathrm{HW}(s) = \sharp \{i : s_i = 1\}.$$

一般来说 $\mathrm{HW}(s) = \dfrac{1}{2} l$. 有时候也会考虑低 Hamming 重量的离散对数问题.

定义 4.8 (低 Hamming 重量 ECDLP) 设 E 是一个定义在有限域 $\mathbb{F}_q$ 上的椭圆曲线. 设 $\mathbb{G}$ 是 E 的 n 阶子群. 低 Hamming 重量 ECDLP 是指给定 $P, Q \in \mathbb{G}$ 和 $l = \lceil \log n \rceil, w$, 去计算一个长度小于 l 且 Hamming 重量小于 w 的整数 a (如果它存在), 使得 $Q = aP$.

低 Hamming 重量的离散对数问题是离散对数问题的一种特殊情形.

在基于离散对数问题的签名或盲签名方案的证明中常用到类似更多一个离散对数 (one more DLP) 这样的问题, 简记为 1MDLP. 1MDLP 最早由 Bellare 和 Palacio [34] 提出. 如前面提到的多椭圆曲线离散对数问题是 ECDLP 的一个自然推广, 我们会碰到求解多个离散对数问题的情况. 1MDLP 是说, 如果给你一个询问 t 次 ECDLP 求解预言机的机会, 你不能求解出 $t + 1$ 个 ECDLP.

定义 4.9 (1MECDLP)　设 E 是一个定义在有限域 $\mathbb{F}_q$ 上的椭圆曲线. 设 $\mathbb{G}$ 是 E 的 n 阶子群. 假定存在一个介入次数受限的离散对数求解器 (预言机) ECD-LOM. 给定 $\mathbb{G}$ 的 $t+1$ 个元素 $Q_1, Q_2, \cdots, Q_{d+1}$ 和 ECDLOM, 限定 ECDLOM 至多询问 d 次 (从而可以得到 $Q_1, Q_2, \cdots, Q_{d+1}$ 中至多 d 个元素关于 $\mathbb{G}$ 的某个选定的生成元 P 的离散对数). 1MECDLP 就是在至多询问 d 次预言机 ECDLOM 后找到所有元素 $Q_1, Q_2, \cdots, Q_{d+1}$ 关于生成元 P 的离散对数.

Koblitz 和 Menezes 称像 1MDLP 的问题为非标准离散对数问题. 关于 1MDLP 及其变形, 以及与一些标准困难问题的关系, 可以参见文献 [145].

4.2　CDHP 及其变形

除了离散对数问题, 计算 Diffie-Hellman 问题 (CDHP) 也是基于离散对数密码体制中常用的一个数学困难问题, 同时它也有一些变形. 这一节我们用椭圆曲线群描述 CDHP 以及它的变形, 实际上这些都可以定义在任意群上.

4.2.1　EC-CDHP

令 E 是定义在有限域 $\mathbb{F}_q$ 上的一条椭圆曲线, 令 $P \in E(\mathbb{F}_q)$ 是一个阶为 n 的点, $\mathbb{G} = \langle P \rangle$ 是由点 P 生成的子群. 下面我们介绍 $\mathbb{G}$ 上的 Diffie-Hellman 问题. 之所以叫 Diffie-Hellman 问题, 是因为这个问题起源于 1976 年 Diffie 和 Hellman[73] 提出公钥密码思想的文章中的 Diffie-Hellman 密钥协商协议. Diffie-Hellman 问题有两种形式, 一种是计算形式 CDHP (有时也用 DHP 表示), 另一种是判定形式 DDHP.

定义 4.10 (计算 DHP 或 CDHP)　给定 n 阶循环群 $\mathbb{G}$, 生成元 P 和两个元素 $Q_1, Q_2 \in \mathbb{G}$, 找出 $\mathbb{G}$ 中一元素 H, 使得

$$\log_P H \equiv \log_P P_1 \times \log_P P_2 \bmod n.$$

等价地, 给定 P, aP, bP, 计算 abP.

Diffie-Hellman 问题的判定形式称为判定 Diffie-Hellman 问题 (DDHP), 定义如下:

定义 4.11 (判定 DHP 或 DDHP)　给定 n 阶循环群 $\mathbb{G}$, 生成元 P 和三个元素 $Q_1, Q_2, H \in \mathbb{G}$, 判定是否有

$$\log_P H \equiv \log_P Q_1 \times \log_P Q_2 \bmod n.$$

等价地, 给定 P, aP, bP 和 cP, 判定是否有 $c \equiv ab \bmod n$.

计算 Diffie-Hellman 问题如果可解, 则 DDHP 可解. 但反之不一定. 目前已经发现存在一些群, 群上的 DLP 和 CDHP 都是困难的, 但 DDHP 却是容易的. 例如具有 I 型双线性对的群 $e: \mathbb{G} \times \mathbb{G} \to \mathbb{G}_T$. 由于双线性对 e 是有效计算的, 所以借助判定 $e(aP, bP)$ 是否等于 $e(cP, P)$ 可以有效解决 $\mathbb{G}$ 中 DDHP. 尽管此时 $\mathbb{G}$ 中的 DDHP 容易求解, 但 DLP 和 CDHP 依然可以是困难的, 并且 $\mathbb{G}_T$ 中的 DLP, CDHP 和 DDHP 都可以是困难的. 我们称这类群为间隙 (gap) Diffie-Hellman 群.

Diffie-Hellman 问题在现代密码学中占据非常重要的位置, 很多密码方案虽然是基于离散对数问题设计的, 但它们的安全性却被证明是基于 CDHP 或 DDHP 的, 例如 Diffie-Hellman 密钥协商协议就是基于 CDHP, 而 ElGamal 密码体制的语义安全性是等价于 DDHP 的困难性.

类似于 DLP 的比特安全性, CDHP 也可以定义硬核比特安全. 简单讲, CDHP 的比特安全性或硬核比特问题是讨论计算 CDHP 的某一比特的困难性是否等同于计算整个 CDHP 的值. 但结论却不同于 DLP, 目前在任意有限循环群上的 Diffie-Hellman 问题的硬核比特安全性仍然是一个长期未解决的问题. 到现在为止只是对一些特殊的群上的 Diffie-Hellman 问题有一些结论: Boneh 和 Venkatesan[53] 提出了隐藏数问题 (HNP), 并证明了在有限域 $\mathbb{F}_p$ 的乘法群中, 计算 Diffie-Hellman 秘密值的大约 $(\log p)^{1/2}$ 比特与计算整个秘密值一样困难. Boneh 和 Shparlinski 在文献 [52] 中研究了椭圆曲线 Diffie-Hellman 问题的硬核比特, 通过使用给定椭圆曲线的某些扭曲线证明, 在曲线族中预测椭圆曲线 Diffie-Hellman 秘密值的最低有效位与计算整个秘密值一样困难. 在文献 [240] 中, 作者利用 Boneh 等提出的方法, 研究了亏格为 2 的超椭圆曲线上的 Diffie-Hellman 问题的比特安全性, 并证明了要计算超椭圆曲线 Diffie-Hellman 的值的任意一比特等同于要计算整个 Diffie-Hellman 的值. Fazio 等[85] 改进了 Boneh 和 Shparlinski 的想法, 并将其应用到了有限域 $\mathbb{F}_{p^2}$ 的情形. Wang 等[227] 将 Fazio 等的工作推广到有限域 $\mathbb{F}_{p^m}$ 上, 这里 m 是 $\log p$ 的多项式规模. Li 等[156] 研究了 Lucas 序列密码 (LUC) 和 XTR (efficient and compacts subgroup trace representation) 中的 CDHP 的比特安全性. Galbraith 等[97] 研究了双线性对群中的双线性 Diffie-Hellman 问题的比特安全性等.

计算 DHP 有两个常用变形, 即平方 Diffie-Hellman 问题 (Squ-CDHP) 和求逆 Diffie-Hellman 问题 (Inv-CDHP). Maurer 和 Wolf[163]、Sadeghi 和 Steiner[194] 以及 Bao 等[26] 研究了这些问题之间的关系, 证明了它们都是多项式时间计算等价的. 下面我们简单介绍一下这两类问题.

4.2.2 平方 CDHP

当 CDHP 中的 $aP = bP$ 时, 我们称此时的 CDHP 为平方 CDHP, 即

定义 4.12 (平方 CDHP) 给定 $\mathbb{G}$, P 和元素 $Q \in \mathbb{G}$, 找出 $\mathbb{G}$ 中一元素 H, 使得

$$\log_P H \equiv \log_P^2 Q \bmod n.$$

等价地, 给定 P, aP, 计算 $a^2 P$.

很显然, 平方 CDHP 是 CDHP 的特例, 所以如果 CDHP 可解, 则平方 CDHP 也可解. 下面我们假定存在一个求解平方 CDHP 的算法 $\mathcal{A}_{Sqr}$ (或平方 CDHP 预言机), 即 $\mathcal{A}_{Sqr}$ 的输入是 P, aP, 则输出是 $a^2 P$. 那么我们通过构造下面的算法 15, 将 CDHP 归约到平方 CDHP.

算法 15   CDHP 归约到平方 CDHP

输入: 给定 P, aP, bP.

　　调用 $\mathcal{A}_{Sqr}$.

输出: abP.

1. 计算 $a^2 P = \mathcal{A}_{Sqr}(P, aP)$;
2. 计算 $b^2 P = \mathcal{A}_{Sqr}(P, bP)$;
3. 计算 $(a+b)^2 P = \mathcal{A}_{Sqr}(P, aP+bP)$;
4. 计算 $Q = (a+b)^2 P - a^2 P - b^2 P$;
5. 计算 $H = (2^{-1} \bmod n)Q = abP$;
6. 返回 H.

这里我们假定群的阶 n 是一个奇数. 算法 15 通过 3 次调用预言机 $\mathcal{A}_{Sqr}$ 就得到 CDHP 的解. 所以, 我们有下面结论:

定理 4.4   CDHP 和平方 CDHP 是多项式时间计算等价的.

平方 CDHP 的判定型 (平方 DDHP) 的定义如下:

定义 4.13 (平方 DDHP) 给定 $\mathbb{G}$, P 和元素 $Q, H \in \mathbb{G}$, 判定是否

$$\log_P H \equiv \log_P^2 Q \bmod n.$$

等价地, 给定 P, aP, bP, 判定是否 $b \equiv a^2 \bmod n$.

很显然, 如果 DDHP 可解, 则平方 DDHP 也是可解的. 所以在间隙 Diffie-Hellman 群中平方 DDHP 也是能有效求解的.

4.2.3   逆 CDHP

逆 Diffie-Hellman 问题 (Inv-CDHP) 也是 CDHP 的一种变形. 为简单起见, 我们假定 $\mathbb{G}$ 的阶 n 是一个素数. 逆 CDHP 定义如下:

定义 4.14 (逆 CDHP) 给定 $\mathbb{G}$, P 和 $Q \in \mathbb{G}$, 找出 $\mathbb{G}$ 中一元素 H, 使得

$$\log_P H \equiv (\log_P Q)^{-1} \bmod n.$$

等价地, 给定 P, aP, 计算 $a^{-1} P$.

对于逆 CDHP, 我们有:

定理 4.5 CDHP 和逆 CDHP 是多项式时间计算等价的.

证明 "CDHP ⇒ 逆 CDHP":

如果 CDHP 可解, 即给定任意 P, aP, bP, 存在一个算法 (或预言机) $\mathcal{A}_{\mathrm{DH}}$, 使得 $abP = \mathcal{A}_{\mathrm{DH}}(P, aP, bP)$. 对于任何一个逆 DH 实例: $(P, aP) = (P, P_1)$, 其中 $P = a^{-1}P_1$. 调用算法 $\mathcal{A}_{\mathrm{DH}}$ 可得到

$$\mathcal{A}_{\mathrm{DH}}(P_1, P, P) = \mathcal{A}_{\mathrm{DH}}(P_1, a^{-1}P_1, a^{-1}P_1) = a^{-2}P_1,$$

而 $a^{-2}P_1 = a^{-2}aP = a^{-1}P$, 从而逆 DH 问题得以求解.

"逆 CDHP ⇒ CDHP":

如果逆 DH 问题可解, 即给定任意 P, aP, 存在一个算法 (或预言机) $\mathcal{A}_{\mathrm{Inv\text{-}DH}}$, 使得 $a^{-1}P = \mathcal{A}_{\mathrm{Inv\text{-}DH}}(P, aP)$. 给定 (P, aP), 通过借助调用逆 DH 预言机, 我们有

$$\mathcal{A}_{\mathrm{Inv\text{-}DH}}(aP, P) = \mathcal{A}_{\mathrm{Inv\text{-}DH}}(aP, a^{-1}(aP)) = (a^{-1})^{-1}(aP) = a^2 P,$$

即逆 CDHP ⇒ 平方 CDHP. 而 CDHP 和平方 CDHP 是多项式时间计算等价的, 所以 CDHP 可以多项式时间归约到逆 CDHP. □

逆 CDHP 的判定型问题也可以如下考虑:

定义 4.15 (判定逆 CDHP) 给定 $\mathbb{G}, P$ 和 $Q, H \in \mathbb{G}$, 判定是否

$$\log_P H \equiv (\log_P Q)^{-1} \bmod n.$$

等价地, 给定 P, aP, bP, 判定是否有 $b \equiv a^{-1} \bmod n$.

逆 CDHP 是 CDHP 的一种非常重要的变形, 在密码方案的设计中也有着重要的应用, 例如 ZSS04[244] 或 BB04[47] 数字签名方案就是基于双线性对群上的逆 CDHP 设计的.

4.2.4 平方根 CDHP

平方根 CDHP(SRCDHP) 也是 CDHP 的一种变形. 这类问题最早是 Konoma 等 [146] 于 2004 年在分析模素数的离散对数与整数分解的归约关系时引入的, 当时他们称之为计算指数平方根问题 (CSREP). 在 2006 年的越南密码会上, 张方国等[241] 基于双线性对群上平方根 CDHP 提出了 ZCSM06 数字签名方案.

我们首先给出平方根 CDHP 的定义.

定义 4.16 (平方根 CDHP) 假定 $\mathbb{G}$ 是阶为素数 n 的群, 给定 $P, Q \in \mathbb{G}$, 如果 $\log_P Q$ 是模 n 的二次剩余, 则找出 $\mathbb{G}$ 中一元素 H, 使得

$$\log_P H \equiv \sqrt{\log_P Q} \bmod n.$$

否则输出 ⊥. 等价地, 给定 P, aP, 如果 a 是模 n 的二次剩余, 计算 $\sqrt{a}P$, 否则输出 ⊥.

如果 a 是模 n 的二次剩余, 则方程 $x^2 = a \bmod n$ 有两个根. 所以平方根 CDHP 的答案要么是 ⊥, 要么是 H 或 $-H$. 该问题的判定型版本定义如下:

定义 4.17 (判定平方根 CDHP)　给定 $\mathbb{G}, P$ 和 $Q, H \in \mathbb{G}$, 判定是否

$$\log_P H \equiv \pm\sqrt{\log_P Q} \bmod n.$$

等价地, 给定 P, aP, bP, 判定是否 $b \equiv \pm\sqrt{a} \bmod n$, 即是否有 $b^2 \equiv a \bmod n$. 下面我们讨论平方根 CDHP 与 CDHP 的关系. 首先我们有:

定理 4.6　平方根 CDHP 可以多项式时间归约到 CDHP.

证明　如果 CDHP 可解, 即给定任意 P, aP, bP, 存在一个算法 (或预言机) $\mathcal{A}_{\mathrm{DH}}$, 使得 $abP = \mathcal{A}_{\mathrm{DH}}(P, aP, bP)$. 给定任意 P, aP, bP, 借助预言机 $\mathcal{A}_{\mathrm{DH}}$ 我们还可以计算出

$$a^2 P = \mathcal{A}_{\mathrm{DH}}(P, aP, aP),$$

$$a^3 P = \mathcal{A}_{\mathrm{DH}}(P, a^2 P, aP),$$

$$\cdots\cdots$$

不难验证, 对任意的二元整系数多项式 $f(x, y)$, 我们都可以借助 $\mathcal{A}_{\mathrm{DH}}$ 计算出 $f(a, b)P$.

对于任何一个平方根 CDHP 实例: (P, aP), 首先借助 $\mathcal{A}_{\mathrm{DH}}$ 计算 $T = a^{\frac{n-1}{2}}P$. 如果 $T = -P$ (即 Legendre 符号 $\left(\dfrac{a}{n}\right) = -1$), 则输出 ⊥. 否则利用下面的算法 (算法 16), 借助多项式次调用 $\mathcal{A}_{\mathrm{DH}}$ 计算 $\sqrt{a}P$.

从而平方根 CDHP 可以多项式时间归约到 CDHP 得证.　　　　　　□

下面我们考虑 CDHP 到平方根 CDHP 的多项式时间归约. 对于这个归约问题的研究目前并不是很多, 至今还没有发现对任意素数阶群都存在的多项式时间归约, 也就是说 CDHP 与平方根 CDHP 是否多项式时间计算等价还没有完全解决. 作者[239,245] 首次研究了 CDHP 到平方根 CDHP 的多项式时间归约, 并证明了当群的阶是某种特殊的素数时, 平方根 CDHP 与平方计算 Diffie-Hellman 问题等价, 从而与 CDHP 等价. 我们的证明主要是观察到对于某些素数 n, 计算某二次剩余 a 的模 n 的平方根可以表示成模 n 的多项式次运算, 而 a^2 可以通过多项式次重复调用平方根来实现. 下面我们举一个非常特殊的例子来说明 [239], [245] 中的方法.

算法 16　借助 CDHP-预言机 $\mathcal{A}_{\mathrm{DH}}$ 求解平方根 DHP

输入：素数 n 阶椭圆曲线群 $\mathbb{G} = \langle P \rangle$, $Q = aP \in \mathbb{G}$.

输出：$\sqrt{a}P$.

1. **if** $n \equiv 3 \bmod 4$ **then**
2. 　$\sqrt{a}P \leftarrow a^{\frac{n+1}{4}}P$,
    　〈 调用 $Q(\log n)$ 次 CDHP-预言机 $\mathcal{A}_{\mathrm{DH}}$ 〉
3. **else if** $n \equiv 5 \bmod 8$ **then**
4. 　$sP \leftarrow a^{\frac{n-5}{8}}P, uP \leftarrow asP = \mathcal{A}_{\mathrm{DH}}(P, sP, aP), tP \leftarrow suP = \mathcal{A}_{\mathrm{DH}}(P, sP, uP)$,
    　〈 调用 $Q(\log n)$ 次 CDHP-预言机 $\mathcal{A}_{\mathrm{DH}}$ 〉
5. 　**if** $tP = P$ **then**
6. 　　$\sqrt{a}P \leftarrow uP$,
7. 　**else**
8. 　　$\sqrt{a}P \leftarrow u \cdot 2^{\frac{n-1}{4}}P$,
9. 　**end if**
10. **else**
11. 　记 $n - 1 = 2^e \cdot q$, q 是奇数. 随机选取一个模 n 的二次剩余 f.
12. 　令 $bP \leftarrow a^q P, r \leftarrow e, k \leftarrow 0, g \leftarrow f^q \bmod p$.
13. **while** $bP \neq P$(即 $b \neq 1$) **do**
14. 　找最小的 $m \geqslant 1$, 使得 $b^{2^m}P = P$(即 $b^{2^m} \equiv 1 \bmod n$),
    　〈 至多调用 e 次预言机 $\mathcal{A}_{\mathrm{DH}}$ 〉
15. 　$bP \leftarrow bg^{2^{r-m}}P, k \leftarrow k + 2^{r-m}, r \leftarrow m$.
16. 返回 $\sqrt{a}P \leftarrow a^{\frac{q+1}{2}}g^{\frac{k}{2}}P$.

　　假定 $\mathbb{G}$ 的阶 n 是梅森素数, 即 $n = 2^l - 1$. 对于模 n 的二次剩余 a, 我们有 $\sqrt{a} = a^{\frac{n+1}{4}} = a^{2^{l-2}}$. 因此给定 P, aP, 调用一次平方根 CDHP 预言机得到 $\pm a^{2^{l-2}}P$. 这里只有 $a^{2^{l-2}}P$ 的离散对数是二次剩余, 继续再调用 $l - 3$ 次, 就可以得到 a^2P, 这样我们可以借助多项式次调用平方根 CDHP 预言机求解了平方 CDHP, 从而得到 CDHP. 除了梅森素数, 还有很多特殊形式的素数都可以构造 CDHP 到平方根 CDHP 的多项式时间归约, 具体的可以参见文献 [239], [245].

　　Roh 等[193] 也对 CDHP 到平方根 CDHP 的多项式时间归约问题进行了研究, 并得到如下结论:

　　定理 4.7[193]　假定 $\mathbb{G}$ 是一素数阶 n, $n - 1 = 2^s t$. 如果 2^s 是 $(\log n)^{O(1)}$ 级别, 那么平方 CDHP 和平方根 CDHP 多项式时间等价, 从而 CDHP 与平方根 CDHP 多项式时间等价.

　　不管张方国等的工作还是 Roh 等的工作, 都是当群的阶是某种特殊的素数时才成立. 当群 $\mathbb{G}$ 的阶 n 是任意素数时, 还没有证明平方根 CDHP 与计算 Diffie-Hellman 问题等价. 张方国等和 Ron 等的构造和证明我们就不去详细描述了, 有兴趣的可以参见他们的文章. 下面我们给出另一类非常特殊素数阶群的情形来说明 CDHP 到平方根 CDHP 的具体归约. 这类素数阶群既不属于 [239], [245] 中的情形, 也不属于 [193] 的结论. 实际上这种特殊情形下的素数阶群中, 不只是 CDHP 可以归约到平方根 CDHP, 就连 DLP 都可以多项式时间归约到平方根 CDHP.

定理 4.8　假定 $\mathbb{G}$ 是素数阶 n 的群, $n = 2^s t + 1$. 如果 t 是 $(\log n)^{O(1)}$ 级别, 则 $\mathbb{G}$ 上的 DLP 可以多项式时间归约到平方根 CDHP.

证明　如果平方根 CDHP 可解, 即给定任意 P, aP, 存在一个算法 $\mathcal{A}_{SR}$, 使得

$$\mathcal{A}_{SR}(P, aP) = \begin{cases} \sqrt{a}P, & a \in QR_n, \\ \bot, & a \in NQR_n. \end{cases} \tag{4.1}$$

假定给定的 DLP 实例如下: $\mathbb{G}, P, Q = aP$, 其中 $\mathbb{G}$ 的阶是素数 n. 我们可以假定 g 是由素数 n 定义的有限域 $\mathrm{GF}(n)$ 的非零元素循环群的生成元, 即对任意的 $r \in \mathbb{Z}_n^*$, 存在 $i \in [0, n-1]$, 使得 $r = g^i \bmod n$. 从而有 $Q = aP = (g^x \bmod n)P$. 很显然, 如果 x 是偶数, 则 a 是模 n 的二次剩余, 否则是二次非剩余. 如果我们能够计算出 x, 那么就可以计算出 a.

因为 $n = 2^s t + 1$, 且 t 是 $(\log n)^{O(1)}$ 级别, 则 $s > \dfrac{\log n}{2}$, 所以 $-1 = g^{\frac{n-1}{2}}$ 是模 n 的二次剩余.

算法 17 借助多项式次调用 $\mathcal{A}_{SR}$ 计算 DLP.

算法 17　DLP 归约到平方根 CDHP

输入: 素数 n 阶椭圆曲线群 $\mathbb{G} = \langle P \rangle$, $Q = aP \in \mathbb{G}$.
输出: a.
1. 令 g 是 $\mathrm{GF}(n)^*$ 的生成元, $l = |n|$.
2. 假定 $a = g^x = g^{\sum_{i=0}^{l-1} x_i 2^i}$.
3. **for** $i = 1$ **to** t **do**
4. 　　计算 $Q' = g^{-2^s i} aP$;
5. 　　**while** $j < s$ **do**
6. 　　　　调用 $\mathcal{A}_{SR}(P, Q')$;
7. 　　　　如果 $\mathcal{A}_{SR}(P, Q')$ 输出 $\bot$, 则令 $x_j = 1$, $Q' = \mathcal{A}_{SR}(P, g^{-1}Q')$;
8. 　　　　如果 $\mathcal{A}_{SR}(P, Q')$ 输出 H(两个输出值中随机选取一个), 则令 $x_j = 0$, $Q' = H$.
9. 　　**end while**
10. 　　检测是否有 $g^{2^s i} g^{\sum_{j=0}^{s-1} x_j 2^j} P = Q$. 如果成立, 输出 $a = g^{2^s i} g^{\sum_{j=0}^{s-1} x_j 2^j} \bmod n$.
11. **end for**

上面的算法的基本思想是先猜测出 x 的前 $\log t$ 比特, 然后把 x 的前 $\log t$ 比特 (利用 4) 全部遍历写出. 另外由于 $-1 = g^{\frac{n-1}{2}}$, 从而 -1 关于 g 的离散对数只有前 $\log t$ 比特. $\mathcal{A}_{SR}(P, Q')$ 的输出值要么是 H, 要么是 $-H$. 这样后 $\log n - \log t$ 比特不管平方根取哪个值都不会影响. 所以就可以通过一直开平方把 a 关于 g 的离散对数的后 $\log n - \log t$ 比特计算出. $\qquad\qquad\qquad\qquad\Box$

下面用一个实例来说明我们的归约算法. 假定椭圆曲线群 $\mathbb{G} = \langle P \rangle$ 的阶, $n = 786433 = 2^{18} \times 3 + 1 = 2^{19} + 2^{18} + 1$. $Q = aP = 578773P \in \mathbb{G}$ 是要计算的离散对数. 假定 $\mathcal{A}_{SR}$ 是平方根 CDHP 的求解器. 令 $g = 13$ 是模 n 的生成元, $-1 = g^{\frac{n-1}{2}} = 13^{2^{18}+2^{17}}$. 这里 $t = 3, s = 18$.

我们要计算的离散对数 $a = g^{2^{18}+2^{16}+2^{13}+2^{10}+2^8+2^7+2^5+2^2+1}$.

遍历从 $i = 1$ 到 $t = 3$.

当 $i = 1$ 时, 计算 $Q' = g^{-2^{18} \times 1} aP = g^{2^{16}+2^{13}+2^{10}+2^8+2^7+2^5+2^2+1} P$.

我们第一次调用 $\mathcal{A}_{SR}(P, Q')$, 得到 $\mathcal{A}_{SR}(P, Q) = \perp$, 从而可得 $x_0 = 1$.

令 $Q' = g^{-1} Q'$, 第二次调用 $\mathcal{A}_{SR}(P, Q')$, 得到

$$\mathcal{A}_{SR}(P, Q') = H = g^{2^{15}+2^{12}+2^9+2^7+2^6+2^4+2} P,$$

或者

$$-H = g^{2^{18}+2^{17}+2^{15}+2^{12}+2^9+2^7+2^6+2^4+2} P.$$

令 $Q' = H$ 或者 $-H$, 这里随机选取. 我们将会看到, 不管选取 H 还是 $-H$ 作为下一轮平方根预言机的输入, 都不会影响 x 的后 17 比特的值, 因为 g 的指数上加上 $\frac{n-1}{2}$ 后没有超出 $n - 1$, 且 $\frac{n-1}{2} = 2^{18} + 2^{17}$ 不会影响到 x 的后 17 比特.

假定我们选取 $Q' = -H$, 第三次调用 $\mathcal{A}_{SR}(P, Q')$, 得到

$$\mathcal{A}_{SR}(P, Q') = H = g^{2^{17}+2^{16}+2^{14}+2^{11}+2^8+2^6+2^5+2^3+1} P,$$

或者

$$-H = g^{2^{18}+2^{17}+2^{17}+2^{16}+2^{14}+2^{11}+2^8+2^6+2^5+2^3+1} P = g^{2^{19}+2^{16}+2^{14}+2^{11}+2^8+2^6+2^5+2^3+1} P.$$

此时可得到 $x_1 = 0$. 如果我们刚才取的是 $Q' = H$, 那只能使得 g 的指数上的值更小, 加上 $\frac{n-1}{2}$ 更不会超出 $n - 1$.

下面继续随机选取 H 或 $-H$ 作为下一轮平方根预言机的输入 Q', 我们不妨继续选取 $Q' = -H$, 第 4 次调用 $\mathcal{A}_{SR}(P, Q')$, 得到 $\mathcal{A}_{SR}(P, Q) = \perp$, 从而可得 $x_2 = 1$.

令 $Q' = g^{-1}Q'$, 第 5 次调用 $\mathcal{A}_{SR}(P, Q')$, 得到

$$\mathcal{A}_{SR}(P, Q') = H = g^{2^{18}+2^{15}+2^{13}+2^{10}+2^7+2^5+2^4+2^2}P,$$

或者

$$-H = g^{2^{19}+2^{17}+2^{15}+2^{13}+2^{10}+2^7+2^5+2^4+2^2}P.$$

我们不妨继续选取 $Q' = -H$, 第 6 次调用 $\mathcal{A}_{SR}(P, Q')$, 得到

$$\mathcal{A}_{SR}(P, Q') = H = g^{2^{18}+2^{16}+2^{14}+2^{12}+2^9+2^6+2^4+2^3+2}P,$$

或者

$$-H = g^{2^{19}+2^{17}+2^{16}+2^{14}+2^{12}+2^9+2^6+2^4+2^3+2}P.$$

此时可得到 $x_3 = 0$.

重复上面操作, 第 7 次调用 $\mathcal{A}_{SR}(P, Q')$, 得到 $x_4 = 0$, 第 8 次调用 $\mathcal{A}_{SR}(P, Q')$, 得到 $x_5 = 1$, 第 9 和第 10 次调用 $\mathcal{A}_{SR}(P, Q')$, 得到 $x_6 = 0, \cdots$, 第 23 次调用 $\mathcal{A}_{SR}(P, Q')$, 得到 $x_{16} = 1$, 第 24, 25 次调用 $\mathcal{A}_{SR}(P, Q')$, 得到 $x_{17} = 0$. 加上猜测的前二位 $x_{18} = 1$ 和 $x_{19} = 0$, 可以验证

$$a = g^{\sum_{i=0}^{19} x_i 2^i} \bmod n$$

即为所求的离散对数.

类似地可以对 $i = 2$ 时, $Q' = g^{-2^{18} \times 2}aP$ 和 $i = 3$ 时, $Q' = g^{-2^{18} \times 3}aP$ 的情形重复上面的过程, 但由于没有将 x 的第 x_{19}, x_{18} 的值消除掉, 所以平方根预言机的输出 H 或 $-H$ 中有一个会影响 x 原来的值, 从而不能正确计算出 x 的后 17 位比特值.

上面的例子也证实了当群 $\mathbb{G}$ 的阶是形如 $n = 2^s t + 1$, 且 t 是 $(\log n)^{O(1)}$ 级别时, 我们可以借助 $\mathbb{G}$ 上的平方根 CDHP 求解算法在多项式时间内求解 $\mathbb{G}$ 的 DLP. 这里限制 t 是 $(\log n)^{O(1)}$ 级别主要是因为我们要遍历离散对数 x 的前 $\log t$ 比特. 有了这个要求, 即使遍历也是关于 $\log n$ 是多项式时间的复杂度.

对于任意的 n, 我们还没有找到平方根 CDHP 和 CDHP 等价的证明方法.

4.3　ECDLP 与 ECDHP 的等价证明

4.3.1　Maurer 的证明

椭圆曲线离散对数问题和椭圆曲线 CDHP 在椭圆曲线密码研究中起着重要的作用, 是椭圆曲线密码体制的安全核心. DLP 和 CDHP 是两个不同的问题, 可

以定义在任意的循环群上, 这两个问题是否是计算等价的一直是公钥密码学中的一个研究问题. 很显然, 如果 DLP 可解, 那么 CDHP 显然可解. 但反过来却不容易推导.

1994 年, Maurer[161] 借助定义在有限域上的辅助椭圆曲线给出了一个非常巧妙的证明. 之后, Maurer 与 Wolf[162,163] 对循环群上的 DLP 和 CDHP 做了更深入的探索. Maurer 和 Wolf 证明了对每一个素数阶 p 的循环群 $\mathbb{G}$, 如果能够在有限域 $\mathbb{F}_p$ 上可以找到光滑的阶 (这个阶的最大素因子是 $O(\log p)$ 的数量级) 的椭圆曲线, 那么 $\mathbb{G}$ 中 DLP 和 CDHP 多项式时间等价. 我们按照群 $\mathbb{G}$ 是椭圆曲线群重新描述和证明一下 Maurer 和 Wolf 的定理:

定理 4.9 令 E 是定义在有限域 $\mathbb{F}_q$ 上的一条椭圆曲线, $\mathbb{G}$ 是椭圆曲线群 $E(\mathbb{F}_q)$ 的素数 p 阶子群. 令 P 是 $\mathbb{G}$ 的一个生成元. 如果能够在有限域 $\mathbb{F}_p$ 上找到光滑阶的椭圆曲线 (这个阶的最大素因子是 $O(\log p)$ 的数量级), 那么 $\mathbb{G}$ 中 ECDLP 和 ECDHP 是计算等价的.

证明 如果 $\mathbb{G}$ 中的 ECDLP 可解, 即给定 P, aP, 存在一个算法 $\mathcal{A}$, 使得 $a = \mathcal{A}(P, aP)$, 那么对于 ECDHP 实例: P, aP, bP, 调用算法 $\mathcal{A}$ 可得到

$$abP = \mathcal{A}(P, aP)bP,$$

从而 ECDHP 得解.

反过来, 假定 ECDHP 可解, 即给定 P, aP, bP, 存在一个算法 $\mathcal{B}$, 使得 $\mathcal{B}(P, aP, bP) = abP$. 下面我们将假定算法 $\mathcal{B}$ 是一个 ECDHP 预言机, 我们将设计算法通过调用这一预言机来解决 ECDLP. 为此我们首先构造一条定义在有限域 $\mathbb{F}_p$ 上的椭圆曲线.

我们定义这条辅助椭圆曲线为

$$E_{au}: v^2 = u^3 + \alpha u + \beta, \quad \alpha, \beta \in \mathbb{F}_p.$$

假定这条辅助椭圆曲线在有限域 $\mathbb{F}_p$ 上的阶是 B-光滑的, 即 $\sharp E_{au}(\mathbb{F}_p) = \prod_{i=1}^s q_i$, 并且每一个整数 $q_i < B$. 假定 P_{au} 是辅助椭圆曲线群 $E_{au}(\mathbb{F}_p)$ 的生成元.

假定我们要解决的 ECDLP 是 P, uP. 从给定的 P 和 uP, 利用 $E(\mathbb{F}_q)$ 上的标量乘运算, 可以得到 βP 和 αuP. 通过两次调用 ECDHP 预言机 $\mathcal{B}$ 可以得到

$$u^3 P = \mathcal{B}(P, uP, \mathcal{B}(P, uP, uP)).$$

利用 $E(\mathbb{F}_q)$ 上的椭圆曲线加法运算, 我们就得到了 $(u^3 + \alpha u + \beta)P$. 如果 $z = u^3 + \alpha u + \beta$ 是模 p 的二次剩余, 则利用求平方根算法可以从 $(u^3 + \alpha u + \beta)P$ 计算出 $\sqrt{u^3 + \alpha u + \beta}P$. 如果 $u^3 + \alpha u + \beta$ 不是模 p 的二次剩余, 则可以随机选

取 d, 利用 $(u+d)P$ 代替 uP, 一直到 z 是模 p 的二次剩余. 这样我们得到了 $\mathbb{G}$ 中的两个元素

$$(uP, vP) = (uP, \sqrt{u^3 + \alpha u + \beta}P),$$

其中 $u, v \in \mathbb{F}_p$. 这隐含着我们得到了辅助椭圆曲线上的一个点 $Q_{au} = (u, v)$. 注意到这样得到的辅助椭圆曲线上的有理点 Q_{au} 的 u-坐标正是我们要计算的 ECDLP. 这样 $\mathbb{G}$ 中的点对

$$(uP, vP) = (uP, \sqrt{u^3 + \alpha u + \beta}P)$$

与辅助椭圆曲线上的有理点一一对应, 并且通过群 $\mathbb{G}$ 的群运算和 ECDHP 预言机可以隐式地计算辅助椭圆曲线的群运算. 例如 $Q_{au} = (u, v)$ 对应 (uP, vP), 则

$$2Q_{au} = \left(\left(\frac{(3u)^2 + \alpha}{2v} \right)^2 - 2u, \frac{(3u)^2 + \alpha}{2v} \left(u - \left(\frac{(3u)^2 + \alpha}{2v} \right)^2 - 2u \right) - v \right),$$

对应 $\mathbb{G}$ 中点对

$$\left(\left(\left(\frac{(3u)^2 + \alpha}{2v} \right)^2 - 2u \right) P, \left(\frac{(3u)^2 + \alpha}{2v} \left(u - \left(\frac{(3u)^2 + \alpha}{2v} \right)^2 - 2u \right) - v \right) P \right).$$

注意到 $a^{-1}P = a^{p-2}P$, 所以给定 P, aP, 计算 $a^{-1}P$ 是可以通过至多调用 $2\log p$ 次 ECDHP 预言机 $\mathcal{B}$ 来实现的. 所以, 利用 $E(\mathbb{F}_q)$ 上的椭圆曲线群运算和 ECDHP 预言机我们是可以得到 $Q_{au} = (u, v)$ 在辅助椭圆曲线上的任意标量乘的隐式表示的.

如果我们能够计算出 Q_{au}, 那么我们就计算出了 ECDLP. 假定 $Q_{au} = kP_{au}$.

对 $\sharp E_{au}(\mathbb{F}_p)$ 的每一个素因子 q_i, 令 $n_i = \sharp E_{au}(\mathbb{F}_p)/q_i$, 我们可以利用 (uP, vP) 计算出 (wP, tP), 使得 $(w, t) = n_i Q_{au}$. (w, t) 是辅助椭圆曲线上的一个 q_i 阶点, 我们没有这个点, 但我们有 (wP, tP). 同时, 利用辅助椭圆曲线 E_{au} 上的生成元 P_{au} 和它的光滑阶 $\prod_{i=1}^{s} q_i$, 可以计算所有的 q_i 阶点, 即

$$(u_i, v_i) = i \cdot n_i P_{au},$$

这里 $i = 0, 1, \cdots, q_i - 1$. 当发现某个 i, 使得 $(u_i P, v_i P) = (wP, tP)$, 则可以推出 $k \equiv i \bmod q_i$.

类似地我们也可以得到 k 模 $\sharp E_{au}(\mathbb{F}_p)$ 的其他素因子的值, 然后利用中国剩余定理得到 k. 有了 k 之后, 就可以计算 kP_{au}, 取这个有理点的 u-坐标, 从而得到我们要找的 ECDLP.

类似 [177] 和 [35], 我们在算法 18 中给出了上面证明过程的一个算法描述.

算法 18　借助 ECDHP-预言机求解 ECDLP

输入: 素数 p 阶椭圆曲线群 $\mathbb{G} = \langle P \rangle$, ECDLP 实例 $P, Q = aP \in \mathbb{G}$.
　　辅助椭圆曲线 $E_{au} : v^2 = u^3 + \alpha u + \beta$, $\alpha, \beta \in \mathbb{F}_p$ 和 $\prod_{i=1}^{s} q_i$ 阶有理点 $P_{au} \in E_{au}$.
　　调用 ECDHP 预言机 $\mathcal{B}$.

输出: a.

　　步骤 1. 计算合法的离散对数的辅助曲线点的 u-坐标:

1. **repeat**
2. 　　　随机选择 d, 令 $uP \longleftarrow Q + dP$.
3. 　　　$zP \longleftarrow u^3 + \alpha u + \beta$.
4. **until** $z^{(p-1)/2}P = P$.

　　步骤 2. 从 $zP = v^2 P$ 计算 vP:

5. 提取 z 的平方根的隐式表示, 得到 vP.
　　现在, $Q_{au} = (u, v)$ 是辅助椭圆曲线 E_{au} 上的一个点, 但只有隐式表示形式 uP, vP.

　　步骤 3. 在 E_{au} 中计算 k, 使得 $Q_{au} = kP_{au}$:

6. **for** $j = 1, \cdots, s$ **do**
7. 　　　计算 $Q_j = (u_j P, v_j P, w_j P)$, 这里 $(u_j, v_j, w_j) = \dfrac{|E_{au}|}{q_j} Q_{au}$(射影坐标形式).
8. 　　　令 $i \longleftarrow 0$, $(u, v) \longleftarrow \mathcal{O}$, $P_j = \dfrac{|E_{au}|}{q_j} P$.
9. 　　　**repeat**
10. 　　　　　$i \longleftarrow i + 1$,
　　　　　　　　$(u, v) \longleftarrow (u, v) + P_j$.
11. 　　　**until** $u w_j^2 P = u_j P$ 和 $v w_j^3 P = v_j P$.
12. 　　　　$k_j \longleftarrow i$.
13. **end for**

　　步骤 4. 构造 a:

14. 利用中国剩余定理计算 $k \bmod |E_{au}|$ 使得 $\forall j \in 1, 2, \cdots, s, k \equiv k_j \bmod q_j$.
15. 在仿射坐标下计算 $kP_{au} = Q_{au} = (u, v)$.
16. 输出 $a = u - d$.

如果 $\sharp E_{au}(\mathbb{F}_p)$ 是 B-光滑的, 那么上面的方法计算复杂度大约是 $O(B \cdot (\log p)^2)$ 次 $\mathbb{G}$ 的群运算和 $\mathbb{F}_p$ 中的有限域运算以及 $O((\log p)^3)$ 次 $\mathbb{G}$ 中的 ECDHP 预言机调用. 如果把计算 $(u_i, v_i) = i \cdot n_i P_{au}$ 的运算由原来的遍历改成大步小步法的话, 计算复杂度可以变为

$$O(\sqrt{B} \cdot (\log p)^3). \qquad \Box$$

从上面的证明可以看出, 证明 ECDLP 和 ECDHP 的关键是构造这个具有光滑阶的辅助椭圆曲线. 尽管目前还没有多项式时间算法构造在给定有限域前提下的光滑的阶的椭圆曲线, 但是一旦给定了素数阶群, 例如目前一些密码标准中, 像 NIST, IEEE P1363, SEGG 等所建议的用于构造离散对数密码体制的循环群, 在

400 比特左右及以下的素数阶群上, 我们都可以找到光滑的辅助椭圆曲线, 从而能利用 Maurer 和 Wolf 的方法证明这些实际中的循环群中 DLP 和 CDHP 是等价的. 文献 [177] 和 [35] 中, Muzereau 等和 Bentahar 对 SECG 标准中使用的大多数椭圆曲线构造了具有光滑阶的辅助椭圆曲线.

构造这样的光滑阶的辅助椭圆曲线的方法一般有如下两种: ① 随机产生椭圆曲线, 利用 SEA 算法计算该曲线的点数, 然后整数分解这个点数, 一直到发现满足要求的 B-光滑的曲线; ② 给定 B-光滑的群的阶, 利用复乘 (CM) 的方法生成椭圆曲线. 利用复乘的方法可以非常有效地找到给定阶的椭圆曲线, 但是定义的有限域不能预先指定. SEA 算法可以预先指定有限域, 但需要随机选取曲线, 并计算曲线的阶, 然后做整数分解. 目前, 对于大于 500 比特的椭圆曲线群, 例如曲线 secp521r1, sect571r1 和 sect571k1 还没有找到合适的辅助曲线, 主要的挑战还是因子分解算法的效率.

4.3.2   一个实践中的例子

类似 [177] 和 [35] 中的工作, 我们也可以考虑其他椭圆曲线密码标准中所用的椭圆曲线群中 ECDLP 和 ECDHP 是否计算等价, 例如我国的 SM2 标准. 在 SM2 的密钥交换协议标准中建议的素数域上 256 比特级别的椭圆曲线如下:

椭圆曲线方程为 $y^2 = x^3 + ax + b$, 有限域为 256 比特的素域 $\mathbb{F}_p$, 其中素数 p 是

60275702009245096385686171515219896416297121499402250955537857683885541941187.

定义椭圆曲线的系数 a 和 b 分别为

5449205298558959574080443685629857027481671841726313362585597978545915325572248,

45183185393608134601425506985501881231876135519103376096391853873370470098074.

椭圆曲线群的阶 n 是素数

60275702009245096385686171515219896415919644698453424055561665251330296281527.

利用素数 n 定义有限域 $\mathbb{F}_n$, 在这个有限域上构造光滑的辅助曲线如下

$$E_{au} \colon y^2 = x^3 + a'x + b',$$

其中系数 a' 和 b' 分别为

42200731499221556333172994399400148070721046026001580335382320691169906414310,

3723238477502665699500163009993010449017368446874696899865597452503828944000.

该椭圆曲线群的阶是 $\sharp E_{au}(\mathbb{F}_n) = N$, 这里 N 为

60275702009245096385686171515219896416248638900238841405455272864963415200560.

将这个群的阶 N 进行整数分解, 得到

$$\sharp E_{au}(\mathbb{F}_n) = 2^4 \times 5 \times 13 \times 251 \times 24509 \times 16231573 \times 24378619 \times 216414813991 \\ \times 3132870679501 \times 82882999302839 \times 423686867301367,$$

其中最大的素因子 $423686867301367 < 2^{48}$, 所以这条辅助椭圆曲线是 2^{48}-光滑的, 即 $B = 2^{48}$. 有了辅助椭圆曲线后, 从而可以利用 Maurer 和 Wolf 的方法证明 SM2 的密钥交换协议标准中建议使用的素数域上 256 比特的这个椭圆曲线群中的 ECDLP 和 ECDHP 是计算等价的.

4.3.3 进一步的讨论

如果能够有效构造出 $\mathbb{F}_p$ 上的光滑阶椭圆曲线, 我们就可以借助 Maurer 和 Wolf 的方法证明阶为 p 的任意群上的 DLP 和 CDHP 多项式时间计算等价. 但是给定素数 p 后, 是否一定可以有效地构造出辅助曲线却还不是很清楚. 对于中小规模的素数 p (例如 400 比特以内), 我们可以通过 SEA 算法和整数分解尝试找到这样的辅助曲线, 但当 p 很大时, 这样的尝试可能很难成功了. 例如 NIST 的 512p 曲线, 或 SECG 的 secp521r1, sect571r1 等, 我们目前还不能在这些椭圆曲线群上找到满足要求的辅助曲线, 也就是说, 我们还没有证明在 NIST 的 512p 曲线和 SECG 的 secp521r1, sect571r1 等曲线上的 ECDLP 和 CDHP 是多项式时间等价的. 尽管光滑阶的辅助椭圆曲线看起来是存在的, 但我们却还没有找到多项式时间的构造算法.

另外, Maurer 和 Wolf 的证明方法用到了辅助曲线, 这使得证明有一定的局限性, 是否存在其他的证明方式和如何寻找这样的证明都是值得研究的问题. 例如我们不借助任何辅助曲线, 可以证明当群 $\mathbb{G}$ 的阶是形如 $n = 2^s t + 1$ 的素数, 且 t 是 $(\log n)^{O(1)}$ 级别时, 则 $\mathbb{G}$ 上的 DLP 与 CDHP 计算等价. 这一特殊形式的素数阶群可否推广到任意素数阶群上去也是值得深入研究的.

总的来说, 任意素数阶群上的 DLP 和 CDHP 是否多项式时间计算等价目前仍然是一个没有被完全证明的问题!

第 5 章 特殊椭圆曲线的离散对数问题

并不是任意有限域上的任意椭圆曲线都可以用来构造基于离散对数系统的密码方案, 有些特殊的椭圆曲线上的离散对数问题是存在有效的计算算法的. 这一章我们专门讨论这些特殊的椭圆曲线.

5.1 光滑阶的椭圆曲线

我们在上一章证明 ECDLP 与 EC-CDHP 等价的时候, 用到了有限域上光滑阶椭圆曲线作为辅助曲线. 之所以利用光滑阶椭圆曲线, 是因为这类曲线上的离散对数问题的计算难度可以归结到该椭圆曲线群的最大素数阶子群的离散对数的计算难度上来.

当一个群的阶 n 是由一些素数的乘积构成时, 为了确定这个群里的一个离散对数 s, 可以先求出该数模整数 n 的所有素因子所得的余数, 然后再根据中国剩余定理求出该整数. 即将 n 阶群中的离散对数问题归约到 n 的最大素因子阶的子群中的离散对数问题.

这一求解合数阶离散对数的想法是 Pohlig 和 Hellman[184] 在 1978 年提出的. 类似于一般乘法群上的应用, 它也可以用在 ECDLP 上. 由于 Pohlig-Hellman 算法的存在, 我们在选择 ECDLP 参数时, 通常要求曲线构成的群的阶是个大素数, 或者是个大素数乘上一个小的整数因子 (即余因子). 下面我们给出合数阶的椭圆曲线群的离散对数求解算法: Pohlig-Hellman 算法.

假定椭圆曲线群 $\mathbb{G}$ 的阶是 $n = \prod_{i=1}^{t} p_i^{e_i}$, 其中 p_i 是互不相同的素数. 设椭圆曲线的基点是 P, Q 是 $\mathbb{G}$ 中任意一个元素, 则 $Q = sP$. 首先令 $q_i = p_i^{e_i}$, 则 $n = \prod_{i=1}^{t} q_i$, 然后将要计算的离散对数 $s \bmod n$ 归结到寻找 $s \bmod q_i$. 如果我们计算出了每一个 $s_i \equiv s \bmod q_i$, 然后利用中国剩余定理就可以计算出 $s \bmod n$. 我们以计算 $s_1 \equiv s \bmod q_1$ 为例描述计算过程, 其他的 s_i 的计算类似.

令

$$P_1 = \frac{n}{q_1}P, \quad Q_1 = \frac{n}{q_1}Q,$$

则 Q_1 关于 P_1 的离散对数就是 $s_1 \equiv s \bmod q_1$. 这样我们就把求解群 $\mathbb{G}$ 的 ECDLP 转化成计算 q_1 阶子群中的 ECDLP. 如果 q_1 本身就是一个素数了, 那么就可以利用穷搜索或后面章节要介绍的平方根算法来计算离散对数在模 q_1 下的值. 如果 $q_1 = p^c$, 下面我们来说明如何计算 $l \equiv s \bmod p^c$, 其中 $0 < l < p^c$, $q_1 \equiv 0 \bmod p^c$, 但是 $q_1 \neq 0 \bmod p^{c+1}$. 把 l 表示成 p-进制:

$$l = \sum_{i=0}^{c-1} l_i p^i.$$

我们利用算法 19 计算出 $(l_0, l_1, \cdots, l_{c-1})$, 从而计算出 l.

算法 19 幂次阶子群 ECDLP 计算

输入: Pohlig-Hellman($\mathbb{G}, P, Q, q_1, p, c$).

输出: l.

1. $j \leftarrow 0$.

2. $Q_j \leftarrow Q$.

3. **while** $j <= c - 1$ **do**

   $H \leftarrow \dfrac{q_1}{p^{j+1}} Q_j$.

   找到满足 $H = i\dfrac{q_1}{p} P$ 的 i.

   $l_j \leftarrow i$.

   $Q_{j+1} \leftarrow Q_j - l_j p^j P$.

   $j \leftarrow j + 1$.

4. 输出 $(l_0, l_1, \cdots, l_{c-1})$.

算法 19 中对 i 的计算我们假定是通过遍历的方式得到的, 那么该算法求 $q_1 = p^c$ 阶子群的离散对数问题的计算复杂度是 $O(cp)$.

例子 5.1 考虑有限域 GF(1019) 上的椭圆曲线

$$E: y^2 = x^3 + 749x + 599,$$

令 $P = (750, 171)$ 和 $Q = (800, 1018)$. 这里点 P 的阶是 $n = 1071 = 3^2 \times 7 \times 17$. 我们要计算离散对数问题 $Q = kP$ 中的 k. 按照 Pohlig-Hellman 算法, 我们只需要计算出 $k \bmod 9$, $k \bmod 7$ 和 $k \bmod 17$, 然后利用中国剩余定理计算出 $k \bmod 1071$.

$k \bmod 9$ 的计算: 计算 $P_1 = n/9P = (467, 279)$, $Q_1 = n/9Q = (467, 740)$. 因为 $Q_1 = -P_1 = 8P_1$, 所以我们有 $k \bmod 9 \equiv 8$.

$k \bmod 7$ 的计算: 计算 $P_2 = n/7P = (108, 235)$, $Q_2 = n/7Q = (108, 235)$. 很显然, $k \bmod 7 \equiv 1$.

$k \bmod 17$ 的计算: 计算 $P_3 = n/17P = (605, 724)$, $Q_3 = n/17Q = (245, 443)$. i 从 1 到 16 逐个计算 iP_3, 并与 Q_3 比较, 我们找到 $12P_3 = Q_3$, 从而 $k \bmod 17 \equiv 12$.

这样我们就有了如下的同余方程:

$$\begin{cases} k \equiv 8 \pmod{9}, \\ k \equiv 1 \pmod{7}, \\ k \equiv 12 \pmod{17}. \end{cases} \tag{5.1}$$

利用中国剩余定理, 我们可以得到 $k \equiv 386 \pmod{1071}$, 所以 $k = 386$.

前面提到过, 当我们说一个整数是 B-光滑的, 即它的任何素因子都不会超过 B. 考虑群运算, 我们得到 Pohlig-Hellman 算法求解 $\mathbb{G}$ 中离散对数的复杂度如下:

定理 5.1　假定 $\mathbb{G}$ 的阶 $n = \prod_{i=1}^{t} p_i^{e_i}$ 是 B-光滑的, 那么 Pohlig-Hellman 算法求解 $\mathbb{G}$ 中的离散对数需要 $O((\log n)^2 + B \log n)$ 群运算.

借助后面一章要讨论的大步小步法或 Pollard rho 算法可以将计算每个 i 的算法复杂度降到 $O(\sqrt{p})$, 从而使得算法 19 的复杂度降到了 $O(c\sqrt{p})$. 如果考虑改进的算法和子群中的计算是平方根算法, 那么 Pohlig-Hellman 算法求解 $\mathbb{G}$ 中离散对数问题的计算量是

$$O(\log n \sqrt{B} / \log B + \log n \log(\log n)).$$

5.2　MOV 攻击和 FR 攻击

Menezes, Okamoto 和 Vanstone[168] 在 1993 年提出了借助椭圆曲线的 Weil 对将有限域 $\mathbb{F}_q$ 上椭圆曲线 E 的 ECDLP 归约到有限域 $\mathbb{F}_{q^k}$ 上离散对数的求解方法, 该方法以这三个作者的名字的第一个字母命名, 即 MOV 归约攻击, 简称 MOV 攻击. 1994 年, Frey 和 Rück[91] 利用 Tate 对, 类似于 MOV 攻击给出了椭圆曲线离散对数的 FR 归约攻击方法. 尽管有限域 $\mathbb{F}_{q^k}$ 至少会比 $\mathbb{F}_q$ 大, 但我们知道有限域上的离散对数问题有亚指数时间复杂度的算法 (如函数域筛法), 所以不管有限域 $\mathbb{F}_{q^k}$ 的规模有多大, 当它上面的离散对数问题的求解算法复杂度少于 $\mathbb{F}_q$ 上椭圆曲线最好的求解算法的复杂度时, MOV 或 FR 攻击就是有效的.

对于有限域 $\mathbb{F}_q$ 上的椭圆曲线 E 的任意 n 阶子群 $\mathbb{G} \in E(\mathbb{F}_q)$, 只要存在整数 k, 使得 $q^k \bmod n \equiv 1$, 即 $n | q^k - 1$, 那么 $\mathbb{G}$ 上的 ECDLP 都可以应用 MOV 或 FR 攻击. 当然并不是所有的曲线都是有效的. 归约也不只局限于利用 Weil 对或 Tate 对, 实际上有限域 $\mathbb{F}_q$ 上的椭圆曲线 E 的任何一个双线性对都可以.

下面我们借助 Weil 对简要介绍一下这个归约攻击算法 (算法 20).

我们简单分析一下上面的算法: $E[n]$ 是有限域 $\mathbb{F}_q$ 上的椭圆曲线 E 的 n 阶挠点全体, 显然 $\mathbb{G} \subseteq E[n]$. 借助下面的定理, 我们可以确定上面算法第 1 步中的 k.

算法 20 MOV 归约攻击

输入: $\mathbb{F}_q$ 上的椭圆曲线 E 的任意 n 阶子群 $\mathbb{G}$ 的点 P 和 Q.

输出: 一个整数 $s \in \mathbb{Z}_n$, 使得 $Q = sP$.

1. 确定 k, 使得 $E[n] \subseteq E(\mathbb{F}_{q^k})$;
2. 利用 $E[n]$ 上定义的 Weil 对:

$$e_w : E[n] \times E[n] \to \mu_n \subseteq \mathbb{F}_{q^k}^*,$$

   随机选取 $R \in E[n]$, 使得 $\alpha = e_w(P, R)$ 是 $\mathbb{F}_{q^k}^*$ 中 n 阶元素;
3. 计算 $\beta = e_w(Q, R)$;
4. 计算 β 关于 α 在 $\mathbb{F}_{q^k}^*$ 中的离散对数 s;
5. 输出 s.

定理 5.2 E 是定义在有限域 $\mathbb{F}_q$ 上的椭圆曲线, n 是素数, 并满足 $n | \sharp E(\mathbb{F}_q)$, $E[n] \nsubseteq E(\mathbb{F}_q)$ 和 $n \nmid q(q-1)$, 那么

$$E[n] \subseteq E(\mathbb{F}_{q^k}) \Leftrightarrow q^k \equiv 1 \bmod n.$$

证明 如果 $E[n] \subseteq E(\mathbb{F}_{q^k})$, 利用 2.6.2 节 Weil 对的性质 (7) 可得 $\mu_n \in \mathbb{F}_{q^k}^*$, 即 n 次单位群 μ_n 是有限域乘法群 $\mathbb{F}_{q^k}^*$ 的子群, 从而 $|\mu_n| \mid |\mathbb{F}_{q^k}^*|$, 所以 $q^k \equiv 1 \bmod n$.

反之, 假设 $q^k \equiv 1 \bmod n$. 令 $P \in E(\mathbb{F}_q)$ 是一个 n 阶点, $Q \in E[n]$ 且 $P' \notin E(\mathbb{F}_q)$, 不难验证 $\{P, P'\}$ 是 Tate 模 $E[n]$ 的一个基. 令 φ_q 是 Frobenius 映射, φ_q 在 Tate 模 $E[n]$ 的一个基 $\{P, P'\}$ 上的作用给出一个二阶矩阵, 记作 $(\varphi_q)_n$. 因为 $P \in E(\mathbb{F}_q)$, 我们有 $\varphi_q(P) = P$. 令 $\varphi_q(P') = bP + dP'$, 那么矩阵 $(\varphi_q)_n$ 可以写成

$$(\varphi_q)_n = \begin{bmatrix} 1 & b \\ 0 & d \end{bmatrix}.$$

矩阵 $(\varphi_q)_n$ 的迹也就是椭圆曲线 E 的 Frobenius 变换的迹, 即

$$\mathrm{Trace}((\varphi_q)_n) = 1 + d = q + 1 - \sharp E(\mathbb{F}_q) \bmod n.$$

因为 $\sharp E(\mathbb{F}_q) \equiv 0 \bmod n$, 所以 $d \equiv q \bmod n$. 一个简单的递归计算可以得到

$$\begin{bmatrix} 1 & b \\ 0 & d \end{bmatrix}^k = \begin{bmatrix} 1 & b \dfrac{q^k - 1}{q - 1} \\ 0 & q^k \end{bmatrix}.$$

因为 $q \neq 1 \bmod n$, 所以

$$\varphi_q^k = 1 \Leftrightarrow (\varphi_q)_n^k = I \Leftrightarrow q^k \equiv 1 \bmod n.$$

又由 Frobenius 映射 φ_q 的定义和性质可推出 $E[n] \subseteq E(\mathbb{F}_{q^k})$ 当且仅当 φ_q^k 在 $E[n]$ 上的作用是单位变换, 即 $\varphi_q^k = 1$. 从而定理得证. $\qquad\qquad\qquad\qquad\qquad\square$

确定出 k 后, 就可以定义 Weil 对. 然后选取 $E[n]$ 中一随机元素 R, 使得 $\alpha = e_w(P, R)$ 是 $\mathbb{F}_{q^k}^*$ 中 n 阶元素, 再利用 Q 构造 $\mathbb{F}_{q^k}^*$ 中另一个元素 $\beta = e_w(Q, R)$. 利用 Weil 对的双线性性, 就可以把 Q 关于 P 的 ECDLP 转换成 $\mathbb{F}_{q^k}^*$ 中的 β 关于 α 的离散对数问题.

有时把 k 称为嵌入次数. Menezes, Okamoto 和 Vanstone 在 [168] 中证明了: 当 E 是超奇异椭圆曲线时, 扩域次数或嵌入次数 $k \leqslant 6$, 由此可说明这类椭圆曲线的离散对数问题可以有效地转化到有限域上的离散对数问题, 从而超奇异椭圆曲线的离散对数问题是有亚指数时间算法攻击的.

即使椭圆曲线不是超奇异的, 但如果定义在有限域 $\mathbb{F}_q$ 上的椭圆曲线群或子群的阶整除 $q^k - 1$, 那么此时的 ECDLP 也是可以通过双线性对归约到有限域的扩域上的离散对数问题. 当嵌入次数较小, 使得 $\mathbb{F}_{q^k}$ 上离散对数问题可以有效计算时, 即便不是超奇异椭圆曲线也是不安全的.

我们举一个非超奇异椭圆曲线的小例子: 定义在有限域 $\mathbb{F}_{13216395499199}$ 上的椭圆曲线

$$y^2 = x^3 + 11485926709683x + 53388743790$$

是一条一般曲线. 下面的 Magma 程序就是利用 Weil 对计算它上面的离散对数的 MOV 算法.

例子 5.2

```
p := 13216395499199;   Fp := FiniteField(p);
PP<z> := PolynomialRing(Fp);
f := z^3+z+5;  Fp3<z> := ext<Fp | f >;
a:=11485926709683; b:=53388743790;
E := EllipticCurve([Fp|a, b]); n:=#E;
P:=Random(E); R:=Random(E);
E1 := BaseExtend(E, Fp3);  m:=#E1;
r:=m/n^2; r:=Integers()!r;
P1 := E1!P;
Q1 :=r*(Random(E1)); Order(Q1);
z1 := WeilPairing(P1, Q1,n); z1;
P2 := E1!R;
z2 := WeilPairing(P2, Q1,n); z2;
k:=Log(z1, z2); k;
k*P eq R;
```

运行 Magma, 得到结果如下:

```
13216389202441
7980732447075*z^2 + 2026927338120*z + 2755758534938
7681400815297*z^2 + 1047170275308*z + 1303439324735
1759621983848
true
```

不管是 MOV 攻击还是 FR 攻击, 对于定义在有限域 $\mathbb{F}_q$ 上的椭圆曲线来说, 能够把 ECDLP 归约到有限域上的 DLP 的一个必要条件是存在整数 k, 使得椭圆曲线群的阶 n 能整除 $q^k - 1$. 很显然, 除了 $n = q$ 的情形, 其他任何情形, 这样的整数 k 都存在, 实际上就是 q 模 n 下的阶, 即 $q^k \equiv 1 \bmod n$. 但只有 k 比较小时, $\mathbb{F}_{q^k}$ 上的 DLP 才能有效计算. 对于给定有限域 $\mathbb{F}_q$ 后, 随机选取的椭圆曲线 E, 使得存在一个不大的整数 k, 并且椭圆曲线 E 的阶能整除 $q^k - 1$ 时是非常困难的事情. R. Balasubramanian 和 N. Koblitz 在 [24] 中研究了这个问题, 并得出如下的结论:

定理 5.3 假定 M 是一个正整数, q 是属于 $[M/2, M]$ 的一个随机素数. 令 E 是定义在有限域 $\mathbb{F}_q$ 上的具有素数阶 l 有理点的一条随机椭圆曲线, 则对某个整数 $k \leqslant (\log q)^2$, l 整除 $q^k - 1$ 的概率小于

$$c \frac{(\log M)^9 (\log\log M)^2}{M},$$

这里 c 是一个可有效计算的正常数.

MOV 或 FR 攻击的有效性, 除了借助双线性对有效归约, 还要依赖于 $\mathbb{F}_{q^k}$ 上的 DLP 计算的有效性. 对于 IEEE P1363 等很多椭圆曲线选取标准, 都建议 $k > 20$. 在 SM2 中, 对于 $q > 2^{191}$ 的标准, 要求 $k \geqslant 27$. 但 Joux 等[132,133,136,137] 提出的中小特征的有限域上的指标计算的改进算法, 使得对于中小特征的有限域上安全椭圆曲线的构造要求嵌入次数 $k > 27$ 已经不够了. 例如对于特征 2 的有限域. 目前当有限域的大小是 2^{9000} 时都不安全了, 所以在构造特征 2 的有限域上的椭圆曲线时, 检查嵌入次数不能只检测是否 $k > 27$. 举个例子来说, 如果我们想选取特征 2 有限域上 128 安全级别的 ECC, 那么我们可以选取有限域 $\mathbb{F}_{2^{257}}$, 然后随机选取 $\mathbb{F}_{2^{257}}$ 上的椭圆曲线并具有 256 比特的素因子. 如果在检测 MOV 攻击时设置的嵌入次数的检测阈值为 27 的话, 那么可能存在嵌入次数为 30 的通过检验. 但此时的 $\mathbb{F}_{2^{257}}$ 上的椭圆曲线的离散对数问题可以借助 MOV 或 FR 归约到有限域 $\mathbb{F}_{2^{257 \times 30}} = \mathbb{F}_{2^{7710}}$ 上的离散对数问题. 对于合数扩张的 $\mathbb{F}_{2^{7710}}$ 上的离散对数问题, 利用 Joux 等的算法, 可能比 2^{128} 复杂度要小, 从而达不到 128 比特的安全级别.

Lauter 和 Stange 在 [151] 中研究了椭圆除序列和 ECDLP 的关系. 她们定义了椭圆除序列的三个困难问题 (EDS 关联、EDS 剩余和 EDS 离散对数), 并证

明了每一个问题如果在亚指数时间内可解当且仅当 ECDLP 可以在亚指数时间内可解. 由于椭圆除序列和 Weil 对都与椭圆曲线的 Weierstrass σ 函数有关, 所以这个方法本质与 MOV 或 FR 攻击等价. Shipsey 和 Swart[209] 利用椭圆除序列的性质对嵌入次数为 1 (即 $\sharp E(\mathbb{F}_q) = q - 1$) 情况下的 ECDLP 构造了一个非常简单的 MOV 替代算法. 利用椭圆除序列攻击 ECDLP 的方法没有超出 MOV 或 FR 攻击算法的范围, 不过椭圆除序列方法的一个好处是不需要计算双线性对, 但计算量却不见得比计算双线性对少多少.

5.3   非常规曲线算法

对于有限域 $\mathbb{F}_q$ 上的椭圆曲线 E, 当椭圆曲线群 $E(\mathbb{F}_q)$ 的阶恰好是 q 时, 显然可以抵御 MOV 或 FR 攻击, 因为此时不存在整数 k, 使得 $q|q^k - 1$. 这样的椭圆曲线称为非常规曲线 (anomalous curve, 即域 $\mathbb{F}_q$ 上的椭圆曲线刚好有 q 个有理点, 也称为迹为 1 的椭圆曲线). Miyaji 等曾经建议使用这类曲线构造密码方案.

1998 年左右, Semaev[203], Smart[218], Satoh 和 Araki[197] 分别同时独立地提出了对有限域上非常规椭圆曲线的离散对数的攻击, 该攻击方法被称为 Smart-Satoh-Araki- Semaev 攻击 (简称 SSAS 攻击). 考虑 $q = p$ 是素数的情形, SSAS 攻击就是构造了 $E(\mathbb{F}_p)$ 到有限域 $\mathbb{F}_p$ 的加法群的一个同构映射, 使得解这类 ECDLP 是多项式时间的. Smart 和 Satoh-Araki 分别独立地发现可以将 $\mathbb{F}_p$ 上椭圆曲线提升到 $\mathbb{Q}_p$ 上, 从而利用形式对数映射可以在线性时间内求解离散对数. Semaev 提出的方法是用除子和微分形式空间的对应, 给出了求解 $\mathbb{F}_{p^m}$ 上椭圆曲线 p 群的离散对数算法, 显然该方法不局限于素域.

这两种方法计算复杂度一样, 都是线性时间的. 相比于 Semaev 的算法, 提升方法会更加直观些. 由于这两种方法所用的数学工具不同, 我们把 Smart[218], Satoh 和 Araki[197] 的方法称为代数数论方法, 而 Semaev[203] 的方法称为代数几何方法.

5.3.1   代数数论方法

下面我们描述素域上的非常规曲线的离散对数问题的代数数论方法的计算.

令 E 是定义在有限域 $\mathbb{F}_p$ 上的椭圆曲线, $\sharp E(\mathbb{F}_p) = p$, P 和 Q 是给定的要计算的 ECDLP. 首先我们需要把 E 和它上面的有理点 P 和 Q 提升到有理数域 $\mathbb{Q}$ 上的整系数的一条椭圆曲线及其相应的有理点. 下面的提升结论适用于任意素数域上的任意椭圆曲线.

定理 5.4   令 E 是定义在有限域 $\mathbb{F}_p$ 上的椭圆曲线, $P, Q \in E(\mathbb{F}_p)$. 我们假定 E 具有 Weierstrass 方程 $y^2 = x^3 + Ax + B$. 那么存在整数 $A', B', x_1, x_2, y_1, y_2$ 和

一条椭圆曲线 $E': y^2 = x^3 + A'x + B'$, 使得 $P' = (x_1, y_1), Q' = (x_2, y_2) \in E'(\mathbb{Q})$, 且

$$A \equiv A', \quad B \equiv B', \quad P \equiv P', \quad Q \equiv Q' (\mathrm{mod}\ p).$$

证明 从给定的 $E(\mathbb{F}_p)$ 上的点 P 和 Q 很容易找到两个整数 x_1 和 x_2, 使得 $x_1, x_2 (\mathrm{mod}\ p)$ 是 P 和 Q 的 x 坐标.

首先假定 $x_1 \neq x_2 \bmod p$. 选择整数 y_1, 使得 $P' = (x_1, y_1)$ 在模 p 下能归约到 P. 下面选择 y_2, 使得 $y_2^2 \equiv y_1^2 (\mathrm{mod}\ x_2 - x_1)$, 并且 $(x_2, y_2) \equiv Q (\mathrm{mod}\ p)$. 具体地, y_2 如下计算: 因为 $\gcd(p, x_2 - x_1) = 1$, 则利用中国剩余定理求解

$$y_2^2 \equiv y_1^2 (\mathrm{mod}\ x_2 - x_1), \quad y_2^2 \equiv x_2^3 + Ax_2 + B (\mathrm{mod}\ p),$$

可以得到一个解 $\gamma = y_2^2 \bmod p(x_2 - x_1)$. 如果 γ 在整数上不是一个平方数, 则选择 i, 使得 $\gamma + ip(x_2 - x_1)$ 在整数上是平方数. 开方 γ 或 $\gamma + ip(x_2 - x_1)$, 得到整数 y_2.

有了整数 x_1, x_2, y_1, y_2, 考虑下面联立方程,

$$\begin{cases} y_1^2 = x_1^3 + A'x_1 + B', \\ y_2^2 = x_2^3 + A'x_2 + B'. \end{cases}$$

解出 A', B' 分别为

$$A' = \frac{y_2^2 - y_1^2}{x_2 - x_1} - \frac{x_2^3 - x_1^3}{x_2 - x_1}, \quad B' = y_1^2 - x_1^3 - A'x_1.$$

因为 x_1, x_2, y_1, y_2 是整数, 且 $y_2^2 - y_1^2$ 能被 $x_2 - x_1$ 整除, 所以 A', B' 也是整数. 不难验证, P', Q' 都在曲线 $E': y^2 = x^3 + A'x + B'$ 上.

下面考虑 $x_1 \equiv x_2 \bmod p$ 的情形. 此时 $P = \pm Q$. 这种情况下, 我们取 $x_1 = x_2$. 选择 y_1 使得它在模 p 下是 P 的 y 坐标. 选择另一整数 A', 使得 $A' \equiv A \bmod p$, 令 $B' = y_1^2 - x_1^3 - A'x_1$. 容易验证 $P' = (x_1, y_1)$ 在曲线 $E': y^2 = x^3 + A'x + B'$ 上.

最后, 因为 E 是椭圆曲线, $4A'^3 + 27B'^2 \equiv 4A^3 + 27B^2 \neq 0 \bmod p$, 所以 $4A'^3 + 27B'^2$ 是非零整数, 即 E' 是椭圆曲线. $\square$

令 $a/b \neq 0$ 是一个有理数, 这里 a 和 b 是互素整数. 对于任意素数 p, 记 $a/b = p^r a_1/b_1$, 这里 $p \nmid a_1 b_1$. 定义有理数 a/b 的 **p-adic 赋值**为

$$v_p(a/b) = r.$$

例如

$$v_3(5/18) = -2, \quad v_5(250/7) = 3.$$

定义 $v_p(0) = +\infty$.

假定 $E': y^2 = x^3 + A'x + B'$ 是定义在 $\mathbb{Q}$ 上的整系数椭圆曲线. 令 r 为不小于 1 的整数, 定义

$$E'_r = \{(x,y) \in E'(\mathbb{Q}) | v_p(x) \leqslant -2r, v_p(y) \leqslant -3r\} \cup \{\mathcal{O}\}.$$

从定义可以看出, E'_r 是满足这样性质的有理点的集合: x 坐标的分母至少有因子 p^{2r}, 而 y 坐标的分母至少有因子 p^{3r}. 关于集合 E'_r 的性质我们有下面的定理, 该定理的证明可以参见文献 [232] 的 8.1 节.

定理 5.5　令 $E': y^2 = x^3 + A'x + B'$ 是定义在 $\mathbb{Z}$ 上的椭圆曲线, p 是一素数, r 是一正整数. 那么

(1) E'_r 是 $E'(\mathbb{Q})$ 的一个子群.

(2) 如果 $(x,y) \in E'(\mathbb{Q})$, 那么 $v_p(x) < 0$ 当且仅当 $v_p(y) < 0$. 在这种情况下, 存在一个整数 $r \geqslant 1$, 使得 $v_p(x) = -2r, v_p(y) = -3r$.

(3) 映射

$$\lambda_r : \begin{cases} E'_r/E'_{5r} \to \mathbb{Z}_{p^{4r}}, \\ (x,y) \to p^{-r}x/y \bmod p^{4r}, \\ \mathcal{O} \to 0 \end{cases} \tag{5.2}$$

是一个满同态.

(4) 如果 $(x,y) \in E'_r$, 但是 $(x,y) \notin E'_{r+1}$, 则 $\lambda_r(x,y) \neq 0 (\bmod p)$.

除了上面定理中的映射 λ_r, 我们还需要模 p 归约映射:

$$\mathrm{red}_p : \begin{cases} E'(\mathbb{Q}) \to E' \bmod p, \\ (x,y) \to (x,y) \bmod p \ ((x,y) \notin E'_1), \\ E'_1 \to \{\mathcal{O}\}. \end{cases} \tag{5.3}$$

不难验证, 模 p 归约映射 red_p 是一个群同态, 并且 red_p 的核是 E'_1.

接下来, 我们将介绍如何来解非常规椭圆曲线上的离散对数问题. 这里我们介绍 Smart 的方法. Satoh-Araki 的方法本质与此相同. 设 E 是定义在素域 $\mathbb{F}_p$ 上的椭圆曲线, 且 $\sharp E(\mathbb{F}_p) = p$. 设 P 和 Q 是曲线上两点, 我们想求出使得 $Q = kP$ 成立的最小正整数 k.

利用前面介绍的提升, p-adic 赋值和模 p 归约映射的知识, 我们可以得到下面求解 k 的方法:

(1) 提升 E, P, Q 到整数 $\mathbb{Z}$ 上得到 E', P', Q'.

(2) 计算 $P_1' = pP', Q_1' = pQ'$. 因为 $\mathrm{red}_p(pP') = p \cdot \mathrm{red}_p(P') = \mathcal{O}$, 所以 $P_1', Q_1' \in E_1'$.

(3) 如果 $P_1' \in E_2'$, 则重新选择 E', P', Q'. 否则令 $l_1 = \lambda_1(P_1')$, $l_2 = \lambda_1(Q_1')$.

(4) 输出 $k = l_2/l_1 \bmod p$.

椭圆曲线是非常规的条件是非常必要的, 这可以保证 $P_1', Q_1' \in E_1'$. 如果 P, Q 的阶不是 p 的话, 保证不了这一点. 我们说明一下为什么 $k = l_2/l_1 \bmod p$ 就是我们所求的 ECDLP. 令 $K' = kP' - Q'$, 那么有

$$\mathrm{red}_p(K') = \mathrm{red}_p(kP' - Q') = kP - Q = \mathcal{O}.$$

所以 $K' \in E_1'$. 因此 $\lambda_1(K')$ 是有定义的, 且

$$\lambda_1(pK') = p\lambda_1(K') \equiv 0 \bmod p,$$

则

$$kl_1 - l_2 = \lambda_1(kP_1' - Q_1') = \lambda_1(kpP' - pQ') = \lambda_1(pK') \equiv 0 \bmod p,$$

所以 $k = l_2/l_1 \bmod p$.

上面的方法从理论上看没有任何问题, 但当我们具体实现时就会遇到一个困难: 当 p 很大时, 在有理数域上计算 $P_1' = pP', Q_1' = pQ'$ 基本是不可能的, 因为 pP' 的 x 坐标的分子和分母大约是 p^2 位数. 但我们要找的是 $x/y \bmod p$, 所以我们把所有的运算都在模 p^2 下操作就足够了. 我们可以利用点加-倍点算法计算 $(x, y) = P_1' = pP'$, 每一步的点加或倍点运算都是在模 p^2 下操作. 这样我们可以计算出 pP' 在模 p^2 下的结果, 但是此时的 P_1' 一般不属于 E_2', 所以在实际计算中, 我们一般分两步: 先计算 $(p-1)P' \bmod p^2$, 然后再加上 P'. 下面的算法 21 是求解非常规曲线离散对数问题的实际算法.

算法 21 非常规 ECDLP 的代数数论方法

输入: $\mathbb{F}_p$ 上的非常规椭圆曲线 E 及其上的点 P 和 Q.

输出: 一个整数 $k \in \mathbb{Z}_p$, 使得 $Q = kP$.

1. 提升 E, P, Q 到整数 $\mathbb{Z}$ 上得到 $E', P' = (x_1, y_1), Q' = (x_2, y_2)$.

2. 计算

$$P_2' = (p-1)P' \equiv (x', y') \pmod{p^2}.$$

3. 计算

$$Q_2' = (p-1)Q' \equiv (x'', y'') \pmod{p^2}.$$

4. 计算

$$m_1 = p\frac{y' - y_1}{x' - x_1}, \quad m_2 = p\frac{y'' - y_2}{x'' - x_2}.$$

5. 如果 $v_p(m_1) < 0$ 或 $v_p(m_2) < 0$, 则返回 1. 重新选择 E'.

6. 输出 $k = m_1/m_2 \pmod{p}$.

我们举一个小例子来具体说明一下:

例子 5.3

$$E: y^2 = x^3 + 223x + 9$$

是定义在素域 $\mathbb{F}_{257}$ 上的非常规椭圆曲线, $\sharp E(\mathbb{F}_{257}) = 257$. 令 $P = (0,3)$ 和 $Q = (128, 40)$ 是 E 上的两个点. 将 E, P, Q 提升到 $\mathbb{Z}$ 上, 得到

$$E': y^2 = x^3 + 214561x + 9, \quad P' = (0,3), \quad Q' = (128, 5437).$$

计算 $(p-1)P', (p-1)Q' \bmod p^2$ 得到

$$P_2' = 256P' \equiv (50372, 65275) \bmod 257^2,$$

$$Q_2' = 256Q' \equiv (55897, 31571) \bmod 257^2.$$

计算

$$m_1 = 257\frac{65275 - 3}{50372 - 0} = \frac{65273}{196},$$

$$m_2 = 257\frac{31571 - 5437}{55897 - 128} = \frac{26134}{217},$$

所以 $k \equiv m_1/m_2 \equiv 177 (\bmod \ 257)$.

我们用记号 $O(p^k)$ 表示形如 $p^k z$ 且 $v_p(z) \geqslant 0$ 的有理数. 如果 $a, b \in \mathbb{Z}$ 且 $k > 0$, 那么 $a = b + O(p^k)$ 就意味着 $a \equiv b(\bmod \ p^k)$. 我们也考虑 k 是负整数的情形. 下面的式子在后面的推导中也有用处: 当 $v_p(b) = 0$, $v_p(a) \geqslant 0$, 且 $k > 0$ 时,

$$\frac{a}{b + O(p^k)} = \frac{a}{b} + O(p^k).$$

下面我们证明为什么上面的算法可以奏效. 令 $P_2' = (p-1)P' = (u, v)$ 是在有理数域上的表示 (即没有经过模 p^2 操作), 那么

$$u = x' + O(p^2), \quad v = y' + O(p^2).$$

令

$$(x, y) = P_1' = pP' = P' + P_2' = (x_1, y_1) + (u, v).$$

利用椭圆曲线点加公式可得

$$x = \left(\frac{v - y_1}{u - x_1}\right)^2 - u - x_1 = \left(\frac{y' - y_1 + O(p^2)}{x' - x_1 + O(p^2)}\right)^2 - u - x_1.$$

因为 $P_1' \in E_1'$, 一般情况下 $P_1' \notin E_2'$, 这意味着 $x' - x_1$ 是 p 的倍数, 但不是 p^2 的倍数. 那么

$$\frac{y' - y_1 + O(p^2)}{x' - x_1 + O(p^2)} = \frac{1}{p} \left(\frac{\frac{y' - y_1 + O(p^2)}{x' - x_1}}{\frac{x' - x_1}{p} + O(p)} \right) = \frac{1}{p} \left(\frac{\frac{y' - y_1}{x' - x_1}}{\frac{x' - x_1}{p}} + O(p) \right) = \frac{1}{p} m_1 + O(p^0).$$

注意到 $v_p(m_1) = 0$. 因为 $v_p(u) \geqslant 0$, $v_p(x_1) \geqslant 0$, 我们有

$$x = \left(\frac{1}{p} m_1 + O(p^0) \right)^2 - u - x_1 = \frac{m_1^2}{p^2} + O(p^{-1}).$$

类似地, P_1' 的 y 坐标满足

$$y = \frac{m_1^3}{p^3} + O(p^{-2}).$$

于是

$$l_1 = \lambda_1(P_1') = \lambda_1(x, y) = p^{-1} \frac{x}{y} = -\frac{1}{m_1} + O(p) \equiv -\frac{1}{m_1} (\bmod\, p).$$

类似地,

$$l_2 = \lambda_1(Q_1') \equiv -\frac{1}{m_2} (\bmod\, p).$$

这样我们就把定义在有限域 $\mathbb{F}_p$ 上的非常规椭圆曲线的离散对数问题归约到 $\mathbb{F}_p$ 的加法群上, 从而得到

$$k = \frac{l_2}{l_1} = \frac{m_1}{m_2}.$$

容易看出, 这个方法的主要步骤是计算 $(p-1)P'$ 和 $(p-1)Q'$, 这一步骤的计算关于 $\log p$ 是多项式时间的, 所以整个算法是多项式时间复杂度的. 这种算法给出了素域上椭圆曲线的提升方法, 通过把素域 $\mathbb{F}_p$ 上的椭圆曲线提升到 p-adic 域 $\mathbb{Q}_p$ 上, 然后利用易于计算的形式对数映射求出离散对数, Satoh-Araki 和 Smart 提出的算法本质相同, 然而都只给出了素域上椭圆曲线的提升法, 并没有提及当基域是非素域时的情形. 在文献 [12] 中, 朱玉清等将 Satoh-Araki 和 Smart 的方法推广到了扩域情形, 从而可以求解任意特征 p 的 (包括有限域和 p-adic 数域) 椭圆曲线 p 群的离散对数问题.

5.3.2 代数几何方法

几乎与 Smart 和 Satoh-Araki 提出的代数数论攻击方法同时, Semaev[203] 利用除子和一阶微分形式的关系, 给出了非常规椭圆曲线离散对数问题的另一种计算算法. Semaev 提出的方法适用范围更广, 可以用来求解任意特征 p 椭圆曲线中 p 群的离散对数问题. 我们称为代数几何的方法. Semaev 的方法针对的是一般有限域 $\mathbb{F}_q$ 上的非常规椭圆曲线, 即 $E: y^2 = x^3 + ax + b$ 是定义在有限域 $\mathbb{F}_q(q = p^m)$ 上的椭圆曲线, $P \in E(\mathbb{F}_q)$ 的阶为 p.

对于椭圆曲线 E, 给定椭圆函数域 $\mathbb{F}_q(E)$ 的任意元素 f 和 E 上每一个有理点 P, 我们可以利用局部参数和离散赋值函数抽象 f 在 P 点的赋值. 对任一点 $Q \in E(\mathbb{F}_q)$, 当 $Q = (x_Q, y_Q)$ 不是 2 阶点和无穷远点时, 可定义在 Q 的局部参数 (local parameter) 为 $t_Q = x - x_Q$; 当 $Q = (x_Q, 0)$ 是 2 阶点时, 定义 $t_Q = y$; 当 $Q = \mathcal{O}$ 时, 定义 $t_Q = x/y$.

在描述 Semaev 的代数几何方法之前, 我们需要介绍几个导数相关的概念和性质. 令 $\mathbb{K}$ 是一个域, 任何 $\mathbb{K}$-代数上都可以定义导数.

定义 5.1 令 L 是一个 $\mathbb{K}$-代数. L 上的一个导数是一个 $\mathbb{K}$-线性映射 $d: L \to L$, 且满足:

(1) 对任意 $f, g \in L$, $d(fg) = fdg + gdf$.

(2) 对任意 $c \in \mathbb{K}$, $dc = 0$.

下面我们考虑有限域上椭圆函数域的导数, 即 $\mathbb{K} = \mathbb{F}_q$, $L = \mathbb{F}_q(E)$. 令

$$dy = \frac{3x^2 + a}{2y}dx,$$

定义 $f' = df/dx$.

对于椭圆函数域的元素与其导数的关系, 我们有如下结论:

定理 5.6 设 $f \in \mathbb{F}_q(E)$, $\mathrm{div}(f) = pD$, D 不是主除子, 则 $\mathrm{div}(f') = \mathrm{div}(f) - \mathrm{div}(y)$.

证明 令 v_Q 是定义在点 Q 的赋值. 设 $D = \sum n_Q Q$. 令 $f = t_Q^{pn_Q} f_1$, 这里 f_1 在 Q 点是正则的, 且 $f_1(Q) \neq 0$.

首先我们假定 Q 既不是 2 阶点, 也不是无穷远点, 所以 Q 不在函数 y 的除子里. 此时 $df/dx = df/d(x - x_Q) = t_Q^{pl_Q} df_1/dt_Q$. 函数 df_1/dt_Q 在 Q 点是正则的, 所以 $v_Q(f') = pl_Q + m_Q$, 其中 $m_Q = v_Q(df_1/dt_Q) \geqslant 0$.

当 Q 是 2 阶点时,

$$df/dx = \frac{df}{dy} \cdot \frac{dy}{dx} = y^{pl_Q}((3x^2 + a)/2y)df_1/dy.$$

因为 $v_Q((x^2+a)/2y) = -1$, 所以 $v_Q(f') = pl_Q + m_Q - 1$, 其中 $m_Q = v_Q(df_1/dt_Q) \geqslant 0$.

当 $Q = \mathcal{O}$ 时,

$$df/dx = \frac{df}{d(x/y)} \cdot \frac{d(x/y)}{dx} = (x/y)^{pl_Q}((-x^3+ax+b)/2y^3)df_1/d(x/y).$$

因为 $v_Q((-x^3+ax+b)/2y^3) = 3$, 所以 $v_Q(f') = pl_Q + 3 + m_Q$, 其中 $m_Q = v_Q(df_1/dt_Q) \geqslant 0$.

令 $D_1 = \sum m_Q Q$, 则由 m_Q 定义可知 D_1 是一个非负除子. 另一方面, 因为 $\mathrm{div}(f') = \mathrm{div}(f) - \mathrm{div}(y) + D_1$, D_1 是主除子. 从而 $D_1 = 0$, 即 $\mathrm{div}(f') = \mathrm{div}(f) - \mathrm{div}(y)$. □

设 E 是有限域 $\mathbb{F}_q$ 上的非常规椭圆曲线, $P \in E(\mathbb{F}_q)$ 的阶为 p, 需要求解的 ECDLP 是 P, Q. 取一固定点 $R \in \langle P \rangle$, $R \neq Q$. 对任一 $Q \in \langle P \rangle$, 存在函数 $f_Q \in \mathbb{F}_q(E)$, 使得 $\mathrm{div}(f_Q) = pQ - p\mathcal{O}$. Semaev 如下定义了从群 $\langle P \rangle$ 到 $\mathbb{F}_q^+$ 的映射:

$$\Phi : \begin{cases} \langle P \rangle \to \mathbb{F}_q^+, \\ Q \to (f_Q'/f_Q)(R), \\ \mathcal{O} \to 0. \end{cases} \tag{5.4}$$

上面定义的映射 Φ 具有如下性质:

定理 5.7 $\Phi(Q)$ 的定义是有意义的. Φ 是从 $\langle P \rangle$ 到 $\mathbb{F}_q^+$ 的同构嵌入.

证明 对任一点 $Q \in \langle P \rangle$, 令 $D_Q = Q - \mathcal{O}$, 定义 $\mathrm{div}(f_Q) = pD_Q$. 假设 D_Q' 是与 D_Q 线性等价的任意除子, 则存在有理函数 g, 使得 $\mathrm{div}(g) = D_Q - D_Q'$. 如果 $\mathrm{div}(f) = pD_Q'$, 那么 $g^p f = f_Q$. 因此有 $f_Q'/f_Q = f'/f$, 从而 $\Phi(Q)$ 的定义是有意义的. 我们总可以选取 D_Q 是在 $\mathbb{F}_q$ 上的, 且 R 的坐标都在 $\mathbb{F}_q$ 上, 所以 $(f_Q'/f_Q)(R) \in \mathbb{F}_q$.

下面我们证明 Φ 是同态映射. 令 $Q_i \in \langle P \rangle$ 和 $\mathrm{div}(f_{Q_i}) = pD_{Q_i}$, $i = 1, 2$. 定义 $D_{Q_1+Q_2} = D_{Q_1} + D_{Q_2}$, 那么

$$\mathrm{div}(f_{Q_1+Q_2}) = pD_{Q_1+Q_2} = \mathrm{div}(f_{Q_1}f_{Q_2}),$$

所以函数 $f_{Q_1+Q_2}$ 与 $f_{Q_1}f_{Q_2}$ 仅差一个常数因子, 故

$$f_{Q_1+Q_2}'/f_{Q_1+Q_2} = f_{Q_1}'/f_{Q_1} + f_{Q_2}'f_{Q_2},$$

所以 Φ 是同态的. 又 Φ 在 $\langle P \rangle$ 不是零化的, 所以 Φ 是一个同构. □

举个小例子:

例子 5.4

$$E\colon y^2 = x^3 - 3x + 1$$

是定义在素域 $\mathbb{F}_{23}$ 上的非常规椭圆曲线, $\sharp E(\mathbb{F}_{23}) = 23$. 令 $P = (0,1)$ 和 $Q = (16,22)$ 是 E 上的两个点. 从 $E(\mathbb{F}_{23})$ 上随机固定一个不为 $\pm P$ 和 $\pm Q$ 的点 R, 这里我们取 $R = (18,11)$. 利用主除子 $\mathrm{div}(f_P) = pP - p\mathcal{O}$ 和 $\mathrm{div}(f_Q) = pQ - p\mathcal{O}$ 计算有理函数 f_P 和 f_Q, 得到

$$f_P = (2x^{10} + 18x^9 + 7x^8 + 7x^7 + x^6 + 19x^5 + 15x^4 + 10x^3 + 6x^2 + 17x + 1)y$$
$$+ 16x^{11} + 2x^{10} + 2x^9 + 8x^8 + 6x^7 + 18x^6$$
$$+ 11x^5 + 13x^4 + 15x^3 + 12x^2 + 19x + 22,$$
$$f_Q = (5x^{10} + 17x^9 + 11x^8 + 9x^7 + 13x^6 + 18x^5 + 18x^4 + 12x^3 + 11x^2 + 6x$$
$$+ 16)y + 3x^{11} + 8x^{10} + 5x^9 + 8x^8 + 7x^7 + 6x^6$$
$$+ 21x^5 + 6x^4 + 15x^3 + 6x^2 + 9x + 14.$$

分别对 f_P 和 f_Q 关于 x 求导, 得到

$$f_P' = (5x^{11} + 15x^{10} + 15x^9 + 14x^8 + 22x^7 + 20x^6 + 2x^5 + 17x^4 + 9x^3 + 21x^2$$
$$+ 16x + 4)/(x^3 + 20x + 1)y + 15x^{10} + 20x^9 + 18x^8 + 18x^7 + 19x^6$$
$$+ 16x^5 + 9x^4 + 6x^3 + 22x^2 + x + 19,$$
$$f_Q' = (6x^{11} + 16x^{10} + 10x^9 + 16x^8 + 14x^7 + 12x^6 + 19x^5 + 12x^4 + 7x^3 + 12x^2$$
$$+ 18x + 5)/(x^3 + 20x + 1)y + 10x^{10} + 11x^9 + 22x^8 + 18x^7 + 3x^6$$
$$+ 13x^5 + 13x^4 + x^3 + 22x^2 + 12x + 9.$$

计算

$$l_P = \left(\frac{f_P'}{f_P}\right)(R) = 8, \quad l_Q = \left(\frac{f_Q'}{f_Q}\right)(R) = 19,$$

所以 $k \equiv l_Q/l_P \equiv 11 \pmod{23}$.

上面的小例子中, 因为 p 比较小, 我们将 $\mathrm{div}(f_P) = pP - p\mathcal{O}$ 和 $\mathrm{div}(f_Q) = pQ - p\mathcal{O}$ 的有理函数 f_P 和 f_Q 完整描述出来了, 然后求导后并计算在 R 点的赋值. 当 p 很大的时候如何计算 $\Phi(Q) = \left(\frac{f_Q'}{f_Q}\right)(R)$ 呢? Semaev 在他的论文 [203] 中给出了一个方法. 下面我们介绍一下 Semaev 给出的计算 $\Phi(Q) = \left(\frac{f_Q'}{f_Q}\right)(R)$ 的思路

和步骤. 首先在 $E(\mathbb{F}_q)$ 上随机选取一个不在 $\langle P \rangle$ 中的元素 S. 如果 $E(\mathbb{F}_q) = \langle P \rangle$, 我们可以选取 E 在 $\mathbb{F}_q$ 的扩域上的任意一个元素作为 S. 有时为了简便起见, 我们选取 S 为 $E(\mathbb{F}_q)$ 上的 2 阶点 $S = (\alpha, 0)$, 这里 α 是满足 $x^3 + ax + b = 0$ 的根. 由于这个根不会超出 $\mathbb{F}_q$ 的 3 次扩域, 所以 2 阶点 $S = (\alpha, 0)$ 在 $E(\mathbb{F}_q), E(\mathbb{F}_{q^2})$ 或 $E(\mathbb{F}_{q^3})$ 上, 这就使得后面关于 S 的运算至多都在 $\mathbb{F}_{q^3}$ 上完成. 由于

$$\mathrm{div}(f_Q) = p(Q + S) - p(S) \sim p(Q) - p(\mathcal{O}),$$

所以利用除子 $p(Q + S) - p(S)$ 计算的 f_Q 与 $p(Q) - p(\mathcal{O})$ 的一样.

定义

$$\mathrm{div}(\psi_k) = k(Q + S) - (kQ + S) - (k - 1)(S).$$

显然 ψ_p 与 f_Q 只差常数倍.

令 $k = k_1 + k_2$, 则利用有理函数的性质, 我们有

$$\psi_k \lambda_{k_1, k_2} = \psi_{k_1} \psi_{k_2},$$

这里的函数 λ_{k_1, k_2} 满足

$$\mathrm{div}(\lambda_{k_1, k_2}) = (kQ + S) - (k_1 Q + S) - (k_2 Q + S) + (S).$$

所以我们有

$$\psi'_k / \psi_k = \psi'_{k_1} / \psi_{k_1} + \psi'_{k_2} / \psi_{k_2} - \lambda'_{k_1, k_2} / \lambda_{k_1, k_2}.$$

有了 ψ'_k / ψ_k 的计算公式, 我们就可以借助加法链或倍点-加方式计算 f'_Q / f_Q. 函数 ψ'_k / ψ_k 可以表示成 $O(\log k)$ 个形如 $\lambda'_{k_1, k_2} / \lambda_{k_1, k_2}$ 的函数的线性组合. 所以, 如果能够计算 $\lambda'_{k_1, k_2} / \lambda_{k_1, k_2}$, 就可以计算 ψ'_k / ψ_k, 从而计算 f'_Q / f_Q.

令函数 η_{k_1, k_2} 为

$$\mathrm{div}(\eta_{k_1, k_2}) = ((k_1 + k_2)Q + S) + (-k_1 Q + S) + (-k_2 Q + S) - 3(S),$$

令函数 κ_k 为

$$\mathrm{div}(\kappa_k) = (kQ + S) + (-kQ + S) - 2(S).$$

函数 $\eta_{k_1, k_2}(X + S)$, $\kappa_{k_1}(X + S)$ 和 $\kappa_{k_2}(X + S)$ 都是关于 x 和 y 的线性函数. $\eta_{k_1, k_2}(X + S)$ 是通过有理点 $k_1 Q, k_2 Q$ 和 $-(k_1 + k_2)Q$ 的直线, $\kappa_{k_i}(X + S)$ 是通过 $k_i Q$ 和 $-k_i Q$ 的直线. 利用除子和有理函数的关系, 不难得到如下等式

$$\lambda_{k_1, k_2} = \eta_{k_1, k_2} \cdot \kappa_{k_1}^{-1} \cdot \kappa_{k_2}^{-1}.$$

所以我们有

$$\lambda'_{k_1, k_2} / \lambda_{k_1, k_2} = \eta'_{k_1, k_2} / \eta_{k_1, k_2} - \kappa'_{k_1} / \kappa_{k_1} - \kappa'_{k_2} / \kappa_{k_2}.$$

由于上式等式右边两项的分母都是线性函数, 分子分别是各自的导数, 我们可以利用如下方法计算它们: 假定 $\delta(X) = Ax + By + C$ $(A, B, C \in \mathbb{F}_q)$ 是上面提到的某一条直线方程, 令 $\delta_1(X) = \delta(X - S)$, 我们要计算 δ'_1/δ_1. 显然, 对 δ 关于 x 求导, 有

$$\delta' = A + Bdy/dx = A + B(3x^2 + A)/2y,$$

而 δ 的微分可以写成 $d\delta = 2y\delta' dx/2y$. 通过直接计算可以得到 $dx/2y(X - S) = dx/2y$, 所以

$$d\delta(X - S) = (2y\delta')(X - S)(dx/2y)(X - S) = (2y\delta')(X - S) \cdot dx/2y,$$

因此我们有

$$(\delta'_1/\delta_1)(X) = d\delta(X - S)/dx \cdot \delta(X - S)^{-1} = (2y\delta')(X_S)/2y\delta(X - S).$$

当以 $X = R$ 代入上面表达式时, 因为 $R - S$ 不是 2 阶点和无穷远点, 所以上式右边得到的值是 $\mathbb{F}_q^+$ 中非零元素.

对于给定的椭圆曲线离散对数问题 P, Q, 随机选择 E 上另外一个点 R, 利用上面的方法分别计算

$$l_P = \left(\frac{f'_P}{f_P}\right)(R), \quad l_Q = \left(\frac{f'_Q}{f_Q}\right)(R).$$

令 $k \equiv l_Q/l_P (\mathrm{mod}\ p)$ 即为所求的 ECDLP.

注意到计算 $\Phi(Q) = \left(\dfrac{f'_Q}{f_Q}\right)(R)$ 实际上就是一个有理函数估值问题, 能否借助 Miller 算法来计算这个映射是一个非常有趣和值得探索的问题.

Semaev 给出的 $\Phi(Q) = \left(\dfrac{f'_Q}{f_Q}\right)(R)$ 的运算至多都在 $\mathbb{F}_{q^3}$ 上完成, 文献 [11] 给出了一个算法, 使得所有运算都可以在 $\mathbb{F}_q$ 上完成.

5.4　扩 域 曲 线

当椭圆曲线 E 是定义在扩张有限域 $\mathbb{K}$ 的时候, 即 $\mathbb{K} = \mathbb{F}_{q^n}$, 这里 q 是一个素数或素数的幂次, 那么此类椭圆曲线上的离散对数问题可以利用 Weil 下降 (Weil descent) 的方法进行攻击. Weil 下降的方法是将定义在 $\mathbb{K} = \mathbb{F}_{q^n}$ 上的椭圆曲线 E 通过 Weil 限制得到 $\mathbb{F}_q$ 上的高维 Abelian 簇 A, 然后找一条位于 A 上的高亏格超椭圆曲线 C, 于是将求解 $E(\mathbb{F}_{q^n})$ 上离散对数问题变成了解高亏格曲线 C 的 Jacobian 上离散对数问题. 高亏格超椭圆曲线 Jacobian 上离散对数问题有亚指

数时间的指标计算方法 (后面章节会介绍), 所以这类扩域曲线也就有了亚指数时间的攻击算法.

利用 Weil 限制的想法去解椭圆曲线离散对数问题是由 Frey[90] 首先提出的, 之后 Gaudry 等[69,105] 又做了大量更深入的研究.

5.4.1 Weil 下降方法

Weil 限制和 Weil 下降是代数几何的概念, 它们适用于扩域上的任何代数簇, 不只是椭圆曲线或超椭圆曲线. 下面我们首先介绍一下 Weil 限制和 Weil 下降.

设 $\mathbb{F}_{q^n}$ 是有限域 $\mathbb{F}_q$ 的一个次数为 n 的扩张, V 是定义在 $\mathbb{F}_{q^n}$ 上的一个仿射 (或射影) 簇, 则存在一个定义在 $\mathbb{F}_q$ 上的 n 维仿射 (或射影) 簇 W 和一个定义在 $\mathbb{F}_{q^n}$ 上的态射 $u: W \to V$, u 具有如下性质: 对每一个定义在 $\mathbb{F}_q$ 上的簇 X 及每一个定义在 $\mathbb{F}_{q^n}$ 上的态射 $c: X \to V$, 存在唯一的定义在 $\mathbb{F}_q$ 上的态射 $a: X \to W$, 使得 $c = u \circ a$.

上面定义在 $\mathbb{F}_q$ 上的 n 维仿射 (或射影) 簇 W 在同构意义下是唯一的, 它称为 V 关于 $\mathbb{F}_{q^n}/\mathbb{F}_q$ 的 Weil 限制, 一般记为 $W = \mathrm{Res}_{\mathbb{F}_q}^{\mathbb{F}_{q^n}}(V)$, 而这个过程称为 Weil 下降.

下面给出构造 Weil 限制的方法: 设 V 是一个 m 维仿射簇, 选取 V 在 $\mathbb{F}_{q^n}$ 上的坐标函数 $X_1, X_2, \cdots, X_m$ 以及 $\mathbb{F}_{q^n}/\mathbb{F}_q$ 的一组基 $(u_1, u_2, \cdots, u_n)$. 定义 mn 个变量 $Y_{i,j}$ 如下

$$X_i = u_1 Y_{1,i} + \cdots + u_n Y_{n,i}.$$

将此式代入定义 V 的方程关系中, 并将得到的结果关系式的系数表示为基 $(u_1, u_2, \cdots, u_n)$ 的线性组合, 然后比较这组基的系数以得到 $W/\mathbb{F}_q$ 的坐标函数 $Y_{1,1}, \cdots, Y_{n,m}$ 的定义关系式, 从而找到 Weil 限制 W 的表达式.

然后找一条位于 W 上的高亏格超椭圆曲线 C, 由 Jacobian 广义性质我们得到群同态映射 $\mathrm{Jac}(C)(\mathbb{F}_q) \to W$, 于是 $V(\mathbb{F}_{q^n})$ 中的离散对数就有可能提升到 $\mathrm{Jac}(C)(\mathbb{F}_q)$ 中.

如果 V 是定义在 $\mathbb{F}_{q^n}$ 上的椭圆曲线, 即 $V = E(\mathbb{F}_{q^n})$. 假设 P, Q 是 $E(\mathbb{F}_{q^n})$ 的两个点, 令 $W = \mathrm{Res}_{\mathbb{F}_q}^{\mathbb{F}_{q^n}}(E)$ 是 E 在 $\mathbb{F}_q$ 上的 Weil 限制, C 是位于 W 上的高亏格超椭圆曲线, 且有 $\mathrm{Jac}(C)(\mathbb{F}_q) \to W$. 则存在 $E(\mathbb{F}_{q^n}) \to \mathrm{Jac}(C)(\mathbb{F}_q)$ 的群同态, 从而 $E(\mathbb{F}_{q^n})$ 的两个点 P, Q 就对应 $\mathrm{Jac}(C)(\mathbb{F}_q)$ 上的两个元素. 于是, $E(\mathbb{F}_{q^n})$ 上的离散对数求解问题就变成了高亏格曲线 C 的 Jacobian 上离散对数求解问题.

下面我们具体讨论定义在 $\mathbb{F}_{2^{ln}}$ 上椭圆曲线的离散对数问题的 Weil 下降攻击: GHS 算法.

5.4.2　$\mathbb{F}_{2^{ln}}$ 上椭圆曲线: GHS 算法

Gaudry 等[105] 基于 Frey[90] 关于 Weil 下降的理论, 对 $\mathbb{F}_{q^n}$ 上的椭圆曲线提出了一种新的攻击, 这里 $q = 2^l$. 下面我们介绍特征 2 有限域上的 GHS 算法.

设 $\mathbb{K} = \mathbb{F}_{q^n}$ 是特征 2 有限域 $\mathbb{F}_q$ 的 n 次扩域, 即 $\mathbb{K} = \mathbb{F}_{2^{ln}}$. 考虑 $\mathbb{F}_{2^{ln}}$ 上的椭圆曲线

$$E: Y^2 + XY = X^3 + \alpha X^2 + \beta,$$

其中 $\alpha, \beta \in \mathbb{F}_{2^{ln}}$, $\beta \neq 0$. $\sharp E(\mathbb{F}_{2^{ln}}) = hp$, 这里 p 是大素数, $h = 2$ 或 4 是余因子. P 和 Q 是 E 上的 p 阶元素, 是要计算的 ECDLP.

第一步, 构造椭圆曲线 $E/\mathbb{F}_{2^{ln}}$ 关于 $\mathbb{F}_{2^{ln}}/\mathbb{F}_{2^l}$ 的 Weil 限制 W.

假定 $\psi_0, \psi_1, \cdots, \psi_{n-1}$ 是 $\mathbb{F}_{2^{ln}}/\mathbb{F}_{2^l}$ 的一组基.

令

$$\alpha = a_0\psi_0 + a_1\psi_1 + \cdots + a_{n-1}\psi_{n-1},$$
$$\beta = b_0\psi_0 + b_1\psi_1 + \cdots + b_{n-1}\psi_{n-1},$$
$$X = x_0\psi_0 + x_1\psi_1 + \cdots + x_{n-1}\psi_{n-1},$$
$$Y = y_0\psi_0 + y_1\psi_1 + \cdots + y_{n-1}\psi_{n-1}.$$

这里 $a_i, b_i \in \mathbb{F}_{2^l}$ 是已知的, $x_i, y_i \in \mathbb{F}_{2^l}$ 是变量. 将上面的表达式代入椭圆曲线 E 的方程, 得到

$$(y_0\psi_0 + y_1\psi_1 + \cdots + y_{n-1}\psi_{n-1})^2$$
$$+ (x_0\psi_0 + x_1\psi_1 + \cdots + x_{n-1}\psi_{n-1})(y_0\psi_0 + y_1\psi_1 + \cdots + y_{n-1}\psi_{n-1})$$
$$= (x_0\psi_0 + x_1\psi_1 + \cdots + x_{n-1}\psi_{n-1})^3$$
$$+ (a_0\psi_0 + a_1\psi_1 + \cdots + a_{n-1}\psi_{n-1})(x_0\psi_0 + x_1\psi_1 + \cdots + x_{n-1}\psi_{n-1})$$
$$+ b_0\psi_0 + b_1\psi_1 + \cdots + b_{n-1}\psi_{n-1}.$$

将上式各项展开, 并将等式表示成 $\psi_0, \psi_1, \cdots, \psi_{n-1}$ 的线性组合, 然后比较 ψ_i 的系数, 从而得出一个方程组. 这个方程组是关于变量 x_i, y_i 的, 且系数都是属于 $\mathbb{F}_{2^l}$ 的, 即这个方程组定义了 $\mathbb{F}_{2^l}$ 上的一个 n 维的代数簇 W. 这个代数簇就是 $E/\mathbb{F}_{2^{ln}}$ 关于 $\mathbb{F}_{2^{ln}}/\mathbb{F}_{2^l}$ 的 Weil 限制.

$\mathbb{F}_{2^{ln}}/\mathbb{F}_{2^l}$ 的基有很多, 为了计算简便, 我们可以选择一些特殊的基. 因为在 $\mathbb{F}_{2^{ln}}$ 中存在一组形如 $\psi_i = \theta^{2^i}$ 的基, 使得 $\theta + \theta^2 + \theta^4 + \cdots + \theta^{2^{n-1}} = 1$(从而有 $1 + \theta + \theta^2 + \theta^4 + \cdots + \theta^{2^{n-2}} = \theta^{2^{n-1}}$), 所以, 为简单起见, 我们总可以假设选择的

基满足 $\sum \psi_i = 1$, 且

$$\psi_i^2 = \psi_{i+1},$$

$$\begin{aligned}
\psi_{n-1}^2 = (\theta^{2^{n-1}})^2 &= (1 + \theta + \theta^2 + \theta^4 + \cdots + \theta^{2^{n-2}})^2 \\
&= 1 + \theta^2 + \theta^4 + \cdots + \theta^{2^{n-2}} + \theta^{2^{n-1}} \\
&= \theta = \psi_0.
\end{aligned}$$

为了方便后面寻找低次数的曲线, 我们可以通过取 Weil 限制 W 与超平面 $x_0 = x_1 = \cdots = x_{n-1} = x$ 的交, 也就是说可以将 X 限制在 $\mathbb{F}_{2^l}$ 上得到 W 的子簇. 这样, 我们可以在上面的 Weil 下降过程中, 令 $X = x$, 得到

$$(y_0\psi_0 + y_1\psi_1 + \cdots + y_{n-1}\psi_{n-1})^2 + x(y_0\psi_0 + y_1\psi_1 + \cdots + y_{n-1}\psi_{n-1})$$

$$= x^3(\psi_0 + \cdots + \psi_{n-1}) + (a_0\psi_0 + a_1\psi_1 + \cdots + a_{n-1}\psi_{n-1})x$$

$$+ b_0\psi_0 + b_1\psi_1 + \cdots + b_{n-1}\psi_{n-1}.$$

展开并比较 ψ_i 的系数, 同时选择的基满足 $\sum \psi_i = 1$, 则得到 Weil 限制 W 可以由下列方程组定义:

$$\mathcal{C}: \begin{cases}
y_{n-1}^2 + xy_0 + x^3 + a_0x^2 + b_0 = 0, \\
y_0^2 + xy_1 + x^3 + a_1x^2 + b_1 = 0, \\
\qquad \cdots\cdots \\
y_{n-2}^2 + xy_{n-1} + x^3 + a_{n-1}x^2 + b_{n-1} = 0.
\end{cases} \tag{5.5}$$

第二步, 找出 Weil 限制 W 上具有合适亏格的超椭圆曲线 C.

对上面的方程组, 消去变量 $y_1, y_2, \cdots, y_{n-1}$, 得到一条关于 x 和 $y = y_0$ 的曲线

$$y^{2^n} + x^{2^n-1}y + \sum_{i=0}^{n-1} x^{2^n+2^i} + g(x) = 0,$$

其中 $g(x)$ 是一个次数不大于 2^n 的关于 $b_0, b_1, \cdots, b_{n-1}$ 的多项式.

关于所得到的曲线的超椭圆性和亏格, 我们在后面讨论.

我们先举个小例子说明一下 Weil 下降的方法.

考虑定义在有限域 $\mathbb{F}_{2^6} = \mathbb{F}_{2^{2\times 3}}$ 上的椭圆曲线

$$E: Y^2 + XY = X^3 + \alpha X^2 + \beta,$$

这里 $\mathbb{F}_{2^6} = \mathbb{F}_2[z]/(z^6 + z + 1)$, $\alpha = z^{51}, \beta = z^{12}$. 椭圆曲线的有理点的个数是 $\sharp E(\mathbb{F}_{2^6}) = 2 \times 37$.

令 $\mathbb{F}_{2^2} = \mathbb{F}_2[v]/(v^2 + v + 1)$ 是 $\mathbb{F}_{2^6}$ 的子域, 令 $\theta = z^{18} = z^3 + z^2 + z + 1$, 取 $\psi_i = \theta^{2^i}$, 则 ψ_0, ψ_1, ψ_2 是 $\mathbb{F}_{2^6}/\mathbb{F}_{2^2}$ 的一组基, 且满足 $\psi_0 + \psi_1 + \psi_2 = 1$. 则

$$\alpha = 0\psi_0 + 0\psi_1 + v\psi_2,$$
$$\beta = v^2\psi_0 + 0\psi_1 + v^2\psi_2,$$
$$X = x,$$
$$Y = y_0\psi_0 + y_1\psi_1 + y_2\psi_2.$$

将上面的表达式代入椭圆曲线 E 的方程, 得到 $E/\mathbb{F}_{2^6}$ 关于 $\mathbb{F}_{2^6}/\mathbb{F}_{2^2}$ 的 Weil 限制 W 的子簇 (将 X 限制在 $\mathbb{F}_{2^2}$ 上), 该子簇的方程组定义如下

$$\mathcal{C} : \begin{cases} y_2^2 + xy_0 + x^3 + v^2 = 0, \\ y_0^2 + xy_1 + x^3 = 0, \\ y_1^2 + xy_2 + x^3 + vx^2 + v^2 = 0. \end{cases} \tag{5.6}$$

消去变量 y_1, y_2, 得到 $\mathbb{F}_{2^2}$ 上一条关于 x 和 $y = y_0$ 的曲线:

$$C : y^8 + x^7 y + x^{12} + x^{10} + x^9 + v^2 x^8 + v^2 x^6 + vx^4 = 0.$$

这是定义在 $\mathbb{F}_4$ 上的一条亏格为 3 的代数曲线. 尽管这条代数曲线不是超椭圆曲线的形式, 但它同构于形如

$$C' : y^2 + h(x)y = f(x)$$

的超椭圆曲线, 其中

$$f(x) = x^7 + v^2 x^6 + v^2 x^5 + vx^4 + vx^3 + x^2 + v,$$
$$h(x) = vx^4 + vx^3 + vx^2 + v.$$

利用 Magma 的命令[158]"IsHyperelliptic(C)", 可以得到 $\mathcal{C}$ 到 C' 的具体映射如下

$$\eta : \begin{cases} \mathcal{C} \to C', \\ (x, y) \to \left(\dfrac{f_1(x, y)}{x^6 + vx^5}, \dfrac{f_2(x, y)}{x^6 + vx^5} \right), \end{cases} \tag{5.7}$$

这里

$$f_1(x, y) = x^9 + v^2 x^8 + x^7 y + x^7 + x^6 y^2 + v^2 x^6 + x^5 y^2 + v^2 x^5 y + vx^5 + vx^4$$

$$+ x^3 y^4 + x^3 y^3 + v x^3 y^2 + v^2 x^3 y + x^3 + v x^2 y^4 + v^2 x^2 y^2$$
$$+ x y^5 + v x y^4 + y^6,$$

$$f_2(x, y) = x^{25} y + v^2 x^{25} + v x^{24} y^2 + x^{24} y + x^{24} + v x^{23} y^2 + x^{23} y + v^2 x^{22} y^3$$
$$+ v^2 x^{22} y + x^{22} + v x^{21} y^4 + x^{21} y^3 + x^{21} y^2 + v x^{21} y + x^{21} + v x^{20} y^4$$
$$+ v x^{20} y^2 + v x^{20} + x^{19} y^5 + x^{19} y^3 + v^2 x^{19} y + x^{19} + v x^{18} y^6 + v x^{18} y^5$$
$$+ x^{18} y^4 + v^2 x^{18} y^2 + x^{17} y^5 + x^{17} y^4 + x^{17} y^2 + v^2 x^{16} y^7$$
$$+ x^{16} y^6 + v x^{15} y^8 + v x^{15} y^6.$$

复合 Weil 限制和映射 η, 就得到了 $\mathbb{F}_{2^6}$ 上的椭圆曲线 E 到 $\mathbb{F}_{2^2}$ 上超椭圆曲线 C' 的映射.

通过计算不难验证, $\mathrm{Jac}(C')$ 在 $\mathbb{F}_4$ 上的阶也是 2×37.

GHS 算法的第三步, 找出 $\mathbb{F}_{2^{ln}}$ 上的椭圆曲线 E 上的点所对应的 $\mathbb{F}_{2^l}$ 上的超椭圆曲线 C 的 $\mathrm{Pic}^0_{\mathbb{F}_{2^l}}(C)$ 或 $\mathrm{Jac}(C)$ (或用 $J_C(\mathbb{F}_{2^l})$ 表示) 的除子.

这主要是用到归约映射, 即从椭圆曲线 E 到 $\mathbb{F}_{2^l}$ 上的超椭圆曲线 C 的映射诱导出 $\mathrm{Pic}^0_{\mathbb{F}_{2^{ln}}}(E)$ 到 $\mathrm{Pic}^0_{\mathbb{F}_{2^l}}(C)$ 的映射, 具体地将 P 和 Q 对应到除子 $P - \mathcal{O}$ 和 $Q - \mathcal{O}$, 然后映射到 $\mathrm{Pic}^0_{\mathbb{F}_{2^l}}(C)$ 中除子 D_1 和 D_2.

第四步, 借助解决广义除子类群的离散对数问题的指标计算方法求解离散对数.

借助 $\mathrm{Pic}^0_{\mathbb{F}_{2^l}}(C)$ 或 $\mathrm{Jac}(C)$ 中的指标计算算法求解 D_2 关于 D_1 的离散对数, 该离散对数即为所求. 为了避免处理无穷远点, 我们将除子 $P - \mathcal{O}$ 用与其等价的除子 $(P + R) - R$ 来代替, 同样 $Q - \mathcal{O}$ 用与其等价的除子 $(Q + R) - R$ 来代替. 令 $P_1 = P + R, P_2 = Q + R, P_3 = R$, 则 $\log_P Q = \log_{P_1 - P_3}(P_2 - P_3)$.

令 C 是定义在有限域 $\mathbb{F}_q = \mathbb{F}_{2^l}$ 上的亏格为 g 的超椭圆曲线, Gaudry-Enge[81, 103] 算法给出了 $J_C(\mathbb{F}_q)$ 上 DLP 的一个亚指数时间算法, 后面在指标计算算法介绍时我们会给出该算法较详细的介绍. Gaudry-Enge 算法是属于指标计算方法, 分两个步骤: 选择因子基及关系生成阶段和线性代数阶段. 当亏格不是太大时, 因子基一般取 $J_C(\mathbb{F}_q)$ 中次数为 1 的除子, 大约 $q/2$ 个. 按照 [171] 中的分析, Gaudry-Enge 算法的关系生成阶段的计算开销大约是 $R_{RG} \approx \dfrac{g^2 l q}{4} g!$, 而线性代数阶段的计算开销大约是 $R_{LA} \approx \dfrac{g q^2}{4}$. 这个算法的计算复杂度和得到的超椭圆曲线的亏格有直接联系, 当得到的超椭圆曲线的亏格非常大时, 例如当亏格增大到使得 $\dfrac{g^2 l q}{4} g! + \dfrac{g q^2}{4}$ 超出了平方根攻击的复杂度 $O(q^{n/2})$ 时, 那么 GHS 攻击就没有太大意义了.

为了理论上研究 GHS 算法, 特别是分析 Weil 下降所得到的曲线的超椭圆性和亏格, 文献 [105] 从几何角度研究了 Weil 限制, 即公式 (5.5) 给出的 $\mathcal{C}$.

设 σ 是 $\mathbb{F}_{2^{ln}}/\mathbb{F}_{2^l}$ 上的 Frobenius 自同构, 令 $\alpha_j = \sigma^j(\alpha)$, $\beta_j = \sigma^j(\beta)$. 首先将 $\mathcal{C}$ 做变量的线性变换 $y_i \to w_i$. 然后将 Frobenius 自同构 σ 扩充到 $\mathbb{F}_{2^{ln}}[x, w_0, w_1, \cdots, w_{n-1}]$ 上:

$$\sigma(x) = x, \quad \sigma(w_i) = w_{i+1}, \quad 0 \leqslant i \leqslant n-1, \quad \sigma(w_{n-1}) = w_0.$$

则对 $0 \leqslant i \leqslant n-1$, 有 $\sigma(y_i) = y_i$. 从而我们得到 $\mathcal{C}$ 的双有理等价曲线 $\mathcal{D}$,

$$\mathcal{D}: \begin{cases} w_0^2 + xw_0 + x^3 + \alpha_0 x^2 + \beta_0 = 0, \\ w_1^2 + xw_1 + x^3 + \alpha_1 x^2 + \beta_1 = 0, \\ \qquad \cdots\cdots \\ w_{n-1}^2 + xw_{n-1} + x^3 + \alpha_{n-1} x^2 + \beta_{n-1} = 0. \end{cases} \tag{5.8}$$

令 F_i 为定义曲线 $\mathcal{D}$ 的第 i 个方程在 $\mathbb{F}_{2^{ln}}(x)$ 上的分裂域. 显然每一个扩张 $F_i/\mathbb{F}_{2^{ln}}(x)$ 都是 2 次的. 令 $F = F_0 F_1 \cdots F_{n-1}$ 是这些扩张的合成域.

为了进一步研究曲线 $\mathcal{D}$ 的性质, 我们将 $\mathcal{D}$ 的方程两边同时乘上 x^{-2}, 并作变量替换 $s_i = w_i/x + \beta_i^{1/2}$, $z = 1/x$, 则得到

$$\mathcal{F}: \begin{cases} s_0^2 + s_0 + z^{-1} + \alpha_0 + \beta_0^{1/2} z = 0, \\ \qquad \cdots\cdots \\ s_{n-1}^2 + s_{n-1} + z^{-1} + \alpha_{n-1} + \beta_{n-1}^{1/2} z = 0. \end{cases} \tag{5.9}$$

Gaudry 等在文献 [105] 中利用函数域的 Artin-Schreier 扩张理论研究了上面的曲线 $\mathcal{F}$. 令

$$m = \dim_{\mathbb{F}_2}(\mathrm{Span}_{\mathbb{F}_2}\{(1, \beta_0^{1/2}), (1, \beta_1^{1/2}), \cdots, (1, \beta_{n-1}^{1/2})\}),$$

m 有时被称为椭圆曲线 E 的与 n 相关的魔法数. 利用 Artin-Schreier 的相关理论可以证明 $[F : \mathbb{F}_{2^{ln}}(x)] = 2^m$. 借助有理函数域的相关理论得出了如下结论:

定理 5.8 $F/\mathbb{F}_{2^{ln}}$ 是常数域 $\mathbb{F}_{2^{ln}}$ 上的亏格为 2^{m-1} 或 $2^{m-1} - 1$ 的超椭圆函数域.

从而说明了曲线 $\mathcal{F}$ 是亏格为 2^{m-1} 或 $2^{m-1} - 1$ 的超椭圆曲线. 详细推导和讨论可以参见文献 [105] 或 [6] 的第十七章.

综上讨论, 关于合数阶特征 2 有限域上的椭圆曲线的 GHS 攻击的结论有下面的定理:

定理 5.9 (GHS 攻击[105]) 令 $q = 2^l$, $E: Y^2 + XY = X^3 + \alpha X^2 + \beta$ 是定义在 $\mathbb{K} = \mathbb{F}_{q^n}$ 上的椭圆曲线. 令 $\sigma: \mathbb{K} \to \mathbb{K}$ 是 Frobenius 自同构, 即 $\sigma(a) = a^q$. 令 $\alpha_j = \sigma^j(\alpha)$, $\beta_j = \sigma^j(\beta)$, $0 \leqslant i \leqslant n-1$. m 是如上定义的 E 的与 n 相关的魔法数. 假定 n 是奇数, 或者 $m(\beta) = n$, 或者 $\mathrm{Tr}_{\mathbb{K}/\mathbb{F}_2}(\alpha) = 0$. 那么 GHS 攻击构造了一个明晰的群同态

$$\phi: E(\mathbb{F}_{q^n}) \to J_C(\mathbb{F}_q),$$

这里 C 是定义在 $\mathbb{F}_q$ 上的亏格为 2^{m-1} 或 $2^{m-1} - 1$ 的超椭圆曲线.

Jacobson 等在 [129] 中实现了有限域 $\mathbb{F}_{2^{62}}$, $\mathbb{F}_{2^{93}}$, $\mathbb{F}_{2^{124}}$ 和 $\mathbb{F}_{2^{155}}$ 上的椭圆曲线 $E62$, $E93$, $E124$ 和 $E155$ 的离散对数的 GHS 攻击. 他们首先利用 GHS 方法找到了 $E62$, $E93$, $E124$ 和 $E155$ 分别在 $\mathbb{F}_{2^2}$, $\mathbb{F}_{2^3}$, $\mathbb{F}_{2^4}$ 和 $\mathbb{F}_{2^5}$ 上的 Weil 限制, 并具体给出了超椭圆曲线的表达式. 这些超椭圆曲线分别是定义在 $\mathbb{F}_{2^2}$ 上的亏格为 31 的超椭圆曲线 $C62$, 定义在 $\mathbb{F}_{2^3}$ 上的亏格为 31 的超椭圆曲线 $C93$, 定义在 $\mathbb{F}_{2^4}$ 上的亏格为 31 的超椭圆曲线 $C124$ 和定义在 $\mathbb{F}_{2^5}$ 上的亏格为 31 的超椭圆曲线 $C155$. 然后利用高亏格超椭圆曲线离散对数 Gaudry-Enge[81,103] 指标计算方法计算出了 $C62$, $C93$, $C124$ 上的离散对数问题, 在文章的附录中给出了 $C124$ 的具体实现数据. 对于 $C155$ 分析了它的 GHS 攻击的计算复杂度, 得出如下结论: 如果用 1000 个 1GHz Pentium III 的工作站网络, $C155$ 离散对数问题大约可以用一个月解决, 这比解决 Creticom ECC2-108K ECDLP 挑战所用的时间要少.

并不是定义在 $\mathbb{F}_{q^n}$ 上的任意椭圆曲线都可以被 GHS 攻击. 按照 GHS 算法, $m(b)$ 是魔法数, 且 $1 \leqslant m \leqslant n$. 一般地, 当 $m \approx n$ 时, $g \approx 2^{n-1}$, 且 $\sharp J_C(\mathbb{F}_q) \approx q^{2^{n-1}}$, 此时因为 Weil 限制得到的超椭圆曲线的亏格太大, $J_C(\mathbb{F}_q)$ 上的离散对数计算并不比原来椭圆曲线上的平方根算法有效, 从而 GHS 算法失败. 只有当 m 比较小时, GHS 攻击才能够成功, 例如 $m \approx \log_2 n$ 时, $g \approx n$, 且 $\sharp J_C(\mathbb{F}_q) \approx q^n$. Menezes 等在 [169] 中分析了扩张次数 n 是素数情形的 GHS 攻击, 得到了如下结论.

定理 5.10[169] 令 n 是奇素数, t 是 2 模 n 的乘法阶, $s = (n-1)/t$, 则

(1) $x^n + 1$ 在 $\mathbb{F}_2$ 上分解成 $(x+1)f_1 f_2 \cdots f_s$, 这里 f_i 是互不相同的 t 次不可约多项式.

(2) 令 σ 是 $\mathbb{F}_{q^n} \to \mathbb{F}_{q^n}$ 的 Frobenius 自同构. 定义 $B = \{b \in \mathbb{F}_{q^n}: 对某个 1 \leqslant i \leqslant s, (\sigma+1)f_i(\sigma)(b) = 0\}$, 并令 $a \in \mathbb{F}_{q^n}$ 是一个迹为 1 的元素. 那么对所有 $b \in B$, 椭圆曲线 $y^2 + xy = x^3 + b$ 和 $y^2 + xy = x^3 + ax^2 + b$ 具有 $m(b) = t+1$.

(3) 集合 B 的大小是 $qs(q^t - 1)$.

例如当我们考虑 $q = 2^5$ 和 $n = 31$, 即 $q^n = 2^{155}$ 时, 我们有 $t = 5$ 和 $s = 6$. 按照上面定理的结论, 大约有 2^{32} 条定义在 $\mathbb{F}_{2^{155}}$ 上的椭圆曲线能够在 GHS 攻击下将 ECDLP 归约到定义在 $\mathbb{F}_{2^5}$ 上的亏格为 31 或 32 的超椭圆曲线的 Jacobian

上的 DLP. 2^{32} 的数量和定义在 $\mathbb{F}_{2^{155}}$ 上的所有椭圆曲线的数量相比是非常稀疏的. 这说明对于 $\mathbb{F}_2$ 的合数扩域 $\mathbb{F}_{2^{155}}$ 上的椭圆曲线可以使用 GHS 攻击, 但能够被有效攻击的曲线比例是很小的.

所以, GHS 的 Weil 下降的方法只适用于特征 2 的复合域上, 并且当得到的超椭圆曲线的亏格非常大时, 解决 ECDLP 几乎是不可能的; 而得到的超椭圆曲线的亏格较小时, 如 $g < 4$, 对这样的超椭圆曲线离散对数问题的攻击, 目前最好的也只是 Pollard 并行攻击方法. 即使可以成功运用 GHS 攻击, 按照 Menezes 等在 [169] 中的分析, 也不是针对定义在 $\mathbb{F}_{q^n}$ 上所有椭圆曲线的.

对于特征 2 有限域 $\mathbb{F}_{2^m}$ 上的椭圆曲线, 当 m 是合数的时候是存在遭受 GHS 攻击的风险的. 我们在实际中所用的特征 2 的椭圆曲线大都是定义在 $\mathbb{F}_{2^p}$ 上的, 这里 p 是素数. 例如前面介绍的一些 ECC 的标准, 像 IEEE P1363, SEC 等, 明确规定不使用合数域上的椭圆曲线. 按照 GHS 攻击的方法可以看到, 当 p 是素数时, 尽管仍然可以使用 Weil 下降方法得到高亏格超椭圆曲线, 但由于此时超椭圆曲线的亏格是 2^{p-1} 或 $2^{p-1} - 1$, 所以使用 GHS 算法计算有限域 $\mathbb{F}_{2^p}$ 上的 ECDLP 并不有效 (相对于 Pollard rho 算法), 即 Weil 下降方法是不能应用在此类域上的椭圆曲线的. 所以, 这一攻击对当前实现中的 ECC 并未造成太大的威胁.

5.4.3　GHS 算法的推广

GHS 攻击是利用 Weil 下降的方法将定义在 $\mathbb{F}_{2^{ln}}$ 上的椭圆曲线 E 的离散对数问题转化成定义在 $\mathbb{F}_{2^l} = \mathbb{F}_q$ 上的超椭圆曲线 C 的 Jacobian 上的离散对数问题. 如果在得到的超椭圆曲线的 Jacobian 上计算离散对数问题的计算代价比在原来的椭圆曲线上的平方根算法少, 我们就认为此时的 GHS 攻击有效. 从 GHS 攻击的过程看出, 要想使得 GHS 算法有效, 需要考虑三个因素: ① Weil 限制得到的覆盖曲线 C 的亏格尽量小; ② 所构造的明晰的群同态 $\phi: E(\mathbb{F}_{q^n}) \to J_C(\mathbb{F}_q)$ 要保持大素数阶子群; ③ 群 $J_C(\mathbb{F}_q)$ 中的离散对数问题可以应用指标计算法求解.

GHS 攻击方法提出后, 有很多的分析和改进工作. 按照 Menezes 等在 [169] 中的分析, GHS 算法只是对定义在 $\mathbb{F}_{q^n}$ 上的部分椭圆曲线有效. Galbraith 等[96] 利用椭圆曲线同源映射对 GHS 算法进行了推广. 椭圆曲线同源为两条椭圆曲线之间的有理映射. 根据 Tate 定理, 定义在有限域 $\mathbb{F}_{q^n}$ 上的两条椭圆曲线 E_1 和 E_2 同源当且仅当这两条曲线在 $\mathbb{F}_{q^n}$ 上的点数相等. 当定义在 $\mathbb{F}_{q^n}$ 上一条椭圆曲线 E 不能利用 GHS 有效攻击时, 可以借助同源映射寻找另外一条椭圆曲线 $E' = \phi(E)$, 使得 GHS 攻击在 E' 上是有效的, 那么 E 上的 ECDLP 就可以转化到同源曲线上. 给定 E 就确定了 $N = \sharp E(\mathbb{F}_{q^n})$, 尽管寻找具有 N 个点且可以利用 GHS 算法有效攻击的曲线 E' 和计算 E 到 E' 的同源 (同源计算代价大约是 $O(q^{\frac{1}{4}n})$) 需要额外的时间, 但只要这些额外时间连同 GHS 算法的时间仍然少于原来的椭圆曲线上的平方根算法的代价, 那么这样推广的 GHS 都算是有效的. Galbraith 等的推广扩大了 GHS 的攻击范围, 但仍然不能适用于 $\mathbb{F}_{q^n}$ 上的全部椭圆曲线.

GHS 算法是针对偶特征有限域上的椭圆曲线离散对数的攻击, 主要借助了函数域的 Artin-Schreier 扩张来研究和构造 Weil 限制上的曲线. Diem 在 [69] 中将 GHS 攻击推广到奇特征域上, 利用函数域的 Kummer 理论研究和构造了奇特征域上 Weil 限制上的曲线. Diem 的整体思路与偶特征域的情形一致, 但得到的曲线 C 大多数是非超椭圆曲线. 当 n 为 5 和 7 时, Diem 给出了域 $\mathbb{F}_{q^n}$ 上的椭圆曲线 E, 使得构造的域 $\mathbb{F}_q$ 上的曲线 C 的亏格为 n. 当 $n \geqslant 11$ 且是素数时, 利用 Weil 下降方法所得到的 $\mathbb{F}_q$ 上的曲线的 Jacobian 阶已经非常大. 对于奇特征有限域 $\mathbb{F}_{q^n}$, Diem 推广的 GHS 算法提示我们, 当 n 被 4, 5 或 7 除尽时, $\mathbb{F}_{q^n}$ 上的椭圆曲线离散对数可能不安全, 但当 $n \geqslant 11$ 且是素数时, 推广的奇特征域上的 GHS 攻击对 $\mathbb{F}_{q^n}$ 上的椭圆曲线离散对数问题不会构成太大的威胁, 除非在大亏格曲线上的离散对数问题有高效的计算方法.

令 E 是定义在 $\mathbb{F}_{q^n}$ 上的椭圆曲线, $\mathbb{F}_{q^n}(E)$ 是 E 的函数域. 不管是偶特征上的 GHS 攻击, 还是奇特征上的 GHS 的推广, 都是利用了 Weil 下降的想法, 基本的思路都是去找 $\mathbb{F}_{q^n}$ 上的一条曲线 C, 使得 $\mathbb{F}_{q^n}(C)$ 是 $\mathbb{F}_{q^n}(E)$ 的一个有限扩张 (从而 C 到 E 的态射是有限次的), 并且使得 $\mathbb{F}_{q^n}(C)$ 上有一个 n 次自同构 σ, 它扩展了 q 次 Frobenius 映射, 使得对于某些曲线 C_0, $\mathbb{F}_{q^n}(C)$ 在 σ^i 下的固定域为 $\mathbb{F}_q(C_0)$. 两条曲线之间的一个非常数态射称为一个覆盖 (cover), 所以有时也把具有上述思路的攻击叫覆盖攻击, Diem 在 [71], [72] 中给出了更详细的研究和分析. 覆盖攻击中主要的难点是寻找或构造曲线 C. Tian 等在 [223] 中针对定义在 $\mathbb{F}_{q^3}$ 上具有余因子 2 的椭圆曲线提出了一种构造亏格 3 超椭圆覆盖的方法.

Gaudry[104] 将 Semaev 的加和多项式方法应用在扩域曲线上, 结合 Weil 下降技术提出了计算有限域 $\mathbb{F}_{q^m}$ (其中 $m > 1$) 上椭圆曲线的 ECDLP 指标计算算法. 在 Gaudry 算法中, 因子基由那些 x 坐标在 $\mathbb{F}_q$ 里的有理点构成. 对于固定的 $m \geqslant 3$, Gaudry 的攻击算法的运行复杂度是 $O(q^{2-2/m})$, 这虽然不是亚指数时间算法, 但是比 Pollard rho 算法要快. Diem[71] 扩展了 Gaudry 的方法, 并证明在有限域 $\mathbb{F}_{q^m}$ 上, 当 m^2 的大小为 $\log q$ 级别时, Gaudry 算法为亚指数时间算法. Gaudry 算法及其改进算法并没有对当前实际使用的椭圆曲线 ECDLP 带来实质性的影响, 包括 NIST 推荐的椭圆曲线, 但是对一些扩域曲线还是有威胁的. 例如 Joux 和 Vitse[138] 将 Gaudry 和 Diem 的算法应用在一个规模为 151 比特的扩域 $\mathbb{F}_{p^6}$ 的椭圆曲线上, 并计算了一个 149 比特 ECDLP 的具体例子. 2012 年, Faugère 等[84] 在欧密会上将 Gaudry 和 Diem 的算法应用在 $\mathbb{F}_{2^n}$ 上, 但是当 n 是素数的情形时, 他们得出的指标计算的算法复杂度仍然是指数级别的, 甚至还没有通用的平方根算法 (如 Pollard rho 算法) 有效.

    Galbraith 推广了 Smart 等的想法, 将 Weil 限制的方法应用于有限域上亏格 $g > 1$ 的超椭圆曲线的 Jacobian 上[96]. 在文献 [9] 中作者对适用于设计密码算法的超椭圆曲线进行了 Weil 下降攻击分析, 同时对定义在 $\mathbb{F}_{q^n}$ 上的形如 $y^2 + xy = f(x)$ 的超椭圆曲线的离散对数问题能否用 Weil 下降的代数方法攻击作了详细讨论. 具体地, 文献 [9] 给出的分析方法只是简单地计算了形式为 "A 型" 和 "B 型" 的方程式的数量, 并且与超椭圆曲线中所有方程式的总数量进行了比较, 从而说明 Weil 下降的代数攻击法只能适用于极少部分这类超椭圆曲线. 但是, 现在看来, 文献 [9] 中的分析不是非常精确的, 因为能否适用于 Weil 下降攻击并不是直接与方程式数量的计算相关, 有的不是形式为 "A 型" 和 "B 型" 的方程也可以通过超椭圆曲线的同构转化成 "A 型" 或 "B 型". 所以真正的问题不是确定方程式的数量, 而是计算曲线同构类的数量. 邓映蒲和刘木兰在 [1] 中研究了特征 2 有限域上的亏格 2 超椭圆曲线的同构类, 这些结果有助于提高 [9] 中的分析. 即便是再借助超椭圆曲线同构, 甚至考虑超椭圆曲线同源映射, 超椭圆曲线 Weil 限制的攻击情况看上去和椭圆曲线情形类似, 能够有效攻击的曲线数量与总的超椭圆曲线数量相比应该还是非常少的.

5.5　新 的 陷 门

    我们前面讨论了一些特殊形式的椭圆曲线的离散对数问题是存在有效的计算方法的, 这些椭圆曲线也可以称为弱曲线. 当我们构造基于 ECDLP 的密码系统时, 就不建议使用这些弱曲线了. 但是有一些弱椭圆曲线能够借助一些其他的工具和特性仍然可以构造出新的陷门, 从而应用在密码系统的设计中. 这有些类似于传统的基于纠错码的密码体制: 把一个能有效译码的纠错码随机变换成一个看似随机的纠错码, 不知道变换的人就无从译码, 而知道变换的人可以有效译码, 从而构造出基于纠错码的加密方案. 所以如果把弱曲线能有效地隐藏起来, 也许可以构造出新的密码方案来. 也就是说如果有限域上某些椭圆曲线的离散对数可以有效求解, 并且如果存在一种隐藏方法或变换方法把这个曲线隐藏起来, 使得变换后的曲线的离散对数不能有效求解, 而知道这个曲线和变换的人可以有效求解 ECDLP, 这样就借助这些弱椭圆曲线给出了一种新的陷门, 从而可以构造密码体制. 例如对于一个可以有效求解 ECDLP 的椭圆曲线参数系统 $\mathbb{F}_q, E_{a,b}, P$, 如果我们可以将它变换一下, 使得 $\phi(\mathbb{F}_q, E_{a,b}, P)$ 看起来没有有效的求解 ECDLP 的算法, 这样我们可以构造一个基于陷门离散对数的公钥加密方案或密钥托管系统: 公钥参数就是 $\phi(\mathbb{F}_q, E_{a,b}, P) = (E', P')$, 私钥是 ϕ^{-1} 和求解 $\mathbb{F}_q$ 上 $E_{a,b}$ 的 ECDLP 的算法. 对消息 m 的加密就是 $C = mP'$, 解密就是借助逆映射 ϕ^{-1} 和求解 $\mathbb{F}_q$ 上

$E_{a,b}$ 的 ECDLP 的算法计算出 m.

目前能实现这种变换或隐藏的方式主要有两种, 一种是利用椭圆曲线同源映射来变换曲线, 另一种就是将有限域上的椭圆曲线变成环上的曲线.

合数扩张的有限域上的椭圆曲线可以遭受 Weil 下降的 GHS 攻击, 但并不是所有曲线都能有有效的攻击. 所以那些能被攻击的弱曲线和椭圆曲线同源映射相结合是可以构造密码系统或后门系统的. 易受 GHS 攻击的弱曲线和同源映射相结合构造后门系统的基本的想法如下: 用户创建了一条秘密的椭圆曲线 E_s, 该椭圆曲线是可以利用 GHS 方法有效攻击的. 然后用户通过一个秘密的、足够长的和随机的同源映射链 ϕ 从 E_s 计算公共椭圆曲线 E_p. 椭圆曲线 E_s 和同源映射链 ϕ 被提交给可信的权威机构作为密钥托管, E_p 通常用于椭圆曲线密码系统 (如加密方案或 ECDSA 等) 的参数. 选择合适的参数使得 Pollard 方法是最有效的计算 E_p 上求解 ECDLP 的方法, 而在 E_s 上求解 ECDLP 则简单得多 (尽管可能也要费劲一些). 因此, 受信任的机构如果想求解出 E_s 上 ECDLP 必须投入大量计算, 但这个计算量是比计算 E_p 上的 ECDLP 的平方根算法 (如 Pollard 方法) 要少得多的. 关于这一陷门系统的更多详细信息和参数选择, 请参见文献 [222]. 因为即使有陷门, 还需要利用 GHS 算法计算离散对数, 而这一计算效率目前也不是非常有效, 所以这一方法主要是用来构造后门系统, 用来构造公钥加密等密码方案还不实用, 所以关于这种方法目前的用途和研究都比较少.

常用的另一种构造陷门的方法是将有限域上的椭圆曲线提升到 RSA 模环上, 借助整数分解问题和特殊椭圆曲线的离散对数问题来构造陷门系统. 这类陷门的构造方法比同源与 GHS 结合的构造方法要有效得多, 所以可以用来构造公钥加密体制. 下面我们介绍一下模 n 整数环上的椭圆曲线密码系统.

首先我们介绍一下模 n 整数环上的椭圆曲线及其群结构. 对于任意整数 k, 定义 $E_k(a,b)$ 是满足

$$y^2 = x^3 + ax + b \bmod k$$

的所有点 $(x,y) \in \mathbb{Z}_k \times \mathbb{Z}_k$ 和无穷远点 $\mathcal{O}_k$ 的集合. 对于给定的一个合数 k, 在环 $\mathbb{Z}_k$ 上定义的曲线 $E_k(a,b)$ 不一定构成群. 当 $k = n = pq$ 时, 这里 p 和 q 是两个大素数, $E_n(a,b)$ 在有限域 $\mathbb{F}_p$ 和 $\mathbb{F}_q$ 上的投影 $E_p(a,b)$ 和 $E_q(a,b)$ 都是有限交换群. 借助中国剩余定理, 很容易得到下面的事实:

定理 5.11 令 $E_n(a,b)$ 是定义在环 $\mathbb{Z}_n$ 上的椭圆曲线, 这里 $n = pq$, p 和 q 是两个大素数, 并且 $\gcd(4a^3 + 27b^2, n) = 1$. 定义 $E_n(a,b)$ 的阶为

$$\sharp E_n(a,b) = \mathrm{lcm}(\sharp E_p(a,b), \sharp E_q(a,b)).$$

那么, 对任意 $P \in E_n(a,b)$,

$$\sharp E_n(a,b) \cdot P = \mathcal{O}_n.$$

因为当 p 是一个模 3 余 2 的奇素数时, 对所有 $b \in \mathbb{Z}_p^*$, $E_p(0,b)$ 是一个阶为 $p+1$ 的循环群, 所以当 $n = pq$, 且 $p \equiv q \equiv 2 (\mathrm{mod}\ 3)$ 时, $\sharp E_n(0,b) = \mathrm{lcm}(p+1, q+1)$. 也就是说, 在这种情况下计算 $E_n(a,b)$ 的阶等价于分解 n. 基于这一事实, Paillier[182] 提出了 Naccache-Stern 加密方案的一个椭圆曲线变形, 具体如下:

(1) **密钥生成**: 选取素数 p, q, $n = pq$, 其中 $p+1 = 6 \cdot u \cdot p'$, $q+1 = 6 \cdot v \cdot q'$, 这里 p', q' 是素数, u 和 v 是 $B = \log n$-光滑整数, 且 $\gcd(6, u, v, p', q') = 1$. 令 $E_n(0,b)$ 是定义在环 $\mathbb{Z}_n$ 上的椭圆曲线, G 是 $E_n(0,b)$ 上极大阶点, 即 G 的阶是 $\mu = \mathrm{lcm}(p+1, q+1)$. 定义 $\sigma = uv$.

公钥为 n, b, σ, G;

私钥为 p, q 或 $\mu = \mathrm{lcm}(p+1, q+1)$.

(2) **加密**: 对于消息 $m \in \mathbb{Z}_\sigma$, 随机选取整数 $r < n$, 计算密文

$$C = (m + \sigma r)G.$$

(3) **解密**: 计算

$$U = (\mu/\sigma)C = mG'.$$

这里 $G' = (\mu/\sigma)G$ 是一个 $\sigma = uv$ 阶点, 而 u, v 又是 $B = \log n$-光滑整数, 所以利用 Pohlig-Hellman 算法和小步大步法就可以计算 U 关于 G' 的离散对数, 该离散对数即为消息 m.

注意到, 在加密方案中如果设置 $r = 0$, 则方案就变成确定性加密方案, 此时方案就类似 Vanstone 和 Zuccherato[225] 给出的方案. 这些方案就是利用整数分解困难性隐藏了特殊椭圆曲线的离散对数问题. 如果选择 $E_p(a,b)$ 和 $E_q(a,b)$ 是非常规曲线替代上面的光滑阶曲线也可以类似给出一个加密方案, 不过遗憾的是, Galbraith 在文献 [92] 中证明了利用非常规曲线构造的方案是不安全的, 因为私钥可以很容易地从公共数据中恢复, 所以非常规曲线不适合构造此类公钥加密方案.

MOV 和 FR 攻击是借助 Weil 对或 Tate 对将一些特殊椭圆曲线上的离散对数问题转变为相应有限域的乘法群上的离散对数问题. 当然也不仅限于 Weil 对或 Tate 对, 任何满足条件的双线性对都可以完成这一攻击. 实际上任意有限域上的椭圆曲线 (除非常规曲线外) 离散对数问题都可以借助双线性对归约到该有限域的某个扩域的离散对数问题上来, 但当此时的该扩域上的离散对数问题依然是计算困难的, 那么就可以用来构造密码方案. 此时有两个群, 一个是椭圆曲线群, 另一个是有限域乘法群, 这两个群有双线性对联结, 从而给出一个非常有趣的密码工具, 即间隙 Diffie-Hellman 群 (gap Diffie-Hellman group), 或双线性对群. 利用双线性对群构造的各种密码方案就是我们前面介绍过的基于双线性对的密码体制.

第 6 章　ECDLP 的平方根攻击

基于上一章关于一些特殊椭圆曲线的离散对数问题的讨论, 我们后面只关注那些定义在素数域 $\mathbb{F}_p$ 或特征 2 的有限域 $\mathbb{F}_{2^m}$ (这里 m 是一个素数) 上的随机椭圆曲线的素数阶子群的离散对数问题的求解算法.

任何求解算法大都是通过所用的时间和空间资源来衡量它们的效率, 即算法的时间复杂度和空间复杂度, 统称为算法复杂度. 在讨论算法的复杂度之前, 我们引入一些记号. 对于一个 n 阶群 $\mathbb{G}$, 用如下记号表示某个算法在 $\mathbb{G}$ 上的复杂度:

$$L_n(\alpha, c) = \exp((c + o(1))((\log n)^\alpha (\log \log n)^{1-\alpha})).$$

这里 α 和 c 是两个参数, 其中 $0 \leqslant \alpha \leqslant 1$, $c > 0$. 参数 α 是一个非常重要的量, 当 $\alpha = 1$ 时, 则

$$L_n(1, c) = \exp((c + o(1))(\log n)) = n^{c+o(1)},$$

我们称此时的表达式是指数时间复杂度. 这是因为我们考虑的复杂度是以群的阶的规模 (即 $\log n$) 为基础来度量的, 而 $n^{c+o(1)}$ 是 $\log n$ 的指数级表示. 当 $\alpha = 0$ 时, 则

$$L_n(0, c) = \exp((c + o(1))(\log \log n)) = (\log n)^{c+o(1)},$$

我们称此时的表达式是多项式时间复杂度. 当 $0 < \alpha < 1$ 时, $L_n(\alpha, c)$ 表示的是亚指数时间复杂度.

给定一个 ECDLP 的实例 (q, E, n, P, Q), 即 E 是定义在有限域 $\mathbb{F}_q$ 上的一条椭圆曲线, 这里 q 是一个素数或 2 的素幂次. $P \in E(\mathbb{F}_q)$ 是一个阶为素数 n 的点, $\mathbb{G} = \langle P \rangle$ 是由点 P 生成的子群. 给定 $Q \in \langle P \rangle$, 计算整数 $s = \log_P Q$. 很显然, 计算 s 有一个简单直观的方法, 就是穷搜索 (naive exhaustive search), 即简单地计算 P 的连续倍数:

$$P,\ 2P,\ 3P,\ 4P,\ \cdots$$

直到得到 Q 为止. 如果把椭圆曲线的一次点加或倍点运算看作一个基本计算单位 (或看作一步) 的话, 这种穷搜索的方法最坏情况是计算 n 步, 平均需要计算 $n/2$ 步. 所以, 穷搜索的计算复杂度是 $O(n)$.

我们本章要讨论的计算算法都要比这一平凡的算法有效. 因为这些算法可以达到 $O(\sqrt{n})$ 级别的复杂度, 所以我们把这些计算 ECDLP 的算法称为平方根攻击.

6.1　小步大步法及其改进

6.1.1　小步大步法

在这一节中, 我们首先回顾用于 ECDLP (实际上适用于所有群的 DLP) 计算的小步大步 (baby step giant step, BSGS) 算法. 小步大步法是由 Shanks[208] 在 1973 年提出的, 实际上是利用时空折中的思想对穷搜索算法的一个改进, 可以用来求解任意群的离散对数问题, 有时也称大步小步法.

假定给定的 ECDLP 实例是 (q, E, n, P, Q). "教科书" 式的小步大步法描述如下: 令 $M = \lceil \sqrt{n} \rceil$, 那么 $s = s_0 + M s_1$, 其中 $0 \leqslant s_0 < M$ 和 $0 \leqslant s_1 < M$. 预计算 $P' = MP$. 现在计算小步, 对每一个 $0 \leqslant i < M$, 计算 iP, 并将成对的 (iP, i) 存储在易于搜索的结构中, 例如排序列表或二叉树. 然后计算大步, 对每一个 $0 \leqslant j < M$, 计算 $Q - jP'$, 并检查每个值是否在小步数列表中. 当匹配 $i_0 P = Q - j_0 P'$ 被找到时, ECDLP 被求解, 即 $s = i_0 + j_0 M$. 当然也可以先预计算大步 jP' 并存储, 再计算小步 $Q - iP$. 所以是叫小步大步法还是大步小步法, 取决于是先预计算大步还是小步.

小步大步法是把穷搜索中的部分时间换为存储, 即以空间换取时间, 它需要存储大约 $\sqrt{n}$ 个点. 在最坏的情况下找到匹配需要 $2\sqrt{n}$ 步操作 (或群运算). 在 Q 是均匀随机选择的情况下, 平均需要 $\frac{3}{2}\sqrt{n}$ 步操作, 即预计算小步需要 $\sqrt{n}$ 步操作, 大步平均需要 $\frac{1}{2}\sqrt{n}$ 步操作. 像穷搜索算法一样, 小步大步算法是确定性的算法.

小步大步法除了 "教科书" 式的描述, 还有几种变形的描述. 例如为了提高平均情况的性能, 我们可以选择 $M = \lceil \sqrt{n/2} \rceil$, 那么 $s = s_0 + M s_1$, 这里 $0 \leqslant s_0 < M$ 和 $0 \leqslant s_1 < 2M$. 预计算 $P' = MP$, 对 $0 \leqslant i < M$, 计算小步 iP, 并适当地存储它们, 然后我们计算出大步. 平均来说, 算法在完成一半的大步后找到一个匹配项. 因此, 此变体平均在 $\sqrt{2n}$ 步操作内解决 ECDLP. 最坏情况的复杂性是

$$M + 2M = \left(\frac{1}{\sqrt{2}} + \sqrt{2} \right) \sqrt{n} = \frac{3}{\sqrt{2}} \sqrt{n} \text{ 次群运算.}$$

小步大步法的另一个变形是并行计算小步和大步, 将点存储在两个排序的列表或二叉树中, 我们称这个为小步大步法的 "交错" 变形. Pollard 在 [187] 中证明, 这个小步大步法的变形的平均计算量是 $\frac{4}{3}\sqrt{n}$ 次运算. 这个变形算法的缺点是不管在平均情况还是最坏情况下, 存储需求都略有增加.

6.1.2　小步大步法的改进方法

1. 急步小步法

Bernstein 和 Lange[44] 提出了小步大步法的一个新的变形, 称为 "两大急步一小步" 算法. 小步依然是由这些小的 s_0 和 $s_0 P$ 组成. 一个大急步是从 Q 出发, 对 $M \approx 0.5\sqrt{n}$, 每步的大小是 $P' = MP$. 另一个大急步是从 $2Q$ 出发, 每步的大小是 $-P'' = -(M+1)P$. 该算法是一种交错算法, 即所有三次游走并行完成并存储在列表中. 在每步中, 检查列表之间的匹配, 任意两个列表之间的匹配都能够解决 ECDLP, 例如匹配 $2Q - j(M+1)P = iP$ 的情况意味着 ECDLP 满足 $2s \equiv i + j(M+1) \bmod n$ (当 $n > 2$ 为素数时, 该方程有唯一的解).

"两大急步一小步" 算法的确切性能尚不清楚, 但 Bernstein 和 Lang 猜测他们的方法可以比 Pollard rho 算法更快, 然而文献 [44] 没有太多证据支持他们的说法.

在 [44] 中进行的分析关键是计算 "斜率" (slope). 我们将这个想法重新表述如下: 在 L 步数之后, 我们计算了三个列表 $\{iP : 0 \leqslant i < L\}$, $\{Q + jMP : 0 \leqslant j < L\}$ 和 $\{2Q - k(M+1)P : 0 \leqslant k < L\}$, 只要 $Q = (i - jM)P$ 或 $2Q = (i + k(M+1))P$ 或 $Q = (jM + k(M+1))P$, 则 ECDLP 都将可解.

因此, Q 关于 P 的 ECDLP 在 L 步数之后求解的点数正好是下列并集的大小

$$\mathcal{L}_L = \{i - jM \,(\bmod\, n) : 0 \leqslant i, j < L\}$$
$$\cup \{2^{-1}(i + k(M+1)) \,(\bmod\, n) : 0 \leqslant i, k < L\}$$
$$\cup \{jM + k(M+1) \,(\bmod\, n) : 0 \leqslant j, k < L\}.$$

该算法对随机选择的 Q, 经过 L 步数后以概率 $\#\mathcal{L}_L / n$ 获得成功. "斜率" 只是表示 $\mathcal{L}_L$ 中元素数量的另一种方式.

这里我们提出一种新的方法来计算交错 BSGS 算法的平均情况运行时的近似值, 并使用这种方法来近似 "两大急步一小步" 算法的平均运行时间. 令 α 是使得算法至多经过 $\alpha\sqrt{n}$ 步后停止的值. 当 $M = \sqrt{n}$ 时, DLP 将在 $\sqrt{n}$ 步后使用前两个集合 $\{iP\}$, $\{Q + jMP\}$ 求解. 因此, 我们始终假定 $\alpha \leqslant 1$ 看起来是可以的. 注意到, α 似乎是受 M 选择影响的主要数量. 所以应选择 M 以最小化 α.

现在, 对于 $1 \leqslant L \leqslant \alpha\sqrt{n}$, 可以考虑 $\mathcal{L}_L$ 的平均大小 (精确的大小稍微依赖于 n 的值). 最初我们预计 $\#\mathcal{L}_L$ 会像 $3L^2$ 一样增长, 但随着 L 变大, 这个数字就会减少, 直到最后在 $L \approx \sqrt{n}$ 时, 我们得到了 $\#\mathcal{L}_L = n \approx L^2$. Bernstein 和 Lange[44] 建议, 当 L 接近 $\sqrt{n}$ 时, $\#\mathcal{L}_L \approx \dfrac{23}{8}L^2$. 算法的性能取决于值 $\#\mathcal{L}_L / L^2$, 因此我们需要对此进行详细研究. 将问题重新缩放为独立于 n 将更方便. 所以

对于整数 $0 \leqslant L \leqslant \alpha\sqrt{n}$, 我们记 $c(L/\sqrt{n}) = \#\mathcal{L}_L/L^2$. 然后, 通过线性插值这些点, 将实数变量 $0 \leqslant t \leqslant \alpha$ 的函数扩展到 $c(t)$. 注意到, 当 $t = L/\sqrt{n}$ 时, $\#\mathcal{L}_L/n = c(L/\sqrt{n})L^2/n = c(t)t^2$.

我们在文献 [101] 中对相对较小的 n 值进行了模拟, 该模拟枚举了 L 范围内的集合 $\mathcal{L}_L$. 从这些模拟中, 我们可以得到 α 的近似值, 并得到 $c(t)$ 的一些数据. 一个典型的例子是 $0.94 < \alpha < 0.97$ (当 $n \approx 2^{28}$ 和 $M = \sqrt{n/2}$ 时), 表 6.1 中列出了 $c(t)$ 的一些取值.

表 6.1 集合 $\mathcal{L}_L$ 写成 $c(t)L^2$ 的大小, 这里 $t = L/\sqrt{n}$

t	0	0.12	0.24	0.37	0.49	0.61	0.73	0.85	0.97
$c(t)$	3.00	3.00	3.00	2.99	2.79	2.30	1.77	1.35	1.06

记 $\Pr(L)$ 为算法经过 L 步后成功求解 DLP 的概率, $\Pr(> L) = 1 - \Pr(L)$ 是算法经过 L 步后没有成功的概率. 那么经过 $L = t\sqrt{n}$ 步后, 对 $0 \leqslant t \leqslant \alpha$, 算法成功的概率是 $\Pr(L) = \#\mathcal{L}_L/n = c(L/\sqrt{n})L^2/n = c(t)t^2$. 所以算法经过 $L = t\sqrt{n}$ 没有成功的概率是 $\Pr(> L) = 1 - c(t)t^2$. 算法在停止前期望的步数是 (借助 $\Pr(\lfloor\alpha\sqrt{n}\rfloor) = 1$)

$$\sum_{L=1}^{\lfloor\alpha\sqrt{n}\rfloor} L(\Pr(L) - \Pr(L-1)) = \lfloor\alpha\sqrt{n}\rfloor - \sum_{L=0}^{\lfloor\alpha\sqrt{n}\rfloor} \Pr(L)$$

$$\approx \int_0^{\alpha\sqrt{n}} (1 - c(L/\sqrt{n})L^2/n)dL.$$

替换 $t = L/\sqrt{n}$, 注意到 $dL = \sqrt{n}dt$, 我们可以如下估计这个和,

$$\left(\alpha - \int_0^{\alpha} c(t)t^2 dt\right)\sqrt{n}.$$

为了确定运行时间, 我们仍然需要估计 $\int_0^{\alpha} c(t)t^2 dt$ 并乘以 3 (因为算法的每个步骤都执行三个群运算). 例如, 使用基于表 6.1 中数据的数值积分, 我们估计 $\alpha \approx 0.97$ 和 $\int_0^{\alpha} c(t)t^2 dt \approx 0.55$. 此估计值将大致给出运行时间 (即群运算数) 是

$$3(0.97 - 0.55)\sqrt{n} = 1.26\sqrt{n}.$$

在文献 [101] 中, 我们给出了稍微更仔细但仍然是实验性的分析. 总的来说, 我们的分析和实验支持 Bernstein 和 Lange[44] 的观点, 即 "两大急步一小步" 算法计算效率会比 Pollard-rho 算法更好一些. 我们的工作也证实了他们建议的值

$M = \sqrt{n}/2$ 是一个不错的选择. 我们注意到, Pollard 关于交错小步大步法的结果也可以用这个理论参数得到: 我们有 $\alpha = 1$, $c(t) = 1$, 运行时间中的常数为 $2(1 - \int_0^1 t^2 dt) = 2(1 - 1/3) = 4/3$.

2. 借助负点提速小步大步法

如果 $P = (x_P, y_P)$ 是 Weierstrass 型椭圆曲线上的一个点, 那么 $-P$ 具有和 P 相同的 x 坐标. 后面描述 Pollard rho 算法时会讲到, 可以通过在等价关系 $P \sim \pm P$ 下的等价类集合上进行伪随机游走来加速 ECDLP 的 Pollard rho 算法. 更一般地说, 该思想适用于逆运算比一般群运算有效的任何群.

负点映射也可以加速小步大步算法. 我们用椭圆曲线群来描述这一提高算法. 令 $M = \lceil \sqrt{n} \rceil$, 那么 $s = \pm s_0 + M s_1$, 其中 $-n/2 \leqslant s_0 < n/2$ 和 $0 \leqslant s_1 < M$. 对 $0 \leqslant s_0 \leqslant M/2$, 计算 $M/2$ 个小步 $s_0 P$. 将值 $(x(s_0 P), s_0)$ 存储在排序结构中. 然后计算 $P' = MP$, 并对 $s_1 = 0, 1, \cdots$ 计算大步 $Q - s_1 P'$. 对于计算的每个点, 检查其 x 坐标是否位于排序结构中. 如果我们找到一个匹配, 那么

$$Q - s_1 P' = \pm s_0 P,$$

所以 $Q = (\pm s_0 + M s_1) P$, ECDLP 被解.

上面的算法中共计算了 $M/2$ 个小步, 所以小步计算需要 $M/2$ 个群运算. 在大步步骤中, 我们平均需要 $M/2$ 个群运算, 最坏的情况是计算了全部的 M 个大步. 所以关于上面算法的运行性能, 我们有下面结论.

引理 6.1　借助有效负点的小步大步法的平均计算量是 $\sqrt{n}$ 个群运算. 最坏运行时间是 $1.5\sqrt{n}$ 个群运算.

与原始的教科书式的小步大步法相比, 借助负点的小步大步法在平均情况下有优化, 它将运行时间减少了 $1/\sqrt{2}$.

大家可能会对我们是否充分利用了 $\pm$ 符号感到困惑. 为了消除混淆, 请注意匹配 $x(Q - s_1 P') = x(s_0 P)$ 与 $\pm(Q - s_1 P') = \pm s_0 P$ 相同, 这将简化为等式 $Q - s_1 P' = \pm s_0 P$. 当然, 我们可以将这一技巧与 Pollard 的交错思想结合起来. 现在取 $M = \sqrt{2n}$, 这样 $s = \pm s_0 + M s_1$, $0 \leqslant s_0, s_1 \leqslant M/2$. 该算法并行计算小步 $\{x(s_0 P)\}$ 和大步 $\{x(Q - s_1 P')\}$ 的列表, 直到第一次匹配为止.

最坏情况下的步骤数 (这是一个交错算法, 因此 "步骤" 现在意味着计算一个小步和一个大步) 为 $M/2$, 总成本为 $2(M/2) = M = \sqrt{2n}$ 个群运算. 根据 Pollard 的分析 [187], 并行生成两个行走导致一个匹配平均需要 $4(M/2)/3 = \frac{2}{3}\sqrt{2n}$ 个群运算. 因此, 运行时间中的前面的常数为 $2\sqrt{2}/3 \approx 0.9428$. 即

引理 6.2　借助有效负点的交错小步大步法的平均计算量是 $(2\sqrt{2}/3)\sqrt{n}$ 个群运算. 最坏运行时间是 $\sqrt{2n}$ 个群运算.

我们也可以利用上一小节分析急步小步法的方法证明上面的结论. 经过 L 步后使得 DLP 可解的 Q 点的个数是 $2L^2$ (因为 $Q = (\pm i + jM)P$), 所以对 $0 \leqslant t < \alpha$, $c(t) = 2$. 当 $M = \sqrt{2n}$ 时, $\alpha = \sqrt{1/2}$, 所以运行时间中的常数是

$$2 \left(\alpha - \int_0^\alpha 2t^2 dt \right) = 2(\alpha - 2\alpha^3/3) = 0.9428.$$

我们也许想知道是否有更好的方法来组织交错. 因为每个群运算得到两个小步, 所以平均来说, 采取比小步更大的步是很有诱惑力的. 然而, 目标是在 $L_1 + L_2$ 步数之后, 将能解 ECDLP 的点 Q 的数目 $2L_1L_2$ 最大化 (其中 L_1 和 L_2 分别表示计算小步数和大步数的群运算数). 这归结为置 $x + y = 1$, 将 $f(x, y) = 2xy$ 最大化, 很容易看出解决方案是 $x = y = 1/2$. 因此, 组织交错的最佳方法是, 每次 L 对小步和大步使用相同数量的群运算.

我们也可以将椭圆曲线负运算应用于 Bernstein 等的 “两大急步一小步” 算法. 下面我们给出具体算法和分析.

在急步算法中我们使用 $x(iP)$, $x(Q + jMP)$, $x(2Q - k(M+1)P)$ 检测匹配. 算法的第一个目标是计算 “斜率”. 经过 L 步后我们计算了三个列表 $\{x(iP) : 0 \leqslant i < L\}$, $\{x(Q+jMP) : 0 \leqslant j < L\}$ 和 $\{x(2Q-k(M+1)P) : 0 \leqslant k < L\}$. 在前两个列表中出现碰撞意味着 $Q+jMP = \pm iP$, 从而 $Q = (\pm i - jM)P$. 在第一和第三个列表中出现碰撞意味着 $2Q-k(M+1)P = \pm iP$, 从而 $Q = 2^{-1}(\pm i+k(M+1))P$. 碰撞出现在第二和第三个列表中意味着要么 $Q + jMP = 2Q - k(M+1)P$, 要么 $Q + jMP = -2Q + k(M+1)P$, 所以我们要么有 $Q = (jM + k(M+1))P$, 要么有 $Q = 3^{-1}(k(M+1) - jM)P$. 要考虑的数量是下列集合并的大小

$$\mathcal{L}_L = \{\pm i - jM \,(\mathrm{mod}\, n) : 0 \leqslant i, j < L\}$$

$$\cup \{2^{-1}(\pm i + k(M+1)) \,(\mathrm{mod}\, n) : 0 \leqslant i, k < L\}$$

$$\cup \{jM + k(M+1) \,(\mathrm{mod}\, n) : 0 \leqslant j, k < L\}$$

$$\cup \{3^{-1}(k(M+1) - jM) \,(\mathrm{mod}\, n) : 0 \leqslant j, k < L\}.$$

类似于上一小节对小步大步法的分析, 设 α 使算法在最多 $\alpha\sqrt{n}$ 步后停止. 我们还将 $c(t)$ 定义为 $\mathcal{L}_L$ 中的元素数等于 $c(L/\sqrt{n})L^2$. 我们对 n 的各种值进行了模拟 (同样, α 和 $c(t)$ 的值取决于 n 和 M 的选择). 我们给出了一个典型的例子, $n \approx 2^{28}$, $M = \sqrt{n/2}$, 此时 $0.87 < \alpha < 0.92$, $c(t)$ 的取值如表 6.2.

表 6.2　用 $c(t)L^2$ 表示集合 $\mathcal{L}_L$ 的大小, 这里 $t = L/\sqrt{n}$

t	0	0.15	0.30	0.46	0.61	0.76	0.91
$c(t)$	6.00	5.76	5.47	4.10	2.56	1.72	1.20

3. 同时计算多个点

小步大步法 (包括后面我们要讲到的 Pollard rho 算法) 需要在仿射坐标而不是射影坐标中计算椭圆曲线运算 (否则不会检测到碰撞). 仿射算法需要在域中求逆, 这种运算比域中的乘法或其他运算要昂贵得多. 一种标准技术是使用 Montgomery 技巧 [176] 来抵消求逆运算的成本. 这一节我们将这一技术应用到小步大步法中.

考虑椭圆曲线的一般的 Weierstrass 方程形式

$$E : y^2 + a_1xy + a_3y = x^3 + a_2x^2 + a_4x + a_6.$$

假定 $X = (x_1, y_1)$ 和 $Y = (x_2, y_2)$ 是 E 上两个一般点 (换句话说, 我们假定 $Y \neq \pm X$). 利用第 2 章介绍的椭圆曲线的基本知识, 我们有 $-X = (x_1, -y_1 - a_1x_1 - a_3)$. 如果 $(x_3, y_3) = X + Y$, 则

$$\lambda = \frac{y_2 - y_1}{x_2 - x_1},$$

$$x_3 = \lambda^2 + a_1\lambda - x_1 - x_2 - a_2,$$

$$y_3 = -\lambda(x_3 - x_1) - y_1 - a_1x_3 - a_3.$$

令 $\mathcal{M}$, $\mathcal{S}$ 和 $\mathcal{I}$ 分别记为有限域 $\mathbb{F}_q$ 中的乘法、平方和求逆运算的开销. 我们忽略了被一个固定常数 (如 a_1) 乘的成本, 因为这些常数通常被选择为 0 或 1. 那么 $E(\mathbb{F}_q)$ 上点加的成本大约是 $\mathcal{I} + 2\mathcal{M} + \mathcal{S}$. 因此, 点加运算的主要成本是域上的求逆运算: $(x_2 - x_1)^{-1}$. 文献 [87] 的大量实验表明, 求逆与乘法运算的成本比 $\mathcal{I}/\mathcal{M}$ 为 8 (或更高).

注意到 $(x_4, y_4) = X - Y = X + (-Y) = (x_1, y_1) + (x_2, -y_2 - a_1x_2 - a_3)$ 可如下计算

$$\lambda = \frac{-y_2 - a_1x_2 - a_3 - y_1}{x_2 - x_1},$$

$$x_4 = \lambda^2 + a_1\lambda - x_1 - x_2 - a_2,$$

$$y_4 = -\lambda(x_3 - x_1) - y_1 - a_1x_3 - a_3.$$

因为我们重用了 $(x_2 - x_1)^{-1}$, 所以计算 $X - Y$ 只需要 $2\mathcal{M} + \mathcal{S}$.

我们取 $\mathcal{I} = 8\mathcal{M}$, $\mathcal{S} = 0.8\mathcal{M}$, 那么组合点加 $X \pm Y$ 的开销是 $\mathcal{I} + 4\mathcal{M} + 2\mathcal{S} = 13.6\mathcal{M}$. 与两个点加运算的成本 $2(\mathcal{I} + 2\mathcal{M} + \mathcal{S})$ 相比, 我们得到了一个如下倍数的提速

$$\frac{\mathcal{I} + 4\mathcal{M} + 2\mathcal{S}}{2(\mathcal{I} + 2\mathcal{M} + \mathcal{S})} \approx \frac{(8 + 4 + 1.6)\mathcal{M}}{2(8 + 2 + 0.8)\mathcal{M}} \approx 0.63.$$

如果求逆的代价更高 (例如 $\mathcal{I} \approx 20\mathcal{M}$), 那么我们就可以得到一个将近 2 倍的提速.

在前面介绍椭圆曲线的基础知识时我们提到非二元域上的椭圆曲线可以转化成 Edwards 形式 $x^2 + y^2 = c^2(1 + x^2 y^2)$, $(0, c)$ 是单位元. 令 $X = (x_1, y_1)$ 和 $Y = (x_2, y_2)$, 则

$$X + Y = \left(\frac{x_1 y_2 + y_1 x_2}{c(1 + x_1 x_2 y_1 y_2)}, \frac{y_1 y_2 - x_1 x_2}{c(1 - x_1 x_2 y_1 y_2)} \right).$$

所以点加的开销是 $\mathcal{I} + 6\mathcal{M}$. 因为 $-(x, y) = (-x, y)$, 我们有

$$X - Y = \left(\frac{x_1 y_2 - y_1 x_2}{c(1 - x_1 x_2 y_1 y_2)}, \frac{y_1 y_2 + x_1 x_2}{c(1 + x_1 x_2 y_1 y_2)} \right).$$

我们可以重用点加时的求逆运算, 只需要额外的 $2\mathcal{M}$ 的开销就可以计算 $X - Y$, 所以提速

$$\frac{\mathcal{I} + 8\mathcal{M}}{2(\mathcal{I} + 6\mathcal{M})} \approx \frac{8 + 8}{2(8 + 6)} \approx 0.57.$$

这个提速看上去比 Weierstrass 方程形式的椭圆曲线好, 但是计算 Edwards 曲线的组合点加 $X \pm Y$ 的开销是 $\mathcal{I} + 8\mathcal{M}$, 比 Weierstrass 曲线的组合点加 $X \pm Y$ 的开销 $\mathcal{I} + 4\mathcal{M} + 2\mathcal{S}$ 要慢, 所以我们并不建议利用 Edwards 曲线来计算 ECDLP.

我们借助 Montgomery 同时逆的方法计算了两个点 $X \pm Y$, 是否可以计算更多的点呢? 计算椭圆曲线一系列点 $\mathcal{L} = \{S + [i]T : 0 \leqslant i < M\}$ 的简单方法是串行执行 M 次点加运算, 大约需要 $M(\mathcal{I} + 2\mathcal{M} + \mathcal{S})$ 的开销. Montgomery 同时模逆技巧 [176] 允许使用一个逆和域中的 $3(k - 1)$ 次乘法运算来计算域中的 k 次逆运算.

我们首先描述一种有效计算形如 $\mathcal{L} = \{S + [i]T : 0 \leqslant i < M\}$ 的一系列点的方法, 然后再利用组合计算 $X \pm Y$ 的方法给出一个改进的方法.

固定一个整数 k, 令 $M' = \lceil M/k \rceil$, 要计算的点的列表是 $S + (jM' + i)T$, 这里 $0 \leqslant j < k$, $0 \leqslant i < M'$. 我们可以利用算法 22 计算 $\mathcal{L}$.

算法 22 的第 3 步最多需要 $2 \log_2(M/k)$ 个群运算 (这里的群运算包括点加和倍点, 因此我们使用计算量 $\mathcal{I} + 2\mathcal{M} + 2\mathcal{S}$ 来计量一个群运算), 而第 4 步是 k 次群运算 (串行). 循环包含并行执行的 k 次加法, 因此受益于同时逆技巧. 对于模逆运算, 每次迭代的成本为 $\mathcal{I} + 3(k - 1)\mathcal{M}$, 对于其余的椭圆曲线加法运算需要 $k(2\mathcal{M} + \mathcal{S})$. 所以关于算法 22 的运行时间我们有:

引理 6.3 算法 22 的运行时间是

$$(2 \log_2(M/k) + k - 1)(\mathcal{I} + 2\mathcal{M} + 2\mathcal{S}) + (M/k)(\mathcal{I} + (5k - 3)\mathcal{M} + k\mathcal{S}).$$

忽略预计算, 运行时间大约是 $(M/k)\mathcal{I} + 5M\mathcal{M} + M\mathcal{S}$.

算法 22   利用 Montgomery 技巧计算一系列点

输入: 点 S 和 T, 整数 M.

输出: $\mathcal{L} = \{S + [i]T : 0 \leqslant i < M\}$.

1. 选取 k.
2. 令 $M' = \lceil M/k \rceil$.
3. 计算 $T' = (M')T$.
4. 计算 $T_0 = S$, $T_j = T_{j-1} + T'$, $1 \leqslant j < k$.
5. $\mathcal{L} = \{T_0, T_1, \cdots, T_{k-1}\}$.
6. **for** $i = 0$ **to** $M' - 1$ **do**
7.   用 Montgomery 技巧并行计算 $T_j = T_j + T$, $0 \leqslant j < k$,
8. $\mathcal{L} = \mathcal{L} \cup \{T_0, T_1, \cdots, T_{k-1}\}$.
9. **end for**

假定 $\mathcal{I} = 8\mathcal{M}$ 和 $\mathcal{S} = 0.8\mathcal{M}$, 并行计算算法 22 相对于简单串行计算的提速大约是

$$\frac{(M/k)\mathcal{I} + 5M\mathcal{M} + M\mathcal{S}}{M(\mathcal{I} + 2\mathcal{M} + \mathcal{S})} = \frac{M(8/k + 5 + 0.8)\mathcal{M}}{M(8 + 2 + 0.8)\mathcal{M}} = \frac{8/k + 5.8}{10.8}.$$

当 $k = 8$ 时大约是 0.63, 当 $k \to \infty$ 时是 0.54.

换句话说, 我们可以通过进行一些额外的乘法, 显著降低执行求逆的总体成本. 接下来, 我们将解释如何做得更好: 我们只需再进行几次乘法, 就可以将求逆数减半.

我们组合 $X \pm Y$ 的方法和同时模逆的技巧. 在算法 22 里我们已经计算了一个点的序列 $\mathcal{L} = \{S + (jM' + i)T : 0 \leqslant j < k, 0 \leqslant i < M'\}$, 这里的点 $T_j = S + jM'$ 是预计算的, 并且点加 T 是利用同时逆并行计算的. 我们的想法也是预计算 $T'' = 3T$. 对 $0 \leqslant i < M'/3$, 我们计算 $T_j \pm T$ 和 $T_j + T''$. 换句话说, 我们用少于 3 个群运算的代价计算 3 个连续的点 $T_j + (3i-1)T, T_j + (3i)T, T_j + (3i+1)T$.

为了获得一个更大的加速, 我们使用了更多的组合运算. 因此, 我们使用 $T'' = [5]T$ 替换 $T'' = [3]T$. 然后在第 i 次迭代中, 我们计算 $T_j = T_j + T' = T_j + 5T$ 以及 $T_j \pm T$ 和 $T_j \pm 2T$ (这里 $2T$ 是预计算好的). 换句话说, 我们用 1 个点加和 2 个组合的加法 $X \pm Y$ 计算了一个由 5 个连续点组成的块 $T_j + (5i-2)T$, $T_j + (5i-1)T, T_j + (5i)T, T_j + (5i+1)T$ 和 $T_j + (5i+2)T$. 扩展这个想法, 可以使用 $T'' = (2\ell+1)T$, 并预计算 $2T, \cdots, \ell T$. 具体描述见下面的算法 23.

算法 23　并行计算一系列点的新算法

输入: 点 S 和 T, 整数 M.

输出: $\mathcal{L} = \{S + [i]T : 0 \leqslant i < M\}$.

1. 选择 k 和 ℓ,
2. 令 $M' = \lceil M/k \rceil$, $M'' = \lceil M/(k(2\ell+1)) \rceil$,
3. 计算序列点 $2T, 3T, \cdots, \ell T$, $T'' = (2\ell+1)T$ 和 $T' = (M')T$,
4. 计算序列点 $T_0 = S + \ell T$, $T_1 = T_0 + T'$, $T_2 = T_1 + T'$, $\cdots$, $T_{k-1} = T_{k-2} + T'$,
5. $\mathcal{L} = \{T_0, T_1, \cdots, T_{k-1}\}$.
6. **for** $i = 0$ **to** $M'' - 1$ **do**
7. 　　**for** $u = 1$ **to** ℓ **do**
8. 　　　　并行计算 $T_0 \pm uT$, $T_1 \pm uT$, $\cdots$, $T_{k-1} \pm uT$,
9. 　　　　将这 $2k$ 个新点添加到 $\mathcal{L}$.
10. 　　**end for**
11. 　　并行计算 $T_0 = T_0 + T''$, $T_1 = T_1 + T''$, $\cdots$, $T_{k-1} = T_{k-1} + T''$,
12. 　　$\mathcal{L} = \mathcal{L} \cup \{T_0, T_1, \cdots, T_{k-1}\}$.
13. **end for**

该算法的第 3 步的预计算至多是 $\ell + 2 + 2\log_2(M/k)$ 个椭圆曲线群运算, 第 4 步是 k 个群运算. 算法的主循环有 $M/(k(2\ell+1))$ 次迭代, 其中有一个执行一个同时逆的 (成本 $\mathcal{I} + 3(k-1)\mathcal{M}$) ℓ 次迭代循环, 然后剩下的以每个点加用 $2\mathcal{M} + \mathcal{S}$ 的成本增加 $2k$ 个. 在这个循环之后, 还有一个同时逆和 k 加法. 因此, 主循环每次迭代的成本是

$$\ell(\mathcal{I} + 3(k-1)\mathcal{M} + 2k(2\mathcal{M} + \mathcal{S})) + (\mathcal{I} + 3(k-1)\mathcal{M} + k(2\mathcal{M} + \mathcal{S})).$$

所以关于算法 23 的运行时间, 我们有:

引理 6.4　算法 23 的运行时间是

$$(\ell + k + 2 + 2\log_2(M/k))(\mathcal{I} + 2\mathcal{M} + \mathcal{S})$$

$$+ \ M/(k(2\ell+1))((\ell+1)\mathcal{I} + (7k\ell + 5k - 3(\ell+1))\mathcal{M} + (2k\ell + k)\mathcal{S}).$$

忽略预计算, 大约是 $(M/(k(2\ell+1)))\mathcal{I} + \dfrac{7}{2}M\mathcal{M} + M\mathcal{S}$.

可以看出, 新的并行计算多个点的算法中很重要的一点是, 我们进一步减少了求逆的数量, 减少了乘法的数量. 通过简单计算可以得出, 与标准串行方法相比, 加速率高达 $(3.5 + 0.8)/10.8 \approx 0.40$, 或者与使用算法 22 相比, 加速率高达 $4.3/5.8 \approx 0.74$.

Montgomery 同时逆的思想非常适用于并行计算. 但是通常描述的小步大步法本质上是串行的, 我们首次在文献 [101] 中研究了这种方法. 下面给出提速小步大步法的算法.

我们直接将前面讲的借助同时逆计算多个点的思想与计算 ECDLP 的各种小步大步法结合起来. 所有这些算法都涉及计算两个或三个点列表, 这些操作可以通过算法 23 中的一般技术来加速. 因此, 对于所有此类算法, 我们都可以通过常数因子得到节省. 算法 24 是将我们提出的并行计算多个点的技术应用于小步大步法的算法描述, 类似地也可以应用到其他变形的小步大步法, 例如应用到急步小步法也会得到相应的提高的.

算法 24 利用有效逆和多个点提速交错的小步大步法

输入: 初始点 P 和 Q.

输出: (s_0, s_1) 使得 $Q = sP$, $M = \lceil \sqrt{n} \rceil$ 和 $s = \pm s_0 - M s_1$.

1. 利用算法 23 预计算 $P' = MP$ 和有效计算椭圆曲线分块点中所用到的其他点.
2. $S \leftarrow Q$.
3. **while** True **do**
4.   利用算法 23 对 $0 \leqslant s_0 \leqslant M/2$ 计算小步区块 $(x(s_0 P), s_0)$, 并存储到容易搜索的结构 $\mathcal{L}_1$ 中.
5.   利用算法 23 对 $0 \leqslant s_1 \leqslant M/2$ 计算大步区块 $(x(Q - s_1 P'), s_1)$ 并存储到容易搜索的结构 $\mathcal{L}_2$ 中.
6.   **if** $\mathcal{L}_1 \cap \mathcal{L}_2 \neq \varnothing$ **then**
7.   确定 s_0 和 s_1 的对应值.
8.   确定 $\pm s_0 P = Q - s_1 P'$ 的符号.
9.   返回 $\pm s_0 + M s_1$.
10.   **end if**
11. **end while**

但是, 需要注意, 在块的大小 (以及 (k, ℓ) 的值) 和运行时间方面, 还有一个折中. 小步大步法将并行计算一个点块, 然后测试列表之间的匹配. 所以, 在检测第一个匹配和求解 ECDLP 之前, 该算法通常会执行更多的工作. 因此, 所执行的群运算的平均数量增加了一个与 $k\ell$ 成比例的小因子 (这有助于在运行时间内产生 $o(1)$ 项).

引理 6.4 证明, 我们用长为 ℓ 的块计算 M 个点的列表时可以得到从 $M(\mathcal{I} + 2\mathcal{M} + \mathcal{S})$ (利用 Weierstrass 曲线) 到 $(M/(k(2\ell + 1)))\mathcal{I} + \dfrac{7}{2}M\mathcal{M} + M\mathcal{S}$ 的提速. 令 $\mathcal{I} = 8\mathcal{M}, \mathcal{S} = 0.8\mathcal{M}$ 和 $k = \ell = 8$, 这个提速将是

$$\frac{M(\mathcal{I}/136 + 7\mathcal{M}/2 + \mathcal{S})}{M(\mathcal{I} + 2\mathcal{M} + \mathcal{S})} \approx \frac{8/136 + 7/2 + 0.8}{8 + 2 + 0.8} \approx 0.404.$$

6.2 Pollard 算法

Shanks 的小步大步算法能够在确定性时间 $O(\sqrt{n})$ 和空间 $O(\sqrt{n})$ 内求解 n 阶循环群 $\mathbb{G}$ 上的离散对数问题. 为了提高小步大步算法的效率, 1978 年, Pollard[186] 根据生日悖论理论提出了一个通用的计算离散对数的概率算法, 称为 Pollard rho 算法. Pollard rho 算法所需的时间复杂度同样是 $O(\sqrt{n})$, 但是仅需要可忽略的存储需求, 因此 Pollard rho 算法更加有效.

Pollard rho 算法的基本思想是: 在一个有限群中, 我们根据一定的迭代规则, 生成一组由群元素组成的伪随机序列, 如果这组序列满足生日悖论概率模型, 即任意两个元素都有可能产生碰撞, 则我们可以以很少的元素得到碰撞, 并根据碰撞解出离散对数. 因为我们假设生成序列的迭代规则是确定的, 若某个时刻, 序列所生成的值和之前某个值发生碰撞, 则从该碰撞值开始, 之后的所生成的值均将和之前的值重合. 将这个序列的轨迹用图形表示的话, 图像非常类似于希腊字母 ρ, 这也是该算法又称为 Pollard rho 算法的原因.

Pollard[185] 在 1975 年最先将该思想应用到整数分解问题上, 并得到一个有效且简单的整数分解算法. 随后, 在文献 [186] 中, Pollard 又将这一思想应用到了求解乘法群 $\mathbb{Z}_p^*$ (p 为素数) 上离散对数问题, 从而提出了 Pollard rho 算法, 其时间复杂度为 $O(\sqrt{p})$.

Pollard rho 算法是计算离散对数问题的一个通用算法, 可以应用于任意有限交换群上. 该算法有两个关键步骤, 一个是随机游走的迭代算法; 另一个是碰撞检测算法. Pollard rho 算法是一个概率算法, 其成功概率依赖于生日悖论问题. 下面我们先介绍生日悖论问题.

6.2.1 生日悖论

从引起逻辑矛盾的角度来说, 生日悖论其实不是一个逻辑悖论, 只是与大多数人的第一感觉不符罢了.

在概率论中, **生日问题**或**生日悖论问题** (birthday paradox) 指的是这样一个概率问题: 假定一个房间里有 n 个人, 那么存在两个人生日相同的概率是多少? 假设一年有 365 天 (即只有 365 种不同的生日), 根据鸽笼原理, 要求至少有两个人生日相同, 需要 366 个人才能达到 100% 的概率. 而只需要 57 个人就能达到 99% 的概率, 只需要 23 个人就能超过 50% 的概率. 这是一个数学事实, 这个数学事实与一般直觉非常相抵触, 故称之为一个悖论. 因为大多数人会认为, 23 个人中有两个人生日相同的概率应该远远小于 50%.

理解生日悖论的关键在于领会相同生日的搭配可以是相当多的. 如在前面所

提到的例子, 23 个人可以产生 $\binom{23}{2} = \dfrac{23 \times 22}{2} = 253$ 种不同的搭配, 而这每一种搭配都有成功配对的可能. 从这样的角度看, 在 253 种搭配中产生一对成功的配对也并不是那样的不可思议. 关于生日问题的深入和详细的描述有很多数学或密码学的教材都有阐述, 我们借鉴文献 [159] 的第六章中的描述深入讨论一下生日问题的理论. 我们考虑如下的数学问题.

给定一个将 X 中均匀分布的值映射到 Y 中均匀分布的随机函数 $f : X \mapsto Y$ 和一个概率界限 δ, 确定整数 k, 使得对于 k 个两两互异的值 $x_1, x_2, \cdots, x_k \in_U X$, k 个函数值 $f(x_1), f(x_2), \cdots, f(x_k)$ 中对某些 $i \neq j$ 有

$$\Pr[f(x_i) = f(x_j)] \geqslant \epsilon,$$

即在 k 个函数值中, 以不小于 ϵ 的概率发生碰撞.

为了简化该问题, 我们假设函数值为 n 个互异的、等概率的点. 这样该函数可以用以下模型表示: 从装有 n 个不同颜色球 (也可以用 n 个不同编号的球来代替) 的袋子中取一个球, 记下该球的颜色, 然后再将其放回袋子. 那么, 上面的问题等价于确定整数 k, 使得至少出现一次颜色相同的球的概率为 ϵ.

令 y_i 表示第 i 次取出的球的颜色. 第一次球的颜色不受限制, 第二次取出的球不和第一次取出的球的颜色相同, 即 $y_2 \neq y_1$ 的概率为 $1 - \dfrac{1}{n}$; $y_3 \neq y_1$ 且 $y_3 \neq y_2$ 的概率为 $1 - \dfrac{2}{n}$; 等等, 以此类推. 则取第 k 次球仍未发生碰撞的概率为

$$\left(1 - \frac{1}{n}\right)\left(1 - \frac{2}{n}\right) \cdots \left(1 - \frac{k-1}{n}\right),$$

根据指数函数的泰勒序列展开 (常数 $e \approx 2.718281828$),

$$e^x = 1 + x + \frac{x^2}{2!} + \frac{x^3}{3!} + \cdots,$$

当 n 足够大且 x 相对较小时, 我们得到

$$\left(1 + \frac{x}{n}\right)^n \approx e^x, \quad \text{即} \quad 1 + \frac{x}{n} \approx e^{\frac{x}{n}},$$

因此

$$\left(1 - \frac{1}{n}\right)\left(1 - \frac{2}{n}\right) \cdots \left(1 - \frac{k-1}{n}\right) = \prod_{i=1}^{k-1}\left(1 + \frac{-i}{n}\right) \approx \prod_{i=1}^{k-1} e^{-\frac{i}{n}} = e^{-\frac{k(k-1)}{2n}}.$$

这就是我们选取 k 个球而不发生碰撞的概率. 因此选取 k 个球至少发生一次碰撞的概率为 $1 - e^{-\frac{k(k-1)}{2n}}$. 令其等于 ϵ, 我们有

$$e^{-\frac{k(k-1)}{2n}} \approx 1 - \epsilon,$$

即

$$k \approx \sqrt{2n\ln\frac{1}{1-\delta}}.$$

因此, 对一个映射到 Y 上的随机函数, 给定概率界限 δ, 为了发生碰撞只需要计算 k 个函数值. 从上式可以看出, 即使 ϵ 非常接近 1, $\ln\dfrac{1}{1-\epsilon}$ 的值仍然很小, 因此通常 k 与 $\sqrt{n}$ 成比例.

上式中, 令 $\epsilon = \dfrac{1}{2}$, 我们得

$$k \approx 1.1774\sqrt{n}.$$

考虑我们的生日悖论问题, 取 $n = 365$, 得 $k \approx 22.49$, 即一个房间中只需要有 23 个人即可以大于 50% 的概率能找到两个生日相同的人. 对于一个输出空间大小为 n 的随机函数, 我们只需要计算大约 $\sqrt{n}$ 个函数值, 就能以一个不可忽略的概率找到一个碰撞. 这一事实对密码系统和密码协议的设计具有深远的影响. 根据这种概率模型的攻击称为**生日攻击**或**平方根攻击**.

设 G 是任意有限集合, $F : G \to G$ 是一个映射, G 中序列 (X_i) 定义如下

$$X_0 \in G, \quad X_{i+1} = F(X_i),$$

很显然, 该序列最终是周期变化的. 因此, 存在唯一的整数 $\mu \geqslant 0$ 和 $\lambda \geqslant 1$ 满足 $X_0, \cdots, X_{\mu+\lambda-1}$ 均不相等, 而对所有的 $i \geqslant \mu$ 满足 $X_i = X_{i+\lambda}$. 序列中一对元素 (X_i, X_j) 如果满足 $X_i = X_j$, 其中 $i \neq j$, 则称为一个碰撞. 我们称 μ 为序列 (X_i) 的预周期, 以及称 λ 为序列 (X_i) 的周期. 对于 μ 和 λ 的期望值, 借助生日悖论, 我们不难得到下面的结论:

定理 6.1　对于任意有限集合 D, 假设迭代函数 $F : D \to D$ 是一个随机映射, 随机选择一个初始值 X_0, 则 μ 和 λ 的期望值为 $\sqrt{\pi|D|/8}$. 序列出现第一个碰撞所需的迭代次数的期望值为 $E(\mu + \lambda) = \sqrt{\pi|D|/2} \approx 1.25\sqrt{|D|}$.

6.2.2　原始的 Pollard rho 算法

Pollard rho 算法首先定义一个具有周期重复的序列, 然后在这个序列中寻找碰撞. 一个碰撞通常能以很大的概率得到相应离散对数问题的一个解. 该算法有两个关键的步骤, 即确定能生成序列的迭代函数和能检测出碰撞的循环检测算法.

现在, 我们解释如何使用 Pollard rho 算法计算椭圆曲线离散对数问题. 设 P 是有限域上椭圆曲线 E 的阶为素数 n 的点, 设 $\mathbb{G}$ 为由点 P 所生成的 E 的子群. 对于任一点 $Q \in \mathbb{G}$, 求解 s 使得 $Q = sP$ 成立. Pollard rho 算法将群 $\mathbb{G}$ 划分为 3 个大小大致相等的子集: S_1, S_2 和 S_3, 并定义迭代函数 $F : \mathbb{G} \to \mathbb{G}$ 如下

$$Y_{i+1} = F(Y_i) = \begin{cases} Y_i + P, & Y_i \in S_1, \\ 2Y_i, & Y_i \in S_2, \\ Y_i + Q, & Y_i \in S_3. \end{cases}$$

设初始值为 $Y_0 = a_0 P + b_0 Q$, 其中 a_0 和 b_0 是 $[0, n-1]$ 内的两个随机整数. 则每个 Y_i 均可以表示成 $a_i P + b_i Q$ 的形式, 其中序列 (a_i) 由以下公式进行计算 (同样地, 序列 (b_i) 可以用类似的公式进行计算)

$$a_{i+1} = \begin{cases} a_i + 1 (\mathrm{mod}\ n), & Y_i \in S_1, \\ 2a_i (\mathrm{mod}\ n), & Y_i \in S_2, \\ a_i (\mathrm{mod}\ n), & Y_i \in S_3. \end{cases}$$

这表明, 在计算迭代序列 (Y_i) 的同时, 我们可以很简单地记录相应的指数序列 (a_i) 和 (b_i), 使得 $Y_i = a_i P + b_i Q$ 成立. 因此, 一旦我们发现一个碰撞 (Y_i, Y_j), 我们有如下等式

$$a_i P + b_i Q = a_j P + b_j Q,$$

因为 $Q = kP$, 我们得到

$$a_i + b_i k \equiv a_j + b_j k \ (\mathrm{mod}\ n),$$

最终, 如果 $\gcd(b_i - b_j, n) = 1$, 我们得到 $k = (a_j - a_i)(b_i - b_j)^{-1} \bmod n$. 鉴于 Pohlig-Hellman 算法 [184], 在实际应用中通常取群的阶 n 为素数, 因此, 通常在 n 很大的情况下, $\gcd(b_i - b_j, n) > 1$ 概率很小.

为了避免存储太多的点, 我们一般同时计算 Y_i 和 Y_{2i}, 只是存储和比较 Y_i, a_i, b_i 和 Y_{2i}, a_{2i}, b_{2i}, 我们有如下的算法 25.

Pollard rho 算法在空间中找到一个随机点, 并利用此点进行迭代随机找点产生一组点的序列, 此序列会在某个点产生碰撞, 之后的点会完全重合, 在图形上看就像一个希腊字母 ρ, 如图 6.1, 产生的碰撞会以较大的概率求出 DLP 问题的解.

利用 Pollard rho 算法计算椭圆曲线离散对数时, 我们一般利用一个哈希函数把椭圆曲线群分成 3 个集合, 有时候也可以按照有理点的 x 坐标或 y 坐标的大小对群分类. 在构造迭代算法时, 也可以只保存点的 x 坐标或 y 坐标. 下面我们举个小例子来说明一下 ECDLP 的 Pollard rho 算法.

算法 25   Pollard rho 算法

输入: $\mathbb{G} = \langle P \rangle \subseteq E(\mathbb{F}_q)$, n, 点 P 和 Q.

输出: $s \in \mathbb{Z}_n$, 使得 $Q = sP$.

    procedure $F(Y, a, b)$.

    if $Y \in S_1$ **then** $F \leftarrow (Y + P, a + 1 \bmod n, b)$.

    else if $Y \in S_2$ **then** $F \leftarrow (2Y, 2a \bmod n, 2b \bmod n)$.

        else $F \leftarrow (Y + Q, a, b + 1 \bmod n)$.

    return(F).

    main

    定义划分 $\mathbb{G} = S_1 \cup S_2 \cup S_3$,

    $(Y, a, b) \leftarrow F(\mathcal{O}, 0, 0)$,

    $(Y', a', b') \leftarrow F(Y, a, b)$.

    while $Y \neq Y'$ **do**

        $(Y, a, b) \leftarrow F(Y, a, b)$,

        $(Y', a', b') \leftarrow F(Y', a', b')$,

        $(Y', a', b') \leftarrow F(Y', a', b')$.

    if $\gcd(b' - b, n) \neq 1$

    then return (失败!).

    else return $((a - a')(b' - b)^{-1} \bmod n)$.

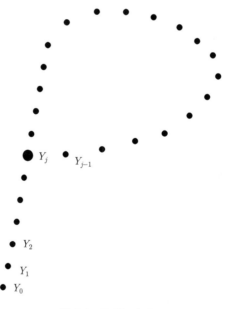

图 6.1   Pollard rho

例子 6.1

$$E\colon y^2 = x^3 + 38x + 16$$

是定义在素域 $\mathbb{F}_{53}$ 上的椭圆曲线, $\sharp E(\mathbb{F}_{53}) = 43$. 令 $P = (11,4)$ 和 $Q = (33,52)$ 是 E 上的两个点.

我们把 $E(\mathbb{F}_{53})$ 按有理点的 x 坐标分成 3 个集合

$$S_1 = \{R = (x,y) \in E(\mathbb{F}_{53}) | 0 \leqslant x < 17\},$$
$$S_2 = \{R = (x,y) \in E(\mathbb{F}_{53}) | 17 \leqslant x < 34\},$$
$$S_3 = \{R = (x,y) \in E(\mathbb{F}_{53}) | 34 \leqslant x < 53\}.$$

我们把 $\mathcal{O}$ 分在集合 S_1 中, 这样, 我们有

$$|S_1| = 19, \quad |S_2| = 10, \quad |S_3| = 14.$$

我们从 $(\mathcal{O}, 0, 0)$ 开始, 计算第一步得到

$$((11,4), 1, 0) = (Y_1, a_1, b_1) \leftarrow F(\mathcal{O}, 0, 0),$$
$$((2,43), 2, 0) = (Y_2, a_2, b_2) \leftarrow F(Y_1, a_1, b_1).$$

按照算法一直计算得到

$$(Y_2, a_2, b_2) = ((2,43), 2, 0), \quad (Y_4, a_4, b_4) = ((37,33), 3, 1),$$
$$(Y_3, a_3, b_3) = ((47,46), 3, 0), \quad (Y_6, a_6, b_6) = ((30,38), 3, 3),$$
$$(Y_4, a_4, b_4) = ((37,33), 3, 1), \quad (Y_8, a_8, b_8) = ((8,14), 6, 7),$$
$$(Y_5, a_5, b_5) = ((42,41), 3, 2), \quad (Y_{10}, a_{10}, b_{10}) = ((51,12), 7, 8),$$
$$(Y_6, a_6, b_6) = ((30,38), 3, 3), \quad (Y_{12}, a_{12}, b_{12}) = ((40,44), 8, 9),$$
$$(Y_7, a_7, b_7) = ((40,9), 6, 6), \quad (Y_{14}, a_{14}, b_{14}) = ((30,38), 16, 20),$$
$$(Y_8, a_8, b_8) = ((8,14), 6, 7), \quad (Y_{16}, a_{16}, b_{16}) = ((8,14), 32, 41),$$

我们检测到 Y_8 和 Y_{16} 相等, 所以程序停止, 并输出

$$\frac{a_8 - a_{16}}{b_{16} - b_8} = \frac{6 - 32}{41 - 7} = 22 \mod 43.$$

$s = 22$ 即为我们所求的 ECDLP.

6.2.3 改进的 Pollard rho 算法

Pollard 提出求解离散对数的 Pollard rho 算法之后, 学者们对这一算法提出了许多改进, 改进方案主要集中在迭代算法和碰撞检测方面的提高.

1. r-adding 和 $r + q$ 混合游走

定理 6.1 假设要求映射函数为随机函数. Teske[220] 深入研究了原始的 Pollard rho 算法中的迭代函数, 研究显示, Pollard rho 迭代函数并不是真正的随机函数. 因此 Pollard rho 算法的实际效率要比定理 6.1 中的预期值要差.

在 Pollard rho 算法的基础上, 出现了一种应用更多划分, 相应的更多运算规则的更加随机的迭代算法. 我们描述如下: 假设我们将群 $\mathbb{G}$ 分成 r 个部分 (子集). 相应地我们选择 $2r$ 个随机整数,

$$m_j, n_j \in \{0, 1, \cdots, n-1\}, \quad \text{其中} \quad j = 1, 2, \cdots, r.$$

然后, 我们按以下方法预计算 r 个值 $M_1, M_2, \cdots, M_r$,

$$M_j = m_j P + n_j Q, \quad \text{其中} \quad j = 1, 2, \cdots, r.$$

定义一个 Hash 函数 v 如下

$$v \colon \mathbb{G} \to \{1, 2, \cdots, r\}.$$

我们定义迭代函数 $F \colon \mathbb{G} \to \mathbb{G}$ 如下

$$Y_{i+1} = F(Y_i) = Y_i + M_j, \quad \text{其中} \quad j = v(Y_i).$$

那么, 每一个值 Y_i 有 $a_i P + b_i Q$ 的形式, 且序列 (a_i) 和 (b_i) 可以按如下规则更新,

$$a_{i+1} = a_i + m_j \pmod{n} \quad \text{以及} \quad b_{i+1} = b_i + n_j \pmod{n}.$$

这种 r-adding 游走的方法由 Schnorr 最先提出, Sattler 和 Schnorr 在文献 [198] 中研究表明, 在 $r \geqslant 8$ 的情况下, r-adding 游走构造的迭代函数已经足够随机. Teske[220] 通过大量实验发现, 当 $r \geqslant 20$ 时, r-adding 游走几乎接近一个真正的随机游走.

Bai 和 Brent 在文献 [21] 中研究了 Pollard 的 rho 方法中的有效性问题, 特别是详细研究了 Pollard 原始的迭代方法和 Teske 的 r-adding 游走, 为 Pollard 的 rho 方法提供了更好的算法组合和良好的参数选择. Bai 和 Brent 通过大量实验得到如下的结果: 对于 $\mathbb{Z}_p^*$ 的素数阶子群中的离散对数, Pollard 原始迭代所需的 $E(\mu + \lambda)$ 的值为 $1.55\sqrt{|\mathbb{G}|}$, r-adding 游走 (r 取的是 20) 所需的值为 $1.27\sqrt{|\mathbb{G}|}$. 而对于在有限域上椭圆曲线群中的离散对数问题, 这两种方法所需的 $E(\mu + \lambda)$ 的值分别为 $1.60\sqrt{|\mathbb{G}|}$ 和 $1.29\sqrt{|\mathbb{G}|}$.

在群 $\mathbb{Z}_p^*$ 中, 平方运算一般比乘法运算要快, 所以 Teske[220] 用平方运算替换 r-adding 游走中的部分乘法, 从而得到了 $r + q$ 混合迭代函数, 即 r 个乘法和 q

个平方, 进而提高了求解 DLP 的效率. 这一混合迭代函数也可以推广到椭圆曲线情形, 从而得到椭圆曲线群上的 $r + q$ 混合迭代函数. 这个推广不只是泛泛推广, 因为在仿射坐标下, 某些椭圆曲线的倍点运算可能比点加运算的计算量要小一些, 例如前面提到的 Hessian 曲线的倍点计算比点加要有效得多, 将 $r + q$ 混合迭代函数应用到 Pollard rho 算法的迭代函数中去可以提高 ECDLP 的求解效率.

下面我们以椭圆曲线群为例给出 $r + q$ 混合迭代函数, 即 r 个点加和 q 个倍点. 定义一个映射函数 v, 使得 $\mathbb{G}$ 中的元素均匀地映射到 $\{1, \cdots, r + q\}$ 中, 即

$$v: \mathbb{G} \to \{1, \cdots, r + q\}.$$

定义随机迭代函数 $F: \mathbb{G} \to \mathbb{G}$ 为

$$Y_{i+1} = F(Y_i) = \begin{cases} Y_i + M_{v(Y_i)}, & v(Y_i) \in \{1, \cdots, r\}, \\ 2Y_i, & v(Y_i) \in \{r+1, \cdots, r+q\}. \end{cases}$$

最后, 随机选取 $a_0, b_0 \in \{0, 1, \cdots, n-1\}$, 令 $Y_0 = a_0 P + b_0 Q$ 作为起始点. 每一次迭代中 a_i 的表达式如下

$$a_{i+1} = \begin{cases} a_i + m_{v(Y_i)} (\bmod n), & v(Y_i) \in \{1, \cdots, r\}, \\ 2a_i (\bmod n), & v(Y_i) \in \{r+1, \cdots, r+q\}. \end{cases}$$

同理, b_i 的表达式也是一样.

Teske 在 [220] 中对 $r + q$ 混合迭代函数做了深入研究, 通过大量实验表明, 当 $r \geqslant 16$, 并且添加的倍点数目 q 满足 $q/r \approx 0.25$ 时, 得到的随机游走和真正的随机游走非常接近. $r = 16, q = 4$ 得到的 $r + q$ 混合迭代函数的游走方式所需的值为 $1.3\sqrt{|\mathbb{G}|}$.

2. 碰撞检测算法

在 Pollard rho 算法中求解离散对数除了构造随机游走, 还需要设计找到碰撞的碰撞检测算法. 在伪随机序列中查找碰撞, 通常需要大量的存储空间. 为了简化运算量及尽可能最小化存储需求, 我们一般采用某些有效的碰撞检测算法来查找碰撞. 目前存在很多种碰撞检测算法来检测一个群 $\mathbb{G}$ 中随机游走所产生的碰撞. 我们参考王平的博士学位论文 [5] 中对碰撞检测算法的综述, 将当前的主要碰撞检测算法做简单描述. 下面要介绍的这些碰撞检测算法通常都没有利用群 $\mathbb{G}$ 的结构等特殊性质, 所以是一些通用的碰撞检测算法, 能够应用到定义在任何集合或群上的迭代函数 F 所生成的随机游走上. 这些算法不仅可以应用在离散对数的计算上, 还可以用在例如整数分解或计算哈希函数碰撞等其他问题上.

在 Pollard 的文章 [185,186] 中, Pollard 应用了 Floyd 的循环检测算法来检测原始 rho 算法中的碰撞. 为了查找 $Y_i = Y_j, i \neq j$, 该算法需要计算 $(Y_i, a_i, b_i, Y_{2i}, a_{2i}, b_{2i})$, 直到对某个 i 使得 $Y_i = Y_{2i}$ 成立. 对每次迭代, 我们计算: $Y_{i+1} = F(Y_i)$ 和 $Y_{2(i+1)} = F(F(Y_{2i}))$. 这表明, 该算法几乎不需要存储空间. Floyd 的算法基于以下事实: 在一个周期性序列 $Y_0, Y_1, Y_2, \cdots$ 里, 存在 $i > 0$ 使得 $Y_i = Y_{2i}$ 成立, 并且使得该式成立的最小 i 满足 $\mu \leqslant i \leqslant \mu + \lambda$. 该算法最理想的情况需要 μ 次迭代, 最坏的情况需要 $\mu + \lambda$ 次迭代, 其中 μ 和 $\mu + \lambda$ 的期望值如定理 6.1 所述. 根据 Bai 和 Brent 在 [21] 中的分析与实验, 假设映射 $F: \mathbb{G} \to \mathbb{G}$ 是 $\mathbb{G}$ 上的一个随机映射, 该算法找到第一个碰撞所需迭代次数的期望值为 $\sqrt{\pi^5 |\mathbb{G}|/288} \approx 1.03 \sqrt{|\mathbb{G}|}$. 然而, 该算法的主要问题是每次迭代都需要三个群运算和一个比较, 超出了我们通常需要的一次迭代一个群运算的要求. 所以用在原始的 Pollard rho 算法中的 Floyd 的循环检测算法对每一次迭代只需要比较 Y_i 和 Y_{2i} 的值即可发现碰撞, 虽然算法需要的存储空间非常少 (几乎可忽略), 但是其代价是所需总的迭代次数几乎是理想的迭代次数的 3 倍, 因此该算法并不有效.

Brent 在文献 [58] 中提出了一个比 Floyd 算法大约快 25% 的新算法. 该算法使用了一个辅助变量 w, w 在算法的每一步存储 $Y_{l(i)-1}$, 其中 $l(i) = 2^{\lfloor \log i \rfloor}$, 并且在每一步 w 和 Y_i 进行比较. 当 $i = 2^k - 1$ $(k = 1, 2, \cdots)$ 时, 更新 $w = Y_i$. 该算法基于如下事实: 在一个周期性序列 $Y_0, Y_1, Y_2, \cdots$ 里, 存在 $i > 0$ 使得 $Y_i = Y_{l(i)-1}$ 和 $l(i) \leqslant i < 2l(i)$ 成立, 并且使得它们成立的最小 i 为 $2^{\lceil \log \max(\mu+1, \lambda) \rceil} + \lambda - 1$. 假设映射 F 是 $\mathbb{G}$ 上的一个随机映射, Brent 算法找到第一个碰撞所需迭代次数的期望值为 $1.98 \sqrt{|\mathbb{G}|}$ [58]. 对每次迭代, 该算法需要一次群运算和一次比较, 所以该算法比 Floyd 算法快 25%—30%. 通过增加存储和比较, 减少迭代次数, 文献 [220] 对 Brent 算法提出了一些改进.

在 2004 年, Nivasch [179] 使用指针和小的堆栈设计了一个检查序列周期的算法. 该算法仅需很少的存储空间, 并提供了一种时间-空间相互转换的方法. 该算法能够确保在序列第二次进入循环时能检查出相应的碰撞. 假设我们在集合或群 $\mathbb{G}$ 中定义了一种元素排序 $<$ 的方法, 则该算法描述如下: 堆栈初始化为空的, 保存二元对 (Y_i, i) 进入堆栈, 要求堆栈里面的 i 和 Y_i 必须同时严格保持增序. 在每一步 j, 从堆栈中弹出满足 $Y_i > Y_j$ 的所有二元对 (Y_i, i), 如果存在 $Y_i = Y_j$, 则碰撞已经找到, 程序终止. 否则, 将 (Y_j, j) 放到堆栈的顶部, 并继续下一步的迭代. 该算法基于如下事实: 堆栈算法总能找到序列的碰撞, 并正常终止, 所需的迭代次数在范围 $[\mu + \lambda, \mu + 2\lambda)$ 内. 根据 [179] 中的分析, 该算法找到第一个碰撞所需迭代次数的期望值为 $5/2 \sqrt{\pi |\mathbb{G}|/8} \approx 1.57 \sqrt{|\mathbb{G}|}$. 对每次迭代, 该算法需要略大于一次群运算的运算量和一次比较. 另外该算法需要对数级的存储需求.

为了发现 DES 碰撞, Quisquater 和 Delescaille [190,191] 采取了一种基于保存

特征点的新方法. 而这一想法最早是由 Rivest 提出来用于减少 Hellman 搜索时间的时间-空间可转换的算法. 特征点就是满足某个容易检测的特征属性的点, 例如点的二进制表示的某些位为 0. 在伪随机游走的过程中产生大量的伪随机点, 那些满足某些特征属性的特殊点可以看成是伪随机出现的, 所以我们可以选取这些特殊点保存 (记录) 下来.

特征点 (或称为可识别点) 方法的基本思想是: 在查找一个序列的碰撞时, 并不是检查这个序列上所有的元素, 而是在一个满足一定特征性质的元素 (特征点) 所构成的子集里检测碰撞. 当某个特征点被第二次保存时, 则碰撞已经发生. 该特征点方法特别适合 Pollard rho 和 Pollard lambda 算法, 这些算法所产生的序列有这样一个特点, 即一旦碰撞发生, 则后续序列完全重合. 而不是仅在碰撞点重合, 碰撞后出现交叉. 其具体方法如下: 我们首先定义群 $\mathbb{G}$ 的一个子集 D, 使得它包含群里面所有满足某种特征的元素. 在伪随机游走的过程中, 所有满足特征的元素被保存起来, 而其他的元素不用保存, 然后在这个子集 D 中查找碰撞, 即如果某个特征元素被重复保存, 则碰撞已经发生并且能够确定该碰撞. 该算法可以很容易用到多处理器上进行并行计算.

当群 $\mathbb{G}$ 的阶很大, 在 $\mathbb{G}$ 中进行伪随机游走时, 特征点方法是当前最有效的碰撞检测方法. 定义特征点子集 D 的一个常用方法是, 设定一个整数 k, 点 $w \in D$ 当且仅当 w 的二进制表示最低 k 位全是 0. 这种方法定义的特征属性在实际算法中很容易进行判断, 并且子集 D 的大小可以很方便地由整数 k 来控制. 很显然地, 我们有如下定理:

定理 6.2[181] 设 θ 是群 $\mathbb{G}$ 中满足特征属性的点所占的比例, 即 $\theta = |D|/|\mathbb{G}|$. 假设函数 $F: \mathbb{G} \to \mathbb{G}$ 是 $\mathbb{G}$ 上的随机映射, 且 D 在 $\mathbb{G}$ 里是均匀分布的, 则发现一个碰撞所需的迭代次数期望值为 $\sqrt{\pi|\mathbb{G}|/2} + 1/\theta$.

值得注意的是, 通过参数 θ, 特征点方法提供了一个时间-空间可相互转换的途径. 在随机游走过程中, 收集特征点和在特征点中查找碰撞这两个过程是可以分开的. 这个特性使得特征点方法可用于分布式计算及并行计算. van Oorschot 和 Wiener[181] 研究表明, 使用 m 个处理器, 将 Pollard rho 算法直接进行并行运算, 其加速因子仅为 $\sqrt{m}$. 这样的并行加速是非常低效的. 他们利用特征点方法提供了一个改进版的并行 Pollard rho 算法, 使得并行 Pollard rho 算法能达到线性加速. 也就是, 使用 m 处理器进行基于特征点的并行 Pollard rho 计算, 每个处理器大概仅需要进行 $\sqrt{\pi|\mathbb{G}|/2}/m$ 个群运算. 在这个改进版本中, 为了实现并行碰撞检测搜索, 每一个处理器操作如下: 随机选择一个起始点 $Y_0 \in \mathbb{G}$, 根据迭代函数 $Y_{i+1} = F(Y_i)$, 其中 $i = 0, 1, 2, \cdots$ 进行迭代计算, 生成序列, 直到出现一个特征点 (其特征属性应该易于检测), 则将该特征点和起始点保存, 并重新随机选择一个新的起始点, 继续寻找下一个特征点. 最后, 直到某个特征点被第二次保存, 则说明

已经产生碰撞, 根据碰撞点, 求解相应的离散对数.

在特征点方法中, 特征点可能并不是均匀分布在伪随机序列中, 同时子集 D 所包含的点可能也不是均匀分布在 $\mathbb{G}$ 中. 这通常导致特征点算法需要更多的迭代次数. 假设 F 是 $\mathbb{G}$ 上的随机映射, 由迭代函数 $F : \mathbb{G} \to \mathbb{G}$ 在 $\mathbb{G}$ 中进行伪随机行走, 为了检测伪随机序列所产生的碰撞, 我们在文献 [229] 中设计了一个新的碰撞检测算法: 确定一个整数 N 和一个辅助变量, 设为 w, 在 $\mathbb{G}$ 上定义一个简单的比较两个元素 "大小" 的规则, 在由迭代函数 F 所产生的连续的 N 个值中, 用 w 记录下最小的那个值, 每 N 个连续值里记录一次. 当我们每次得到新的 w 值后, 我们将该值与之前记录的所有最小值进行比较, 如果发现有相等的, 说明我们已经找到碰撞, 算法终止. 否则, 将该值 w 保存到记录序列里. 然后继续迭代下面 N 个连续值, 并重复上面的步骤. 如果我们合理设置整数 N, 我们会在新产生的最小值 w 和已保存的序列里找到碰撞. 很明显, 整数 N 越大, 我们需要存储的点就越少. 其结果是, 当整数 N 逐渐增大, 会出现一定的概率, 即当碰撞发生时, 我们并不能立刻检测到, 而是需要更多几步迭代. 所以新的算法是一个概率算法. 然而, 新算法能以很高的概率在序列进入循环后, 很快检测出碰撞.

6.2.4 Pollard lambda 算法

Pollard 在文献 [186] 中还提出了另一个求解离散对数的概率算法: Pollard lambda 算法, 形象地来说, 这一算法就是让两只袋鼠按照相同的规则做伪随机跳动, 其中一只为驯化的袋鼠, 称为家袋鼠, 它的参数都是确定的; 而另一只为野生的袋鼠, 称为野袋鼠, 它的参数是我们要计算的. 家袋鼠每次跳跃之后都会做一个陷阱, 如果野袋鼠的某次跳跃碰到了这个陷阱, 则表明它们的参数是一致的. 这样, 就可以使用家袋鼠的参数来推导出野袋鼠的参数. 由于这样一个过程是两条不同的路径经过变化得到一个交点, 路径看起来有点像希腊字母 lambda, 所以这种袋鼠算法也称为 Pollard lambda 算法.

Pollard Rho 算法和 Pollard lambda 算法都可看作随机化的大步小步法, 都是减小了计算的空间复杂度. 这两种算法都易于并行计算. 当已知离散对数在 $[1, \text{order}(P)]$ 的某个子区间内时, Pollard lambda 算法比 Pollard rho 算法要有效一些.

这里我们利用椭圆曲线群介绍一下 Pollard lambda 算法: 设 P 是有限域上椭圆曲线 E 的一个阶为素数 n 的点, 设 $\mathbb{G}$ 为 P 所生成的 E 的子群. 对于任一点 $Q \in \mathbb{G}$, ECDLP 就是为了计算满足 $Q = sP$ 的 s. 假定我们已知离散对数 x 位于某个区间 $[L, U] \subseteq [1, n]$.

首先, 假设有一只家袋鼠, 设其起始位置为 $T_0 = \lfloor (L + U)/2 \rfloor P \cong a_0 P$, 这个位置是我们已知的 (即我们知道 T_0 关于 P 的离散对数 a_0). 另有一只袋鼠, 设其起始位置为 $W_0 = Q$, 因为我们不知道点 Q 关于 P 的离散对数 s, 即我们不知道第二只袋鼠的具体位置, 因此称其为野袋鼠. 而在跳动过程中我们记录下两只袋鼠的跳动里程, 据此, 我们可以确定野袋鼠的位置, 即求出 s. 两只袋鼠根据相同的跳动规则产生两个不同的伪随机序列. 具体地, 我们将群 $\mathbb{G}$ 分成 r 个大小大致相同的子集 $S_1, S_2, \cdots, S_r$, 家袋鼠和野袋鼠根据以下规则在群里面跳动:

$$T_{i+1} = F(T_i) = T_i + m_j P, \quad \text{其中} \quad T_i \in S_j, \ j \in [1, r],$$

$$W_{i+1} = F(W_i) = W_i + m_l P, \quad \text{其中} \quad W_i \in S_l, \ l \in [1, r],$$

其中 m_j 和 m_l 是属于 $[0, n-1]$ 内的两个随机整数, $m_1 P, \cdots, m_r P$ 可以被预计算. 设 $T_0 = a_0 P$ 和 $W_0 = sP$, 那么每一个 T_i 可以写成 $a_i P$ 的形式, 每一个 W_i 可以写成 $Q + b_i P$ 的形式, 其中序列 (a_i) 和 (b_i) 可以按以下方法计算,

$$a_{i+1} = (a_i + m_j) \bmod n \quad \text{以及} \quad b_{i+1} = (b_i + m_l) \bmod n.$$

因此, 一旦我们找到碰撞 (T_i, W_j), 则会有以下等式:

$$a_i P = Q + b_j P,$$

因为 $Q = xP$, 我们得到

$$x \equiv (a_i - b_j) \bmod n.$$

值得注意的是, 与 Pollard rho 算法不同, Pollard lambda 算法的分析并不是依靠生日悖论理论, 而是采用伪随机游走的平均步长 m. 在两只袋鼠跳动过程中, 我们可以将两只袋鼠设想为一只在前, 一只在后. 假设 s 属于某个区间 $[L, U]$, 令 $|U - L| = N$ (这里 N 是小于群的阶 n 的). 两只袋鼠跳动, 对应点的离散对数在区间 $[L, U]$ 里变化, 即一个离散对数序列追赶另一个离散对数序列. 当后一只袋鼠所对应的离散对数达到或超过前一只袋鼠起始点所对应离散对数时, 则后一只袋鼠进入了这样一个区域, 该区域里每 m 个群元素里有 1 个元素已经被前一只袋鼠访问过. 也就是, 后一只袋鼠每跳动一步, 就有 $\dfrac{1}{m}$ 的概率与前一只袋鼠的轨迹发生碰撞. 所以, 预期在该区域 m 步后, 两只袋鼠的跳动轨迹应该碰撞并重合.

利用 Pollard lambda 算法求解离散对数大约需要 $2\sqrt{N}$ 个群运算, 具体分析如下: 选择 $m = \dfrac{\sqrt{N}}{2}$. 后一只袋鼠距离前一只袋鼠的平均距离为 $\dfrac{N}{4}$. 因此, 后一只袋鼠大概需要执行 $\dfrac{N}{4m}$ 个群运算才能达到前一只袋鼠的起始点. 如前面分析, 到达该区域后另外需要 m 步才会发生碰撞 (当然, 如果使用特征点方法来检测碰撞, 则额外需要一些步骤才会发生碰撞). 因为有两只袋鼠在跳动, 所以总的运算量大概需要 $2\left(\dfrac{N}{4m} + m\right) = 2\sqrt{N}$ 个群运算.

Gaudry 和 Schost[106] 利用袋鼠的小跳跃改进了 Pollard lambda 算法, 实际上可以看成是将袋鼠引入到 Pollard rho 算法. Galbraith 等[99] 改进了这种 Pollard lambda 算法, 将求解区间 $[L, U]$ ($|U - L| = N$) 上的离散对数问题的平均运行时间原来的 $2\sqrt{N}$ 降低到了 $(1.66 + o(1))\sqrt{N}$.

6.2.5　借助负映射提速 Pollard rho 算法

对于给定的有限域上椭圆曲线点 $P = (x, y)$, 其负映射是很容易计算的, 即对于有限域 $\mathbb{F}_p$ (其中 p 是一个奇素数) 上的椭圆曲线 E 的点 $P = (x, y)$, $-P = (x, -y)$; 而对于有限域 $\mathbb{F}_{2^m}$ 上的椭圆曲线 E 的点 $P = (x, y)$, $-P = (x, x + y)$. 在 Pollard rho 算法中, 进行函数迭代的每一步时, 在得到 Y_i 的同时, 我们能很容易地计算出 $-Y_i$. 因此, 我们可以将负映射看作等价关系 $\sim$, 并在相应的等价类 $\{\pm P\}$ 上定义随机游走, 则可以将椭圆曲线上点的搜索空间减少一半. 为了能真正将搜索空间减少一半, 我们规定在迭代的每一步以一种规范的方式用 $\pm Y_i$ 替换 Y_i. 一个简单的办法是, 我们每次选取两个点 $\pm Y_i$ 中 y 轴坐标的二进制所表示的整数值最小的那个点作为迭代点, 而这个最小值迭代点代表 $\pm Y_i$ 两个点. 因为每次根据 Y_i 计算 $-Y_i$, 并确定哪一个点作为迭代点所需的计算量非常小, 相对于椭圆曲线点加可忽略不计. 因此, 理论上来说, 利用这种方法来计算椭圆曲线上离散对数问题, 我们可以获得因子为 $\sqrt{2}$ 的加速, 并且这种提高适用于所有有限域上的椭圆曲线.

另一方面, 对于二元扩域 $\mathbb{F}_{2^m}$ 上的非常规二元曲线 (anomalous binary curves) 或 Koblitz 曲线, 存在 Frobenius 自同态 $\phi: E(\mathbb{F}_{2^m}) \to E(\mathbb{F}_{2^m})$, 对任一点 $P = (x, y) \in E(\mathbb{F}_{2^m})$, 有 $\phi(x, y) = (x^2, y^2)$. 对于 Frobenius 自同态 ϕ, 存在整数 λ, 对于 $E(\mathbb{F}_{2^m})$ 上的所有点 P 使得 $\phi(P) = \lambda P$ 成立. 因此, 我们可以将负映射和 Frobenius 自同态结合起来定义等价关系, 并在相应的等价类上定义迭代函数, 那么我们可以获得因子为 $\sqrt{2m}$ 的加速[102, 236].

实际上不只是 Frobenius 自同态, 定义在有限域 F_q 上的椭圆曲线的任意自同构都可以提速 ECDLP 的计算. 如果自同构的阶是 m 的话, 都可以得到一个因子为 $\sqrt{m}$ 的提速. 不只是椭圆曲线, Duursma 还将这一提速技术推广到超椭圆曲线情形, 即对于有限域上超椭圆曲线所构成的 Jacobian 群, 若其上含有一个阶为 t 的自同构, 那么借助这一自同构我们可以在 Jacobian 群上的离散对数计算时获得一个因子为 $\sqrt{t}$ 的加速[74].

并不是所有的椭圆曲线都有非平凡的自同构, 但负映射作为平凡自同构存在于任意有限域上定义的椭圆曲线. 所以负映射可以看成是 2 阶自同构, 是定义在任意椭圆曲线群上的, 因此这一自同构可以用于任意椭圆曲线群上离散对数计算的提速. 借助自同构等价关系划分元素类不仅可以提速 Pollard rho 算法, 也可以提速 Pollard lambda 算法, 例如 Galbraith 和 Ruprai[100] 对容易进行求逆运算的群, 利用等价类的方法, 将平均意义下需要的群操作次数由原来的 $2\sqrt{N}$ (这里 N 是离散对数所属区间的大小) 降低到了 $1.36\sqrt{N}$.

利用椭圆曲线上负映射加速 ECDLP 的计算, 本质上可以将点的搜索空间减少一半, 理想的加速因子是 $\sqrt{2}$. 然而, 将迭代函数定义在负映射所构成的等价类上, 通常会导致伪随机游走 (伪随机序列) 陷入无效循环中. 例如, 令 Pollard rho 算法的划分集合数是 r, 假设 $Y_i \in S_j$ 并且 $Y_{i+1} = -(Y_i + m_j P + n_j Q)$ $\Big($ 对某个 j, 其概率为 $\dfrac{1}{2}\Big)$, 如果 $Y_{i+1} \in S_j$ $\Big($ 其概率为 $\dfrac{1}{r}\Big)$, 那么 $Y_{i+2} = -(Y_{i+1} + m_j P + n_j Q) = Y_i$ (发生的概率为 1), 因此该随机游走陷入无效 2-循环. 对于任何一个点, 陷入无效 2-循环的概率为 $\dfrac{1}{2r}$. 设 $R_j = m_j P + n_j Q$, 那么我们可以将该无效 2-循环用如下方式表示:

$$P_i \to -(P_i + R_j) \to P_i.$$

类似地, 伪随机序列还会以不同的概率陷入无效 4-循环、6-循环、8-循环等等.

无效循环在 Pollard rho 算法或者随机游走生成的伪随机序列中是非常值得研究的, 很多文章 (比如 [54], [74], [102], [236]) 分析了无效循环现象, 并提出了各种应对算法. 这些方法可以归纳分类为以下几个方面: ① 通过预先检查技术来减少无效循环, ② 通过在迭代函数中增加倍点运算来减少无效循环的出现及重复出现, ③ 循环检查算法以及 ④ 跳出循环技术. 在实践中, 我们可以将多种方法结合起来以获得最佳效率.

当前, 利用负映射来加速 ECDLP 计算, 能够得到最好的加速因子为 1.29[54], 低于理想情况下的 $\sqrt{2}$. 由于无效循环的困扰, 导致在实际求解 ECDLP 时, 如求解 Certicom 公司公布的 ECC 挑战, 除了 Koblitz 曲线外利用负映射的情况并不多. 需要提到的是, 在文献 [43] 中, Bernstein, Lange 和 Schwabe 指出在 SIMD (single-instruction multiple-data), 即单指令多数据架构下, 有效利用负映射能够得到一个很明显的加速. 他们主要通过使用一种新的变形 Pollard rho 方法以及在 SIMD 架构下有效实现模算术来达到加速, 而非通过有效解决无效循环问题来实现加速.

为了避免 2-循环的出现, Wiener 和 Zuccherato 在文献 [236] 中提出了一种预先检查技术, 具体操作如下: 在伪随机游走的每一步, 检查当前的点和接下来的一个点, 如果这两个点同属于一个划分子集, 那么应根据某个确定的规则, 将接下来的一个点换成一个新的点. 通过这种方法来避免两个连续的点同属于一个划分子集. 尽管预先检查技术可以减少常见的 2-循环, 但是文献 [236] 分析表明, 这种迭代方法还是会出现 2-循环. 进一步地, Bos 等 [54] 发现, 这种预先检查技术又引入了新的 2-循环和 4-循环, 它们发生的概率分别为 $\frac{1}{2r^3}$ 和 $\frac{r-1}{4r^3}$. 因此, 他们建议使用一些变形的迭代函数来避免再次出现无效循环问题. 然而, 仅仅避免 2-循环问题并不能完全解决无效循环的问题, 因为更长的无效循环同样会出现. 减少或避免这些更长的无效循环, 需要在避免 2-循环的基础上增加更多的额外操作. 另一方面, 这些无效循环不可避免, 所以必须需要相应的方法进行有效解决.

Gallant 等在文献 [102] 中提出了一种检测循环以及跳出循环的一般方法. 我们描述如下: 迭代 α 步后, 记录一个长为 β 的连续点构成的序列, 然后将下一个点与这 β 个点进行比较. 如果检测到一个循环, 那么我们通过某种确定的规则选择一个代表点 Y_i', 该点代表循环内所有点. 我们称此为 $\alpha\beta$-循环检测方法. 根据点 Y_i' 有多种跳出循环的方法, 例如我们可以设置 $Y_{i+1} = Y_i' + R'$, 其中 R' 是随机选择的预计算的点; 或者我们可以设置 $Y_{i+1} = Y_i' + R_j'$, 其中 $Y_i' \in S_j$, 并且 R_j' 来自 r 个预计算的值 $R_1', R_2', \cdots, R_r'$. Bos 等在文献 [54] 中分析了该跳出循环方法, 并且建议最好设置 $Y_{i+1} = 2Y_i'$.

因为 2-循环出现的概率最大, 在实践中我们可以将 2-循环检测方法和 $\alpha\beta$-循环检测与跳出循环方法结合起来使用, 以解决无效循环问题. 我们在文献 [228] 中详细演算了 Pollard rho 利用负映射计算 ECDLP 时, 一个随机点陷入 $2t$-循环的精确概率. 我们提出了一种基于循环检测比跳出循环策略解决无效循环的有效算法. 其结果是, 我们利用很少的代价, 即每次迭代额外进行一次整数比较和记录最小点, 有效解决了无效循环问题. 也就是说, 新算法使得我们利用负映射可以达到因子几乎是 $\sqrt{2}$ 的加速.

6.2.6　平方根算法总结

这一节我们对前面介绍的平方根算法求解 ECDLP 的各种方法和改进做一个总结和对比, 主要是借助我们在文章 [101] 中总结的一个表格. 我们的表 6.3 分三栏. 第一栏我们罗列了常见的几种平方根算法, 包括教科书式的小步大步法 [208]、教科书式的小步大步法在平均情况的优化 [187]、Pollard 提出的交错的小步大步法 [186]、Bernstein 等的急步小步法 [44] 和利用可识别点的 Pollard rho 算法 [181]. 表 6.3 还包括了 Gaudry-Schost 算法 [106] 及其改进 [99,100], 因为它的性能是优于 Pollard lambda 算法的. 我们假定要求解的 ECDLP 是在阶为 n 的椭圆曲线群 (或任意其他群) 中的, 每种方法的求解效率都考虑的是平均情况和最坏情况. 这个表列出的是常量 c, 即各种平方根方法所需的计算量表示为需要 $(c + o(1))\sqrt{n}$ 个群运算. 有的算法得到的值是推测的 (用 * 标记), 如急步小步法, 而 Pollard rho 算法和 Gaudry-Schost 算法的值是启发式的.

表 6.3 的第二栏列出了借助有效计算负映射后得到的结果. 表 6.3 的第三栏

列出了利用有效求逆算法以及我们前面提出的有效同时计算多个点的方法得到的结果.

我们简单解释一下表 6.3 中的最后一栏的结果是怎么得来的. 为了方便, 我们使用 Pollard 方法. 在第二栏中, 带有效负映射的 Pollard rho 算法在平均情形的 c 的值是 $0.886(1 + o(1))$. 我们假定在使用 Montgomery 的同时求逆方法时并行执行了 k 步. 正如我们前面所解释的, 该方法的渐进提速为 0.53, 这意味着并行 Pollard rho 算法中的常数为 $0.53 \times 0.886(1 + o(1)) = 0.47(1 + o(1))$. 从表 6.3 中我们得到的结论是, 在这种优化环境下, 交错小步大步法和急步小步法都优于 Pollard rho 算法.

表 6.3 平方根算法对比

算法	平均情况	最坏情况
教科书式 BSGS [208]	1.5	2.0
教科书式 BSGS 在平均情况的优化 [187]	1.414	2.121
Pollard 交错的 BSGS [186]	1.333	2.0
急步小步法 [44]	1.25*	⩽ 3
利用可识别点的 Pollard rho 算法 [181]	1.253	∞
Gaudry-Schost 算法 [99]	1.661	∞
带负映射的 BSGS	1.0	1.5
带负映射的 Pollard 交错的 BSGS	0.943	1.414
带负映射的急步小步法	0.9*	⩽ 2.7
带负映射的 Pollard rho 算法 [228]	$0.886(1 + o(1))$	∞
带负映射的 Gaudry-Schost 算法 [100]	1.36	∞
借助块计算的交错 BSGS	0.38	0.57
借助块计算的急步小步法	0.36*	⩽ 1.08
Montgomery 技巧的 Pollard rho	0.47	∞
Montgomery 技巧的 Gaudry-Schost	0.72	∞

6.3 特征 2 域上改进的迭代算法

迭代计算是 Pollard rho 算法的主要运算, 如何设计更加高效的迭代函数是提速 Pollard rho 的主要方法. 为了高效, 在群或集合 $\mathbb{G}$ 上设计迭代函数时我们通常有如下标准: ① 迭代函数 $F: \mathbb{G} \to \mathbb{G}$ 的每一次迭代, 运算量应不超过一次群运算; ② 迭代函数 F 应该是个非常接近随机映射的伪随机映射; ③ 整体算法所需的存储量应该是常数级或问题规模的多项式级.

特征 2 的有限域上的椭圆曲线点的半分运算 (半点) 比点加和倍点运算都要有效, 所以我们可以尝试将半点运算引入伪随机游走, 即用半点替换 r-adding 中的点加或直接把 $r + q$ 混合游走中的倍点换成半点以加速迭代函数. 基于此想法, 我们在文献 [246] 中提出了 $r + h$ 混合游走算法. 下面我们对这一算法进行详细描述和分析.

6.3.1　利用半分设计迭代函数

设点 P 是特征 2 有限域的椭圆曲线 E 上的阶为素数 n 的点, 设群 $\mathbb{G}$ 是由点 P 生成的 E 的子群, 对于任一点 $Q \in \mathbb{G}$, 计算 s 使得 $Q = sP$ 成立. 我们将群 $\mathbb{G}$ 划分成 $r + h$ 个大小差不多的子集: $S_1, S_2, \cdots, S_r, S_{r+1}, \cdots, S_{r+h}$, 生成 $2r$ 个随机整数,

$$m_j, n_j \in \{0, 1, \cdots, n-1\}, \quad \text{其中} \quad j = 1, 2, \cdots, r.$$

然后, 我们预计算 r 个点 $M_1, M_2, \cdots, M_r$ 满足

$$M_j = m_j P + n_j Q, \quad \text{其中} \quad j = 1, 2, \cdots, r.$$

我们定义一个 Hash 函数

$$v: \mathbb{G} \to \{1, 2, \cdots, r+h\}.$$

则由如下定义的迭代函数 $F: \mathbb{G} \to \mathbb{G}$ 称为 $r + h$ 混合游走算法,

$$Y_{i+1} = F(Y_i) = \begin{cases} Y_i + M_{v(Y_i)}, & v(Y_i) \in \{1, \cdots, r\}, \\ \dfrac{1}{2} Y_i, & v(Y_i) \in \{r+1, \cdots, r+h\}. \end{cases} \tag{6.1}$$

设初始点 $Y_0 = a_0 P + b_0 Q$, 其中 a_0 和 b_0 是两个属于区间 $[0, n-1]$ 内的随机整数. 那么每一个点 Y_i 均有 $a_i P + b_i Q$ 的形式, 其中序列 (a_i) 和 (b_i) 由如下规则计算:

$$a_{i+1} = \begin{cases} a_i + m_{v(Y_i)} (\bmod\ n), & v(Y_i) \in \{1, \cdots, r\}, \\ \dfrac{1}{2} a_i (\bmod\ n), & a_i \text{ 是偶数并且 } v(Y_i) \in \{r+1, \cdots, r+h\}, \\ \dfrac{1}{2} (a_i + n)(\bmod\ n), & a_i \text{ 是奇数并且 } v(Y_i) \in \{r+1, \cdots, r+h\}, \end{cases} \tag{6.2}$$

$$b_{i+1} = \begin{cases} b_i + m_{v(Y_i)} (\bmod\ n), & v(Y_i) \in \{1, \cdots, r\}, \\ \dfrac{1}{2} b_i (\bmod\ n), & b_i \text{ 是偶数并且 } v(Y_i) \in \{r+1, \cdots, r+h\}, \\ \dfrac{1}{2} (b_i + n)(\bmod\ n), & b_i \text{ 是奇数并且 } v(Y_i) \in \{r+1, \cdots, r+h\}. \end{cases} \tag{6.3}$$

相应地, 一旦我们发现一个碰撞 (Y_i, Y_j), 那么我们有如下等式:

$$a_i P + b_i Q = a_j P + b_j Q.$$

最后, 如果 $\gcd(b_i - b_j, n) = 1$, 有 $s = (a_j - a_i)(b_i - b_j)^{-1} \bmod n$.

需要注意的是, Teske 的 r-adding 迭代函数的随机性要优于 Pollard rho 原始算法, 并且 r-adding 游走和 Pollard rho 原始算法的随机性都要比真正随机过程要差[220]. 进一步地, Teske 在文献 [220] 中给出了实验数据, 验证了在 r-adding 游走中增加一定的倍点规则, 通常会导致随机性更差. 因为半点运算是倍点运算的逆运算, 所以, 我们推测新算法的随机性要差于 r-adding 游走的随机性.

使用 Pollard rho 原始算法、r-adding 游走以及新的 $r + h$ 混合游走来计算离散对数是基于循环群 $\mathbb{G}$ 上的一个近似 Markov 链的伪随机过程. 对于新算法的每一步, 我们有 $Y_i = a_i P + b_i Q = (a_i + b_i s)P$, 其中 a_i 和 b_i 通过上文规则来更新. 进一步地, 我们定义序列 (u_i) 如下

$$u_i = a_i + b_i s \ (\bmod\ n). \tag{6.4}$$

因此, 映射

$$Y_i \in \mathbb{G} \mapsto u_i \in \mathbb{Z}_n$$

是一个 $\mathbb{G}$ 中的伪随机序列 (Y_i) 和模整数 n 中的序列 (u_i) 之间的一对一映射. 因为我们希望生成的序列 (Y_i) 的周期和预周期尽可能与一个随机序列的周期和预周期相近或相同, 因此, 我们希望由迭代函数生成的序列 u_i 在模整数 n 下尽可能是一个均匀分布.

因此, 我们将关注由等式 (6.4) 所确定的序列的随机性研究, 而不用直接研究 $\mathbb{G}$ 上的新的随机游走的随机性. 假设函数 v 是一个随机 Hash 函数, 那么相应的游走序列 (u_i) 是 $\mathbb{Z}_n$ 上的一个随机游走, 而对于该游走的随机性已有大量研究.

为了评估用新的算法找到一个碰撞所需的运行时间, 我们做出关于 Hash 函数的如下假设: Hash 函数 $v: \mathbb{G} \to \{1, 2, \cdots, r + h\}$ 是一个足够随机的映射.

关于 Pollard rho 方法的迭代函数的随机性分析已经被大量研究, 具体可以参考文献 [21], [43], [54], [221] 等. 事实上, 因为半点运算是倍点运算的逆运算. 因此, 传统算法的随机性分析很容易应用到新算法的随机性分析上.

新的迭代函数是一个包含点加和半点的混合迭代函数: 对于每一个中间值 Y_i, 我们对其进行了一个映射 $Y_{i+1} = F_k(Y_i)$, 其中 $k \in \{1, 2, \cdots, r + h\}$. 设 p_i 表示应用第 i 个规则的概率, 并且 $p_1 + p_2 + \cdots + p_{r+h} = 1$.

设循环群的阶为 n, 确定一个点 Z, 设点 Y 和 Y' 是两个独立均匀分布的随机点. 考虑如下事件的概率, 即点 Y 和 Y' 均映射得到点 Z, 并且 $Y \neq Y'$. 首先, $Z = F_i(Y) = F_j(Y')$, 且 $i \neq j$ 的概率为 $\dfrac{1}{n^2}$; 其次, 点 Y 映射到点 Z 的概率为 p_i; 最后, 点 Y' 映射到点 Z 的概率为 p_j. 因此, 总的概率为 $(\sum_{i \neq j} p_i p_j)/n^2 = (\sum_{i,j} p_i p_j - \sum_i p_i^2)/n^2 = (1 - \sum_i p_i^2)/n^2$. 这意味着, 将 Z 有 n 种可能的情况考

虑进去, 由两个独立均匀分布的随机点 Y 和 Y' 所直接产生碰撞的概率为

$$\left(1 - \sum_i p_i^2\right) \bigg/ n.$$

因此, 经过 t 次迭代后, 共有 $t(t-1)/2$ 对点. 迭代函数所产生的伪随机序列中的点并不是均匀分布的随机点, 因此每一对点也不是相互独立的. 然而, 经过 t 次迭代后, 能够成功找到碰撞的概率近似为

$$1 - \left(1 - \left(1 - \sum_i p_i^2\right) \bigg/ n\right)^{t(t-1)/2}.$$

相应地, 成功找到碰撞所需的迭代次数约为

$$\sqrt{\pi n \bigg/ \left(2\left(1 - \sum_i p_i^2\right)\right)}.$$

设 p_H 为迭代函数中使用半点运算规则的概率, 即 $p_H = p_{r+1} + p_{r+2} + \cdots + p_{r+h}$, 且 $p_1 + p_2 + \cdots + p_r + p_H = 1$. 那么, 新的迭代函数成功找到第一个碰撞所需的迭代次数约为

$$\sqrt{\dfrac{\pi n}{2\left(1 - \dfrac{1}{h}p_H^2 - \sum_{i=1}^{r} p_i^2\right)}}.$$

所以, 新的迭代函数将 Y 以不同概率 (p_i 和 p_H) 映射到下一个值 $F_i(Y)$. 新的迭代函数成功找到碰撞所需的迭代次数上比真正的随机映射多了一个因子 $1\bigg/\sqrt{1 - \dfrac{1}{h}p_H^2 - \sum_{i=1}^{r} p_i^2}$, 而该因子在大多数情况下非常接近 1. 因此, 在使用半点和伪随机游走的随机性上需要一个平衡. 也就是, 使用半点的比例越大, 其导致每次迭代的平均效率越高. 另外, 其导致的序列随机性就越差. 因此, 我们需要找到半点在总的运算规则中应占的比例, 以获得最高效率. 例如, 考虑 $(r,h) = (20, 20)$ 和 $(128, 128)$ 的情况, 相应地使用半点的概率为 $\dfrac{1}{2}$, 使用点加的概率分别为 $\dfrac{1}{40}$ 和 $\dfrac{1}{256}$. 其对应的上述因子分别为 1.164 和 1.155. 进一步地, 在半点占 $\dfrac{1}{2}$ 比例的情况下, 该因子随着 r 增大而趋近于 $\dfrac{2}{\sqrt{3}} \approx 1.154$. 因此, 当我们设置的 r 较大, 且群的阶足够大时 (这种情况下, 其他因素对随机性的影响微乎其微), 使用

的半点运算占 $\frac{1}{2}$ 比例的情况下, 新的算法需要的迭代次数是真正随机映射所需的迭代次数的 1.154 倍. 考虑美国国家标准技术局推荐的二元扩域 $\mathbb{F}_{2^{233}}$ 上的随机曲线 [86], 其不可约多项式为 $f(x) = x^{233} + x^{74} + 1$. 设 $\mathcal{M}, \mathcal{S}$ 和 $\mathcal{I}$ 分别表示域乘、平方和求逆所需的运算量. 根据实验结果 [87], 在仿射坐标下, 半点的运算量约为 $\frac{21}{8}\mathcal{M}$. 假设求逆和域乘所需运算量的比值 $\mathcal{I}/\mathcal{M}$ 为 8, 在仿射坐标下点加需要超过 $10\mathcal{M}$ 的运算量. 比较 $r + h$ 混合游走 (设 $r = 20, h = 20$) 和 r-adding 游走, 很明显在这种情况下, 新算法大约比 r-adding 游走快:

$$\frac{10 - 1.154 \times \left(\frac{1}{2} \times 10 + \frac{1}{2} \times \frac{21}{8}\right)}{10} \approx 27\%.$$

从保守的角度估计, 如果仿射坐标下半点运算需要 $\frac{19}{6}\mathcal{M}$ 的运算量, 那么新的算法大约比 r-adding 游走快 24%. 一般情况下, 我们需要根据具体的特征 2 有限域下半点和点加的实际运算量的比值来确定参数 $\frac{h}{r + h}$. 下一节我们将通过实验数据来确定各种配置的计算量和随机性, 从而在整体优化配置中详细讨论半点和点加在迭代中的比例以及它们对随机性的影响, 从而给出整个算法达到最高的整体优化配置的建议.

在实践中, 使用 Pollard rho 方法求解 ECDLP 问题时, 典型的做法是多个处理器并行计算, 并利用 Montgomery [176] 的同时求逆算法来简化求逆运算. 假设有 m 个处理器, 我们同时并行计算 m 个迭代, 并将 m 个逆运算 $m\mathcal{I}$ 替换为 1 个逆运算和 $(3m - 3)$ 个乘法运算. 因此, m 个并行处理的点加运算需要总的运算量为 $1\mathcal{I} + (5m - 3)\mathcal{M} + m\mathcal{S}$, 远远少于普通的 m 个点加的运算量. 因此, 这种情况下, 平均一个点加的运算量约为 $5\mathcal{M} + \mathcal{S} + \frac{1}{m}(\mathcal{I} - 3\mathcal{M})$, 考虑到并行运算额外所需的内存操作和处理器直接的通信操作, 该值约等于 $6\mathcal{M}$. 在这种利用 Montgomery 算法的并行计算环境下, 新的算法比 r-adding 游走大约快

$$\frac{6 - 1.154 \times \left(\frac{1}{2} \times 6 + \frac{1}{2} \times \frac{21}{8}\right)}{6} \approx 17\%.$$

通过一些简单计算, 我们发现在这种情况下, 最优的设置是 $p_H = 0.56$. 那么, 新的算法比之前的其他算法快约

$$\frac{6 - \frac{1}{\sqrt{1 - p_H^2}}\left((1 - p_H) \times 6 + p_H \times \frac{21}{8}\right)}{6} \approx 17.3\%.$$

相应地, 如果仿射坐标下半点运算需要 $\frac{19}{6}\mathcal{M}$ 的运算量, 那么, 在 $p_H = \frac{1}{2}$ 的情况下, 新的算法大约比 r-adding 游走快 14%.

上面讨论的借助 Montgomery 同时逆技巧得到的优势没有仔细考虑 $r+h$ 和 r-adding 在数目相同时在随机性上的细微差距, 实际上这个差距对整体优化配置也是有影响的. 在给定半点和点加在迭代中的比例后, 具体利用 Montgomery 同时逆技巧实现并行计算 $r+h$ 和 r-adding 迭代时, 当 $r+h$ 迭代中具体的半分的计算量超出 r-adding 迭代中借助 Montgomery 同时逆技巧得到的平均每次群运算的计算量时, $r+h$ 迭代就没有 r-addiing 迭代有优势了. 我们会在后面具体讨论.

6.3.2   优化配置

Pollard rho 算法的迭代函数可以看作一个伪随机映射函数, 迭代函数的随机性越好, 该算法的求解效率会越高. 所以, 对于影响 Pollard rho 算法的整体效率的因素除了高效的迭代函数, 还要考虑迭代函数所体现的随机性.

2001 年, Teske[221] 通过实验发现 $r+q$ 混合游走迭代运算中的点加和倍点运算的比例会影响分布式 Pollard rho 算法的求解效率. 对于 $r+q$ 混合游走迭代函数, Teske 发现该迭代函数产生的伪随机序列服从韦伯分布, 该分布是可靠性分析和寿命检验的理论基础, 被广泛应用于可靠性工程中, 因此可以借助相关的测量手段去测量迭代函数产生的随机序列的随机性. Teske 的实验结果表明, 在测量该迭代函数产生的随机序列的随机性时, ECDLP 求解实例样本数量应接近 10000 个样本数, 因为这样测量结果均值的误差几乎可以忽略. 此外, 对于不同 ECDLP 求解实例, $r+q$ 混合游走迭代函数中相同的点加和倍点运算的比例会产生相似的随机性表现. 最终, Teske 通过对该迭代函数中不同的点加和倍点运算的比例进行测试后发现, 当点加的运算要大于等于 16, 且倍点和点加运算的比例最好约为 $\frac{1}{4}$ 时, Pollard rho 算法的求解效率最高.

对于特征 2 的有限域上的椭圆曲线, 有理点的半分运算是倍点的逆运算, 所以将 Teske 关于 $r+q$ 混合游走迭代函数中的倍点改成半分后得到的 $r+h$ 混合游走迭代函数与原来的 $r+q$ 混合游走迭代函数具有相同的理论分析结果. 我们也通过大量实验验证了这一结论.

由于特征 2 的有限域上的椭圆曲线的半分运算比点加运算的效率高, 因此我们希望引入更多的半分运算来提升 Pollard rho 算法求解 ECDLP 的效率. 但当引入大量的半分运算后, 就会降低 $r+h$ 混合游走迭代函数中点加与半分运算的比例, 使得该迭代函数产生的伪随机序列的随机性下降. 随机性下降就意味着利用 Pollard rho 算法求解 ECDLP 时所需要的迭代次数增加, 进而影响整个 Pollard rho 算法所需要的求解时间. 所以我们需要找一个效率和随机性的折中点, 找出一个合理的点加和半分配置, 使得整个 Pollard rho 算法的效率最优.

为此, 我们在文献 [242] 中对 $r + h$ 混合游走迭代函数中不同点加和半分运算的比例的 Pollard rho 算法进行测试, 寻找使得该算法的整体效率最高的点加和半分运算的比例. 根据不同的点加与半分运算实际运算效率的比例, 我们提供一个最优配置表, 使得后续的 Pollard rho 算法可以根据该表直接设置迭代函数中点加与半分运算的比例, 从而达到该算法的最佳求解效率.

在计算 Pollard rho 算法在 $r + h$ 混合游走迭代运算中的最优配置表之前, 我们先给出实验用到的量化定义. 设 N 为并行的或分布式的 Pollard rho 算法在 $r + h$ 混合游走迭代运算中首次找到碰撞的平均迭代次数, 则迭代函数产生的伪随机序列的随机性的量化表达式可以定义为

$$L_{r,h} = \frac{N}{\sqrt{|\mathbb{G}|}},$$

其中 $|\mathbb{G}|$ 为群的阶. 分布式 Pollard rho 算法的核心基础是生日悖论原理, 因此其迭代函数可以看作一种随机映射函数或随机选取函数. 根据生日悖论原理, 在理想随机选取的条件下, 在 n 个点的空间中只需要寻找 $\sqrt{n}$ 个点就会有 50% 以上的概率找到一对碰撞. 由上述定义可知, 迭代函数产生的伪随机序列的随机性与 $L_{r,h}$ 值成反比, $L_{r,h}$ 值越小, 则随机性越好, 反之则越差.

设 A 为一次点加运算的平均时间, H 为一次半分运算的平均时间, 则分布式 Pollard rho 算法在 $r + h$ 混合游走迭代运算中首次找到碰撞的平均时间为

$$\left(A \cdot \frac{r}{r + h} + H \cdot \frac{h}{r + h} \right) \cdot N = \frac{A \cdot r + H \cdot h}{r + h} \cdot N,$$

其中 $\frac{r}{r + h}$ 和 $\frac{h}{r + h}$ 分别为迭代运算中点加运算和半分运算占其和的比例.

若令 α 为 $r + h$ 混合游走迭代运算中点加和半分运算的一次运算的平均时间的比值, 即 $\alpha = A/H$, 则分布式 Pollard rho 算法在 $r + h$ 混合游走迭代运算中的整体效率可以定义为

$$T(r, h, \alpha) = \frac{r \cdot \alpha + h}{r + h} \cdot L_{r,h},$$

其中 r 和 h 分别为 $r + h$ 混合游走迭代运算中点加和半分运算的划分的次数. 分布式 Pollard rho 算法的整体效率 T 是其求解花费的时间的一种量化, 该算法整体效率 T 与其求解时间成正比, 求解时间越短, T 值越小, 则算法效率越好, 反之则越差.

我们通过大量实验测试并分析了在 $r + h$ 混合游走迭代函数中, 不同点加和半分运算的比例会对分布式 Pollard rho 算法的求解效率产生影响.

为了测量特征 2 的有限域上分布式 Pollard rho 算法在 $r + h$ 混合迭代运算中产生的伪随机序列的随机性, 我们分别在 $F_{2^{41}}$ 和 $F_{2^{57}}$ 上选取 10 组不同的椭圆

曲线, 且每一组设置 10000 个 ECDLP 求解实例作为测试样例. 我们在椭圆曲线上随机选取一个阶为素数 n 的点 P, 然后选择一个固定值 s, $0 \leqslant s < n$, 并计算 $Q = sP$, 每一组的测试样例以 (P, Q) 作为 ECDLP 求解实例去求解离散对数值 k.

随着点加和半分运算的划分范围越来越细致, 在相同划分条件下的 $r + h$ 混合游走迭代函数产生伪随机序列的随机性越来越好. 例如, 在有限域 F_{241} 的测试样例中, 在相同的点加和半分运算的比例条件下, 划分范围为 64 的 $L_{r,h}$ 要小于划分范围为 32 的. 但是, 当划分范围超过 256 时, 整个分布式 Pollard rho 算法的效率增益并不明显, 同时考虑到该算法的实际实现效率, 我们认为 256 的划分范围已经足够了.

我们构建了一个关于特征 2 的有限域上分布式 Pollard rho 算法在 $r + h$ 混合游走迭代运算中的最优配置表, 即计算 $\min\{T(r, h, \alpha)\} = \min\left\{ \dfrac{r \cdot \alpha + h}{r + h} \cdot L_{r,h} \right\}$.
同时我们也给出了 Pollard rho 算法的 $r + h$ 混合游走迭代函数中点加和半分运算的比例为 1:1 时的算法的整体效率作为比较, 具体数值如表 6.4 所示.

表 6.4 $r + h$ 混合游走迭代函数的最优配置表

α	$r : h$	$\min\{T(r, h, \alpha)\}$	$\min\left\{ T\left(\dfrac{r+h}{2}, \dfrac{r+h}{2}, \alpha \right) \right\}$
1	128 : 128	1.4071	1.4071
2	128 : 128	2.1107	2.1107
3	43 : 85	2.7554	2.8746
4	16 : 48	3.2627	3.5179
5	21 : 107	3.6612	4.2215
6	21 : 107	4.0238	4.9251
7	21 : 107	4.3865	5.6286
8	21 : 107	4.7492	6.3322
9	21 : 107	5.1118	7.0358
10	21 : 107	5.3881	7.7394
11	21 : 107	5.6620	8.4430
12	18 : 238	5.9269	9.1466
13	18 : 238	6.1619	9.8502
14	18 : 238	6.3969	10.5537
15	18 : 238	6.6319	11.2573
16	18 : 238	6.8669	11.9609
17	13 : 243	7.0710	12.6645
18	13 : 243	7.2691	13.3681
19	13 : 243	7.4672	14.0717
20	13 : 243	7.6653	14.7753

令 $\mathcal{M}$ 和 $\mathcal{S}$ 分别表示特征 2 的有限域上乘法和平方的平均运算时间, 则解一元二次方程的平均运算时间约为 $\dfrac{2}{3}\mathcal{M}$, 开平方根的平均运算时间约为 $\dfrac{1}{2}\mathcal{M}$, 求

逆的平均运算时间约为 $8\mathcal{M}$, 半分的平均运算时间约为 $\frac{13}{8}\mathcal{M}$, 点加和倍点的平均运算时间约为 $10\mathcal{M} + \mathcal{S}$. 在理论条件下, 我们可以大致估算点加和半分的平均运算时间比为 $\alpha \approx 6$. 根据最优配置表 6.4 可得, 当点加和半分运算的比例为 $r:h = 21:107$ 时, 算法的求解时间最短, 整体效率最好, 即 $T(21, 107, 6) = 4.0238$. 相较于原有算法的整体效率 $T(64, 64, 6) = 4.9251$, 最优配置表可以提高整个算法约 $\frac{4.9251 - 4.0238}{4.9251} \times 100\% \approx 18.30\%$ 的效率.

6.3.3 借助同时逆实现并行 Pollard rho 算法

基于迭代函数为 r-adding、$r + q$ 混合游走与 $r + h$ 混合游走的并行或分布式 Pollard rho 算法只是迭代函数不相同, 其初始化过程都是相同的. 并行的 Pollard rho 算法是 Pollard rho 的并行化变形, 我们以群 $\mathbb{G}$ 的 256 大小分组, 并且可识别点的 Hamming 重量上界为 d 来描述并行的 Pollard rho 算法的具体流程如下.

已知点 P, Q 满足 $P = sQ$. 点 P 生成的群 $\mathbb{G}$ 的阶为 n. 首先随机生成 $2r$ 个正整数 $m_i, n_i \in \{1, 2, \cdots, n - 1\}$, 计算出 r 个点 M_i. 接下来随机生成两个序列, 每个序列中有 256 个元素, 这两个序列记为 $(a_0, a_1, \cdots, a_{255})$, $(b_0, b_1, \cdots, b_{255})$, 其中 $a_i, b_i \in \{1, 2, \cdots, n - 1\}, i = 0, 1, \cdots, 255$. 用这两个序列计算出 256 个椭圆曲线 E 上的点 $P_i = a_i P + b_i Q$. 令这 256 个点作为初始点, 然后执行迭代函数, 直到碰撞发生. 迭代函数每生成一个可区分点, 则判断是否有碰撞发生.

并行化的 Pollard rho 非常适合应用 Montgomery 同时逆技巧来提速, 下面我们分别针对三种不同的迭代方式给出借助同时逆实现并行 Pollard rho 算法.

1. r-adding 迭代函数实现

r-adding 迭代函数计算迭代点 P_i 需要使用椭圆曲线的点加运算. r-adding 迭代函数还需要计算满足 $P_i = a_i P + b_i Q$ 的两个整数 a_i, b_i. 椭圆曲线的点加运算需要用到 1 个求逆、2 个乘法、1 个平方运算. 通过使用 Montgomery 同时逆的方法计算求逆运算可以快速求出 N 个有限域元素的逆, 把原本需要 $N\mathcal{I}$ 的计算开销转换为 $1\mathcal{I} + (3N - 3)\mathcal{M}$ 的计算开销. 本书把快速求出 N 个有限域元素的逆 Montgomery trick 的方法称为同时逆算法. 实现 r-adding 迭代函数的程序中, 定义了 $N = 256$ 个起始点, 迭代函数的每一次循环对这 N 个点分别进行一次迭代. 之所以要这样设计, 是因为点加运算中每个点都需要进行一次求逆运算, 而且在仿射坐标下求逆运算的计算开销远大于乘法运算的计算开销. 通过同时逆的方法能对求逆运算的运算效率有大幅度的提升. 通过这种设计, 迭代函数每一次循环就生成了 N 个迭代点. 具体 r-adding 迭代函数的伪代码如算法 26 所示.

算法 26　r-adding 迭代函数

输入: $N = 256$; N 个初始点 $P_i, i \in \{1, \cdots, N\}$; 常数 r; r 个点 $M_j, j \in \{0, \cdots, r-1\}$.

输出: a_i, b_i, a_j, b_j 满足 $P_i = a_i P + b_i Q, P_j = a_j P + b_j Q$, 其中 $P_i = P_j, i \neq j$.

1. **for** $i = 0 \to (N-1)$ **do**
2. 　　$v_i \leftarrow P_i.x \bmod r$; // $P_i.x$ 表示点 P_i 的 x 坐标
3. 　　$s_i \leftarrow M_{v_i}.x + P_i.x$;
4. **end for**
5. 同时逆算法求出 $s_i^{-1}, i = 0, 1, \cdots, N-1$;
6. **for** $i = 0 \to (N-1)$ **do**
7. 　　利用 s_i^{-1} 计算 $P_i = P_i + M_{v_i}$;
8. 　　$a_i \leftarrow a_i + m_i$;
9. 　　$b_i \leftarrow b_i + n_i$;
10. 　　**if** Hamming$(P_i.x) <= d$ **then**
11. 　　　DList.append(P_i, a_i, b_i);
12. 　　　判断 DList 中是否有 (P_j, a_j, b_j) 满足 $P_i = P_j$ 且 $i \neq j$,
13. 　　　若满足, 返回 a_i, b_i, a_j, b_j;
14. 　　**end if**
15. **end for**
16. **goto** 1.

算法 26 中 a_i, b_i 的计算为两个数相加然后模 n, 因为 $a_i, b_i < n$, 所以 $a_i + b_i < 2n$. 因此模运算可以简化为整数减法运算, 则计算 a_i, b_i 最多需要 2 个整数加法运算、2 个判断和 2 个整数减法运算, 其计算量仍然小于有限域上的乘法运算的计算量. 由上述分析以及迭代算法伪代码可得, r-adding 迭代函数平均每个迭代点的计算开销为

$$1\mathcal{S} + 2\mathcal{M} + \frac{1}{N}(I + (3N-3)\mathcal{M}) = \left(5 + s + \frac{i-3}{N}\right)\mathcal{M},$$

这里假定 $1\mathcal{S} = s\mathcal{M}, 1I = i\mathcal{M}$.

2. $r + q$ 混合游走迭代函数实现

$r + q$ 混合游走迭代函数使用椭圆曲线中的点加和倍点运算. 特征 2 有限域上椭圆曲线点加运算的计算开销为 $2\mathcal{M} + 1\mathcal{S} + 1\mathcal{I}$, 椭圆曲线的倍点运算开销为 $2\mathcal{M} + 2\mathcal{S} + 1\mathcal{I}$. 倍点运算与点加运算都需要用到求逆运算, 因此同样可以使用同时逆的方法进行优化, 即把求逆运算的 $N\mathcal{I}$ 的开销转换为 $\mathcal{I} + (3N-3)\mathcal{M}$. 在实现 $r + q$ 混合游走迭代函数的程序中迭代函数的每一次循环对 N 个点分别进行一次迭代. 此迭代函数与 r-adding 迭代函数的区别在于计算完同时逆后, 需要使用

判断语句判断当前迭代点执行的是倍点还是点加运算. 具体 $r+q$ 混合游走迭代函数的伪代码如算法 27 所示.

算法 27 $r+q$ 混合游走迭代函数

输入: $N = 256$; N 个初始点 $P_i, i \in \{1, \cdots, N\}$; 常数 r; r 个点 $M_j, j \in \{0, \cdots, r-1\}$; 常数 q.

输出: a_i, b_i, a_j, b_j 满足 $P_i = a_i P + b_i Q, P_j = a_j P + b_j Q$, 其中 $P_i = P_j, i \neq j$.

1. **for** $i = 0 \to (N-1)$ **do**
    $v_i \leftarrow P_i.x \bmod (r+q)$; $s_i \leftarrow M_{v_i}.x + P_i.x$
2. **end for**
3. 同时逆算法求出 $s_i^{-1}, i = 0, 1, \cdots, N-1$;
4. **for** $i = 0 \to (N-1)$ **do**
5.   **if** $v_i >= r$ **then**
6.   利用 s_i^{-1} 计算 $P_i = 2P_i$;
        $a_i = 2a_i \bmod n$;
        $b_i = 2b_i \bmod n$;
7.   利用 s_i^{-1} 计算 $P_i = P_i + M_{v_i}$;
        $a_i \leftarrow a_i + m_i$;
        $b_i \leftarrow b_i + n_i$;
8.   **if** Hamming$(P_i.x) <= d$ **then**
9.   DList.append(P_i, a_i, b_i);
            判断 DList 中是否有 (P_j, a_j, b_j) 满足 $P_i = P_j$ 且 $i \neq j$,
            若满足, 返回 a_i, b_i, a_j, b_j;
10.   **end if**
11.   **end if**
12. **end for**
13. **goto** 1.

Teske 对自身提出的 $r+q$ 混合游走与 r-adding 进行了详细的性能分析. 在 $r+q$ 混合游走迭代函数中, r 与 q 的取值以及两者的比值不同对算法的随机性与计算效率都有影响. 对于 $r+q$ 混合游走迭代函数, 需要考虑 r, q 的取值对 $r+q$ 混合游走算法平均每个迭代点的计算开销的影响, 并忽略有限域加法运算以及计算 a_i, b_i 所带来的计算开销. 由上述分析以及迭代算法伪代码可得, $r+q$ 混合游走迭代函数平均每个迭代点的计算开销为

$$\frac{q}{r+q}(2\mathcal{S} + 2\mathcal{M}) + \frac{r}{r+q}(1\mathcal{S} + 2\mathcal{M}) + \frac{1}{N}(1\mathcal{I} + 3(N-1)\mathcal{M})$$

$$= \left(5 + \frac{2q+r}{r+q}s + \frac{i-3}{N}\right)\mathcal{M}.$$

3. $r + h$ 混合游走迭代函数实现

椭圆曲线上的半分运算需要用到 1 个解二次方程、1 个开平方根和 2 个乘法运算. 在计算 a_i, b_i 的时候, 因为除数是 2, 因此可以看成是移位运算, 在计算机上可以高效实现, 进而忽略计算 a_i, b_i 的开销. 因此计算一个半分运算的计算开销为 $1\mathrm{Sol} + 1\mathrm{Sqr} + 2\mathcal{M}$, 其中 Sol 表示解二次方程的开销, Sqr 表示开平方根的开销. 在实现 $r + h$ 混合游走迭代函数的程序中, 迭代函数的每一次循环同样是对 N 个迭代点进行一次迭代, 但是运算与前面两种迭代函数有所不同. 程序首先对每一个迭代点循环执行半分运算, 直到该点的下一次迭代需要执行点加运算为止. 当 N 个迭代点都执行半分运算后, 此时 N 个点都需要执行点加运算, 可使用同时逆算法对点加运算进行加速. 所有点执行完点加运算后, 完成迭代函数的一轮循环. 具体 $r + h$ 混合游走迭代函数的伪代码如算法 28 所示.

算法 28　$r + h$ 混合游走迭代函数

输入: $N = 256$; N 个初始点 $P_i, i \in \{1, \cdots, N\}$; 常数 r; r 个点 $M_j, j \in \{0, \cdots, r-1\}$; 常数 h.

输出: a_i, b_i, a_j, b_j 满足 $P_i = a_iP + b_iQ, P_j = a_jP + b_jQ$, 其中 $P_i = P_j, i \neq j$.

1. **for** $i = 0 \to (N-1)$ **do**
2. 　　$v_i \leftarrow P_i.x \bmod (r+h)$;
　　　while $v_i >= r$ **do**
　　　　　$P_i = \dfrac{1}{2}P_i$;　$a_i = (a_i \& 1) ? \dfrac{1}{2}(a_i + n) : \dfrac{1}{2}a_i$;　$b_i = (b_i \& 1) ? \dfrac{1}{2}(b_i + n) : \dfrac{1}{2}b_i$;
3. 　　　**if** $\mathrm{Hamming}(P_i.x) <= d$ **then**
4. 　　　　　$\mathrm{DList.append}(P_i, a_i, b_i)$;
　　　　　判断 DList 中是否有 (P_j, a_j, b_j) 满足 $P_i = P_j$ 且 $i \neq j$,
　　　　　若满足, 输出 a_i, b_i, a_j, b_j;
5. 　　　**end if**
6. 　　　$v_i \leftarrow P_i.x \bmod (r+h)$;
7. 　　**end while**
8. **end for**
9. 同时逆算法求出 $s_i^{-1}, i = 0, 1, \cdots, N-1$;
10. **for** $i = 0 \to (N-1)$ **do**
11. 　　利用 s_i^{-1} 计算 $P_i = P_i + M_{v_i}$;
　　　$a_i \leftarrow a_i + m_i$;
　　　$b_i \leftarrow b_i + n_i$;
12. 　　**if** $\mathrm{Hamming}(P_i.x) <= 28$ **then**
13. 　　　$\mathrm{DList.append}(P_i, a_i, b_i)$;
　　　　判断 DList 中是否有 (P_j, a_j, b_j) 满足 $P_i = P_j$ 且 $i \neq j$,
　　　　若满足, 输出 a_i, b_i, a_j, b_j;
14. 　　**end if**

15. **end for**
16. **goto** 1.

可见 $r+h$ 混合游走迭代函数平均每个迭代点的计算开销为

$$\frac{h}{r+h}(1\text{Sol}+2\mathcal{M}+1\text{Sqr})+\frac{r}{r+h}(1\mathcal{S}+2\mathcal{M})+\frac{r}{(r+h)N}(1\mathcal{I}+3(N-1)\mathcal{M})$$

$$=\left(2+\frac{h}{r+h}(\text{sol}+\text{sqr})+\frac{r}{r+h}(s+3)+\frac{r(i-3)}{(r+h)N}\right)\mathcal{M},$$

这里假定 $1\text{Sol}=\text{sol}\mathcal{M},1\text{Sqr}=\text{sqr}\mathcal{M}.$

4. 实验评估与建议

从理论上进行分析可知, 基于 r-adding 游走迭代函数的分布式 Pollard rho 算法所需要的每一轮迭代的计算开销是最小的, 而且在程序实现上也能达到最优效果, 其整体效率也是最优的. 文献 [246] 中所提到在不使用同时逆算法的情况下, 半分运算与倍点运算相比有非常大的计算优势, 因此使用半分运算可以获得非常高的提速效果. 然而, 在使用同时逆算法对求逆运算进行加速的时候, 半分运算的优势会被削弱. 理想情况下, r-adding 游走迭代函数的迭代时间为

$$T=\lim_{N\to\infty}\left(5+s+\frac{i-3}{N}\right)\mathcal{M}=5.737\mathcal{M}.$$

如果要让 $r+h$ 混合游走算法的计算效率优于 r-adding 游走算法, 那么就需要 1 次半分运算消耗的时间必须小于 5.737 次有限域乘法运算消耗的时间. 文献 [246] 中的分析是基于半分运算的消耗假定在 $\left[\frac{21}{8}\mathcal{M},\frac{19}{6}\mathcal{M}\right]$ 范围内的. 随着 CPU 技术的发展以及更高效的有限域乘法算法的提出, 特征 2 有限域的乘法运算速度得到了提升, 从而导致了半分消耗的时间与有限域乘法的比率有所提高. 再加上 $r+h$ 混合游走迭代函数通过软件实现时有较多的条件判断语句等限制降低程序的效率, 这使得在程序实现上 $r+h$ 混合游走迭代函数的效率比 r-adding 游走迭代函数的效率低. 可见基于 r-adding 游走迭代函数的分布式 Pollard rho 算法在实际应用中有最优的表现.

6.4 实际攻击

6.4.1 Certicom 挑战

1997 年 9 月, Certicom 公司为了鼓励更多的研究学者探究 ECC 的安全性以及推广自家相关的 ECC 产品, 同时也使人们认识到解决椭圆曲线离散对数问题

的困难性, 该公司提出了 ECC 挑战项目 [63], 同时提供了丰厚的挑战奖金. 该挑战一共分为三类, 每一类的难度随着比特长度的增加而增加, 其安全级别也越来越高. 第一类 (第 0 级) 为简单的实验练习 (79 比特、89 比特、97 比特), 第二类 (第 I 级) 为中等难度挑战 (109 比特和 131 比特), 第三类 (第 II 级) 为高级难度挑战 (163 比特、191 比特、239 比特、359 比特). 对于每一类的挑战都有三种不同形式的曲线: ① 素域上的随机椭圆曲线 ECCp; ② 素数阶的特征 2 有限域上的随机椭圆曲线 ECC2; ③ 素数阶的特征 2 有限域上的 Koblitz 椭圆曲线 ECC2K.

第 0 级安全级别的挑战在公布的两年后 (1999 年 9 月) 就被全部解决.

第 I 级安全级别的 109 比特的挑战目前都已经解决了 [64]: ① ECC2K-108 是关于有限域 $\mathbb{F}_{2^{109}}$ 上的 Koblitz 曲线的群规模为 108 比特的离散对数问题的挑战, 该挑战在 2000 年 4 月被 Harley 和他的团队采用分布式 Pollard rho 算法对成功求解. 他们一共耗时 4 个多月, 使用了 9500 多台电脑成功解决该挑战 (约 1300 人参与), 并获得了 1 万美金的奖励. ② ECC2-109 是关于有限域 $\mathbb{F}_{2^{109}}$ 上随机椭圆曲线的离散对数问题的挑战, 该挑战于 2004 年 4 月由 Chris Monico 为代表的约 2600 人解决, 同样使用分布式 Pollard rho 算法, 耗时 17 个月. ③ ECCp-109 是关于规模为 109 比特的有限域 $\mathbb{F}_p$ 上随机椭圆曲线的离散对数问题的挑战, 该挑战于 2002 年 4 月由以 Chris Monico 为代表的约 10308 人解决. 他们仍然使用了一种并行的 Pollard rho 方法, 耗时 549 天.

Bos 等 [56] 和 Bernstein 等 [38] 分别对 ECC2K-130 在多核主机上和 Nvidia 显卡上的求解给出了详细的描述和分析. 与此同时, Bailey 等也在其文章 [22], [23] 中对 ECC2K-130 的求解展开了详细的讨论, 于 2012 年发起对 ECC2K-130 的攻击, 并在其网站上公布攻击进度. 遗憾的是, 截至今日, 该计算还在持续进行中. 也就是说, 目前 Certicom 挑战中第 I 级安全的椭圆曲线还没有完全解决.

在 109 比特到 131 比特之间的一些 ECDLP 被相继解决. 2009 年 7 月, Bos 等 [55] 详细分析并设计了基于 SIMD 指令的分布式 Pollard rho 算法, 并借助 215 台 PS3 游戏主机组成的集群, 耗时近 6 个月, 破解了素数域上 112 比特 ECDLP. 攻击的曲线是 SEC 标准中推荐的最低安全度的曲线 secp112r1.

2014 年, Wenger 和 Wolfger [234] 将分布式 Pollard rho 算法在硬件平台上实现, 使用了 18 台 Virtex-6 的 FPGA (可编程门阵列) 开发板, 一共用了 24 天, 成功解决了 ECC2K-113 的 ECDLP. 2015 年, 他们使用 10 核 Kintex-7 FPGA 集群, 平均运行 82 天又成功解决了 ECC2-113 [235].

同样利用 FPGA, Bernstein 等在 2016 年求解了有限域 $\mathbb{F}_{2^{127}}$ 上的 117.35 比特子群的 ECDLP [39]. 这次攻击在 64 块到 576 块 FPGA 上并行进行了大约 6 个月.

此外, Kusaka 等 [149] 在 2017 年给出了 Barreto-Naehrig (BN) 曲线 114 比特

的求解结果. 他们利用 BN 曲线的六次扭特性曲线有效提升了分布式 Pollard rho 算法的效率, 使用了 2000 个 CPU 内核, 历时大约 6 个月成功将其求解.

ECC2-131 是 Certicom 挑战中第 I 级挑战的 131 比特中的第二种曲线, 它比 ECC2K-131 还要困难. 下面我们将着重介绍和实现 ECC2-131 的相关运算.

6.4.2 ECC2-131 的相关运算实现

1. ECC2-131

ECC2-131 挑战是定义在有限域 $\mathbb{F}_{2^{131}}$ 上的椭圆曲线, 其 ECDLP 求解实例和曲线的相关参数如下

$$a = \text{0x07EBCB7EECC296A1C4A1A14F2C9E44352E},$$
$$b = \text{0x00610B0A57C73649AD0093BDD622A61D81},$$
$$n = \text{0x0400000000000000026ABB991FE311FE83},$$
$$P_x = \text{0x00439CBC8DC73AA981030D5BC57B331663},$$
$$P_y = \text{0x014904C07D4F25A16C2DE036D60B762BD4},$$
$$Q_x = \text{0x0602339C5DB0E9C694AC8908528C51C440},$$
$$Q_y = \text{0x04F7B99169FA1A0F2737813742B1588CB8}.$$

这里每一个参数都是长度为 131 比特且以十六进制进行表示的向量, 若向量长度不足 131 比特, 则参数前面补 0.

ECC2-131 所在的有限域 $\mathbb{F}_{2^{131}}$ 的不可约多项式为 $f(z) = z^{131}+z^{13}+z^2+z+1$. 一般来说, 有限域 $\mathbb{F}_{2^m}$ 的基本运算的软件实现主要有两种方法实现, 一种是在多项式基上的实现, 另一种是在正规基上的实现. 多项式基上的乘法运算可使用 Karatsuba 算法进行提速. 近年来, PCLMULQDQ 指令在大多数 CPU 上被支持, PCLMULQDQ 指令在硬件层面上完成非进位的整数乘法, 这与特征为 2 的有限域乘法一致, 大大提高了乘法的运算效率. 与此同时, 对于 ECC2-131, 其曲线不同于 Koblitz 曲线, 无法使用 Frobenius 自同态提速 ECC2-131 的求解. 在 ECC2-131 的求解算法中, 乘法运算占据大多数的计算量, 而且正规基的乘法相比于多项式基的乘法耗时更多, 因此我们在考虑 ECC2-131 时, 有限域中的元素表示和运算使用多项式基.

我们把每一个有限域 $\mathbb{F}_{2^{131}}$ 上的元素都用 3 个 64 位或 2 个 128 位的向量进行封装, 例如, $a \in \mathbb{F}_{2^{131}}$, 其多项式的形式是

$$a = a_{130}z^{130} + \cdots + a_1 z + a_0, \quad a_i \in \mathbb{F}_2,$$

即 $a = (a_{130}, \cdots, a_1, a_0)$. 则 $a = (A[2], A[1], A[0])$, 其中 $A[0]$ 为 64 位的向量且该向量最右边对应着 a_0. 或者也可以将 $\mathbb{F}_{2^{131}}$ 的元素 a 用 2 个 128 位的整数组成, 一个 128 位整数存储 $(a_{127}, \cdots, a_1, a_0)$, 另一个 128 位整数存储 $(0, \cdots, 0, a_{130}, a_{129}, a_{128})$, 其中 a_{130} 前有 125 个 0.

2. 有限域 $\mathbb{F}_{2^{131}}$ 的运算

在实际仿真的过程中, 为了使有限域上的运算有更高的运行效率, 我们可以将两个 64 位的向量封装成一个 128 位的向量实现两个 64 位向量的并行左移、右移或异或操作. 例如, 我们只需要调用 **_mm_slli_epi64** 指令就可以实现两个 64 位向量的并行左移操作, 该指令需要输入一个 128 比特的向量和指定左移的位数, 然后它会以 64 比特为一个单元进行位移, 且仅需要消耗一个 CPU 周期. 此外, 在实现该运算时可以展开算法中的循环步骤, 将相同步骤的单元封装成 128 位的向量, 调用支持 128 位向量的指令. 例如, 支持 128 比特异或的指令 **_mm_xor_si128**、128 比特与的指令 **_mm_and_si128** 等.

目前, 大多数的 CPU 都支持 PCLMULQDQ 指令, 该指令只需要三个 CPU 周期即可完成两个 64 位的特征 2 的有限域多项式相乘, 通过该指令我们可以快速实现在 $\mathbb{F}_{2^{131}}$ 上的乘法和平方运算. 为了进一步提高 $\mathbb{F}_{2^{131}}$ 上乘法运算的效率, 我们通过 Karatsuba 算法 [150] 计算出多项式相乘时乘法次数最少的表达式. 令 $a = (A[2], A[1], A[0])$, $b = (B[2], B[1], B[0])$ 且 $a, b \in \mathbb{F}_{2^{131}}$, 则 a 与 b 相乘时乘法次数最少的表达式为

$$
\begin{aligned}
ab = {} & A[2]B[2]z^{256} + [(A[2] + A[1])(B[2] + B[1]) + A[2]B[2] + A[1]B[1]]z^{192} \\
& + [(A[2] + A[0])(B[2] + B[0]) + A[2]B[2] + A[1]B[1] + A[0]B[0]]z^{128} \\
& + [(A[1] + A[0])(B[1] + B[0]) + A[1]B[1] + A[0]B[0]]z^{64} + A[0]B[0].
\end{aligned}
$$

若两个多项式直接相乘, 则需要进行 9 次乘法运算, 而该表达式只需要进行 6 次乘法运算. 乘法运算的具体过程如算法 29 所示.

在实际仿真的过程中, PCLMULQDQ 指令输出的结果是一个 128 位的向量, 因此该结果需要进行一个进位的操作. 首先, 我们要把相乘后的结果拆分成两个 64 位的向量, 其中左边的 64 位的向量为高位, 右边的 64 位的向量为低位. 然后把低位 128 位的向量中的高位的 64 位的向量与高位 128 位的向量中的低位的 64 位的向量进行异或操作. 最后把最终结果以 64 位的向量为一个单元, 组合成一个长度为 5 的向量组.

对于有限域 $\mathbb{F}_{2^{131}}$ 上的平方运算, 我们也计算出多项式平方时乘法次数最少的表达式. 令 $a = (A[2], A[1], A[0])$, $a \in \mathbb{F}_{2^{131}}$, 则 a 平方时乘法次数最少的表达式为 $a^2 = A[2]^2 z^{256} + A[1]^2 z^{128} + A[0]^2$. 平方运算的具体过程如算法 30 所示.

算法 29 $\mathbb{F}_{2^{131}}$ 上的乘法

输入: $a = (A[2], A[1], A[0]),\ b = (B[2], B[1], B[0])$.
输出: $c = ab$.
1. $T_1 \leftarrow \text{PCLMULQDQ}(A[2], B[2])$.
2. $T_2 \leftarrow \text{PCLMULQDQ}(A[1], B[1])$.
3. $T_3 \leftarrow \text{PCLMULQDQ}(A[0], B[0])$.
4. $T_4 \leftarrow A[2] \bigoplus A[1];\ T_5 \leftarrow B[2] \bigoplus B[1]$.
5. $T_4 \leftarrow \text{PCLMULQDQ}(T_4, T_5)$.
6. $T_6 \leftarrow A[2] \bigoplus A[0];\ T_7 \leftarrow B[2] \bigoplus B[0]$.
7. $T_5 \leftarrow \text{PCLMULQDQ}(T_6, T_7)$.
8. $T_6 \leftarrow A[1] \bigoplus A[0];\ T_7 \leftarrow B[1] \bigoplus B[0]$.
9. $T_6 \leftarrow \text{PCLMULQDQ}(T_6, T_7)$.
10. $T_7 \leftarrow T_4 \bigoplus T_1 \bigoplus T_2;\ T_8 \leftarrow T_6 \bigoplus T_2 \bigoplus T_3$.
11. $T_9 \leftarrow T_5 \bigoplus T_1 \bigoplus T_2 \bigoplus T_3$.
12. $(C[4 \cdots 0]) \leftarrow (T_1, T_7, T_9, T_8, T_3)$.
13. $c \leftarrow (C[4], C[3], C[2], C[1], C[0])$.
14. **return** c.

算法 30 $\mathbb{F}_{2^{131}}$ 上的平方

输入: $a = (A[2], A[1], A[0])$.
输出: $c = a^2$.
1. $T_1 \leftarrow \text{PCLMULQDQ}(A[2], A[2])$.
2. $T_2 \leftarrow \text{PCLMULQDQ}(A[1], A[1])$.
3. $T_3 \leftarrow \text{PCLMULQDQ}(A[0], A[0])$.
4. $(C[4 \cdots 0]) \leftarrow (T_1, T_2, T_3)$.
5. $c \leftarrow (C[4], C[3], C[2], C[1], C[0])$.
6. **return** c.

ECC2-131 挑战中的不可约多项式是 $f(z) = z^{131} + z^{13} + z^2 + z + 1$, 由于该不可约多项式的低位项 $z^{13} + z^2 + z + 1$ 都比较紧凑, 因此在进行模运算的时候可以利用 64 位的向量实现并行异或. 在整个模运算的过程中, 输入参数最高幂次不超过 260, 因此输入的 64 位的向量长度不超过 5, 具体算法过程如算法 31 所示.

根据费马小定理可知, 对于有限域 $\mathbb{F}_{2^{131}}$ 上的元素 a, 有 $a^{2^{131}} = a$, 因此可得 $\sqrt{a} = a^{2^{130}}$, 若按照此定义去计算 $\sqrt{a}$ 需要进行 130 次平方运算. 一个更加有效的办法是把 $\sqrt{a}$ 以多项式形式展开, 其具体表达式为

$$\sqrt{a} = \left(\sum_{i=0}^{130} a_i z^i \right)^{2^{130}} = \sum_{i=0}^{130} a_i \big(z^{2^{130}} \big)^i.$$

我们可以将偶数幂次项和奇数幂次项单独计算, 然后进行求和, 最终计算得 $\sqrt{a}$,
具体计算过程为

$$\sqrt{a} = \sum_{i=0}^{65} a_{2i}(z^{2^{130}})^{2i} + \sum_{i=0}^{64} a_{2i+1}(z^{2^{130}})^{2i+1}$$

$$= \sum_{i=0}^{65} a_{2i}z^i + \sum_{i=0}^{64} a_{2i+1}z^{2^{130}}z^i$$

$$= \sum_{i=0}^{65} a_{2i}z^i + \sqrt{z}\sum_{i=0}^{64} a_{2i+1}z^i,$$

其中 $\sqrt{z}$ 是一个固定常量.

算法 31 $\mathbb{F}_{2^{131}}$ 上的快速模

输入: $a = A[0\cdots 4], a \in \mathbb{F}_{2^{131}}$.

输出: $c = a \bmod f(x)$.

1. **for** $i = 4 \to 3$ **do**
2. $T \leftarrow A[i]$.
3. $A[i-3] \leftarrow A[i-3] \bigoplus (T \ll 63) \bigoplus (T \ll 62) \bigoplus (T \ll 61)$.
4. $A[i-2] \leftarrow A[i-2] \bigoplus (T \ll 10) \bigoplus (T \gg 1) \bigoplus (T \gg 2) \bigoplus (T \gg 3)$.
5. $A[i-1] \leftarrow A[i-1] \bigoplus (T \gg 54)$.
6. **end for**
7. $T \leftarrow (A[2] \gg 3)$.
8. $C[0] \leftarrow A[0] \bigoplus (T \ll 10) \bigoplus (T \gg 1) \bigoplus (T \gg 2) \bigoplus (T \gg 3)$.
9. $C[1] \leftarrow A[1] \bigoplus (T \gg 54)$.
10. $C[2] \leftarrow A[2] \& 0X7$.
11. **return** $c \leftarrow (C[2], C[1], C[0])$.

由于 $\sqrt{z}$ 可以预先计算好, 故而这个方法只需要进行一次乘法 (用 Mul 表示)
和一次加法运算. 同时在进行奇偶数幂次项拆分的时候, 我们可以调用 _pext_u64
指令, 该指令支持 64 位向量的索引查询, 并且可以快速获取指定索引位置的向量
值, 具体算法过程如算法 32 所示.

算法 32 $\mathbb{F}_{2^{131}}$ 上的开平方根

输入: $a = (a_{130}, \cdots, a_1, a_0)$.

输出: $c = \sqrt{a}$.

1. $a_{\text{even}} \leftarrow (a_{130}, \cdots, a_4, a_2, a_0)$.
2. $a_{\text{odd}} \leftarrow (a_{129}, \cdots, a_5, a_3, a_1)$.
3. $c \leftarrow \text{Mul}(\sqrt{z}, a_{\text{odd}})$.

4. $c \leftarrow c \oplus a_{\text{even}}$.

5. **return** c.

2004 年, Fong 等 [87] 详细描述了在特征 2 的有限域上求解一元二次方程的算法, 并且给出了半迹 (half-trace) $H: \mathbb{F}_{2^m} \to \mathbb{F}_{2^m}$ 的定义:

$$H(a) = \sum_{i=0}^{(m-1)/2} a^{2^{2i}},$$

(1) 对于任意的 $a, b \in \mathbb{F}_{2^m}$, 有 $H(a+b) = H(a) + H(b)$;

(2) 存在 $H(a)$ 是一元二次方程 $z^2 + z = a + \text{Tr}(a)$ 的一个解;

(3) 对于任意的 $a \in \mathbb{F}_{2^m}$, 有 $H(a) = H(a^2) + a + \text{Tr}(a)$.

若按上述定义计算半迹, 我们需要 $m-1$ 次的平方运算和 $\dfrac{m-1}{2}$ 次的加法运算. 但是若在计算半迹时, 我们预先把 $H(z^i)$, $i = \{0, 1, \cdots, m-1\}$ 都计算好, 那么半迹的计算过程可以被简化为

$$H(a) = H\left(\sum_{i=0}^{m-1} a_i z^i\right) = \sum_{i=0}^{m-1} a_i H(z^i).$$

上述的方法可以大大提高半迹的运算效率. 对于奇数幂次项 i, 我们只需要预计算 $H(z^i)$ 一次, 并将其结果保存下来. 而对于偶数幂次项 i, 我们需要实时计算 $H(z^i) = H(z^{i/2}) + z^{i/2} + \text{Tr}(z^i)$, 具体算法过程如算法 33 所示.

算法 33 $\mathbb{F}_{2^{131}}$ 上的解一元二次方程

输入: $a = (a_{130}, \cdots, a_1, a_0)$, 且 $\text{Tr}(a) = 0$.

输出: s 是 $z^2 + z = a$ 的解.

1. 预计算 $H(z^i)$ 对于每一个奇数 i, $0 \leqslant i \leqslant 129$.

2. $s \leftarrow 0$.

3. **for** $i = 65 \to 1$ **do**

4. 　 **if** $a_{2i} = 1$ **then**

5. 　　 $a \leftarrow a \oplus z^i, s \leftarrow s \oplus z^i$.

6. 　 **end if**

7. **end for**

8. $s \leftarrow s \oplus \sum_{i=1}^{65} a_{2i-1} H(z^{2i-1})$.

9. **return** s.

在实际仿真的时候, 我们将预计算的值以幂次值的大小顺序存储于内存数组中, 每个数组元素是两个 128 位的向量, 相较于 3 个 64 位的向量, 可以减少向量进行异或的次数. 同时, 在进行循环计算时, 我们以 64 位向量作为一个操作单

元, 通过调用 _pext_u64 指令获取偶数幂次项的值, 减少循环的次数, 进而提高算法的运算效率.

在特征 2 的有限域上, 常见的求逆算法是扩展欧几里得算法 [87] 和 Itoh-Tsujii 求逆算法 [126]. 其中扩展欧几里得算法是由欧几里得算法扩展而来的, 对于任意 $a \in \mathbb{F}_{2^m}$, 寻找多项式 b 和 d, 使得 $ba + df = 1$, f 是特征 2 的有限域上的不可约多项式. 当 $ba \equiv 1 \bmod f$ 时, 多项式 b 就是 a 的逆 (a^{-1}). 而 Itoh-Tsujii 求逆算法则是利用费马小定理求得元素的逆, 对于任意 $a \in \mathbb{F}_{2^m}$, 其逆 $a^{-1} = a^{2^m-2}$. 若按照该定义计算元素的逆, 则需要进行 $2^m - 2$ 次的乘法运算. 但是 Itoh-Tsujii 求逆算法是通过计算出求逆时需要的平方次数最少的公式 (或最短加法链) 来提高它的运算效率的.

我们在 [243] 中将上述的两种求逆算法都进行了仿真, 并对它们的运算效率进行分析. 我们随机选取有限域 $\mathbb{F}_{2^{131}}$ 上的元素进行求逆运算, 然后记录每次求逆运算所消耗的时间, 最终统计两个算法在 $\mathbb{F}_{2^{131}}$ 上求逆的平均时间. 通过大量的实验测试, 我们发现 Itoh-Tsujii 求逆算法的性能更加稳定, 因此我们在后续的仿真工作中使用 Itoh-Tsujii 求逆算法进行特征 2 的有限域的求逆运算. 这里我们给出了在有限域 $\mathbb{F}_{2^{131}}$ 上的元素求逆的最短加法链 $(1, 2, 4, 8, 16, 32, 64, 128, 130)$, 通过这个加法链, 有限域 $\mathbb{F}_{2^{131}}$ 上的元素进行一次求逆运算只需要 130 次平方和 9 次乘法运算, 大大减少了该元素求逆时需要的乘法运算次数.

我们在 [4] 中对有限域 $\mathbb{F}_{2^{131}}$ 的基本算术运算进行了进一步优化, 例如考虑有限域 $\mathbb{F}_{2^{131}}$ 是由另一个不可约多项式 $f(z) = z^{131} + z^8 + z^3 + z^2 + 1$ 生成的, 并编程实现了其模运算. 我们将这两个模运算的运算时间进行了理论分析和实验模拟, 通过比较发现不可约多项式 $f(z) = z^{131} + z^8 + z^3 + z^2 + 1$ 的模运算的效率相比于 ECC2-131 原来的不可约多项式的运算效率有一定的提升. 我们在 [4] 中对有限域 $\mathbb{F}_{2^{131}}$ 的基本算术运算进行了开销测试, 每一次测试使该运算执行 1000000 次, 然后取 100 次测试的平均值然后除以 1000000 得到每次运算所消耗的 CPU 周期. 表 6.5 为程序使用多种 CPU 测试所得到的结果. 第一行是在 Intel Core i7-7940X @ 3.10GHz 上的运行结果, 第二行是在 Intel Core i7-9700K @ 3.60GHz 上的运行结果, 第三行是在 Intel(R) Xeon(R) Gold 5218R @ 2.10GHz 上的运行结果.

表 6.5   不同 CPU 上的有限域运算的计算开销

CPU	加法	乘法	求逆	平方	开平方根	解二次方程
i7-7940X	0.769	29.179	2832.423	21.516	47.532	78.936
i7-9700K	0.767	29.092	2982.936	21.580	46.841	123.310
Gold 5218R	0.554	20.165	2090.095	14.822	32.627	57.329

6.4.3 ECC2-131 求解评估与分析

在文献 [4] 中, 我们分别在工作站和天河二号超级计算机上测试实现了基于 r-adding 游走的分布式 Pollard rho 算法, 从而可以评估求解 ECC2-131 的时间. 软件实现的过程中为了使算法整体效率较优, 并考虑 r 不能取太大以导致内存访问过于频繁从而降低效率, 因此取 $r = 255$. 我们将具体的测试结果分别描述如下.

1. 工作站上的 ECC2-131 求解评估

分布式 Pollard rho 算法的实现借助 SIMD 指令集进行优化. 我们所使用的工作站的配置为: Intel Core i7-7940X @ 3.10GHz CPU; 操作系统: Ubuntu 18.04.

我们首先对每次迭代的平均时间进行测量. 通过测试可得单个核平均每个迭代点消耗 229.8463 个 CPU 周期, 因此可以得到在此工作站 CPU 下的运算效率为单核单线程 $\frac{3.10 \times 10^9}{229.8463} \approx 1.348 \times 10^7$ 次迭代/秒. Intel Core i7-7940X @ 3.10GHz CPU 是 14 核 28 线程的, 因此 1 个该工作站的运算效率约为 3.7764×10^8 次迭代/秒.

我们的测试中可识别点的定义为: 椭圆曲线上 x 轴坐标的 Hamming 重量小于等于 28 的点. 在 ECC2-131 中, 点 P 生成的群 $\mathbb{G}$ 的阶为

$$0x400000000000000026ABB991FE311FE83,$$

这个阶的大小大约是 2^{130}. 令 D 表示 x 坐标的 Hamming 重量小于等于 28 的可区分点的集合. 令 D' 表示 $\mathbb{F}_{2^{131}}$ 中 Hamming 重量小于等于 28 的多项式的集合. 令

$$d = |D'| = \sum_{i=0}^{28} \binom{131}{i}$$

表示 $\mathbb{F}_{2^{131}}$ 中 Hamming 重量小于等于 28 的多项式的个数, 可知 $|D| \approx d$. 对于任意点 $(x,y) \in D$, 点 (x,y) 与点 $(x,x+y)$ 都在椭圆曲线上. 因此, 集合 D 中的点的 x 轴坐标所组成的集合的元素的个数约为 $\frac{d}{2}$. 与此同时, 椭圆曲线的点的总数为 $2|\mathbb{G}|$. 因此 D 映射到群 $\mathbb{G}$ 的点的个数约为 $\frac{d}{2}$, 这些点的 x 轴坐标所组成的集合的元素的个数约为 $\frac{d}{4}$. 因此计算一个可区分点平均需要 $\frac{|\mathbb{G}|}{d/4} \approx 2^{37.053}$ 次迭代, 从而计算出 CPU 中每个核平均间隔

$$\frac{\frac{|\mathbb{G}|}{d/4}}{13.48 \times 10^6} \approx 10577.29$$

秒可以得到一个可区分点.

接下来在工作站中执行分布式 Pollard rho 算法. 实验中使用 28 个线程, 花费了 197760 秒, 生成了 561 个可区分点. 通过实验数据计算出单核单线程平均 $\dfrac{28 \times 197760}{561} \approx 9870.37$ 秒生成一个可区分点. 与理论分析值每个核 10577.29 秒得到一个可区分点比较接近.

在 ECC2-131 所给出的曲线中, 利用负点映射可以得到 $\sqrt{2}$ 倍的提速. 通过实验, 当 $r = 255$ 时, r-adding 游走的随机性是 $L_{255,0} = 0.921$, 所以使用基于 r-adding 游走的分布式 Pollard rho 算法攻破 ECC2-131 平均需要 $0.921\sqrt{|G|} \approx$ $2^{64.881}$ 次迭代, 即需要 $\dfrac{2^{64.881}}{2^{37.053}} = 2^{27.828} \approx 238.3 \times 10^6$ 个可区分点. 因此使用我们的算法和实现代码, 可以在 1000 台相同规格的工作站中, 运行 $\dfrac{2^{27.828} \times 9870.37}{28 \times 1000} \approx$ 83.99×10^6 秒, 约 972.13 天可攻破 ECC2-131.

理想状态下分布式 Pollard rho 算法攻破 ECC2-131 平均需要 $\dfrac{\sqrt{\pi/2}}{\sqrt{2}}\sqrt{|\mathbb{G}|} \approx$ $2^{64.826}$ 次迭代, 即需要 $\dfrac{2^{64.826}}{2^{37.053}} = 2^{27.773} \approx 229.4 \times 10^6$ 个可区分点. 因此使用我们的算法和实现代码, 可以在 1000 台相同规格的工作站中, 运行 $\dfrac{2^{27.773} \times 9870.37}{28 \times 1000} \approx$ 80.85×10^6 秒, 约 935.77 天可攻破 ECC2-131. 理想状态下的分析与本节的实验分析相比较可见, 当使用的攻击设备相同的时候, 预测出的程序需要的攻击时间与理论分析得出的攻击时间相近且理论时间小于预测时间. 这个结论间接说明了 r-adding 游走方案的正确性.

2. 天河二号超级计算机上的 ECC2-131 求解评估

超级计算机能执行需要超大计算量的程序. 它主要的优势是有极大的数据存储容量和非常高的数据处理速度, 因此在超级计算机上解决 ECDLP 就成了可能. 我们使用天河二号超级计算机进行求解, 首先计算出一部分 ECC2-131 的可区分点, 测试在天河二号中求解 ECC2-131 的程序的性能. 然后通过测试的结果分析出使用天河二号求解 ECC2-131 的速度以及可行性.

我们首先统计出天河二号中每个核计算一个迭代点平均消耗的 CPU 周期, 为此, 先测量出计算 100000000 个随机点所需要的 CPU 周期, 并重复测量 100 次, 去除大于最小值 10% 的值后取平均值作为测量结果. 然后把测量结果除以 100000000 得到每一个迭代点平均计算开销. 最终得到的结果为每个核平均每个迭代点消耗 418.2163 个 CPU 周期, 而且每个节点的 CPU 主频为 2.20GHz. 之所以每个核平均每个迭代点消耗的 CPU 周期比工作站的消耗 CPU 周期大, 是因为天河二号使用的是 Ivy Bridge-E Xeon E5 2692 处理器, PCLMULQDQ 指令在该 CPU 架构中消耗的时间比较多, 从而导致了整体效率下降. 通过上述测量结果可以计算出在天河二号的一个节点在单核单线程下的运算效率为 $\dfrac{2.20 \times 10^9}{418.2163} \approx 5.260 \times 10^6$ 次迭代/秒. 天河二号的每一个计算节点配备两颗 Xeon E5 系列 12 核心的中央处理器, 共 24 核. 因此 1 个节点的运算效率约为 126.25×10^6 次迭代/秒. 从上述测试结果可以计算出 CPU 中每个核平均间隔

$$\frac{\frac{|\mathbb{G}|}{d/4}}{5.260 \times 10^6} \approx 27106.83$$

秒可以得到一个可区分点.

接下来使用天河二号运行本书实现的基于 r-adding 游走迭代函数的分布式 Pollard rho 算法的程序. 实验使用了 20 个节点一共 480 核, 花费了 51 小时 56 分钟, 消耗了 24931.07 核时, 生成了 4582 个可区分点. 通过实验数据计算出单核单线程的运算速度为 $\dfrac{24931.07}{4582} \approx 5.441$ 小时/可区分点. 可以看出实际测量的单核单线程的运算速率比理论分析值要高不少. 这是因为每个运算节点中有三个 Xeon Phi 57 核心的协处理器, 能对程序的运行有加速效果.

通过 r-adding 游走实现的程序攻破 ECC2-131 平均需要迭代出 $2^{27.828} \approx 238.3 \times 10^6$ 个可区分点. 因此可以计算出在天河二号上平均需要约 $5.441 \times 2^{27.828} \approx 2^{30.272} \approx 1296.41 \times 10^6$ 核时能求解出 ECC2-131. 天河二号目前拥有 17920 个计算节点, 若所有节点都对 ECC2-131 进行求解, 则需要约 $\dfrac{1296.41 \times 10^6}{17920 \times 24} \approx 3014.39$ 小时, 约 125.60 天能求解出 ECC2-131. 以现在天河二号 0.1 元/核时计算, 平均需要 1.296 亿元能计算出结果.

理想状态下根据 Pollard rho 算法的分析, 攻破 ECC2-131 平均需要迭代出 $2^{27.773} \approx 229.4 \times 10^6$ 个可区分点. 因此可以计算出在天河二号上平均需要约 $5.441 \times 2^{27.773} \approx 1247.93 \times 10^6$ 核时能求解出 ECC2-131. 若使用天河二号所有节点对 ECC2-131 进行求解, 则需要约 $\dfrac{1247.93 \times 10^6}{17920 \times 24} \approx 2901.63$ 小时, 约 120.90 天能求解出 ECC2-131. 以现在天河二号 0.1 元/核时计算, 平均需要 1.247 亿元能计算出结果. 根据分析的结果可见在天河二号中, 理想状态下的求解时间与实验推理得出的求解时间相近. 这同样说明了 r-adding 游走方案的正确性.

3. 进一步的提高

从上面的分析与测试可以看出, 目前的算法和资源求解 ECC2-131 是计算上可行的, 但是付出的代价有些大. 随着计算能力的提升和并行化的加速, 可以预见

在不久的将来, ECC2K-131 和 ECC2-131 都将会被攻破.

在静等算力提升的过程中, 我们仍然也可以在提速算法实现的各个环节继续做工作. 并行 Pollard rho 算法计算 ECDLP 的实现中, 有限域的基本运算的效率起着非常关键的作用. 对有限域 $\mathbb{F}_{2^{131}}$ 的基本运算, 特别是乘法和平方运算一点点的提速, 都将会影响整个求解算法的效率. 这将对降低求解 ECC2-131 的成本起着关键的作用. 在前面描述有限域的基本运算的实现时, 我们充分利用 CPU 的一些已有指令, 尽量在最小的指令数内完成我们的运算. 但是仍然有很多运算没有找到合适的或最优的实现指令. 例如对于有限域 $\mathbb{F}_{2^{131}}$ 上的平方运算, 算法 30 利用类似乘法的方式, 使用了 3 个 PCLMULQDQ 指令完成了平方. 我们知道, 对于 $a = (A[2], A[1], A[0]), a \in \mathbb{F}_{2^{131}}$, 在多项式基下的表示是

$$a = a_{130}z^{130} + \cdots + a_1 z + a_0, \quad a_i \in \mathbb{F}_2,$$

用二元向量表示就是 $a = (a_{130}, \cdots, a_1, a_0)$. 很显然, 对 a 做平方运算后的结果是

$$a^2 = (a_{130}, 0, a_{129}, 0, \cdots, a_1, 0, a_0, 0).$$

实际上就是对 a 的二元向量表示的每个分量后面各插入一个 0. 如果这个操作能够只使用一个 CPU 指令或更有效地完成的话, 那么特征 2 有限域上的平方运算就只是模归约运算, 从而使得整个运算效率大大提高. 平方的提速也会使得基于费马小定理的 Itoh-Tsujii 求逆算法得到效率提升.

另外, 正规基可以使得特征 2 有限域上的平方运算基本是免费的, 但在正规基下的乘法代价比多项式基下要大得多. 只有在整个求解 ECDLP 的实现中, 平方运算被大量使用 (如 ECC2K-131 中用到了 Frobenius 变换), 且将多项式基替换成正规基后, 使得整体效率有提高的情况下才考虑使用正规基或最优正规基. 如果在多项式基下无法再提升平方运算效率的话, 我们可以尝试约简正规基下乘法的代价. 这些有限域上基本运算的改进的研究都将会进一步提高 ECDLP 效率.

除了有限域基本运算, 对椭圆曲线的群运算的改进、Pollard rho 算法的迭代方法的设计、并行化、预计算等技巧的合理最优使用也是需要进一步研究的.

第 7 章 指标计算方法的努力

有限域上乘法群的离散对数问题有指标计算法或指数演算法 (index calculus), 这使得有限域的乘法群中的离散对数问题具有亚指数时间算法的攻击. 很多研究人员也想把这种方法应用到 ECDLP 上, 但是到目前还未见到有成功的. 这一章我们将讨论一下指标计算法和将这个方法应用到 ECDLP 上的工作.

7.1 指标计算方法与实例

7.1.1 指标计算方法的基本思想

指标计算法的基本想法是把离散对数问题归约到线性代数问题. 假定 $\mathbb{G}$ 是由 P 生成的阶为 n 的加法循环群, 指标计算法在循环群 $\mathbb{G}$ 中可分为四个阶段或步骤, 我们将这四个基本步骤描述如下:

(1) **选择因子基**: 首先选定 $\mathbb{G}$ 的一个子集, 称为因子基. 因子基中的元素一般是具有一些特殊的性质, 主要是为了在 $\mathbb{G}$ 的元素之间创建大量的关系. 假定选取的 $\mathbb{G}$ 的因子基为 $\mathrm{FB} = \{P_1, P_2, \cdots, P_t\}$.

(2) **筛选阶段或关系收集阶段**: 通过不断随机地选取 $a_i \in Z_n$, 寻找关系

$$r_1 P_1 + r_2 P_2 + \cdots + r_t P_t = a_1 P_1 + a_2 P_2 + \cdots + a_t P_t.$$

一旦找到了这么一个关系, 那么就可以得到 Z_n 上一个关系 (两边关于生成元 P 取离散对数)

$$r_1 \log_P P_1 + r_2 \log_P P_2 + \cdots + r_t \log_P P_t = a_1 \log_P P_1 + a_2 \log_P P_2 + \cdots + a_t \log_P P_t.$$

这些关系实际上是因子基中的元素 P_i 关于 $\mathbb{G}$ 的生成元 P 的离散对数之间的线性方程, 将这些离散对数视为形式未知数. 一旦我们收集了足够多的线性方程, 就停止筛选阶段.

(3) **线性代数阶段**: 当这样的线性方程式找得足够多时 (一般需要找到 t 个), 利用线性代数知识, 我们就可以唯一求得 $x_i = \log_P P_i$, $i = 1, 2, \cdots, t$.

线性代数阶段的目的是求解前面构造的线性方程组. 因此, 在这个阶段结束时, 我们就得到了 $\mathbb{G}$ 的一个因子基, 以及因子基中的元素关于生成元的离散对数. 在大多数指标计算算法中一个非常重要的观察是在关系收集阶段生成的方程非常

稀疏. 这一点是非常重要的, 因为稀疏系统可以使用更快的特殊算法求解, 比求解一般线性方程组要快.

因为步骤 (1) 和步骤 (2) 是预计算的, 且紧密联系在一起, 所以有时会把它们合在一起, 称为选取因子基及收集它们与生成元的关系阶段.

(4) **单个离散对数计算阶段**: 给定一个具体要求解的离散对数问题 Q, 随机选取 $a, b \in Z_n$, 如果 $aP + bQ$ 可以用因子基 FB 中的元素表示出来, 例如

$$aP + bQ = s_1 P_1 + s_2 P_2 + \cdots + s_t P_t,$$

那么我们就成功求解了 Q 关于 P 的离散对数问题, 即

$$\log_P Q = \left(\sum_{i=1}^{t} s_i x_i - a \right) \Big/ b \bmod n.$$

7.1.2 两类成功应用指标计算的群

不是所有的群都可以有效使用指标计算算法的, 因为找到合适的因子基和它们与生成元之间的关系一般要借助群的一些特殊性质. 有限域的乘法群和高亏格超椭圆曲线的 Jacobian 群上的指标计算算法是可行的. 下面我们对这两类群的指标计算算法进行介绍.

1. 有限域 DLP 的指标计算

首先考虑素域 $\mathbb{F}_p$ 的乘法群 $\mathbb{G} = \mathbb{F}_p^*$ 的指标计算算法. 假定 α 是 $\mathbb{F}_p^*$ 的一个本原元. 设 $p_1, p_2, \cdots, p_t$ 是最小的 t 个素数, 令 $\mathbb{F}_p^*$ 的因子基为 FB $= \{p_1, p_2, \cdots, p_t\}$. 确定了因子基后, 我们就要通过收集关系, 计算出因子基中的每个元素关于本原元 α 的离散对数. 为此, 我们构造 $c > t$ 个模 p 的同余方程, 它们具有下述形式

$$\alpha^{b_i} = p_1^{a_{i1}} p_2^{a_{i2}} \cdots p_t^{a_{it}} \bmod p,$$

$1 \leqslant i \leqslant c$. 两边取以 α 为底的关于模 p 的对数, 有

$$b_i = a_{i1} \log_\alpha p_1 + a_{i2} \log_\alpha p_2 + \cdots + a_{it} \log_\alpha p_t \bmod (p-1),$$

$1 \leqslant i \leqslant c$. 给定 t 个未知变量 $\log_\alpha p_i$ $(1 \leqslant i \leqslant t)$ 的 c 个同余方程, 希望存在模 $p - 1$ 下的唯一解. 如果这样的话, 就可以算出因子基中所有元素关于本原元 α 的离散对数. 如何产生这 c 个同余方程呢? 一个简单的方法就是随机选取一个数 b, 计算 $r = \alpha^b \bmod p$, 确定 r 的所有因子是否都在因子基 FB 中. 如果因子基中的所有元素都以 B 为界, 那么因子都在 FB 中的数称为 B-光滑的. 所以如果随机选取 b, 当 $r = \alpha^b \bmod p$ 是 B-光滑的, 那么我们就找到了一个需要的关系. 显然,

t 越大, r 是光滑数的概率就越大, 从而需要尝试的次数就会减少. 但是当 t 增大时, 求同余方程组的计算量就会增大. 假定因子基和关系已经预计算完成, 对于一个具体的要计算的离散对数问题 $\alpha, \beta = \alpha^x \bmod p$, 可如下计算: 随机选择一个随机数 k $(1 \leqslant k \leqslant p - 1)$, 计算

$$\gamma = \beta \alpha^k \bmod p,$$

然后将 γ 整数分解. 如果 γ 的因子不全在因子基 FB 中, 则重新选择随机数 k. 如果 γ 在因子基上分解成功, 则得到如下的同余方程

$$\beta \alpha^k = p_1^{e_1} p_2^{e_2} \cdots p_t^{e_t} \bmod p.$$

这等价于

$$\log_\alpha \beta + k = e_1 \log_\alpha p_1 + e_2 \log_\alpha p_2 + \cdots + e_t \log_\alpha p_t \bmod (p - 1),$$

从而可以求解出所求的离散对数 $\log_\alpha \beta$.

对于大多数的 b, r 不是光滑的, 所以将会被丢弃重选. 即便是这样一种原始的处理手法, $\mathbb{F}_p^*$ 的指标计算算法当 $p \to \infty$ 时也会得到如下的一个时间复杂度的表示

$$\exp((c + o(1))(\log p)^{1/2}(\log \log p)^{1/2}),$$

即 $L_p(1/2, c)$, c 是一个常数.

下面举一个小例子来说明有限域 $\mathbb{F}_p$ 上的指标计算的过程.

例子 7.1 考虑有限域 $\mathbb{F}_{60482987}$ 上的离散对数问题: $\alpha = 2$ 是 $\mathbb{F}_p^*$ 的一个本原元, $\beta = 12341554$. 假定取 FB $= \{2, 3, 5, 7, 11\}$. 显然 $\log_2 2 = 1$.

当 $b = 40356840$ 时,

$$2^{40356840} \equiv 7114800 = 2^4 \times 3 \times 5^2 \times 7^2 \times 11^2 \bmod 60482987,$$

这样我们得到一个同余方程

$$4 \log_2 2 + \log_2 3 + 2 \log_2 5 + 2 \log_2 7 + 2 \log_2 11 \equiv 40356840 \bmod 60482986.$$

类似地, 由于

$$2^{57074279} \equiv 731808 = 2^5 \times 3^3 \times 7 \times 11^2 \bmod 60482987,$$

$$2^{55596338} \equiv 2572500 = 2^2 \times 3 \times 5^4 \times 7^3 \bmod 60482987,$$

$$2^{53969984} \equiv 288750 = 2 \times 3 \times 5^4 \times 7 \times 11 \bmod 60482987.$$

我们又可以得到 3 个同余方程

$$5\log_2 2 + 3\log_2 3 + \log_2 7 + 2\log_2 11 \equiv 57074279 \bmod 60482986,$$

$$2\log_2 2 + \log_2 3 + 4\log_2 5 + 3\log_2 7 \equiv 55596338 \bmod 60482986,$$

$$3\log_2 2 + \log_2 3 + 4\log_2 5 + \log_2 7 + \log_2 11 \equiv 53969984 \bmod 60482986.$$

上面 4 个同余式, 有 4 个未知变量, 通过解线性方程组, 可以得到

$$\log_2 3 = 39486044, \ \log_2 5 = 24843843, \ \log_2 7 = 12566964, \ \log_2 11 = 23507575.$$

现在计算 $\log_2 12341554$. 通过随机选取指数, 计算

$$12341554 \times 2^{37998930} \equiv 698775 = 3 \times 5^2 \times 7 \times 11^3 \quad \bmod 60482987,$$

得到

$$\log_2 12341554 = \log_2 3 + 2\log_2 5 + \log_2 7 + 3\log_2 11 - 37998930 = 13298517.$$

有限域 $\mathbb{F}_p$ 上的指标计算主要是借助 $\mathbb{F}_p$ 上的元素可以看成是整数环上的元素, 从而具有算术基本定理的性质, 即可以唯一写成素因子的乘积形式. 这个算法可以推广到有限域 $\mathbb{F}_p$ 的扩张域 $\mathbb{F}_{p^k}$ 上, 因为 $\mathbb{F}_{p^k}$ 上的元素可以看成是 $\mathbb{F}_p$ 上的次数小于 k 的多项式全体, 而任一多项式都可以写成 $\mathbb{F}_p$ 上不可约多项式的乘积. 此时求解有限域 $\mathbb{F}_{p^k}$ 上离散对数的指标计算的因子基可以利用 $\mathbb{F}_p$ 上低次不可约多项式来构造.

指标计算算法需要求解有限域上的线性方程组. 在 20 世纪 70 年代和 80 年代初的很长一段时间, 这一步骤被视为一个主要的瓶颈, 影响了渐进的运行时间. 不过由于指标计算算法所产生的线性方程组的系数矩阵大都是稀疏的, 这使得算法的开发可以利用这种稀疏性, 使得运行速度更快, 比一般的线性方程组的求解效率高.

最早针对素域 $\mathbb{F}_p$ 的指标计算算法是 Adleman 在 1979 年[14] 提出的, 并给出了前面提到的 $L_p(1/2, 2)$ 的复杂度分析. 指标计算的设计和复杂度分析基本是借鉴了整数分解中的 Dixon 的随机平方算法. 为了降低 c 的值, 1986 年, Coppersmith 等[68] 引入了高斯整数法, 这大大改进了指标计算方法, 将 c 的值降低到 1, 使得算法的渐进复杂度为 $L_p(1/2, 1)$. Hellman 和 Reyneri[118] 将 $\mathbb{F}_p$ 上的指标计算推广到 $\mathbb{F}_{p^k}$ 形式的有限域. 1988 年, Pollard 提出了一种新的整数分解方法, 后来文章被收集在 1993 年出版的 *The Development of the Number Field Sieve*, 称为格筛法[188], 该方法被 Lenstra 兄弟发展成了数域筛法 (NFS)[154]. 在最初的指

标计算算法的筛选阶段, 一般取一些小的素因子作为因子基. NFS 的思想是通过选择映射到 $\mathbb{F}_p$ (或一般的有限域 $\mathbb{F}_q$, $q = p^k$) 的两个数环, 然后在这些环中构建某个固定次幂, 从而使它们在 $\mathbb{F}_p$ 中具有相同的映像, 这样就在 $\mathbb{F}_p$ 中生成涉及某两个元素的关系. 数域筛法一开始是应用于整数分解问题. 将该方法用在有限域的离散对数是 Gordon [111] 于 1993 年首次提出的, 之后被 Schirokauer [199] 改进, 给出了塔数域筛法 (TNFS). 1994 年, Adleman [15] 给出了数域筛法的函数域模拟, 即函数域筛法 (FFS). 数域筛法和函数域筛法都是原来指标计算的改进, 或者可以看成是两类特殊的指标计算算法. 借助这些改进的算法, 可以对所有的有限域上的离散对数问题的计算复杂度从原来 $L_p(1/2, c)$ 降低到 $L_p(1/3, c)$. 之后的一些改进工作主要是降低 c 的值.

在文献 [136] 中, Joux 等对离散对数的计算算法给出了一个非常全面深入的综述, 对于有限域上的指标计算算法, 根据有限域的特征分析了数域筛法和函数域筛法. 对于具有中等或高特征的有限域 $\mathbb{F}_{p^k}$, Joux 等在 2006 年 [135] 提出了一种数域筛选的自适应算法, 其复杂度为 $L_{p^k}(1/3, c)$. 对于具有高特征的有限域, [135] 的算法扩展了具有相同复杂度的 Shirokauer 变形, 即 $L_{p^k}(1/3, (64/9)^{1/3})$, 但仅适用于具有固定扩展度的有限域. 对于具有中等特征的有限域, [135] 的算法提出了经典数域筛法的一种变体, 使得最终复杂度是 $L_{p^k}(1/3, (128/9)^{1/3}) = L_{p^k}(1/3, 2.4228)$. 对于中等特征的有限域, 用于表示有限域的多项式选择更容易, 但是, 不能再对线性多项式进行筛选. 由于在筛选阶段使用高次多项式, 数域筛选的这种变体通常称为 NFS-HD. 这也是为什么在这种情况下算法的复杂度比在高特征情况下更高的原因. 目前, 最广为人知的中高特征离散对数算法是多数域筛法 (MNFS), 它是 Barbulescu 和 Pierrot 于 2014 年提出的 NFS 的一种变形 [27]. 在这两种情况下, MNFS 的主要思想是不仅考虑两个数域, 还考虑许多可能的路径. 由于每个数域扮演相同的角色, 因此在中等特征情况下可以获得特定的好处. Barbulescu 等 [29] 对 TNFS 进行了重新研究, Kim 和 Barbulescu [140] 指出了该算法对提高中等特征有限域情况离散对数计算复杂性的影响. 目前对于中等特征有限域的离散对数的计算记录是 Joux [133] 于 2013 年公布的利用改进的函数域筛法计算的有限域 $\mathbb{F}_{3^{3341357}}$ (1045 比特有限域) 中的离散对数.

对于具有中小特征的有限域 $\mathbb{F}_{p^k}$, Joux 和 Lercier [134] 在 2006 年提出了对 FFS 的一种修改, 这可以看成是 Adleman 在 1993 年引入的 FFS 的一种改进. 尽管之后也有一些改进, 但在 2013 年之前, 对中小特征的有限域上离散对数计算的复杂度还是在 $L_{p^k}(1/3, c)$ 级别. 自 2013 年初以来, 对于那些具有小型 (或极小型) 特征的有限域, 许多事情都发生了变化. 这主要是因为 Joux 在 2013 年对小特征有限域 $\mathbb{F}_{p^k}$ 上的离散对数问题提出了一个改进的指标计算算法, 将原来的计算复杂度从 $L_{p^k}(1/3, c)$ 下降到 $L_{p^k}(1/4 + o(1), c)$ [132]. 之后, Barbulescu 等在 2014 年欧密会上对 Joux 改进的算法进行了进一步分析和提高, 最后得到了小特征有限域离散对数问题的一个启发式拟多项式算法 (称为 BGJT 算法)[28], 具体地, 对于有限域 $\mathbb{F}_{q^{kn}}$, 这里 $k \geqslant 2$ 是固定的, $n \leqslant q + d$, d 是非常小的 (从而 $n \approx q$), BGJT 算法的复杂度是

$$(\log q^{kn})^{O(\log \log q^{kn})} = \exp(O((\log \log q^{kn})^2)).$$

这是一个形如 $L_{p^{kn}}(0 + o(1), c)$ 的拟多项式时间算法. 关于小特征有限域的离散对数问题的求解方法的较为详细和完善的介绍可以参看文献 [137].

　　这几年有限域上离散对数的指标计算算法的改进对基于有限域上离散对数密码系统的安全性造成了严重的影响, 特别是 Joux 等的对小特征有限域上的指标计算算法的改进对某些密码方案是致命的威胁. 我们前面讲过, 如果双线性对群 $\mathbb{G}_1$, $\mathbb{G}_2$ 或 $\mathbb{G}_T$ 中的离散对数可解, 那么基于双线性对的密码体制是显然不安全的. 例如, 如果 $\mathbb{G}_T$ 中的离散对数可解, 由 MOV 攻击, $\mathbb{G}_1$ 或 $\mathbb{G}_2$ 中的离散对数就可解, 从而双线性对逆问题也迎刃而解了. 在目前通用的双线性密码体制中, $\mathbb{G}_T$ 是有限域的乘法子群, 所以有限域的 DLP 如果可解, 那么双线性对就不安全了.

　　例如, Menezes 等借助 Joux 的算法利用 Magma 在 2014 年 2 月计算出了 1551 比特的有限域 $\mathbb{F}_{3^{6 \times 163}}$ 上的离散对数, 2016 年 7 月该团队又计算出了 4841 比特的有限域 $\mathbb{F}_{3^{6 \times 509}}$ 上的离散对数, 这是目前特征 3 有限域上离散对数的最高纪录; Robert Granger 等在 2014 年 1 月计算出了 9234 比特的有限域 $\mathbb{F}_{2^{9234}}$ 上的离散对数. 目前特征 2 有限域上离散对数的计算记录是 Granger, Kleinjung 和 Zumbrägel 等首次使用 [28] 的拟多项式算法于 2019 年 7 月公布的 $\mathbb{F}_{2^{30750}}$ 上离散对数. 这些结果使得基于小特征有限域特别是合数扩域已经不适合用来构造基于离散对数的密码体制, 并且建立在特征为 2 和 3 或中小规模特征的有限域上的双线性对密码体制也基本不安全了. 这使得 I 型双线性对 $(e \colon \mathbb{G} \times \mathbb{G} \to \mathbb{G}_T)$ 基本不能用了. 因为 I 型双线性对主要是利用超奇异椭圆曲线实现, 从曲线的定义域可分为小特征情形和大特征情形. 小特征有限域情形是利用特征为 2 和 3 的有限域上的超奇异椭圆曲线, 此时嵌入次数是 4 和 6. 这种选择能使得 $\mathbb{G}$ 中群元素有短的表示, 从而可以实现短签名. 但由于 Joux 及其后来其他人改进的关于小特征有限域上离散对数问题的指标计算算法, 这类双线性对已经不安全了. 对于大特征情形, 一种选择是利用大素数域 $\mathbb{F}_p$ 上嵌入次数为 1 或 2 的超奇异椭圆曲线, 此时为了达到 80 比特的安全性, 这里的 p 至少是 1024 或 512 比特 (分别对应于嵌入次数 1 和 2) 的素数, 这使得利用这样构造的 I 型双线性对所设计出的签名不再是短的了, 并且实现效率也不高了. 另一种选择是利用域 $\mathbb{F}_{p^2}$ 上嵌入次数为 3 的超奇异椭圆曲线, 此时要达到 80 比特的安全性, 这里的 p 至少是 160 比特以上, 因为曲线定义在 $\mathbb{F}_{p^2}$ 上, 利用这样构造的 I 型双线性对所设计出的签名尺寸至少

是 320 比特以上, 与同等安全的 ECDSA 相比没有任何优势了. 现在构造短签名的话, 只有大素数域上 II 型和 III 型双线性对可以使用.

尽管大素数域上的双线性对可以使用, 但最近几年有限域上的指标计算算法的改进对这类双线性对也造成了一定的影响. 基于双线性对的密码体制中所用椭圆曲线不是任意的, 它是需要满足一些条件的, 即是配对友好的 (pairing-friendly) 曲线. 利用大素数域 $\mathbb{F}_p$ 上椭圆曲线 E 构造的双线性对 $e: \mathbb{G}_1 \times \mathbb{G}_2 \to \mathbb{G}_T$, 如果满足下面条件, 则称带有嵌入次数 k 和大素因子 $r | \sharp E(\mathbb{F}_p)$ 的椭圆曲线 E 是配对友好的:

(1) 素数 r 必须足够大, 使得 $\mathbb{G}_1$, $\mathbb{G}_2$ 中的离散对数是计算困难的.

(2) 嵌入次数 k 要足够大, 使得 $\mathbb{G}_T \subseteq \mathbb{F}_{p^k}$ 中的离散对数问题的求解难度与 $\mathbb{G}_1$, $\mathbb{G}_2$ 中的相当.

(3) k 同时要相对较小, 以确保 $\mathbb{G}_T$ 中的运算能有效执行.

(4) 定义 $\rho = \log p / \log r$, 并要求 ρ 的值必须接近 1, 即 $\log r \approx \log p$.

关于配对友好的椭圆曲线的构造方法可以参见 Freeman 等在文献 [89] 中给出的综述. 一些基于双线性对的标准, 如 P1363, SM9 等所建议的曲线都是配对友好的椭圆曲线. 常用的配对友好曲线是 Barreto-Naehrig (BN) 曲线[33]、BLS12 曲线[32] 等. 在传统的数域筛法或函数域筛法攻击下, 建议 128 比特安全级别的 BN 曲线参数如下 $k = 12$, $\log r \approx \log p = 256$ ($\rho \approx 1$), 扩域 $\mathbb{F}_{p^k}$ 是 3072 比特. 但是最近几年关于 TNFS 方法的最新变体, 例如扩展 TNFS (exTNFS) 或特殊的 exTNFS (SexTNFS) 算法[140] 将 $\mathbb{F}_{p^k}$ 上的 DLP 的复杂度由原来的 $L_{p^k}(1/3, 1.923)$ 降低到 $L_{p^k}(1/3, 1.526)$. 这些有限域的扩域 (特别是合数次扩张) 上离散对数问题的求解算法的改进对应用在实际中的双线性对密码体制的参数产生了影响. 文献 [88], [170] 分析和研究了最近几年改进的数域筛法或函数域筛法对双线性安全性的影响, 并提出了新的安全参数的建议. 例如对于 BN 曲线, 嵌入次数是 $k = 12$, 128 比特的安全性, 实际上只是 110 比特的安全级别[88]. 所以他们建议[170], 对于 BN, BLS12, KSS 和 BLS24 双线性对, 在 192 比特的安全级别上, 用于构造基域的素数 p 的比特长度的保守选择分别为 1031, 1147, 597 和 480.

2. 高亏格超椭圆曲线离散对数的指标计算

指标计算算法成功应用的另一个例子是高亏格超椭圆曲线的 Jacobian 群的离散对数问题.

令 C 是定义在有限域 $\mathbb{F}_q$ 上的亏格为 g 的超椭圆曲线,

$$C: y^2 + h(x)y = f(x),$$

其中 $f(x)$ 是次数为 $2g + 1$ 的 $\mathbb{F}_q[x]$ 中的首一多项式, $h(x)$ 是次数至多为 g 的

$\mathbb{F}_q[x]$ 中的多项式, 并且没有解 $(x, y) \in \overline{\mathbb{F}}_q \times \overline{\mathbb{F}}_q$ 同时满足方程 $y^2 + h(x)y = f(x)$ 和分别关于 x 和 y 求偏导得到的偏微分方程 $2y + h(x) = 0$ 和 $h'(x)y - f'(x) = 0$ (满足这些条件的点称为奇异点, 超椭圆曲线要求没有奇异点).

记 $J_C(\mathbb{F}_q)$ 为 C 的 Jacobian 群, 这是一个有限交换群. $J_C(\mathbb{F}_q)$ 中的任一元素 D 都是归约除子, 所以都有如下的 Mumford 表示 $D = [u(x), v(x)]$, 其中 $u(x), v(x) \in \mathbb{F}_q[x]$ 且满足: ① $u(x)$ 是首一的; ② $\deg(v(x)) \leqslant \deg(u(x)) \leqslant g$; ③ $u(x) \mid v(x)^2 + h(x)v(x) - f(x)$. Cantor 的工作[60] 为实现超椭圆曲线的 Jacobian 群中的运算提供了一个有效的算法.

超椭圆曲线的离散对数问题 (HCDLP) 是指该超椭圆曲线定义的 Jacobian 群 $J_C(\mathbb{F}_q)$ 上的离散对数问题, 即给定定义在 $\mathbb{F}_q$ 上的 $J_C(\mathbb{F}_q)$ 中的两个除子 D_1, D_2, 确定出整数 s, 使得 $D_2 = sD_1$ (如果这样的 s 存在). 因为有限域上超椭圆曲线的 Jacobian 群也满足用于构造基于离散对数系统的密码体制的条件, 所以也可以利用它来构造密码方案. 作为 ECC 的一个推广, Neal Koblitz[144] 在 1989 年提出了超椭圆曲线密码体制 (HCC), 它是基于有限域上超椭圆曲线的 Jacobian 群上的离散对数问题的困难性构造的密码体制.

计算离散对数的指标计算算法的一个基本步骤是寻找因子基. 要将指标计算算法应用到超椭圆曲线 Jacobian 群上, 需要考虑如何定义因子基的元素. 对于一个具有 Mumford 表示的除子 $D = [u, v]$, 如果 u 在 $\mathbb{F}_q[x]$ 上是不可约的, 则称 D 是素的 (u 如果是一次多项式, D 此时显然是素的); 超椭圆曲线的 Jacobian 群中的除子 $D = [u, v]$ 等于素除子 $[u_i, v_i]$ 的和, 这里 u_i 是 u 的素因式. 一个除子称为 S-光滑的, 如果它的所有素除子的次数至多是 S. 1-光滑的 ($S = 1$) 除子是它的多项式 u 在 $\mathbb{F}_q[x]$ 上完全分解的除子.

我们把 $J_C(\mathbb{F}_q)$ 中所有次数至多是 S 的素除子的全体记为集合 GS, 该集合可以用作 $J_C(\mathbb{F}_q)$ 上指标计算算法的因子基. 由于亏格越大, 1-光滑除子在全体除子中所占的比率越小, 从而越容易确定, 此时 1-光滑除子作为因子基的指标计算算法就越有效.

Adleman-DeMarrais-Huang[16] 在 1994 年首先提出了求解有限域上大亏格超椭圆曲线的 Jacobian 中的离散对数的亚指数时间算法. 最初 Adleman-DeMarrais-Huang 只是考虑的素数域 $\mathbb{F}_p$ 上的高亏格的超椭圆曲线, 这个算法很容易推广到任意有限域上.

Adleman-DeMarrais-Huang 的算法当 $2g > \log q$ 时, 指标计算算法的复杂度是亚指数时间的, 大约是 $L_{p^{2g+1}}(1/2, c)$, 这里 c 是一个小于 2.181 的常数. 在 2000 年欧密会上, Gaudry[103] 给出了 Adleman-DeMarrais-Huang 的算法的一个变形. 之后, Enge 和 Gaudry 在 [81] 中给出了一个计算超椭圆曲线离散对数问题的亚指数时间的一般框架.

下面的算法 34 给出了 Gaudry 在 2000 年欧密会上提出的高亏格超椭圆曲线离散对数问题的算法.

算法 34 高亏格 HCDLP 的指标计算

输入: 有限域 $\mathbb{F}_q$ 上亏格 g 的超椭圆曲线 C 的一个除子 D_1, 具有素数阶 n, 另一个除子 D_2, 一个参数 r.

输出: 一个整数 $s \in \mathbb{Z}_n$, 使得 $D_2 = sD_1$.

1. (构造因子基) 给定光滑界 S (一般可以取 $S = 1$), 选取 $J_C(\mathbb{F}_q)$ 中次数至多为 S 的素除子构成 $J_C(\mathbb{F}_q)$ 的一个因子基 $\mathrm{FB}_S = \{p_1, p_2, \cdots, p_t\}$, 这里 $p_i = [u_i, v_i] \in J_C(\mathbb{F}_q)$, 且 $\deg(u_i) \leqslant S$. 令 $k = \lceil \log_2 t + \log_2 \log_n \rceil + 1$.

2. 构造矩阵 $A = (a_{ij}) \in \mathbb{Z}_n^{t \times 2kt}$ 如下:
   对于 $j = 1, 2, \cdots, kt$, 随机选取 $\alpha_j, \beta_j \in \mathbb{Z}_n$, 直到 $\alpha_j D_1 + \beta_j D_2$ 是 S-光滑的, 且可以写成

   $$\alpha_j D_1 + \beta_j D_2 = \sum_{i=1}^{t} a_{ij} P_i.$$

   对于 $j = kt+1, \cdots, 2kt$, 写 $j = (k+l)t + m$, $0 \leqslant l \leqslant k-1, 1 \leqslant m \leqslant t$. 随机选取 $\alpha_j, \beta_j \in \mathbb{Z}_n$, 直到 $\alpha_j D_1 + \beta_j D_2 - p_m$ 是 S-光滑的, 然后写成

   $$\alpha_j D_1 + \beta_j D_2 = p_m + \sum_{i=1}^{t} b_{ij} P_i = \sum_{i=1}^{t} a_{ij} P_i.$$

3. 尝试找到一个非零向量 $\gamma = (\gamma_1, \gamma_2, \cdots, \gamma_{2kt})$, 使得

   $$A\gamma = 0.$$

   若这个过程失败, 则返回第 2 步.

4. 若 $\sum_{j=1}^{2kt} \beta_j \gamma_j$ 在 $\mathbb{Z}_n$ 中可逆, 则输出

   $$-\left(\sum_{j=1}^{2kt} \beta_j \gamma_j \right)^{-1} \sum_{j=1}^{2kt} \alpha_j \gamma_j,$$

   否则返回第 2 步.

Gaudry 在文献 [103] 中给出了算法 34 的成功概率和计算复杂性的详细讨论, 得到如下结论:

定理 7.1[103] 设 C 是定义在有限域 $\mathbb{F}_q$ 上亏格为 g 的一条超椭圆曲线, $J_C(\mathbb{F}_q)$ 为 C 的 Jacobian 群. 假定 $J_C(\mathbb{F}_q)$ 为循环群且其阶已知, 则当 $g / \log q$ 趋于无穷时, 存在一个亚指数概率型算法求解 $J_C(\mathbb{F}_q)$ 为 C 中的离散对数问题, 该算法的期望时间是 $L_{q^{2g+1}}[1/2, \sqrt{2} + o(1)]$.

Gaudry 在文献 [103] 中也讨论了较低亏格的超椭圆曲线离散对数问题的指标算法. 按照 Guadry 对较低亏格超椭圆曲线离散对数问题的讨论, 得出的计算复杂度是

$$O(g^2 g! q \log^2 q) + O(g^3 q^2 \log^2 q).$$

而定义在有限域 $\mathbb{F}_q$ 上的亏格为 g 的超椭圆曲线的 Jacobian 群的阶大约是 q^g, 利用 Pollard rho 方法求解离散对数的复杂度是 $O(q^{g/2})$. 从 Guadry 给出的算法复杂度可看出, 当亏格 $g > 4$ 时, Gaudry 的算法要比 Pollard rho 算法好.

如果 $q > (g - 1)$, 则线性代数步骤的成本 $O(g^3 q^2 \log^2 q)$ 就会远大于筛法的成本 $O(g^2 g! q \log^2 q)$. 2003 年, Nicolas Theriault [224] 通过引入大素点的概念试图通过减少因子基的大小 (即线性代数步骤中的变量数量) 来降低线性代数的成本. 通过选择合适的因子基, Theriault 给出的改进的算法的时间复杂度是 $O(g^5 q^{2 - \frac{4}{2g+1} + \varepsilon})$. Gaudry, Thome, Theriault 和 Diem 在 2007 年 [107] 提出了双大素点的概念, 继续对算法给出了改进, 使得求解超椭圆曲线离散对数的时间复杂度是 $O(q^{2 - \frac{2}{g}})$.

3. 指标计算如何应用到 ECDLP 上

如何将指标计算的方法应用到椭圆曲线群上呢？自从椭圆曲线密码体制提出以来就有很多学者在这方面一直努力. 指标计算法的实用性取决于能否找到合适的因子基来构造相应的线性方程组. 对于有限域乘法群和超椭圆曲线 Jacobian 群, 前面看到已经有实用的因子基. 对于椭圆曲线, Miller [175] 认为在 $E(\mathbb{F}_q)$ 中很难找到合适的因子基.

Xedni 计算法是 Silverman [215] 在 1998 年提出的对 ECDLP 的一个新的攻击方法. 对于椭圆曲线上的离散对数问题, 因为不容易找到合适的因子基, 所以指标计算法看起来用不上. 在指标计算法中, 将元素分解成小素因子 (因子基元素) 的积是非常重要的 (如果群运算是乘法). 对于椭圆曲线上的有理点也希望要引入与此相当的概念. 为此, Silverman 把有限域上的椭圆曲线首先提升为有理数域上的曲线, 使用有理数域上曲线的点的高度的概念, 试图将有限域上的椭圆曲线离散对数问题转化成对应的有理数域上的椭圆曲线的有理点的高度关系. 详细的内容可以参见文献 [215]. 这种方法是一种提升方法, 与传统的指标计算算法的顺序不一样, Silverman 以 Index 的逆序 Xedni 来命名这个方法. 遗憾的是, 根据 Jacobson 等 [128] 的讨论, Xedni 计算法成功的概率是非常小的, 且它的计算量仍是指数时间的.

指标计算关键的步骤或技术有两个, 即选择合适的因子基和寻找元素之间的线性关系. 尽管 Silverman 提出的 Xedni 算法没有对有限域上的 ECDLP 造成威胁, 但他的方法似乎对求解 ECDLP 拓展了一些思路. 由于在有理数域或全局

域上的椭圆曲线的有理点可以定义高度, 而高度较小的点可以选作因子基, 所以如果存在一个从有限域上的椭圆曲线到有理数域或某一全局域上的椭圆曲线, 则可以利用指标计算算法求解 ECDLP. 具体说, 若 E 是素域 $\mathbb{F}_p$ 上的椭圆曲线, 将 $E(\mathbb{F}_p)$ 中点提升成 $\mathbb{Q}$ 上椭圆曲线 E' 中点, 然后取 $E'(\mathbb{Q})$ 高度较小的点为因子基. 这实际上就是 Xedni 算法的基本思想. 更一般地, 将有限域上的椭圆曲线及其有理点提升到任一数域上, 使得在数域上的椭圆曲线群能够容易找到线性关系, 同样可以利用指标计算算法求解 ECDLP. 构造 ECDLP 的指标计算算法所需的线性方程问题又被称作点分解问题, 即给定因子基 FB 和点 $P \in E(\mathbb{F}_q)$, 如果存在 $P_1, \cdots, P_m \in$ FB 满足

$$P = P_1 + \cdots + P_m,$$

那么求出这样的 $P_1, \cdots, P_m$. 如果在 $E(\mathbb{F}_q)$ 中能够解决点分解问题, 就可以在 $E(\mathbb{F}_q)$ 中找到用于指标计算的线性关系.

但是, 非常遗憾, 对于提升的办法, 由于高度较小的点太少或是没有有效的提升方法, 这种攻击方法并不可行, 下一节我们将详细讨论提升方法. 而对于点分解或寻找有限域上椭圆曲线有理点之间的线性关系也不是容易的事情.

7.2 提 升 方 法

7.2.1 提升的基本思路

Xedni 算法提出后, 又有很多学者研究过提升方法. Silverman 在 [216] 中对这一类工作做了一个很好总结. 本节主要参考 Silverman 的文章 [216] 对提升问题进行介绍. 首先借用 [216] 中的记号形式给出提升问题.

定义 7.1(提升问题) 设 e 是定义在域 k 上的椭圆曲线, $s_1, \cdots, s_r \in e(k)$. $(k, e, s_1, \cdots, s_r)$ 的提升问题就是寻找下列这些内容:

(1) 带有子环 R 的域 K;

(2) R 的极大理想 $\mathfrak{p}$, 满足 $R/\mathfrak{p} \cong k$;

(3) 一条 K 上的椭圆曲线 E, 满足 $E \bmod \mathfrak{p} \cong e$;

(4) 点 $S_1, \cdots, S_r \in E(K)$, 满足对 $1 \leqslant i \leqslant r$ 有 $S_i \bmod \mathfrak{p} = s_i$.

提升问题有很多变形, 包括:

(1) 给定 e/k, 求出 e/k 的提升 E/K, 并给出一个算法, 该算法能够 (有效地) 把一些 $e(k)$ 中的点集合提升到 $E(K)$ 中的点.

(2) 带有额外限制的 $(k, e, s_1, \cdots, s_r)$ 的提升, 即要求 $E(K)$ 是秩严格小于 r 的有限生成群.

(3) 带有额外限制的 $(k, e, s_1, \cdots, s_r)$ 的提升, 即要求提升得到的点 $S_1, \cdots, S_r$ 都是挠点.

粗略地讲, 我们可以根据域 K 是局部的还是全局的, 提升点是挠点还是非挠点把提升问题大致分为四种情况: p-adic (局部) 非挠点、p-adic 挠点、全局挠点和全局非挠点. 乍一看, 这种分为四种情况的做法可能显得有些人为, 但每种情况都提供了一条通向 ECDLP 解决方案的途径.

Silverman [216] 归纳了这四种提升方法, 并分析了它们求解 ECDLP 都不成功的原因. 我们按照 Silverman 的文章思路和记号, 分别讨论一下这四种提升的方法.

7.2.2　提升到 p-adic 非挠点

令 e/k 是定义在有限域 k 上的椭圆曲线, $s \in e(k)$. 令 K 是一个带有整环 R 和极大理想 $\mathfrak{p}$ 的完备局部域, 并且满足 $R/\mathfrak{p} \cong k$ (如果 k 是有限域 $\mathbb{F}_p$, K 是有理数域 $\mathbb{Q}$, 则 R 是整数环 $\mathbb{Z}$, 而极大理想 $\mathfrak{p}$ 是由素数 p 生成的理想 (p)). 从文献 [214] 的 VII.2.1 可知, 模 $\mathfrak{p}$ 归约映射 $E(K) \to e(k)$ 是满射, 实际上存在如下的正合序列

$$0 \to E_1(K) \to E(K) \xrightarrow{\text{red mod } \mathfrak{p}} e(k) \to 0,$$

这里 $E_1(K)$ 是模 $\mathfrak{p}$ 归约映射的核.

Hensel 引理为计算有理点 s 到 $E(K)$ 上的提升提供了一种有效的方法, 当然, 除了 Hensel 方法, 还有很多的提升方法. 下面我们给出利用 Hensel 引理进行提升的基本方法.

假定 e/k 和 E/K 的 Weierstrass 方程如下

$$e: f(x, y) = y^2 + a_1 xy + a_3 y - x^3 - a_2 x^2 - a_4 x - a_6 = 0,$$

$$E: F(X, Y) = Y^2 + A_1 XY + A_3 Y - X^3 - A_2 X^2 - A_4 X - A_6 = 0,$$

满足 $E \bmod \mathfrak{p} = e$. 令 $s = (x_1, y_1) \in e(k)$ 是要提升的点. 令 π 是理想 $\mathfrak{p}$ 的一个生成元.

如下定义点序列 (X_i, Y_i), 满足

$$F(X_i, Y_i) \equiv 0 (\bmod \mathfrak{p}^i), \quad i = 1, 2, 3 \cdots. \tag{7.1}$$

(1) 任意选择 $(X_1, Y_1) \in R^2$, 使得 $X_1 \bmod \mathfrak{p} = x_1$, $Y_1 \bmod \mathfrak{p} = y_1$. 这样选择的 (X_1, Y_1) 显然满足方程 (7.1).

(2) 假定 (X_i, Y_i) 已经选好, 且满足方程 (7.1). 选择 $u, v \in R$, 满足

$$\frac{F(X, Y)}{\pi^i} + \frac{\partial F}{\partial X}(X_i, Y_i)u + \frac{\partial F}{\partial Y}(X_i, Y_i)v \equiv 0 (\bmod \mathfrak{p}). \tag{7.2}$$

令

$$X_{i+1} = X_i + \pi^i u, \quad Y_{i+1} = Y_i + \pi^i v,$$

椭圆曲线 e 的非奇异性保证了其中一个偏导数是模 $\mathfrak{p}$ 归约下非零的, 所以 $u, v \in R$ 有很多选择.

重复上面步骤可以构造一个点序列 (X_i, Y_i), 这些点都模 $\mathfrak{p}$ 归约到 s, 且满足 $F(X_i, Y_i) \equiv 0 (\mod \mathfrak{p}^i)$, 收敛到 $E(K)$ 上某个点 S 即为 s 的提升.

注意到 Hensel 构造不会产生 s 的特定的提升 S. 实际上, 在每个步骤中必须选择值 $u, v \in R$ 满足方程 (7.2), 只有 u 和 v 模 $\mathfrak{p}$ 的值是重要的, 而 v 模 $\mathfrak{p}$ 的值由 u 的值决定. 因此, 对于每个 $S_i = (X_i, Y_i)$, 对于 $R/\mathfrak{p}$ 中 u 的每个值都有一个提升 S_{i+1}, 即 S_i 的提升 S_{i+1} 实际上是一个集合. 特别地, 如果 $k = R/\mathfrak{p}$ 是一个大的域, 那么即使是模 $\mathfrak{p}^2$ 的提升集也是很大的.

有了提升以后, 我们看看如何借助这样的提升来求解 ECDLP. 假定我们要找的 $e(k)$ 上的 ECDLP 是 $s, t = ms$, 这里 $s, t \in e(k)$ 都是 n 阶点. 利用 Hensel 方法构造我们把 e, s, t 提升到曲线 E/K 和点 $S, T \in E(K)$. 我们假定提升也保持了初始的关系, 即 $T = mS$. $E_1(K)$ 是模 $\mathfrak{p}$ 归约映射的核, 因为 $ns = nt = \mathcal{O}$, 所以 $nS = S'$ 和 $nT = T'$ 都在 $E_1(K)$ 中. $E_1(K)$ 称为形式群. 文献 [214] 的 IV 有关于形式群的介绍. 形式群上有一个易于计算的形式对数同态

$$\log^f_E : E_1(K) \to K^+.$$

我们将形式对数应用于关系 $T' = mS'$. 因为 $\log^f_E$ 是一个同态, 我们发现

$$\log^f_E(T') = m \log^f_E(S').$$

不难证明, 给定 s, 大多数的提升 S 满足 $\log^f_E(S) \neq 0$, 从而 $\log^f_E(S') \neq 0$. 这样就可以计算得到我们想要的离散对数

$$m = \frac{\log^f_E(T')}{\log^f_E(S')}.$$

这好像已经利用提升解决了 ECDLP. 但为什么上面的方法仍然是失败的呢? 或者说为什么局部非挠点提升不能解决 ECDLP 呢? 答案在于我们要求提升点 S 和 T 保持初始关系, 即 $T = mS$. 但实际上我们能否做到这一点呢? 假设我们已经把 s 提升到模 $\mathfrak{p}^2$ 的点 S. 然而对于 t 的在模 $\mathfrak{p}^2$ 的许多可能的提升中, 只有一个 T 满足关系 $T = mS \mod \mathfrak{p}^2$. 因此, 利用局部非挠点提升来解决 ECDLP 的困难是因为提升太多了, 而且没有办法始终如一地提升两点以保持所需的关系.

总的来说, 局部非挠点提升方法能够把要解决的 ECDLP 转移到形式群上, 且计算简单, 但是提升不能保持初始关系.

下面用一个小例子来说明这种提升方法.

考虑定义在有限域 $k = \mathbb{F}_{127}$ 上的椭圆曲线

$$e\colon y^2 = x^3 + 13x + 22.$$

容易计算 $\sharp e(k) = 139$ 是一个素数. 要计算的离散对数是 $s = (15, 121), t = (19, 4) = 88s \in e(k)$.

我们将 e 提升到 p-adic 曲线 E 上, 这里 $p = 127$.

$$E\colon Y^2 = X^3 + 13X + 22.$$

我们将 s 提升到模 p^2 的点 S. 一般 $S = (15 + up, 121 + vp) \bmod p^2$. 因为 S 是 E 上一个点, 所以有

$$(121 + vp)^2 = (15 + up)^3 + 13(15 + up) + 22 \ \bmod p^2,$$

解出 u, v 的关系: $v = 112u + 39$. s 提升到模 p^2 的点 S 具有如下形式:

$$S = (15 + 127u, 5074 + 14224u) \ \bmod 127^2.$$

可以看出, s 提升到模 p^2 的点是一个集合, 任何一个 $u \in \mathbb{F}_{127}$ 都给出 s 一个不同的提升.

同理也可以把 $t = (19, 4)$ 提升到模 p^2 的点集, 即

$$T = (19 + 127u, 893 + 1270u) \ \bmod 127^2.$$

随机选择 s 的一个提升, 例如不妨假设取 $u = 2$ 时的提升, 即选择 $S = (269, 1264) \bmod 127^2$. 我们可以对所有的 t 提升到模 p^2 的集合检测是否有 $T = 88S$. 结果发现只有当 $u = 114$ 时, 这样的提升才保持了原来的离散对数关系. 所以当 p 很大时, 给定 s 的一个提升, 无法有效找到保持初始关系的提升 T, 从而无法利用形式群对数同态来计算 ECDLP.

7.2.3　提升到 p-adic 挠点

上一节的提升方法中, 只是将 $s \in e(k)$ 提升到 $S \in E(K)$, 没有要求或关注提升点 S 的阶. 因为 $s \in e(k)$ 具有有限阶 n, 这一节考虑将 $s \in e(k)$ 提升到 $S \in E(K)$ 的问题, 同时要求 S 也是 n 阶点. 我们知道把 $s \in e(k)$ 提升到 $E(K)$ 上有很多提升方法, 如上一节讲的 Hensel 构造, 但当考虑提升点是 n 阶挠点时, 关于这样的提升点的存在性和唯一性, 有如下的结论[216]:

定理 7.2　假定 $e/k, E/K$ 和 $s \in e(k)$ 如前面定义, 并假定 s 的阶 n 不被 k 的特征 p 整除. 那么, 存在唯一的一个 n 阶挠点 $S \in E(K)$, 满足 $S \bmod \mathfrak{p} = s$.

证明 我们首先证明一下唯一性. 假设 $S, S' \in E(K)$ 都是提升 s 到 $E(K)$ 上的 n 阶点, 那么 $T = S - S'$ 是 n 阶点, 且在模 $\mathfrak{p}$ 归约下是无穷远点, 同时由于 n 不能被 p 整除, 所以 $T = \mathcal{O}$, 从而 $S = S'$.

下面证明存在性. 令 E 由如下的极小 Weierstrass 方程给出:

$$E: F(X, Y) = Y^2 + A_1 XY + A_3 Y - X^3 - A_2 X^2 - A_4 X - A_6 = 0,$$

则 $A_1, \cdots, A_6 \in R$, 且判别式 $\Delta \in R^*$. 由椭圆曲线除多项式的定义可知, E 的第 n 个除多项式

$$\psi_n(X) = n^2 X^{(n^2-1)/2} + \cdots \in \mathbb{Z}[A_1, \cdots, A_6][X]$$

的根是 E 的 n 阶挠点的 x 坐标. 另外, 除多项式 $\psi_n(X)$ 的判别式形如 $n^\alpha \Delta^\beta$.

还要注意到一个事实就是除多项式 $\psi_n(X)$ 的判别式与 p 互素.

给定的 $s = (x_0, y_0)$ 是 e/k 上一 n 阶点, 所以 x_0 是 $\psi_n(X) \bmod \mathfrak{p} \equiv 0$ 的一个根. 更进一步地, 它是一个单根 (也就是 $\psi_n'(x_0) \bmod \mathfrak{p} \neq 0$), 由 Hensel 引理告诉我们, 存在一个 $X_0 \in R$ 满足 $X_0 \equiv x_0 \bmod \mathfrak{p}$, 且 $\psi_n(X_0) = 0$. 然后利用 $F(X_0, y) \equiv 0 \bmod \mathfrak{p}$ 求出一个根 $Y \equiv y_0 \bmod \mathfrak{p}$, 再借助 Hensel 引理找到 Y_0, 使得 $Y_0 \equiv y_0 \bmod \mathfrak{p}$ 和 $F(X_0, Y_0) \equiv 0 \bmod \mathfrak{p}$ 同时满足. 那么 $S = (X_0, Y_0)$ 就是 $s \in e(k)$ 提升到 $E(K)$ 的 n 阶点. □

上面的定理告诉我们, $e(k)$ 中的每一个 n 阶点都可以提升到 $E(K)$ 的一个 n 阶点 S, 其中 K 是一个带有剩余域 k 的完全局部域. 然而, 上面定理的证明中依赖于除法多项式 $\psi_n(X)$ 的性质. 如果 n 很大, 那么显式计算 $\psi_n(X)$ 是不可行的, 因为 $\psi_n(X)$ 的次数是 $(n^2-1)/2$.

幸运的是, 有一种更直接的方法来计算提升. 粗略地说, 我们看一下单参数的提升族, 然后在 S 有有限阶的条件下, 给出了一个参数的线性方程. 这样, 我们可以把 $e(k)$ 上的 n 阶点 s, t 提升到 $E(K)$ 上 n 阶点 S, T. S 和 T 也保持了原来的关系, 但是我们却不能借助形式群计算这个关系.

下面借助一个示例说明提升过程.

我们依然使用 7.2.2 节的例子: 考虑定义在有限域 $k = \mathbb{F}_{127}$ 上的椭圆曲线

$$e: y^2 = x^3 + 13x + 22,$$

$\sharp e(k) = 139$ 是一个素数. 给定 $s = (15, 121), t = (19, 4) = 88s \in e(k)$.

将 s 提升到 p-adic 曲线 E 上点 S 具有如下形式:

$$S = (15 + 127u, 5074 + 14224u) \bmod 127^2.$$

要找出使得 S 的阶是 139 的那个 u. 为此, 我们加上限制条件 $139S = \mathcal{O}$, 这个条件也可以写成 $69S = -70S \bmod 127^2$. 利用椭圆曲线的点加和倍点运算, 计算出带参数 u 的 $69S$ 和 $-70S$, 然后比较两边的 x 坐标和 y 坐标, 得到 $u = 90$, 即

$$S = (11445, 11043) = (15 + 127 \times 90, 5074 + 14224 \times 90) \bmod 127^2,$$

满足

$$S \in E(\bmod\ 127^2), \quad S \equiv (15, 121) = s \bmod 127, \quad 139S = \mathcal{O} \bmod 127^2.$$

同样的过程也可以应用到 $t = (19, 4)$ 上, 对 t 的提升集合

$$T = (19 + 127u, 893 + 1270u) \bmod 127^2,$$

当 $u = 116$ 时, 得到的 $T = (14751, 3052)$ 是一个 139 阶的点. 不难验证, 此时的 S, T 都是模 p^2 的 139 阶点, 且保持了初始的关系, 即 $T = 88S$. S 和 T 不在形式群 $E_1(K)$ 中, 所以无法利用形式群的形式对数同态来计算它们的关系. nS 和 nT 都在形式群 $E_1(K)$ 中, 但它们都等于 $\mathcal{O}$, 对寻找 S 和 T 的关系没有任何帮助.

综上, 我们不借助除多项式也可以把 $e(k)$ 上的一个 n 阶点提升到 $E(K)$ 上 n 阶点, 但是不能利用形式群来计算离散对数了, 也不知道是否存在其他方法能够有效计算离散对数.

7.2.4　提升到全局挠点

正如我们在上节看到的, 可以提升 $s, t \in e(k)$ 到 p-adic 域上的椭圆曲线 E 的 n 阶点 $S, T \in E(K)$, 并且保留了 $t = ms$ 的关系, 即 $T = mS$. 然而, 提升到一个局部域对计算离散对数 m 没有帮助. 所以在本节中, 我们尝试一下将 $s, t \in e(k)$ 提升到全局域 (例如有理数域 $\mathbb{Q}$ 或数域) 上 n 阶点. 如果能够提升到全局域, 例如有理数域 $\mathbb{Q}$ 上, 那么 n 阶点 S, T 的关系 m 就比较容易计算. 例如, 可以利用许多小素数 q 进行模化, 求 m 的模 $\sharp E(\mathbb{F}_q)$ 的值. 也就是说, 一旦成功将有限域上的 ECDLP 提升到有理数域 $\mathbb{Q}$ 或数域上的 n 阶点 S, T, 那么 ECDLP 就可以有效计算. 但是, 当尝试提升到有理数域 $\mathbb{Q}$ 或数域上的挠点时, 我们遇到了严格的限制, 这是因为有理数域 $\mathbb{Q}$ 或数域上的有限阶点的阶数不是任意的. 下面的关于全局域上椭圆曲线的著名理论告诉我们为什么不能成功将 $s, t \in e(k)$ 提升到全局域 (例如有理数域 $\mathbb{Q}$ 或数域) 上 n 阶点.

定理 7.3(Mazur[165], Merel[172])　假定 E 是定义在 $\mathbb{Q}$ 上的椭圆曲线, $E(\mathbb{Q})_{\mathrm{tors}}$ 表示有理点群 $E(\mathbb{Q})$ 中有限阶点的全体. 令 $P \in E(\mathbb{Q})_{\mathrm{tors}}$, 那么 P 的阶至多是 12. 更一般地, 如果 K 是 $\mathbb{Q}$ 的 d 次扩域, E 是定义在 K 上的椭圆曲线, 则存在一个边界值 $C(d)$, 使得 $E(K)$ 中任意挠点的阶至多是 $C(d)$.

实际上, 定义在有理数域上的椭圆曲线的有限阶点的集合是很小的, 对所有椭圆曲线 $E/\mathbb{Q}$, Mazur 证明了 $\sharp E(\mathbb{Q})_{\text{tors}} \leqslant 16$.

我们也可以把这个问题从反方向来考虑, 即, 我们把 e 提升到椭圆曲线 E, 比如说定义在 $\mathbb{Q}$ 上, 我们问需要多大次数扩张的数域 K 才能使得 $E(K)$ 中存在 n 阶挠点. 这一问题的渐近解由 Serre 定理给出.

定理 7.4 (Serre[206]) 假定 $E/\mathbb{Q}$ 为椭圆曲线. 对于所有整数 $n \geqslant 2$ 和任意数域 K, 如果 $E(K)$ 有一个 n 阶挠点, 则存在一个常数 $c = c(E) > 0$, 使得

$$[K : \mathbb{Q}] \geqslant c \cdot \text{GL}_2(\mathbb{Z}/n\mathbb{Z}) \approx cn^4.$$

这就是说, 如果想提升 $e(k)$ 的一个 n 阶点 s 到 K 上的 n 阶点 S, 就需要 K 至少是 $\mathbb{Q}$ 的 cn^4 次扩域. 由于在密码应用中, 我们需要的点的阶数都是非常大的, 例如 2^{256} 大小左右, Mazur, Merel 和 Serre 的定理使得提升到全局域上的挠点将不太可能导致对 ECDLP 的可行攻击, 因为写下这些点或在定义它们的域中运算是不可行的.

7.2.5 提升全局非挠点

最后一种情形就是考虑把点提升到全局域的非挠点. Silverman 把这类提升分成了两种方法: 简单提升方法和困难提升方法. 在简单提升方法中, 选择了提升曲线, 使用一些初等方法, 如线性代数工具等同时提升点; 在困难提升方法中, 使用基本方法来提升曲线 (可能还有一个或多个点). 然后尝试提升一个或多个在构建原始提升时未考虑的附加点. 我们用定义在有限域上的椭圆曲线 $e/\mathbb{F}_p$ 提升到有理数域上的曲线 $E/\mathbb{Q}$ 为例来说明这两种提升.

1. 容易提升的方法

给定有限域 $\mathbb{F}_p$ 上的椭圆曲线 e 和两个有理点 $s, t \in e(\mathbb{F}_p)$, 很容易找到有理数域上的椭圆曲线 $E/\mathbb{Q}$ 和两个有理点 $S, T \in E(\mathbb{Q})$, 满足

$$E \equiv e \bmod p, \quad S \equiv s \bmod p, \quad T \equiv t \bmod p.$$

如果 $E/\mathbb{Q}$ 的秩为 1, 或者更一般地, 如果 S 和 T 是相关的, 那么这很容易 (使用下降或规范高度) 得到 $T = mS$. 利用模 p 归约就可以解决 ECDLP.

我们依然使用上一节的例子: 考虑定义在有限域 $\mathbb{F}_{127}$ 上的椭圆曲线

$$e: y^2 = x^3 + 13x + 22,$$

$\sharp e(\mathbb{F}_{127}) = 139$ 是一个素数. 给定 $s = (15, 121), t = (19, 4) = 88s \in e(k)$.

假定 e 的提升为

$$E\colon y^2 = x^3 + (13 + 127\alpha)x + 22 + 127\beta.$$

令 $S = (15, 121), T = (19, 4)$, 代入 E 的方程, 解得 $\alpha = -143/4, \beta = 2493/4$. 可以计算此时的定义在有理数域上的椭圆曲线

$$E\colon y^2 = x^3 - \frac{18109}{4}x + \frac{316699}{4}$$

的秩是 4, 并且 S 和 T 在 $E(\mathbb{Q})$ 上不是线性相关的, 所以我们无法求解 ECDLP.

我们可以同时提升许多 s 和 t 的线性组合, 即随机选取整数 a_i, b_i, 计算

$$u_i = a_i s - b_i t, \quad i = 1, 2, \cdots, r.$$

然后同时提升这些点到 $U_1, \cdots, U_r \in E(\mathbb{Q})$. 如果 $E(\mathbb{Q})$ 的秩小于 r, 则 $U_1, \cdots, U_r$ 是线性相关的, 借助高度函数或模素数下降的方法找到 $m_1, \cdots, m_r$, 使得下列关系成立

$$m_1 U_1 + \cdots + m_r U_r = \mathcal{O}.$$

此关系也将在模 p 归约下成立, 于是我们有

$$\left(\sum_{i=1}^r m_i a_i\right) s = \left(\sum_{i=1}^r m_i b_i\right) t,$$

从而求得 t 关于 s 的离散对数. 这实际上就是 Silverman[215] 提出的 Xedni 计算方法.

存在一个很自然的方法可以借助 Xedni 计算去求解 ECDLP. 假定 $u_i = (x_i, y_i) \in e(\mathbb{F}_p)$, $i = 1, \cdots, r$. 我们可以将这些 $u_i = (x_i, y_i) \in \mathbb{F}_p^2$ 提升到整数上或看成整数上的点, 即 $U_i = (X_i, Y_i) \in \mathbb{Z}^2$, 且不依赖于椭圆曲线. 假定 e 由下列 Weierstrass 方程给出:

$$e\colon f(x, y) = y^2 + a_1 xy + a_3 y - x^3 - a_2 x^2 - a_4 x - a_6 = 0. \tag{7.3}$$

我们提升 e 到有理数域上, 得到 Weierstrass 方程

$$E\colon F(X, Y) = Y^2 + A_1 XY + A_3 Y - X^3 - A_2 X^2 - A_4 X - A_6 = 0,$$

系数 $A_1, A_2, A_3, A_4, A_6 \in \mathbb{Q}$, 且满足 $A_i \equiv a_i \bmod p$. 把 r 个点 $U_i = (X_i, Y_i)$ 代入 E 的方程, 则公式 $F(X_i, Y_i) = 0$ 给出了关于 A_1, A_2, A_3, A_4, A_6 的 r 个线性方

程. 则当点的个数 r 小于 5 时, 存在一组非零解 $A_1, A_2, A_3, A_4, A_6 \in \mathbb{Q}$. 这样就成功将 $e/\mathbb{F}_p$ 上的点 $u_1, u_2, \cdots, u_r$ 提升到 $\mathbb{Q}$ 上椭圆曲线 E 及点 $U_1, U_2, \cdots, U_r$.

更一般地, 我们可以借助一个二元三次多项式 $F(X, Y) = \sum_{j+k \leqslant 3} A_{jk} X^j Y^k$ 提升 e. 这样 $F(X, Y)$ 有 10 个系数 A_{jk}, 所以利用线性代数, 我们可以提升 $e(\mathbb{F}_p)$ 和 9 个点 $u_i = (x_i, y_i) \in e(\mathbb{F}_p)$, $i = 1, \cdots, 9$ 到椭圆曲线 $E/\mathbb{Q}$ 和点 $U_i = (X_i, Y_i) \in E(\mathbb{Q})$. 如果此时的椭圆曲线 $E/\mathbb{Q}$ 的秩小于 8, 则可以找到 U_i 的一个线性关系, 从而 Xedni 计算方法成功求解 ECDLP.

我们可以将这种针对 ECDLP 的 Xedni 计算方法看作一种专门化过程. 因此, 如果我们记 $U_i = (X_i, Y_i)$, 并视坐标 X_i 和 Y_i 是不确定的, 那么我们就可以生成一条系数在有理函数域 $K = \mathbb{Q}(X_1, \cdots, X_r, Y_1, \cdots, Y_r)$ 上的椭圆曲线 E, 且使得 $U_i \in E(K)$. 上述过程涉及替换特定值 X_i 和 Y_i. 不难看出, 在我们替换值之前, 这些点 $U_1, \cdots, U_r$ 在 $E(K)$ 中是独立的. 实际上根据下面的 Neron 和 Masser 的结果 (文献 [216] 中的定理 5), 说明大多数替换都会得到独立的点 (不是线性相关的).

定理 7.5 设 E_Z 是椭圆曲线的参数化族, 其中 $Z = (Z_1, \cdots, Z_n)$, $U_{1,Z}, \cdots, U_{r,Z}$ 参数化的点, 且线性独立. 那么集合 $\{z \in \mathbb{Q}^n : Q_{1,z}, \cdots, Q_{r,z}$ 在 $E_z(\mathbb{Q})$ 中相关 $\}$ 是很小的 (密度为 0 的集合).

如果我们将点的坐标视为参数, 那么 Masser 定理的精确表述是, 提升点线性相关的概率最多为 $O(1/p)$. 因此, 这种简单的 Xedni 计算方法成功的概率可以忽略不计.

简单的 Xedni 算法不起作用的原因是提升点往往是独立的. 这就意味着为了使提升点相关就需要对其施加更多的条件. 尽管也有一些新的尝试, 希望提升曲线的秩尽可能小, 例如借助 Birch-Swinnerton-Dyer 猜测等方法, 但是目前的尝试都被证明提升的点仍然都是趋向于无关的.

2. 困难提升的方法

假定 k, e, s, t 是要求解的 ECDLP. 我们把曲线 e 和一个点 s 提升, 得到数域 K 上一条椭圆曲线 E 和一个点 S. 这个时候, 我们很有可能让 E/K 的秩很小, 例如 1. 这时, E/K 中有一个点 T 是 t 的提升, 并且与 S 是线性相关的. 如果我们可以比较容易地找到这样的 T, 那么就可以使用下降或高度计算关系 $aT = bS$, 从而在模 p 归约下给出了 s, t 的关系式 $at = bs$, 因此可以求解给定的 ECDLP.

我们仍然考虑定义在有限域 $\mathbb{F}_{127}$ 上的椭圆曲线 $e: y^2 = x^3 + 13x + 22$ 作为例子说明一下这一提升方法. $\sharp e(\mathbb{F}_{127}) = 139$ 是一个素数. 给定 $s = (15, 121)$, $t = (19, 4) = 88s \in e(k)$.

找 e 到 $\mathbb{Q}$ 的一个提升 $E/\mathbb{Q}$, 使得 $S = (15, 121) \in E(\mathbb{Q})$, 且 $E(\mathbb{Q})$ 的秩为 1 是不困难的, 例如

$$E : y^2 = x^3 + 13x + 11071.$$

点 $S = (15, 121)$ 在 $E(\mathbb{Q})$ 上, 且用 Magma 计算得到 $E(\mathbb{Q})$ 的秩为 1.

也就是说提升曲线和一个点, 使得提升的曲线的秩比较小是不困难的. 但确定了曲线后, 如何提升另一个点却是不容易的. 因为 $E(\mathbb{Q})$ 的秩为 1, 所以我们知道 t 的提升点 T 一定存在, 但我们却没有有效的算法找到 T. 因为 t 关于 s 的 ECDLP 是 88. 这不是一个很大的例子, 与实际密码应用中的 256 比特及其以上的实例相比, 这都不算什么的, 但通过 $88S$ 得到的 $E(\mathbb{Q})$ 上的点 T 的坐标表示需要上千位的数, 以至于我们无法用一页纸在本书中写下它.

即使我们选取 $t = 6s = (42, 108) \in e(\mathbb{F}_{127})$, 提升 t 到 $E(\mathbb{Q})$ 上, 得到 $T = (x_T, y_T)$, 这里

$$x_T = \frac{-302433641176145812202186399826507509943686199198805 4}{14720577217161735902022554216099499970061312177808 1},$$

$y_T = \dfrac{A}{B}$, 而 $A = -824668418646490935449906607195360625218239071171481 989218118892881041749471 55$, $B = 178602387279302013534304680280710873867 25620395252680855432998311369157775 21$.

如果能够找到一个有效的算法, 可以把 $t \in e(\mathbb{F}_p)$ 提升到 $E(\mathbb{Q})$ 上, 那么就有了一个有效的指标计算算法求解 ECDLP.

现在简要地说明为什么这样一种算法不太可能存在. 为了能有一个指标计算算法, 我们需要找到一个有效的算法 $\mathcal{A}$ 来提升 $e(\mathbb{F}_p)$ 中一定数量的点到 $E(\mathbb{Q})$ 上. 点 $P \in E(\mathbb{Q})$ 的复杂性可由其标准高度 $\hat{h}(P)$ 度量, 所以我们假设算法 $\mathcal{A}$ 将 $e(\mathbb{F}_p)$ 中的点提升到下列集合中

$$E_B(\mathbb{Q}) = \{P \in E(\mathbb{Q}) : \hat{h}(P) \leqslant B\}.$$

文献 [217] 给出了 $E_B(\mathbb{Q})$ 个数的理论和实验分析, 使得我们最多只能期望 $\sharp E_B(\mathbb{Q})$ 由下列表达式给出:

$$\left(\frac{c \log B}{r \log |\Delta(E)|} \right)^{r/2},$$

这里 r 是 $E(\mathbb{Q})$ 的秩, $\Delta(E)$ 是 E 的判别式, c 是一个常数.

按照文献 [217] 的计算, 如果需要把 160 比特大小的有限域上的椭圆曲线的点提升到有理数域的椭圆曲线上的话, 需要 $B \approx 2^{7830}$, $r \approx 180$. 尽管我们现在还

不知道有理数域上的椭圆曲线的秩是否可以无限大, 但构造大的秩的椭圆曲线不是一件容易的事情. 即便我们能够构造秩为 180 的椭圆曲线了, 我们依然没有办法将 $e(\mathbb{F}_p)$ 上的点提升到 $E_B(\mathbb{Q})$ 中.

7.3 加和多项式方法

指标计算的主要思想就是将循环群中的离散对数计算问题转化成在一组因子基上收集关系的线性代数问题. 当尝试将通用的指标计算技术应用于椭圆曲线时, 主要困难在于如何找到因子基 FB, 以便在具有高效分解算法的同时, 将大部分元素写成 FB 的元素和. 一般来说, 基本的组合参数只使用 FB 的大小和分解时, 可分解元素的比例很容易估计, 所以给定群的阶, 可以估计因子基的大小. 有了因子基, 接下来是需要一个快速的点分解算法. 在模素数的乘法群情况下, 由于元素可以表示为整数, 因此存在 "小元素" 的自然概念, 而点分解算法就是整数分解, 所以可以应用指标计算方法.

在素数域上定义的椭圆曲线的情况下, Semaev[204] 建议将有理点的坐标视为整数, 且取具有较小的 x 坐标的点集用于构造因子基 FB. 然而, 椭圆曲线的群定律与表示点的 x 坐标的整数的乘法极不兼容. 因此, 目前还没有已知的有效的点分解算法来构造 FB, 素域上的椭圆曲线群的离散对数问题还没有受到指标计算算法的影响. 不过扩张域上的某些椭圆曲线由于具有某些特殊结构, 从而找到了有效的点分解算法, 使得指标计算算法得以应用, 我们在后面会提及.

2004 年, Semaev[204] 引进了椭圆曲线的加和多项式或求和多项式 (summation polynomials) 实现点分解, 用以构造有理点之间的关系, 从而可以利用指标计算的框架求解 ECDLP. 本节将主要讨论利用 Semaev 的加和多项式在指标计算算法上的工作.

7.3.1 加和多项式定义

首先给出一般椭圆曲线的加和多项式的定义.

令 $\mathbb{F}$ 是一个域, 定义在域 $\mathbb{F}$ 上的椭圆曲线 E 由下列 Weierstrass 方程给出:

$$E: y^2 + a_1 xy + a_3 y = x^3 + a_2 x^2 + a_4 x + a_6. \tag{7.4}$$

令 $A = (a_1, a_2, a_3, a_4, a_6) \in \mathbb{F}^5$ 表示椭圆曲线的系数, 令

$$b_2 = a_1^2 + 4a_2,$$

$$b_4 = 2a_4 + a_1 a_3,$$

$$b_6 = a_3^2 + 4a_6,$$

$$b_8 = a_1^2 a_6 + 4a_2 a_6 - a_1 a_3 a_4 + a_2 a_3^2 - a_4^2.$$

定义 E 的第二个加和多项式为

$$S_{A,2} = x_1 - x_2 \in \mathbb{F}[x_1, x_2].$$

定义 E 的第三个加和多项式 $S_{A,3} \in \mathbb{F}[x_1, x_2, x_3]$ 为

$$S_{A,3} = (x_1^2 x_2^2 + x_1^2 x_3^2 + x_2^2 x_3^2) - 2(x_1^2 x_2 x_3 + x_1 x_2^2 x_3 + x_1 x_2 x_3^2)$$
$$- b_2 x_1 x_2 x_3 - b_4 (x_1 x_2 + x_1 x_3 + x_2 x_3) - b_6 (x_1 + x_2 + x_3) - b_8.$$

对于任意第 $r > 3$ 个加和多项式, 我们可以借助结式, 利用递归的方式定义

$$S_{A,r} = \text{Res}_x(S_{A,r-1}(x_1, \cdots, x_{r-2}, x), S_{A,3}(x_{r-1}, x_r, x)) \in \mathbb{F}[x_1, \cdots, x_r].$$

我们也可以推广这个构造

$$S_{A,r+k} = \text{Res}_x(S_{A,r+1}(x_1, \cdots, x_r, x), S_{A,k+1}(x_{r+1}, \cdots, x_{r+k}, x)).$$

通过定义可以看出, 对于每个自然数 $r \geqslant 3$, E 的第 r 个加和多项式是关于 r 个变元的 $(r-1)2^{r-2}$ 次对称不可约多项式, 对每个变量 x_i, $\deg_{x_i}(S_{A,r}) = 2^{r-2}$.

加和多项式具有下列重要的性质:

定理 7.6　令 $\overline{\mathbb{F}}$ 是域 $\mathbb{K}$ 的代数闭域, E 是 $\mathbb{K}$ 上具有系数 $A = (a_1, a_2, a_3, a_4, a_6)$ 的椭圆曲线. 对任意的正整数 $r \geqslant 2$, 如果存在 $P_1, P_2, \cdots, P_r \in E(\overline{\mathbb{F}}) \backslash \mathcal{O}$, $P_i = (x_{P_i}, y_{P_i})$ 使得

$$P_1 + P_2 + \cdots + P_r = \mathcal{O}$$

当且仅当

$$S_{A,r}(x_{P_1}, \cdots, x_{P_r}) = 0.$$

证明　当 $r = 2$ 时, $P_1 + P_2 = \mathcal{O}$, 则 $P_1 = -P_2$, 所以 $x_{P_1} = x_{P_2}$, 即 $x_{P_1} - x_{P_2} = 0 = S_{A,2}(x_{P_1}, x_{P_2})$. 当 $r = 3$ 时, 若 $P_1 + P_2 + P_3 = \mathcal{O}$, 则 $P_1 + P_2 = -P_3$, 利用椭圆曲线的点加公式可以得到 $x_{P_1}, x_{P_2}, x_{P_3}$ 满足 $S_{A,3}(x_{P_1}, x_{P_2}, x_{P_3}) = 0$. 反之亦然.

对任意 $r > 3$, 利用数学归纳法和结式的性质可以证明, 具体的过程可以参看 [204] 的定理 1 的证明.　　　　　　　　　　　　　　　　　　　　　　□

特别地, 当椭圆曲线是定义在奇特征有限域 $\mathbb{F}_q$ 上时, 曲线方程为

$$E: y^2 = x^3 + ax + b.$$

此时的加和多项式为

$$S_2(x_1, x_2) = x_1 - x_2,$$

$$S_3(x_1, x_2, x_3) = (x_1 - x_2)^2 x_3^2 - 2((x_1 + x_2)(x_1 x_2 + a) + 2b)x_3$$
$$+ ((x_1 x_2 - a)^2 - 4b(x_1 + x_2)).$$

S_4 以上都可以借助结式利用 S_2, S_3 递归得到.

7.3.2 Semaev 算法

考虑素数域上椭圆曲线 $E(\mathbb{F}_p)$ 的离散对数问题, 其中 E 是由 $\mathbb{F}_p$ 上的方程定义

$$E: y^2 = x^3 + ax + b,$$

P 是 $E(\mathbb{F}_p)$ 的 n 阶点, $P, Q \in E(\mathbb{F}_p)$ 是要求解的 ECDLP.

2004 年, Semaev 首次将椭圆曲线的加和多项式引入, 并应用到求解 ECDLP 的指标计算中, 提出了第一个基于加和多项式的指标计算算法, 我们称该算法为简单的 Semaev 算法. 我们固定任意自然数 $m \geqslant 2$. 下面我们将 Semaev[204] 提出的算法按照指标计算方法的过程来描述.

第一步: 选取因子基及收集它们与生成元的关系. 首先令因子基

$$\text{FB} = \{P_1, P_2, \cdots, P_t\},$$

其中 $P_i = (x_{P_i}, y_{P_i}) \in E(\mathbb{F}_p)$ 或 $E(\mathbb{F}_{p^2})$, 且 $x_{P_i} \leqslant p^{\frac{1}{m}+\delta}$, δ 是小的正数.

然后通过不断随机地选取 l, 计算 $R = (x_R, y_R) = lP$. 考虑方程

$$S_{m+1}(x_1, x_2, \cdots, x_m, x_R) = 0$$

在 $\mathbb{F}_p$ 上满足 $x_i \leqslant p^{\frac{1}{m}+\delta}$ 的解. 这里 S_{m+1} 是 E 的第 $m+1$ 个加和多项式. 一旦找到了 $S_{m+1}(x_1, x_2, \cdots, x_m, x_R) = 0$ 的一个解, 例如 $(x_1^0, x_2^0, \cdots, x_m^0)$, 由加和多项式的性质, 则存在 $y_i^0 \in \mathbb{F}_{p^2}$, 使得

$$(x_1^0, y_1^0) + \cdots + (x_m^0, y_m^0) + R = \mathcal{O},$$

从而我们就可以得到因子基中某些元素 $P_{i_0} = (x_i^0, y_i^0)$ 与生成元 P 的关系, 即

$$P_1^0 + \cdots + P_m^0 = -lP.$$

当这样的线性等式找得足够多时 (一般需要找到 $p^{\frac{1}{m}+\delta}$ 个), 利用线性代数知识, 我们就可以唯一求得 $s_i = \log_P P_i$, $P_i \in \text{FB}$.

第二步: 具体离散对数计算. 给定一个具体要求解的离散对数问题 Q, 随机选取 $a, b \in \mathbb{Z}_n$, 计算 $aP + bQ = (x, y)$, 求解方程

$$S_{m+1}(x_1, x_2, \cdots, x_m, x) = 0,$$

则 $aP + bQ$ 可以用因子基 FB 中的元素表示出来, 例如

$$P_1 + P_2 + \cdots + P_t = -(aP + bQ),$$

那么我们就成功求解了 Q 关于 P 的离散对数问题, 即

$$\log_P Q = \left(\sum_{i=1}^{t} s_i - a \right) \Big/ b \bmod n.$$

上面的两个步骤总共需要求解大约 $p^{\frac{1}{m}+\delta}$ 次第 $m+1$ 个加和多项式定义的方程和一个含 $p^{\frac{1}{m}+\delta}$ 个未知数的线性方程组. 如果求解 $m+1$ 个加和多项式定义的方程的计算量是 $t_{p,m}$ 的话, 那么上面的指标计算方法求解 ECDLP 的计算复杂度是

$$t_{p,m} p^{\frac{1}{m}+\delta} + p^{2(\frac{1}{m}+\delta)}.$$

所以, 如果存在有效的算法求解加和多项式定义的方程的有界解的话, 取 $m > 5$ 时, 所得的计算复杂度都比平方根算法 (如 Pollard 算法) 有效了. 但是非常遗憾的是, 到目前还没有文献指出是否存在多项式或低指数时间算法求这些有界解, 因此该方法在理论和实践上都还不可行.

由于加和多项式定义的多变量方程的次数太高, 例如, 即便我们取 $m = 5$, 方程的次数已经是 32. 这么高次的多元方程的有界解的计算还没有找到有效的方法. 为了降低在点分解中所需的多元多项式的次数, Semaev[205] 在 2015 年提出了一个新的算法, 我们称该算法为新的 Semaev 算法. 在该新算法中, Semaev 建议通过计算一个简单的多变量方程组来计算聚合多项式的零点, 这个新的方程组比以前的方程包含了更多的变量, 但是代数次数只有 3. 下面我们描述新的 Semaev 算法:

(1) 定义参数 m 和 $\mathbb{F}_p$ 的一个大小为 $p^{1/m}$ 的子集 V.

(2) 随机选择整数 u, v, 计算 $R = uP + vQ$. 如果 $R = \mathcal{O}$, 那么从 $bs + a \equiv 0 \bmod n$ 可以计算出 $s = \log Q_P$. 否则, 令 $R = (R_x, R_y)$, 如果 $R_x = x_1 \in V$, 我们就得到了 $t = 1$ 一个关于下式的关系

$$(x_1, y_1) + (x_2, y_2) + \cdots + (x_t, y_t) + uP + vQ = \mathcal{O}.$$

(3) 如果 R_x 不在集合 V 中, 则对 $t = 2$ 到 m 尝试计算 $x_1, \cdots, x_t \in V$ 和 $u_1, \cdots, u_{t-2} \in \mathbb{F}_p$, 直到下面 $t-1$ 个方程构成的方程组是满足的,

$$S_3(u_1, x_1, x_2) = 0,$$

$$S_3(u_i, x_{i+1}, x_{i+2}) = 0, \quad 1 \leqslant i \leqslant t-3,$$

$$S_3(u_{t-2}, x_t, R_x) = 0.$$

对 $t = 2$, 方程组只包含一个方程 $S_3(x_1, x_2, R_x) = 0$. 如果方程组无解, 则换一个新的 R 重复上述过程. 利用加和多项式的结式递推定义可知, 如果 $x_1, \cdots, x_t \in V$ 是上述方程组的解, 则 $x_1, \cdots, x_t \in V$ 也是 $S_{t+1}(x_1, x_2, \cdots, x_t, R_x) = 0$ 的解. 计算 $y_1, \cdots, y_t \in \mathbb{F}_{p^2}$, 使得

$$(x_1, y_1) + (x_2, y_2) + \cdots + (x_t, y_t) + uP + vQ = \mathcal{O}.$$

这样, 我们就得到了一个有用的关系. 一般我们需要构造 $|V|$ 个关系.

(4) 利用线性对数求解出 ECDLP $\log Q_P$.

上面 Semaev 提出的新算法将原来的加和多项式转化成了次数较低的多变量多项式方程组的求解, 但是新得到的这一次数较低的多变量多项式方程组的求解问题也不是一件容易的事情. Semaev 在 [205] 中建议使用求解多项式理想环的 Gröbner 基的 F4 算法来求解指标计算中的多项式方程组的解, 在第一下降次数假设 (first fall degree assumption) 下, 分析了他提出的算法的计算复杂度和成功概率.

这里我们简单介绍一下什么是有限域 $\mathbb{F}_q$ 上关于多项式方程组的第一下降次数 (FFD) 假设. 令

$$(7.5) \quad \begin{cases} f_1(x_1, x_2, \cdots, x_n) = 0, \\ f_2(x_1, x_2, \cdots, x_n) = 0, \\ \qquad \cdots\cdots \\ f_m(x_1, x_2, \cdots, x_n) = 0 \end{cases}$$

是有限域 $\mathbb{F}_q$ 上的一个多变量多项式方程组. 在有限域上求解非线性方程组是一个 NP 难问题, 本书第 8 章会对此进行讨论. 在某些非常极端的情况下, 例如在超定元情况下 (即方程的数量远远大于未知变量的数目), 如果可以将方程组线性化, 就可以将多项式方程组转化成线性方程组, 从而可以使用高斯消元法来求解. 尽管有些情况下方程的数目不够多, 不足以将原方程组线性化, 但只要方程的个数大于变量的个数时, 通常都会考虑类似的想法, 从而形成一个 Macaulay 矩阵, 并尝试将矩阵简化为其行阶梯形式. Gröbner 基算法求解多项式方程组 (7.5) 的解的理论基础就是这一核心思想. 假定多项式 $f_1, f_2, \cdots, f_m$ 生成的理想是 I, 借助 Gröbner 基的特殊性, 求解多项式方程组 (7.5) 的解就可以通过寻找 I 的一组 Gröbner 基 $g_1, g_2, \cdots, g_s$ 来实现. 如果限制所求的解属于有限域 $\mathbb{F}_q$ 的话, 就可以让理想是由下列多项式生成的,

$$f_1, f_2, \cdots, f_m, x_1^q - x_1, \cdots, x_n^q - x_n.$$

应用 Gröbner 基的求解算法有很多, 常见的如 Faugère 的 F4 或 F5 算法. 为了理解这种方法的复杂性, 我们需要知道方程组的正则次数 (degree of regularity), 这是算法在成功终止之前出现的多项式的最高次数, F4 算法中的正则次数就用 d_{F4} 来表示. 但是由于这个次数很难精确确定, 所以在用 Gröbner 基的算法中大都使用了一个替代, 即第一个下降次数. 所谓第一个下降次数, 就是多项式 f_i 之间出现的非平凡关系的第一次数. 像 $f_i f_j - f_j f_i = 0$ 或 $(f_i^{q-1} - 1) f_i = 0$ 是属于平凡关系. 文献 [183] 具体定义了多项式方程组 (7.5) 的第一下降次数, 即最小的次数 d_{ff}, 使得存在多项式 $h_i = h_i(x_1, x_2, \cdots, x_n)$ $(1 \leqslant i \leqslant m)$ 满足

$$\max_i (\deg h_i + \deg f_i) = d_{ff}, \quad \deg \sum_i h_i f_i < d_{ff}$$

和 $\sum_i h_i f_i \neq 0$. 第一下降次数假设就是假定 $d_{F4} \leqslant d_{ff}$.

用 Semaev 的话说第一下降次数假设看起来是正确的, 但是他并没有给出证明, 后面讨论特征 2 有限域上的情形时我们会进一步讨论这个问题, 那时会发现这个假设不一定正确, 还是值得更深入研究的.

尽管 Semaev 提出的指标计算方法不现实, 但他建议用加和多项式却是一个非常漂亮的想法. Semaev 考虑的有限域 $\mathbb{F}_q$ 是大素域的情形, 这种情形下之所以不成功是因为没有有效算法求解用来构造因子基所产生的低次多项式方程组的有界解. 但是当考虑的有限域是扩域时, 即 $\mathbb{F}_q = \mathbb{F}_{p^n}$, 可以借助 Weil 下降的方法得到因子基以及因子基与群元素的关系. Diem [71] 和 Gaudry [104] 独立地提出了利用加和多项式解定义在扩域上椭圆曲线的离散对数. 具体地, 设 E 是定义在有限域 $\mathbb{F}_{p^n}$ 上的椭圆曲线. 定义因子基为

$$\mathrm{FB} = \{P_i = (x_i, y_i) \in E(\mathbb{F}_{p^n}) : x_i \in \mathbb{F}_p\}.$$

然后取 $\mathbb{F}_{p^n}$ 作为 $\mathbb{F}_p$ 上 n 维向量空间的一组基, 利用 Weil 下降的思想, 就可以把 $\mathbb{F}_{p^n}$ 上的加和多项式求解问题转化成定义在 $\mathbb{F}_p$ 上的多项式方程求解. Diem 在文献 [71] 中分析了这种算法的概率, 并指出存在有限域序列使得其上定义的椭圆曲线中离散对数问题有亚指数时间算法. 随后, Diem 又在文献 [72] 中进行了改进, 他把 $\mathbb{F}_{p^n}$ 分解成一些特殊选取的 $\mathbb{F}_p$ 子空间的直和, 并将 x 坐标取值于这些子空间的点作为因子基. 分解点则不再借助求和多项式, 而是借助有关除子的 Riemann-Roch 空间.

其他形式的椭圆曲线上也可以考虑加和多项式, 并且可以通过一些特殊形式的椭圆曲线的特殊性质简化加和多项式的表示, 从而提高该类椭圆曲线上的点分解的效率. 文献 [83] 定义了扭 Edwards 曲线和扭 Jacobi 相交曲线上的加和多项式. 由于这类曲线上定义的加和多项式满足关于多项式环上的 Dihedral Coxeter

群作用不变, 因此可以借助初等对称多项式来表示聚合多项式. 文献 [82] 将 Dihedral Coxeter 群作用直接应用到了加和多项式的计算过程中, 利用插值方法首次计算出第 8 个加和多项式, 并解决了 5 次扩域上的点分解问题.

7.3.3 特征 2 域上 ECDLP 的指标计算

Semaev 提出的素数域上椭圆曲线的 ECDLP 的两个指标计算算法可以推广到定义在任意有限域上的椭圆曲线. 特征 2 域上的椭圆曲线的加和多项式有一些很特殊的性质, 所以可能借助这些性能能够实现或提速 Semaev 指标计算方法. 下面我们将进一步讨论借助加和多项式在特征 2 域上的 ECDLP 的指标计算研究. 首先我们给出特征 2 域上的椭圆曲线的加和多项式.

当椭圆曲线是定义在特征 2 有限域 $\mathbb{F}_{2^n}$ 上时, 曲线方程为

$$E\colon y^2 + xy = x^3 + ax^2 + b,$$

此时的加和多项式为

$$S_2(x_1, x_2) = x_1 - x_2,$$

$$S_3(x_1, x_2, x_3) = (x_1 x_2 + x_1 x_3 + x_2 x_3)^2 + x_1 x_2 x_3 + b.$$

S_4 以上都可以借助结式利用 S_2, S_3 递归得到

$$S_{m+1}(x_1, \cdots, x_m, x_{m+1}) = \mathrm{Res}_X(S_m(x_1, \cdots, x_{m-1}, X), S_3(x_m, x_{m+1}, X)).$$

第 $m+1$ 个加和多项式 S_{m+1} 关于每一个变量 x_i 的次数都是 2^{m-1}.

假定不可约多项式 $f(x) \in \mathbb{F}_2[x]$ 是有限域 $\mathbb{F}_{2^n}$ 的生成多项式, α 是 $f(x)$ 在 $\mathbb{F}_{2^n}$ 中的根, 那么 $1, \alpha, \cdots, \alpha^{n-1}$ 是 $\mathbb{F}_{2^n}$ 在 $\mathbb{F}_2$ 上的一个基. $\mathbb{F}_{2^n}$ 中的元素都可以表示成关于 α 的次数至多是 $n-1$ 的多项式. 令 V 是次数小于 $k = \lceil n/m \rceil$ 的关于 α 的所有多项式集合. 我们将用这个 V 来构造新的 Semaev 算法关于 $\mathbb{F}_{2^n}$ 上 ECDLP 的指标计算中的因子基. 然后利用 Weil 下降的方法把第 $m+1$ 个加和多项式转化成 n 个具有 mk 个变量的布尔方程, 进而借助 Gröbner 基算法求解它, 从而获得点分解.

Faugère 等在文献 [84] 中研究了有限域 $\mathbb{F}_{2^n}$(其中 n 为素数) 上椭圆曲线的离散对数问题, 他们首先利用椭圆曲线的加和多项式构造出一些低次数的多重齐次多项式, 再借助 Gröbner 基解多项式组的方法解这些多重齐次方程. 在基于他们的文献中提出的某个假设下, $\mathbb{F}_{2^n}$ 上的 ECDLP 可以在 $O(2^{wt})$ 时间内求解, 这里 w 是一个常数, $t \approx n/2$. 这个指标计算算法的复杂度已经非常接近离散对数问题的通用平方根算法 (如 Pollard rho 算法等) 的复杂度 $O(2^{n/2})$. 尽管 Faugère 等的算法对 ECC 没有什么威胁, 但该算法不同于通用算法, 随着对加和多项式或新

的点分解算法的研究, 也许 ECDLP 的指标计算可能会优于平方根攻击, 甚至会出现渐进亚指数时间算法.

Petit 等在 [183] 中借助加和多项式和 Weil 下降的方法也类似地考虑了 $\mathbb{F}_{2^n}$ 上的 ECDLP. 当考虑第 m 个加和多项式, 且 $m = O(n^{1/3})$ 时, Petit 等声称, 采用 Gröbner 基算法可以得到一个复杂度为 $2^{O(n^{2/3}\log n)}$ 的求解 ECDLP 的亚指数时间算法. 本质上讲, 他们的声称是基于第一下降次数假设, 该假设断言, Weil 下降多项式方程组的第一下降次数接近正则次数, 这是在 Gröbner 基计算中达到的最大正则次数. 更准确地说, 由于第 m 个加和多项式通过 Wei 下降得到的多项式方程组的第一下降次数是 $O(m^2)$, 他们推测正则次数也是 $O(m^2)$.

Semaev 在文献 [205] 中提出基于加和多项式的求解 ECDLP 的新的指标计算算法时, 也考虑了特征 2 有限域上的 ECDLP. Semaev 利用特征 2 有限域上的椭圆曲线加和多项式的特性和他提出的新的指标计算算法相结合, 基于第一下降次数假设, 分析了 $\mathbb{F}_{2^n}$ 上 ECDLP 的渐进复杂度, 得出如下结论: 在第一下降次数假设下, 计算 $\mathbb{F}_{2^n}$ 上 ECDLP 的时间复杂度相当于

$$2^{c\sqrt{n\ln n}},$$

这里 $c = \dfrac{2}{\sqrt{2\ln 2}} \approx 1.69$.

我们看到, 前面介绍的 $\mathbb{F}_{2^n}$ 上 ECDLP 的亚指数时间算法都提到了第一下降次数假设, 也就是说这个假设在上面的几个算法中对于是否达到亚指数时间级别起到了关键作用.

根据 [84] 和 [205] 的讨论, 它们大都是基于以下理由说明了第一下降次数假设这种启发式假设的合理性: ① 对 Weil 下降得到的方程组的第一下降次数和正则次数之间存在恒定差距的假设被普遍认为是成立的; ② 这个假设通过 n 和 m 的一些小参数的实验数据得到验证.

Huang 等[124] 重新研究了特征为 2 的有限域上的 ECDLP 的这些亚指数时间算法, 对这些工作中广泛采用的第一下降次数假设的有效性和正确性提出了质疑. 他们先从理论上分析了从一组加和多项式利用 Weil 下降构造的多项式方程组的第一下降次数假设不太可能成立. 利用 Semaev 的新的加和多项式指标计算算法时, 将加和多项式执行 Weil 下降到 $\mathbb{F}_2$ 上, 则第一个和最后一个方程是线性的, 而其余方程的形式是 $S_3(x, y, a)$. 不难算出该系统的第一下降次数为 2. 在第一下降次数假设下, 这类方程组的正则次数是有界的, 我们得到了一个多项式时间算法 (输入中的多项式) 来解决这一方程组的求解问题, 这看起来似乎极不可能.

在 [84] 和 [205] 这两篇文章中, 作者都声称他们的方程组的正则次数是恒定的 (在 [205] 中, 它始终是 4). Kosters 和 Yeo 在 [147] 中对 $n = 45, m = 2$ 和 $t = 2$

的情况进行了 [205] 的实验. 实验中约束变量的子向量空间不是随机的, 而是特定的. 通过实验发现正则次数增加到 5. 这说明在这种情形下第一下降次数假设不成立. 这个实验使用了大约 126GB 的 RAM 完全完成了计算. 对于 $n = 40, m = 2$ 和 $t = 2$ 的情况, 正则次数保持在 4. 显然, 选择特定的向量空间是一个很好的处理. 但 Kosters 等认为, 在所有情况下正则次数都会增加. 这就说明第一下降次数假设是非常值得怀疑的. Galbraith 和 Gaudry 在文献 [94] 中指出, 目前这些借助加和多项式构造的指标计算算法对大素数域和素数次扩张的特征 2 有限域上的随机椭圆曲线的离散对数问题还造不成威胁.

第 8 章　归约到 NPC 问题

从计算复杂性上讲, ECDLP 是属于 NP 问题类的, 所以它可以归约到任何一个 NPC 问题. 对于 NPC 问题, 我们并不期望它们会有多项式时间的求解算法, 但是当所归约到的 NPC 问题有比平方根算法还有效的解决方法时, 这种归约就是有意义的, 或者借助不同的问题形式也可能为 ECDLP 的求解提供新的思路. 这一章我们讨论一下将 ECDLP 归约到某些 NPC 问题.

8.1　NPC 问题

我们先简单介绍一下 P, NP 和 NPC 问题, 关于这些知识的详细介绍可以参考计算复杂性理论的一些经典教材, 如 [109] 和 [17] 等.

我们研究的问题类型一般有两种形式, 一种是搜索型的, 即求解问题, 例如给定一个方程, 求解这个方程的一个解. 还有一种更常见的问题是判定型的, 例如给定一个正整数, 判断一下这个正整数是不是素数, 即素性判定问题. 在计算复杂性理论的研究中, 这两类问题都有形式化的定义, 搜索型问题用关系来定义, 而判定型问题用集合来定义.

对于一个具体的求解问题实例 x, 例如 x 被描述为一个线性方程组的求解实例, 即 $x \overset{\text{def}}{=} A||b$, 给定这个线性方程组, 如果方程组有解, 则去求一个解, 即找一个向量 y, 使得 $Ay = b$. 所以线性方程组求解问题就可以用一个关系 R 来定义, 我们说 y 是 x 的一个解, 当且仅当 $(x, y) \in R$. 因此任何一个关系可以定义一个搜索问题. 一个函数或算法求解了一个搜索问题, 即如下定义:

定义 8.1　令 $R \subseteq \{0,1\}^* \times \{0,1\}^*$, $R(x) \overset{\text{def}}{=} \{y : (x, y) \in R\}$ 记为实例 x 的解的全体. 如果对每一个 x, 存在函数 $f : \{0,1\}^* \to \{0,1\}^* \cup \{\bot\}$, 当 $R(x) \neq \varnothing$ 时, 有 $f(x) \in R(x)$, 否则 $f(x) = \bot$, 那么我们称函数 f 求解了搜索问题 R.

判定型问题是另一类更常见的问题, 在计算复杂性理论的研究中判定型问题比搜索型问题更受关注, 主要原因如下: 大多数的搜索型问题都可以归约到它们的判定型版本上去, 并且, 在很多情况下人们对问题的真伪比对问题的细节更关注. 判定型问题可以用一个所有可能实例描述的集合来定义. 给定一个实例, 该实例的判定问题就可以转化为只需要确定该实例是否属于指定的集合. 例如我们可以把全体素数看成一个集合 S_{prime}, 给定一个整数 x, 判定它是不是素数, 即素性判定问题, 实际上就是判断 x 是否属于集合 S_{prime}. 一个函数或算法解决了一个判定问题, 可以如下定义:

定义 8.2　令 $S \subseteq \{0,1\}^*$. 如果对每一个 x, 存在函数 $f : \{0,1\}^* \to \{0,1\}$, 当且仅当 $x \in S$ 时, $f(x) = 1$, 此时我们说 f 解决了 S 的判定问题 (或判定了 S 中的成员关系).

当我们说一个问题 (不管是搜索型的还是判定型的) 被有效解决时, 就意味着求解这个问题的函数 f 存在一个多项式时间算法. 非形式地讲, 所谓的 P 问题类就是那些能够有效求解的问题全体, 既包括搜索型问题, 也包括判定型问题, 而 NP 问题类就是那些能够有效验证解的问题全体.

对于判定型问题 $S \subseteq \{0,1\}^*$, 如何有效验证解呢? 我们用具有有效可验证证明系统的那些判定问题的全体来定义判定型的 NP 问题类.

定义 8.3　一个判定问题 $S \subseteq \{0,1\}^*$ 具有有效的可验证证明系统, 如果存在一个多项式 p 和一个多项式时间的验证算法 V, 使得下面两个条件成立:

(1) **完备性**: 对每一个 $x \in S$, 存在长度至多是 $p(|x|)$ 的 y, 使得 $V(x,y) = 1$ (这个 y 被称为 $x \in S$ 的 NP 证据).

(2) **合理性**: 对每一个 $x \notin S$ 和每一个 y, $V(x,y) = 0$.

很显然, P $\subseteq$ NP. P 和 NP 是否相等是计算复杂性理论, 甚至是整个理论计算机科学界的核心问题. 这一问题被列入美国克雷数学研究所 2000 年 5 月 24 日公布的千禧年大奖难题 (又称世界七大数学难题, 即 P = NP? Hodge 猜想、庞加莱 (Poincaré) 猜想 (已经被俄罗斯数学家佩雷尔曼在 2003 年解决)、黎曼 (Riemann) 假设、杨-米尔斯 (Yang-Mills) 规范场存在性和质量间隔假设、Navier-Stokes 方程解的存在性与光滑性、BSD(Birch and Swinnerton-Dyer) 猜想). 如果 P=NP, 那就意味着能够有效验证就可以有效求解. NP 问题类的传统定义就像它的英文全称, 即 Non-deterministic Polynomial 的问题, 即非确定性多项式时间求解的问题, 或者说就是用非确定图灵机多项式时间解决的问题. 具有有效可验证证明系统 NP 的定义和非确定性多项式时间求解的定义是等价的. 因为 P 问题类可以定义为在确定型图灵机上多项式时间求解的问题全体, 而具有有效可验证证明系统 NP 的定义也是利用确定型图灵机来定义的, 所以现代的关于计算复杂性理论中 NP 问题类大都是利用有效可验证证明系统 NP 来定义的.

在 P 与 NP 问题上的一个重大进展是 20 世纪 70 年代初由 Stephen Cook[251] 和 Leonid Levin[252] 完成的. 他们发现 NP 中的某些问题的复杂性与整个类的复杂性相关联. 这些问题中任何一个如果存在多项式时间算法, 那么所有的 NP 问题都是多项式时间可解的. 这些问题称为 NP 完备的或完全的 (NP-complete), 记为 NPC.

讨论 NPC 问题一定要用到多项式时间归约的概念. 归约是将不同问题建立

联系的主要技术手段. 简单来说, 归约就是子程序调用. 在计算复杂性的研究中, 常见的多项式归约有三种:

(1) Cook 归约: 一个问题 Π 能 Cook 归约到问题 Π', 如果对每一个求解 Π' 的函数 f, 都存在一个多项式时间神谕图灵机 M, 使得 M^f 能够求解 Π, 这里 $M^f(x)$ 记为 M 在给定询问接入 (即调用) f 时关于输入 x 的输出. 这里的神谕图灵机 M 就是一个多项式时间算法, 它通过调用解决 Π' 的函数 f 来解决 Π. Cook 归约考虑的问题可以是搜索型的, 也可以是判定型的.

(2) Karp 归约: 一个多项式时间函数 f 被称为是从集合 S 到 S' 的 Karp 归约, 如果对每一个 x, $x \in S$ 当且仅当 $f(x) \in S'$. Karp 归约是一种特殊的归约, 考虑的是判定型问题之间的归约.

(3) Levin 归约: 搜索型问题到搜索型问题之间的归约. 一个多项式时间函数对 f 和 g 被称为 R 到 R' 的 Levin 归约, 如果 f 是 $S_R = \{x : \exists y, \text{s.t.} (x, y) \in R\}$ 到 $S_{R'} = \{x' : \exists y', \text{s.t.} (x', y') \in R'\}$ 的一个 Karp 归约, 并且对每一个 $x \in S_R$ 和 $y' \in R'(f(x))$, 都有 $(x, g(x, y')) \in R$, 这里 $R'(x') = \{y' : (x', y') \in R'\}$.

有了多项式时间归约后, 就可以定义 NPC 问题了.

一个问题 Π 称为是 NP 完全的 (即 NPC), 如果它同时满足下面两个条件:

(1) Π 属于 NP 类 (即, 如果 Π 是搜索型问题, 则能够有效验证解; 如果是判定型问题, 则具有有效可验证证明系统).

(2) NP 类中的每一个问题都可以归约到 Π. 这个条件称为 NP-难.

NPC 问题乍看起来很不容易把握. 因为这需要对所有的 NP 中的问题都要去找到一个到 NPC 问题的归约算法. 1971 年多伦多大学的 Stephen Cook[251] 和 1973 年苏联国家科学院的 Leonid Levin[252] 独立证明了布尔表达式 (Boolean formula) 的可满足性问题 (SAT 问题) 是 NP 完备的, 即著名的 Cook-Levin 定理. 我们知道, 布尔表达式是由布尔变量和运算符 (NOT¬, AND∧, OR∨) 所构成的表达式. 如果对于变量的某个真 (1)、假 (0) 赋值, 使得布尔表达式的值为真 (1), 则该布尔表达式是可满足的. 给定一个 n 元布尔表达式, 判定它是否满足或找出 n 个变量的一组赋值使得布尔表达式的函数值为真, 分别是判定型 SAT 和搜索型 SAT 问题.

有了第一个 NPC 问题之后, 借助归约的传递性, 就可以利用下面的方法证明一个问题 Π 属于 NP 完备的.

(1) 首先证明 Π 属于 NP.

(2) 然后证明 Π 是 NP 难的, 其证明过程如下:

(i) 首先选择一个已知属于 NP 完备的问题 A;

(ii) 设计一个计算函数 f 的算法, 能将 A 的每个实例 $x \in \{0,1\}^*$ 映射到 Π 的实例 $f(x)$;

(iii) 证明上述转换函数 f 满足对任意的 $x \in \{0,1\}^*$, $x \in A$ 当且仅当有 $f(x) \in \Pi$;

(iv) 证明计算函数 f 的算法是多项式时间算法.

任何布尔表达式, 都可以化为合取范式的形式 (CNF), 即

$$\varphi(x_1, x_2, \cdots, x_n) = \bigwedge_{i=1}^{m} \left(\bigvee_{j=1}^{k_i} l_{i,j} \right),$$

其中括号里面的是用析取符号连接的变量或者变量的非的形式. 我们一般称, 变量或者变量的非为 "文字", 而括号里的表达式叫作 "子句".

当布尔公式的可满足性问题是 NPC 问题后, 利用上面的证明方法很容易证明合取范式的布尔公式的可满足性问题 (CNF-SAT) 也是 NPC 的 (因为每一个布尔公式都存在一个等价的合取范式的布尔公式).

如果一个 CNF 布尔公式的每一个子句恰好包含 k 个文字, 则称这样的布尔公式是 k-CNF. k-CNF 的布尔公式的满足性问题称为 kSAT. 通过引入变量, 可以将任意 CNF 布尔公式转换成 3-CNF 的形式, 所以 3 元合取范式的可满足性问题 (3SAT) 也是 NPC 的.

在 Cook 给出 SAT 问题是 NP 完备的证明之后不久, Karp[253] 证明了 21 个图论、组合数学中常见的问题都是 NP 完备的. 这赋予了 NP 完备问题在实践中的重要性. 现在, 已经有成千个在实践中遇到的算法问题被证明是 NP 完备的. 由 NP 完备的定义, 我们知道对这其中任何一个问题的多项式算法都将给出所有 NP 问题, 也包括所有 NP 完备问题的多项式算法. 然而尽管实际问题中遇到很多 NP 完备的问题, 而且有很多问题在不同领域有着相当的重要性而被大量研究, 至今, 仍没有对 NP 完备问题求解的多项式算法, 这是一些理论计算机科学家认为 NP 不等于 P 的理由之一.

NPC 问题还有一个特性, 就是自归约的, 即任意一个 NPC 问题的判定型版本和搜索型版本是计算等价的.

8.2 ECDLP 到子集和问题

8.2.1 子集和问题

子集和 (subset sum) 问题是如下定义的一类问题.

定义 8.4(子集和问题) 给定一个含有 n 个正整数的集合 $A = \{a_1, a_2, \cdots, a_n\}$, 一个目标正整数 b 和正整数 $k < n$, 判断是否存在 A 的一个大小为 k 的子集 $\{a_{i_1}, a_{i_2}, \cdots, a_{i_k}\}$, 使得

$$a_{i_1} + a_{i_2} + \cdots + a_{i_k} = b.$$

　　子集和问题的搜索型版本就是给定一个含有 n 个正整数的集合 $A = \{a_1,$ $a_2, \cdots, a_n\}$、一个目标正整数 b 和正整数 $k < n$, 找出 A 的一个大小为 k 的子集 $\{a_{i_1}, a_{i_2}, \cdots, a_{i_k}\}$, 使得

$$a_{i_1} + a_{i_2} + \cdots + a_{i_k} = b.$$

　　子集和问题是 Karp[253] 在 1972 年证明的 21 个 NP 完备问题中的一个.

　　子集和问题实际上是一类特殊的背包问题. 背包问题 (knapsack problem) 是一种组合优化的 NP 完全问题. 问题可以描述为: 给定一组物品, 每种物品都有自己的重量和价格, 在限定的总重量内, 我们如何选择才能使物品的总价格最高. 问题的名称来源于如何选择最合适的物品放置于给定背包中. 相似问题经常出现在商业、组合数学、计算复杂性理论、密码学和应用数学等领域中. 背包问题主要包含的种类有 0-1 背包问题、完全背包问题、多重背包问题、混合背包问题、二维费用的背包问题、分组的背包问题以及有依赖的背包问题等. 其中的 0-1 背包问题是最基本的背包问题, 它包含了背包问题中设计状态、方程的最基本思想, 另外, 别的类型的背包问题往往也可以转换成 0-1 背包问题求解. 0-1 背包问题又称子集和问题, 是由 Dantzing 于 20 世纪 50 年代首次提出的.

　　实际上子集和问题可以定义在任意交换群上, 即

　　定义 8.5 (交换群上的子集和问题)　　给定一个交换群 $\mathbb{G}$ (假定群运算是 $\circ$)、$\mathbb{G}$ 的一个有限子集 S 和一个元素 $g \in \mathbb{G}$, 判断是否存在一个子集 $T \subseteq S$, 使得

$$t_1 \circ t_2 \circ \cdots \circ t_k = g, \quad t_i \in T.$$

　　当 $\mathbb{G}$ 是正整数全体时, 就是原始的子集和问题, 此时的问题是属于 NPC 的. 下面我们简要说明, 当 $\mathbb{G}$ 是 $\mathbb{Z}_p$ 和定义在有限域上的椭圆曲线群时也是 NP 困难的.

　　定义 8.6 (素域子集和问题)　　给定一个素数 p、n 个正整数的集合 $A = \{a_1,$ $a_2, \cdots, a_n\}$、一个目标整数 b 和正整数 $k < n$, 判断是否存在 A 的一个大小为 k 的子集 $\{a_{i_1}, a_{i_2}, \cdots, a_{i_k}\}$, 使得

$$a_{i_1} + a_{i_2} + \cdots + a_{i_k} = b \bmod p.$$

　　显然素域子集和问题是 NP 问题. 为了说明它也是 NP 难的, 只需要将任意一个正整数上的子集和问题转化成素域子集和问题的一个特例就可以. 这一点也是很显然的, 给定任意一个子集和问题的实例: $A = \{a_1, a_2, \cdots, a_n\}, b, k < n$, 我们总可以找到一个足够大的大素数 $p > \sum_{i=1}^n a_i$, 使得 A 中子集的元素的和运算在模 p 下相当于没有模运算. 这样, 子集和问题 $A = \{a_1, a_2, \cdots, a_n\}, b, k < n$ 就归约到素域子集和问题 $A = \{a_1, a_2, \cdots, a_n\}, b, k < n, p$ 上了. 所以, 如果素域子集和问题可解, 那么子集和问题就可解. 从而说明素域子集和问题也是 NPC 问题.

假定 $\mathbb{G}$ 是定义在有限域 $\mathbb{F}_q$ 上的椭圆曲线 E 的 p 阶子群, 我们定义此时 $\mathbb{G}$ 上的子集和问题如下:

定义 8.7 (有限椭圆群上的子集和问题)　假定 $\mathbb{G} \subseteq E(\mathbb{F}_q)$, $|\mathbb{G}| = p$, 这里 p 是一个素数. 给定 $\mathbb{G}$ 的一个大小为 n 的子集 S 和一个元素 $Q \in \mathbb{G}$, 判断是否存在一个大小为 $k < n$ 的子集 $T \subseteq S$, 使得 $\sum_{P_i \in T} P_i = Q$.

由于椭圆曲线具有有效群运算, 所以这个问题是 NP 问题, 下面证明椭圆群上的子集和问题也是 NP 困难的, 这只需要把素域子集和问题 Karp 归约到有限椭圆群上的子集和问题就可以了. 对于给定的任何一个素域子集和问题的实例 $A = \{a_1, a_2, \cdots, a_n\}, b, k < n, p$, 都可以找到有限域 $\mathbb{F}_q$ 以及椭圆曲线 E, 使得 $E(\mathbb{F}_q)$ 有一个 p 阶子群 $\mathbb{G} \subseteq E(\mathbb{F}_q)$ (这样的有限域和椭圆曲线可以利用复乘的方法产生). 令 P 是 $\mathbb{G}$ 的生成元, 令 $P_i = a_i P$,

$$S = \{P_1, P_2, \cdots, P_n\}, \quad Q = bP.$$

则原来的素域子集和问题就转换成了有限域上的椭圆曲线群的子集和问题的一个实例 $\mathbb{G} \subseteq E(\mathbb{F}_q), p, S, Q$. 如果椭圆曲线群上的子集和问题可解, 即存在一个大小为 $k < n$ 的子集 $T \subseteq S$, 使得 $\sum_{P_i \in T} P_i = Q$, 即可说明存在 $\{a_{i_1}, a_{i_2}, \cdots, a_{i_k}\}$, 使得

$$a_{i_1} + a_{i_2} + \cdots + a_{i_k} = b \bmod p.$$

从而素域子集和问题得解. 上面的转换和计算都是可以在多项式时间内完成的, 因此有限域上的椭圆曲线群的子集和问题也是 NPC 问题.

8.2.2　ECDLP 转化成子集和的实例

令 E 是定义在有限域 $\mathbb{F}_q$ 上的一条椭圆曲线, 令 $P \in E(\mathbb{F}_q)$ 是一个阶为 p 的点, $\mathbb{G} = \langle P \rangle$ 是由点 P 生成的子群. 要求解的 ECDLP 是给定 $Q \in \mathbb{G}$, 计算整数 $s \ (0 \leqslant s < p)$ 使得 $Q = sP$.

假定有限域上椭圆群上的子集和问题可解, 我们同时假定是搜索型版本可解, 即存在一个算法 f 可以求解有限椭圆群上的子集和问题, 那么我们可以构造一个多项式时间算法 M, 通过调用 f 来求解 ECDLP, 具体如算法 35 所示.

算法 35 将 ECDLP 归约到有限椭圆群上的子集和问题. 所以如果有限椭圆群上的子集和问题有比平方根算法有效的求解方法, 那么 ECDLP 将会有比平方根算法更好的求解方法了.

算法 35　ECDLP 归约到有限椭圆群上的子集和问题

输入: 给定 $E, \mathbb{F}_q, \mathbb{G} = \langle P \rangle, Q, p$, 调用 f.

输出: $s \in \mathbb{Z}_p$, 使得 $Q = sP$.

1. 令 $n = \lceil \log_2 p \rceil$, 计算 $S = \{P_1, P_2, P_3, \cdots, P_n\}$, 这里 $P_i = 2^{i-1}P$.

2. 给定 $\mathbb{G}$, S, Q, 调用函数 f, 计算出 S 的子集 $T = \{P_{i_1}, P_{i_2}, \cdots, P_{i_k}\}$, 使得

$$Q = P_{i_1} + P_{i_2} + \cdots + P_{i_k}.$$

3. 计算 $s = \sum_{j=1}^{k} 2^{i_j - 1}$.
4. 返回 s.

近几年关于 0-1 背包问题 (即整数上的子集和问题) 的求解算法, 学者们提出了一些改进. 给定子集和问题的一个实例: $A = \{a_1, a_2, \cdots, a_n\}$ 和正整数 b, 目标是找出集合 $\{1, 2, \cdots, n\}$ 的一个子集 I, 使得

$$\sum_{i \in I} a_i = b.$$

显而易见的算法是尝试所有子集. 由于存在 $2^n - 1$ 个非空子集, 穷搜索的算法需要 $O(2^n)$ 时间. 我们下面假设 n 是偶数, 然后将子集和问题重新考虑如下

$$\sum_{i \in I} a_i = b - \sum_{j \in J} a_j,$$

这里 $I \subseteq \{1, 2, \cdots, n/2\}$, $J \subseteq \{n/2 + 1, \cdots, n\}$. 类似于小步大步法, 可以预计算左边所有 $2^{n/2}$ 个子集, 并将结果存放在一个便于搜索的存储结构中, 然后在线穷举 $2^{n/2}$ 个子集计算右边的值, 并每次比较左边存储的值, 一旦发现相等, 则解决子集和问题. 这个算法需要的时间复杂度和空间复杂度都是 $O(2^{n/2})$. 如果 n 是奇数, 上面方法也很容易被修正.

Schroeppel 和 Shamir[254] 对上面算法进行了改进, 不过他们关注的不是减少运行时间, 而是算法的存储. 他们的目的是创建一种仍然需要 $O(2^{n/2})$ 时间的方法, 但现在只使用 $O(2^{n/4})$ 内存. 这是一个巨大的进步. 令 S_L 和 S_R 分别是上面算法中左右两边计算的所有的值的集合. Schroeppel 和 Shamir 给出的改进算法之所以能减少所需内存, 关键技术是创建一个子程序, 按照排序顺序从这些集合中创建元素, 这样可以减少所需的存储空间.

Howgrave-Graham 和 Joux[123] 对 Schroeppel 和 Shamir 的算法做出了一些改进, 提出了一个空间复杂度依然是 $O(2^{n/4})$ 左右, 但时间复杂度是 $O(2^{0.311n})$ 的求解子集和问题或 0-1 背包问题的算法. Howgrave-Graham 和 Joux 的基本思路如下: 给定子集和问题 $A = \{a_1, a_2, \cdots, a_n\}$ 和正整数 b, 将从 n 个整数中取 $n/2$ 个整数的问题转化成 4 个从 n 个整数中取 $n/8$ 个整数的和问题. 定义 $S_{n/8}$ 为所有 $n/8$ 个整数的和的集合, 如果子集和问题有解, 那么存在元素 $\sigma_1, \sigma_2, \sigma_3, \sigma_4 \in S_{n/8}$, 使得

$$\sigma_1 + \sigma_2 + \sigma_3 + \sigma_4 = b.$$

很显然, 如果子集和问题有解, 那将会有很多组 $\sigma_1, \sigma_2, \sigma_3, \sigma_4 \in S_{n/8}$ 满足上式. 如果有很多解, 则选择一个哈希函数和一个随机哈希值, 只使用给定的哈希值搜索那些可能的解, 这是一个搜索大量潜在解的通用技巧. 在 [123] 的算法中, 他们选择了一个大小为 $2^{\beta n}$ (这里 $1/4 < \beta < 1/3$) 的数 M. 然后随机取 R_1, R_2, R_3, 求解满足下列方程组的解

$$\sigma_1 \equiv R_1 \bmod M, \quad \sigma_2 \equiv R_2 \bmod M, \quad \sigma_3 \equiv R_3 \bmod M,$$

$$\sigma_4 \equiv b - R_1 - R_2 - R_3 \bmod M.$$

搜索这么一个解可以在 $C_n^{n/4}/M \approx 2^{0.311n}$ 时间内完成. Howgrave-Graham 和 Joux 在 [123] 中给出了详细分析和参数设置, 得到的求解子集和问题或 0-1 背包问题的算法具体复杂度是 $O(2^{0.311n})$ 时间和 $O(2^{0.256n})$ 空间.

Schroeppel 和 Shamir 对整数上的子集和问题的算法可以应用到有限椭圆群上的子集和问题, 即椭圆曲线群的子集和问题 (从而 ECDLP) 可以在时间复杂度 $O(2^{0.5n})$ 以及空间复杂度 $O(2^{0.25n})$ 内解决. 这优于小步大步法 (从空间复杂度上), 但不及 Pollard rho 算法. 如果 Howgrave-Graham 和 Joux 的算法可以应用到椭圆曲线群的子集和问题上, 那么将会得到一个时间复杂度是 $O(2^{0.311n})$ 和空间复杂度是 $O(2^{0.25n})$ 的 ECDLP 求解算法, 以现在的计算资源, 160 比特的 ECDLP 应该也是可以解决的. 但是非常遗憾, Howgrave-Graham 和 Joux 关于整数子集和问题的改进算法能否应用到椭圆曲线群上的子集和问题并不是很直观的. 如何借助 Howgrave-Graham 和 Joux 关于整数子集和问题的改进算法或者改进思路来探索提速椭圆群上的子集和问题的算法, 从而提速 ECDLP 的求解, 还是值得深入研究的.

8.3   ECDLP 到多变量多项式方程组求解问题

8.3.1   多变量多项式方程组求解问题

我们可以把任意 3-CNF 的布尔公式转化成有限域 $\mathbb{F}_2$ 上的三次多元多项式方程组, 从而将 3SAT 问题转换成三次多元多项式方程组求解问题. 例如给定 3-CNF 的布尔表达式为

$$\phi(x_1, x_2, x_3, x_4) = (x_1 \vee x_2 \vee x_3) \wedge (x_1 \vee \overline{x}_3 \vee x_4) \wedge (x_2 \vee \overline{x}_3 \vee \overline{x}_4).$$

我们说布尔公式 $\phi(x_1, x_2, x_3, x_4)$ 是可满足的, 当且仅当存在一组输入 $(x_1^0, x_2^0, x_3^0, x_4^0)$, 使得 $\phi(x_1^0, x_2^0, x_3^0, x_4^0) = 1$. 我们可以把 3-CNF 公式的每一个子句转化成有限域 $\mathbb{F}_2$ 上的一个三次多元多项式方程, 例如映射子句 $x_1 \vee \overline{x}_3 \vee x_4$ 到方程

$(1-x_1) \cdot x_3 \cdot (1-x_4) = 0$. 不难验证布尔表达式 $x_1 \vee \bar{x}_3 \vee x_4$ 是可满足的和有限域 $\mathbb{F}_2$ 上的方程 $(1-x_1) \cdot x_3 \cdot (1-x_4) = 0$ 成立是等价的 (例如借助真值表). 这样任一个 3-CNF 布尔表达式都可以映射到有限域 $\mathbb{F}_2$ 上的一个三次多元多项式方程组. 例如上面的例子 $\phi(x_1, x_2, x_3, x_4)$ 可以映射到下面的方程组:

$$\Phi : \begin{cases} (1-x_1) \cdot (1-x_2) \cdot (1-x_3) = 0, \\ (1-x_1) \cdot x_3 \cdot (1-x_4) = 0, \\ (1-x_2) \cdot x_3 \cdot x_4 = 0. \end{cases} \tag{8.1}$$

很显然, 有限域 $\mathbb{F}_2$ 上的三次多元多项式方程组 Φ 有解当且仅当原来的 3-CNF 公式 $\phi(x_1, x_2, x_3, x_4)$ 是可满足的. 因为 3SAT 是 NPC 问题, 所以判定 (求解) 有限域 $\mathbb{F}_2$ 上的三次多元多项式方程组的解问题是 NPC 问题.

通过引入辅助变量, 我们可以把有限域 $\mathbb{F}_2$ 上的三次多元多项式方程组归约到二次方程组的情形, 例如, $f(x_1, \cdots, x_n) = 0$ 是 $\mathbb{F}_2$ 上的三次 n 元方程, 我们可以通过引入一个辅助变量和一个方程, 把任一三次单项式转换成二次的: 引入变量 x_{ij} 和方程 $x_{ij} = x_i x_j$. 所以有限域 $\mathbb{F}_2$ 上的二次多元多项式方程组求解问题也是 NPC 问题.

有限域 $\mathbb{F}_2$ 上的结论可以推广到任意有限域 $\mathbb{F}_q$ 上. 假定 $\mathbb{F}_q[x_1, x_2, \cdots, x_n]$ 是 n 元多项式环. 给定一组二次多项式 $f_1(x_1, \cdots, x_n), \cdots, f_m(x_1, \cdots, x_n)$, 这里 $f_i(x_1, \cdots, x_n) \in \mathbb{F}_q[x_1, x_2, \cdots, x_n]$, 且

$$f_i(x_1, \cdots, x_n) = \sum_j P_{ji} x_j + \sum_j Q_{ji} x_j^2 + \sum_{j>k} R_{jki} x_j x_k + c_i.$$

求解方程组 $f_1(x_1, \cdots, x_n) = f_2(x_1, \cdots, x_n) = \cdots = f_m(x_1, \cdots, x_n) = 0$ 称为多变量多项式方程组 (MQ) 求解问题, 这个问题也属于 NPC 问题.

有限域上的二次多变量多项式方程组存在两种极端情况可以在多项式时间内求解, 即极端超定元 $(m > n(n+1)/2)$ 和极端不定元 $(n > m(m+1))$. 在 $m = n$ 的情况, 本质上是最难的. 对于 $m > n$ 时, 由额外方程给出的额外信息可以简化问题. 对一些基于多变量多项式方程组的密码体制进行密码分析, 或对一些基于其他数学困难问题的密码体制转化成多变量多项式方程组求解时, 都是希望得到的方程越多越好. 一般情况下我们都可以得到 $m > n$.

8.3.2   利用多变量多项式方程组计算 ECDLP

Diem 在 [70] 中给出了一种从任意有限域上的 ECDLP 到多变量二次方程组的转换. 尽管提议的解决 ECDLP 的新方法还没有 Pollard rho 算法有效, 也没有

对椭圆曲线密码学构成威胁, 但是 Diem 的工作表明椭圆曲线密码学的安全性也依赖于求解有限域上多项式方程组问题的难度 (更精确地说, 确定它们是否可满足). 如果由 ECDLP 导出的多变量多项式方程组具有一些意想不到的特殊属性的话, 就会有可能更快地确定它们是否可满足, 这也可能导致对 ECDLP 的真正攻击.

这一节我们介绍一下 Diem 的归约, 主要内容是参考文献 [70]. 首先介绍一下文献 [70] 中用到的一些记号. E 是定义在域 K 上的椭圆曲线, 我们记 E/K 的除子群 (也即 E/K 上所有 K-有理除子群) 为 $\mathrm{Div}(E/K)$, E/K 的除子类群 (有时也称为 Picard 群) 为 $\mathrm{Cl}(E/K)$. 我们记 $\mathrm{Div}^0(E/K)$ 和 $\mathrm{Cl}(E/K)$ 为包含所有 0 次除子 (除子类) 的群.

若 $P \in E/K$, 我们记 P 在除子群 $\mathrm{Div}(E/K)$ 中对应的次数为 1 的除子为 $[P]$, 同时, 我们记 $\bar{a}$ 为 $a \in \mathrm{Div}(E/K)$ 在 $\mathrm{Cl}(E/K)$ 中对应的等价类. $\mathcal{O}$ 为 $E(K)$ 中的单位元.

设 f 为函数域 $K(E)^*$ 中的一个非平凡元素, 记 $\bar{f}$ 为 f 在 $K(E)^*/K^*$ 对应的等价类. 若 $D \in \mathrm{Div}(E/K)$, 我们记其对应的 Riemann-Roch 空间为 $\mathcal{L}(D)$. 回忆一下, 根据定义 $\mathcal{L}(D)$ 是函数域 $K(E)$ 中由零元和所有满足 $(f) \geqslant -D$ 的有理函数 f 构成的 K 向量子空间.

注意对于 $P, Q, R \in E(K)$, 由 $E(K)$ 群运算的定义, 有 $P + Q = R$ 当且仅当 $\overline{[P]} + \overline{[Q]} = \overline{[R]} + \overline{\mathcal{O}} \in \mathrm{Cl}(E/K)$.

设 L/K 为域扩张, 如果我们把 E 看作 L 上的椭圆曲线, 记为 E/L. 则 $\mathrm{Div}(E/L)$ 和 $\mathrm{Cl}(E/L)$ 为定义在 L 上椭圆曲线 E 对应的除子群和类群. 注意, 如果 D 是 E 的除子, $\mathcal{L}(D)$ 并没有表示我们考虑的除子 D 的 Riemann-Roch 空间是定义在 K 还是 L 上的. 因此, 在下面的引理中, 我们明确地说明我们是在 $K(E)$ 还是在 $\overline{K}(E)$ 中考虑 Riemann-Roch 空间.

引理 8.1[70]　设 $P_1, P_2, Q \in E(K)$. 以下的断言是等价的:

(1) $P_1 + P_2 = Q \in E(K)$;

(2) $\overline{[P_1]} + \overline{[P_2]} = \overline{[Q]} + \overline{[\mathcal{O}]} \in \mathrm{Cl}(E/K)$;

(3) 存在 $f \in K(E)^*$, 使得 $(f) = [P_1] + [P_2] - [Q] - [\mathcal{O}] \in \mathrm{Div}^0(E/K)$;

(4) 存在 $f \in \overline{K}(E)^*$, 使得 $(f) = [P_1] + [P_2] - [Q] - [\mathcal{O}] \in \mathrm{Div}^0(E/\overline{K})$;

(5) 存在 $f \in K(E)^*$, 使得 $f \in \mathcal{L}([Q] + [\mathcal{O}] - [P_1] - [P_2]) \subset K(E)$, 并且 $f^{-1} \in \mathcal{L}([P_1] + [P_2] - [Q] - [\mathcal{O}]) \subset K(E)$;

(6) 存在 $f \in \overline{K}(E)^*$, 使得 $f \in \mathcal{L}([Q] + [\mathcal{O}] - [P_1] - [P_2]) \subset \overline{K}(E)$, 并且 $f^{-1} \in \mathcal{L}([P_1] + [P_2] - [Q] - [\mathcal{O}]) \subset \overline{K}(E)$.

如果满足这些条件, 在相差 K^* 中一个元素下, 断言 (3) 和 (5) 中的函数 f 可以被唯一确定, 而在相差 $\overline{K}^*$ 中一个元素下, 断言 (4) 和 (6) 中的函数 f 被唯一确定.

引理 8.2[70]　设 $P_1, \cdots, P_a, Q \in E(K)$ 使得 P_i 两两不同, 而且这些点都不是无穷远点 $\mathcal{O}$, 同时令 $s \in \mathbb{N}$, 则存在从集合

$$\left\{ \underline{e} \in \{0,1\}^a \,\middle|\, \sum_{i=1}^a e_i P_i = Q \wedge \mid \underline{e} \mid = s \right\}$$

到集合

$$\left\{ \overline{f} \in K(E)^*/K^* \,\middle|\, f \in \mathcal{L}([Q] + (s-1)[\mathcal{O}]) \right.$$

$$\left. \wedge\, f^{-1} \in \mathcal{L}\left(\sum_{i=1}^a [P_i] - [Q] - (s-1)[\mathcal{O}] \right) \right\}$$

的一个双射. 这个双射由下列对应明确地给出:

对于任意 $\underline{e} \in \{0,1\}^a$ 满足 $\sum_{i=1}^a e_i P_i = Q$ 以及 $\mid \underline{e} \mid = s$, 我们令 $f \in K(E)^*$ 在 $K(E)^*/K^*$ 中确定的等价类为 $(f) = \sum_{i=1}^a e_i [P_i] - [Q] + (1-s)[\mathcal{O}]$. 反过来, 对于第二个集合中的函数对应的等价类 $\overline{f}$, 与之对应的数组 $\underline{e} \in \{0.1\}^a$ 的每一个分量定义为 $e_i := v_{P_i}(f)$, 其中, v_{P_i} 是函数域 $K(E)/K$ 在 P_i 处的赋值函数.

特别地, 在用代数闭包 $\overline{K}$ 替换域 K 时, 第二个集合是不变的.

对于引理的证明, 我们只需要检查这两个映射是否良定义的. 我们需要注意在第二个集合中的任何函数类中的函数在 Q 处总是一个单极点, 即赋值函数在 Q 处的值总是 1. "特别地" 对应的断言来源于将 K 替换为 $\overline{K}$ 时, 第一个集合是不变的.

为了得到二次方程组, 我们把上述引理应用到 $a = N, P_i := 2^{i-1} P (i = 1, \cdots, N)$, 其中, N 是 $\# \langle P \rangle$ 的比特长度, $3 \leqslant s \leqslant N - 2$.

我们得到从集合

$$\left\{ \underline{e} \in \{0,1\}^a \,\middle|\, \sum_{i=1}^a e_i 2^i P = Q \wedge \mid \underline{e} \mid = s \right\}$$

到集合

$$\left\{ \overline{f} \in K(E)^*/K^* \,\middle|\, f \in \mathcal{L}([Q] + (s-1)[\mathcal{O}]) \right.$$

$$\left. \wedge\, f^{-1} \in \mathcal{L}\left(\sum_{i=1}^a [2^i P] - [Q] - (s-1)[\mathcal{O}] \right) \right\}$$

的一个双射.

由 Riemann-Roch 定理, $\mathcal{L}((s-1)\mathcal{O})$ 是一个 $s-1$ 维 K 向量空间. 设 $\alpha_1, \cdots, \alpha_{s-1}$ 为空间的一组基 (α_1 可以选定为 1). 再次由 Riemann-Roch 定理知 $\mathcal{L}([Q]+(s-1)\mathcal{O})$ 是一个 s 维 K 向量空间, 故存在空间中的元素 α_s 使得 $\alpha_1, \cdots, \alpha_s$ 是 $\mathcal{L}([Q]+(s-1)\mathcal{O})$ 的一组基. 进一步, $\mathcal{L}(\sum_{i=0}^{N-1}[2^i P]-[Q]-(s-1)\mathcal{O})$ 是一个 $N-s$ 维 K 向量空间, 设 $\beta_1, \cdots, \beta_{N-s}$ 为该空间的一组基.

由上述定义, 第二个集合等价于以下的集合

$$\left\{\overline{f} \in K(E)^*/K^* \mid f \in \langle \alpha_1, \cdots, \alpha_s \rangle_K \wedge f^{-1} \in \langle \beta_1, \cdots, \beta_{N-s} \rangle_K \right\}.$$

由定义可知, 集合里每一个等价类都是由一个在 Q 处为单极点的函数而定义的. 结合 $\alpha_1, \cdots, \alpha_s$ 的定义, 上述集合与集合

$$\left\{ f \in K(E) \mid f \in \alpha_s \langle \alpha_1, \cdots, \alpha_{s-1} \rangle_K \wedge f^{-1} \in \langle \beta_1, \cdots, \beta_{N-s} \rangle_K \right\}$$

构成一个自然双射, 并且这个集合和以下集合

$$\left\{ (f,g) \in K(E) \mid f \cdot g = 1 \wedge f \in \alpha_s \langle \alpha_1, \cdots, \alpha_{s-1} \rangle_K \wedge g \in \langle \beta_1, \cdots, \beta_{N-s} \rangle_K \right\}$$

是等价的, 实际上就和下面的集合

$$\left\{ (\underline{x}, \underline{y}) \in K^{s-1} \middle| \left(\alpha_s + \sum_{i=1}^{s-1} x_i \alpha_i \right) \times \left(\sum_{j=1}^{N-s} y_j \beta_j \right) = 1 \right\},$$

也即

$$\left\{ (\underline{x}, \underline{y}) \in K^{s-1} \middle| \sum_{j=1}^{N-s} \left(\left(\sum_{i=1}^{s-1} x_i y_j \gamma_{i,j} \right) + \gamma_{s,j} y_j \right) = 1 \right\}$$

构成一个双射, 其中

$$\gamma_{i,j} := \alpha_i \beta_j \quad (i = 1, \cdots, s; j = 1, \cdots, N-s).$$

设 $K(E) = K(X)[Y]$, 其中 Y 满足有理函数域 $K(X)$ 上的一个二次方程. 现在的想法就是将所有的表达式推广到以 $1, Y$ 为一组基的 $K(X)$-向量空间 $K(E)$ 上.

为此, 首先记 $\gamma_{i,j} = \gamma_{i,j,1} + \gamma_{i,j,2}$, 其中, $\gamma_{i,j,1}, \gamma_{i,j,2} \in K(X)$. 设 $D(X) \in K(X)$ 为 $\gamma_{i,j,1}, \gamma_{i,j,2}$ 分母的最小公倍数 (分子、分母没有公因式). 此时, 我们有 $\gamma_{i,j} = \dfrac{\delta_{i,j,1}}{D} + Y\dfrac{\delta_{i,j,2}}{D}$, 其中, $\delta_{i,j,1}, \delta_{i,j,2} \in K[X]$.

有了这些定义, 上述集合等价于

$$\left\{ (\underline{x}, \underline{y}) \in K^{s-1} \middle| \sum_{j=1}^{N-s} \left(\sum_{i=1}^{s-1} x_i y_j \delta_{i,j,1} + \delta_{s,j,1} y_j \right) = D(X) \right.$$

$$\left. \wedge \sum_{j=1}^{N-s} \left(\sum_{i=1}^{s-1} x_i y_j \delta_{i,j,2} + \delta_{s,j,2} y_j \right) = 0 \right\}.$$

对于 $k \in \mathbb{N}$, 令 $\delta_{i,j,1}^{(k)}(\delta_{i,j,2}^{(k)})$ 为多项式 $\delta_{i,j,1} \in K[X](\delta_{i,j,2} \in K[X])$ 第 k 项的系数, $D^{(k)}$ 为多项式 $D(X)$ 第 k 项的系数. 上面的集合就等价于

$$\left\{ (\underline{x}, \underline{y}) \in K^{s-1} \middle| \forall k \in \mathbb{N} : \sum_{j=1}^{N-s} \left(\sum_{i=1}^{s-1} x_i y_j \delta_{i,j,1}^{(k)} + \delta_{s,j,1}^{(k)} y_j \right) = D^{(k)} \right.$$

$$\left. \wedge \forall k \in \mathbb{N} : \sum_{j=1}^{N-s} \left(\sum_{i=1}^{s-1} x_i y_j \delta_{i,j,2}^{(k)} + \delta_{s,j,2}^{(k)} y_j \right) = 0 \right\}.$$

那么我们期望获得 $K[X_1, \cdots, X_{s-1}, Y_1, \cdots, Y_{N-s}]$ 多项式方程组

$$\left(\sum_{j=1}^{N-s} \left(\sum_{i=1}^{s-1} x_i y_j \delta_{i,j,1}^{(k)} + \delta_{s,j,1}^{(k)} y_j \right) \right) - D^{(k)}$$

和

$$\left(\sum_{j=1}^{N-s} \left(\sum_{i=1}^{s-1} x_i y_j \delta_{i,j,2}^{(k)} + \delta_{s,j,2}^{(k)} y_j \right) \right) \quad (k \in \mathbb{N}).$$

注意, 这些多项式中只有有限多个是非平凡的.

　　从显式给定的椭圆曲线 E/K 和两点 $P, Q \in E(K)$ 出发, 显式构造多项式方程组, 我们只需要遵循上面的步骤. 如果找到了一个解, 就可以推导出相应的向量 $\{0, 1\}^{\{0, \cdots, N-1\}}$, 通过构造等价类 $\overline{f} \in K(E)^*/K^*$, 从而得到 DLP 的解 (通过上述过程的逆过程), 然后检查对于每个 $i = 0, \cdots, N-1$, 判断 f 在 $2^i P$ 处是否为零.

　　Diem 还在 [70] 中把求上述二次多项式方程组的解的问题简化为一个可满足性问题, 即多项式方程组在基域 K 的代数闭包 $\overline{K}$ 是否有解, 即把搜索型问题转换成判定型问题. 这个变形是通过如下的操作完成的: 首先, 对于 $3 \leqslant s \leqslant N-3$ 的 s, 考虑用上述方法得到用 $\mathcal{L}\left(\sum_{i=0}^{N-2} [2^i P] - [Q] - (s-1)[\mathcal{O}] \right)$ 替换 $\mathcal{L}\left(\sum_{i=0}^{N-1} [2^i P] - [Q] - (s-1)[\mathcal{O}] \right)$ 后的方程组. 现在方程组的解集含有至多一个解 (而不是原来至多 2 个解).

现在首先通过检查方程组的可满足性来决定 s (如果 s 存在), 使得存在 $\underline{e} \in \{0,1\}^{\{0,\cdots,N-2\}}$ 满足 $(\sum_i e_i 2^i) \cdot P = Q$ 以及 $|\underline{e}| = s$. 如果这样的 s 不存在, 我们用 $Q - 2^N P$ 替代 Q 并进行同样的操作.

当决定 s 的取值后, 接下来就要找到唯一满足 $(\sum_i e_i 2^i) \cdot P = Q$ 以及 $|\underline{e}| = s$ 的 $\underline{e} \in \{0,1\}^{\{0,\cdots,N-2\}}$. 为了解决这个问题, 对 $i_0 \in \{0,\cdots,N-2\}$, 可以不断用 $\mathcal{L}\left(\sum_{i=0}^{N-2}[2^i P] - [2^{i_0} P] - [Q] - (s-1)[\mathcal{O}]\right)$ 替换 $\mathcal{L}\left(\sum_{i=0}^{N-2}[2^i P] - [Q] - (s-1)[\mathcal{O}]\right)$. 判断由上述方法得到的对应方程组是否是可满足的. 如果是, 则得到了上述唯一满足 $(\sum_i e_i 2^i) \cdot P = Q$ 的向量 $\underline{e} \in \{0,1\}^{\{0,\cdots,N-2\}}$ 在 i_0 处的分量为 0, 反之则为 1.

8.3.3 多变量多项式方程组的新归约

我们可以有更简单地将 ECDLP 归约到有限域上多变量多项式方程组的方法. 以特征 2 有限域上的 ECDLP 为例来说明我们的新的简单的归约方法. 给定 ECDLP 的实例 $E, \mathbb{F}_{2^m}, \mathbb{G} = \langle P \rangle, Q, |\mathbb{G}| = n$, 考虑利用群上的子集和问题求解这个 ECDLP, 即预计算 $S = \{P, 2P, 2^2 P, \cdots, 2^{\log n-1} P\}$, 然后寻找 $s_i \in \{0,1\}$, $i = 0,1,2,\cdots,\log n - 1$, 使得

$$\sum_{i=0}^{\log n-1} s_i 2^i P = Q.$$

当椭圆曲线的有理点 $P_i = 2^i P = (x_i, y_i, 1)$ 使用射影坐标表示时, 无穷远点可以用 $(0,1,0)$ 来表示, 则不难验证 $s_i P_i$ 在 $s_i \in \{0,1\}$ 时可用如下表示

$$s_i P_i = s_i(x_i, y_i, 1) = (s_i x_i, y_i, s_i).$$

当椭圆曲线的群运算在射影坐标下是完备的时候 (即对任意有理点都适用, 包括无穷远点), 则求解群上的子集和问题就转化成求解方程:

$$(s_0 x_0, y_0, s_0) + (s_1 x_1, y_1, s_1) + \cdots + (s_{\log n-1} x_{\log n-1}, y_{\log n-1}, s_{\log n-1}) = (x_Q, y_Q, 1).$$

利用群运算, 得到上式左边为

$$(f_1(s_0, s_1, \cdots, s_{\log n-1}), f_2(s_0, s_1, \cdots, s_{\log n-1}), f_3(s_0, s_1, \cdots, s_{\log n-1})),$$

于是得到 $\mathbb{F}_{2^m}$ 关于变量 s_i 的两个方程

$$f_1(s_0, s_1, \cdots, s_{\log n-1}) = f_3(s_0, s_1, \cdots, s_{\log n-1}) x_Q,$$

$$f_2(s_0, s_1, \cdots, s_{\log n-1}) = f_3(s_0, s_1, \cdots, s_{\log n-1})y_Q.$$

假定 $\psi_0, \psi_1, \cdots, \psi_{m-1}$ 是 $\mathbb{F}_{2^m}/\mathbb{F}_2$ 的一组基. 由于 $s_i \in \{0, 1\}$, 通过比较上式在这组基下的分量, 得到一系列 $\mathbb{F}_2$ 上关于 $s_i \in \{0, 1\}$ 的多项式方程, 这样, ECDLP 的求解问题就转化成了 $\mathbb{F}_2$ 上多变量多项式方程组的求解问题. 为了降低所得到的多变量多项式方程的次数, 我们一般会把上式左边的 0-1 标量乘的点移动一部分 (一半左右) 到右边, 这样左边是关于 $s_0, \cdots, s_t$ 的方程, 而右边是关于 $s_{t+1}, \cdots, s_{\log n-1}$ 的方程.

当椭圆曲线的加法公式是完备的, 并且在仿射坐标下也可以用 s_i 来表示 $s_i P_i$ 时, 我们也没必要用射影坐标. 下面我们以二元 Edwards 曲线为例来给出一个具体实例. 定义在 $\mathbb{F}_{2^m}$ 上的 Edwards 曲线的形式和群运算如下.

定义 8.8 [42]   令 $d_1, d_2 \in \mathbb{F}_{2^m}$, 使得 $d_1 \neq 0, d_2 \neq d_1^2 + d_1$. 带有系数 d_1, d_2 的二元 Edwards 曲线是由下面仿射模型给出的椭圆曲线,

$$E_{d_1,d_2}:\ d_1(x+y) + d_2(x^2+y^2) = xy + xy(x+y) + x^2 y^2.$$

二元 Edwards 曲线关于变量 x 和 y 是对称的, 且具有如下的群运算:

(1) 单位元是有理点 $\mathcal{O} = (0, 0)$;

(2) 对任意一个有理点 $P = (x, y) \in E_{d_1,d_2}$, 它的逆点 $-P = (y, x)$;

(3) $P_1 = (x_1, y_1), P_2 = (x_2, y_2) \in E_{d_1,d_2}$, 则 $P_3 = (x_3, y_3) = P_1 + P_2$ 由下面公式给出

$$x_3 = \frac{d_1(x_1+x_2) + d_2(x_1+y_1)(x_2+y_2) + (x_1+x_1^2)(x_2(y_1+y_2+1)+y_1y_2)}{d_1 + (x_1+x_1^2)(x_2+y_2)},$$

$$y_3 = \frac{d_1(y_1+y_2) + d_2(x_1+y_1)(x_2+y_2) + (y_1+y_1^2)(y_2(x_1+x_2+1)+x_1x_2)}{d_1 + (y_1+y_1^2)(x_2+y_2)}.$$

如果 $d_1 \neq 0$, 且 $\mathrm{Tr}_{\mathbb{F}_{2^m}/\mathbb{F}_2}(d_2) = 1$, 那么二元 Edwards 曲线的群运算是完备的. 也就是说群运算中的分母 $d_1 + (x_1+x_1^2)(x_2+y_2)$ 和 $d_1 + (y_1+y_1^2)(x_2+y_2)$ 永远不会等于 0.

因为二元 Edwards 曲线的单位元是 $\mathcal{O} = (0, 0)$, 这也是曲线上一个有理点, 所以我们可以定义任意有理点 $P = (x, y) \in E_{d_1,d_2}$ 的 0 和 1 标量乘, 即 $1P = P = (x, y)$ 和 $0P = 0(x, y) = (0 \cdot x, 0 \cdot y) = (0, 0)$. 所以当 $s_i \in \{0, 1\}$ 时, $s_i P = s_i(x, y)$ 可以定义为 $(s_i \cdot x, s_i \cdot y)$.

下面给出一个具体的例子. 定义在 $\mathbb{F}_{2^5} = \mathbb{F}_2[z]/(z^5 + z^3 + 1)$ 上的 Edwards 曲线为

$$E_{z^{15}, z^{13}}:\ z^{15}(x+y) + z^{13}(x^2+y^2) = xy + xy(x+y) + x^2 y^2.$$

$P = (z^{26}, z^8) \in E_{z^{15}, z^{13}}$ 是一个 19 阶点. $Q = (z^8, z^{24})$ 是 $\langle P \rangle$ 中一个元素. 预计算 $2P = (z^{13}, z^4), 4P = (z^{26}, z^6)$, 代入群的子集和问题, 得到

$$s_0 P + s_1(2P) + s_2(4P) = Q,$$

即

$$(s_0 z^{26}, s_0 z^8) + (s_1 z^{13}, s_1 z^4) = -(s_2 z^{26}, s_2 z^6) + (z^8, z^{24}) = (s_2 z^6, s_2 z^{26}) + (z^8, z^{24}).$$

上式两边利用 Edwards 曲线的群运算得到

$$\left(\frac{f_{11}(s_0, s_1)}{h_{11}(s_0, s_1)}, \frac{f_{12}(s_0, s_1)}{h_{12}(s_0, s_1)} \right) = \left(\frac{f_{21}(s_2)}{h_{21}(s_2)}, \frac{f_{22}(s_2)}{h_{22}(s_2)} \right),$$

也是得到了 $\mathbb{F}_{2^5}$ 上关于 s_0, s_1, s_2 的两个多项式方程:

$$f = f_{11}(s_0, s_1) \cdot h_{21}(s_2) - f_{21}(s_2) \cdot h_{11}(s_0, s_1) = 0,$$

$$g = f_{12}(s_0, s_1) \cdot h_{22}(s_2) - f_{22}(s_2) \cdot h_{12}(s_0, s_1) = 0.$$

这里 $f = z^{13} s_0^3 s_1 s_2^2 + z^{20} s_0^3 s_1 s_2 + z s_0^3 s_1 + z^{23} s_0^2 s_1^2 s_2^2 + z^{30} s_0^2 s_1^2 s_2 + z^{11} s_0^2 s_1^2$

$\quad + z^{30} s_0^2 s_1 s_2^3 + z^{15} s_0^2 s_1 s_2^2 + z^2 s_0^2 s_1 s_2 + z^9 s_0^2 s_1 + z^{10} s_0 s_1^2 s_2^2 + z^{17} s_0 s_1^2 s_2$

$\quad + z^{29} s_0 s_1^2 + z^{17} s_0 s_1 s_2^3 + s_0 s_1 s_2^2 + z^{11} s_0 s_1 s_2 + z^8 s_0 s_1 + z^{24} s_0 s_2^2 + s_0 s_2$

$\quad + z^{12} s_0 + z^6 s_1 s_2^2 + z^{13} s_1 s_2 + z^{25} s_1 + z s_2^3 + z^{22} s_2^2 + z^{15} s_2 + z^{13},$

$g = z^{29} s_0^3 s_1 s_2^2 + z^8 s_0^3 s_1 s_2 + z^{23} s_0^3 s_1 + z^{30} s_0^2 s_1^2 s_2^2 + z^9 s_0^2 s_1^2 s_2 + z^{24} s_0^2 s_1^2 + z^9 s_0^2 s_1 s_2^3$

$\quad + z^{13} s_0^2 s_1 s_2^2 + z^4 s_0^2 s_1 s_2 + z^6 s_0^2 s_1 + z^{26} s_0 s_1^2 s_2^2 + z^5 s_0 s_1^2 s_2 + z^{20} s_0 s_1^2 + z^5 s_0 s_1 s_2^3$

$\quad + z^{10} s_0 s_1 s_2^2 + z^{28} s_0 s_1 s_2 + z^{24} s_0 s_1 + z^9 s_0 s_2^2 + z^{19} s_0 s_2 + z^3 s_0 + z^{11} s_1 s_2^2$

$\quad + z^{21} s_1 s_2 + z^5 s_1 + z^{29} s_2^3 + z^{19} s_2^2 + z^3 s_2 + z^3.$

用 Magma 可以求解出 $f = g = 0$ 的解是 $s_0 = 0, s_1 = 1, s_2 = 1$, 即 Q 关于 P 的 ECDLP 的解是 6.

8.4 利用 SAT 计算 ECDLP

8.4.1 SAT

目前已知的 NPC 问题已达几百个之多, 而布尔表达式或布尔函数的可满足性问题, 即 SAT, 是第一个被证明的 NPC 问题. 它还有一个电路的变形, 即给定

一个布尔电路, 判定它是否是可满足的, 该问题叫 CSAT. 尽管布尔表达式和布尔电路一一对应, 但由于布尔电路比布尔函数更直观, 所以近几年的一些计算复杂性的教材在引入第一个 NPC 问题时, 很多是考虑 CSAT, 而不是 SAT, 例如 [109]. SAT 和 CSAT 就像是算法的软件和硬件实现, 不管用哪个表示都可以求解问题.

SAT 问题是研究最早和最广泛的 NPC 问题. SAT 问题不仅在数理逻辑和计算理论研究中占据着重要的位置, 同时也是当今数学、计算机科学和人工智能等领域研究的前沿核心问题之一. 工程技术、军事、工商管理、交通运输及自然科学研究中的许多重要问题, 如大型数据库的维护、大规模集成电路的自动布线及其正确性验证、软件自动开发及其正确性验证、机器人动作规划、数学中的许多优化问题等, 都可转化为 SAT 问题求解. 因此, 致力于寻找求解 SAT 问题的快速而有效的算法, 不仅在理论研究上, 而且在许多应用领域都具有极其重要的意义.

由于 SAT 的重要性, 众多学者已经为此做出了大量的工作, 开发出许多算法程序, 称为 "SAT 求解器" (SAT solver). SAT 求解就是找出可以满足一个 CNF 或 SNF 范式的布尔表达式的一组变量赋值. SAT 求解器就是可以完成 SAT 求解的程序. SAT 问题在最坏情况下不存在多项式阶时间复杂度的求解算法, 除非 P=NP. 但是因为只要 SAT 能快速实现, 其他 NP 问题都可以快速实现, 所以学者们仍然在探索尽可能有效的算法. 如何设计出高效可行的 SAT 求解方法至今仍是一个研究热点. SAT 问题越来越多地应用到生产和生活中, 迫切需要提升当前 SAT 求解技术的健壮性和综合性能. 目前已经有很多著名的 SAT 求解器如 GRASP, Chaff, zChaff, BerkMin 和 MiniSAT 等. 由于布尔表达式和布尔电路是等价的, 所以研发 SAT 求解器不仅具有重要的理论研究价值, 而且在工业领域尤其是软硬件验证中具有广泛的应用. 例如, Intel 芯片和 Windows 操作系统验证中都用到了 SAT 求解器.

在 SAT 问题的理论研究领域的旗舰会议是 "International Conference on Theory and Applications of Satisfiability Testing" (可满足性判定的理论与应用国际会议), 始设于 1997 年, 主要面向研究可满足性问题, 尤其是布尔表达式的可满足性. 为促进 SAT 问题求解算法及工具的研发和应用, 国际 SAT 学会自 2002 年组织 SAT Competition 国际比赛, 即国际 SAT 竞赛, 该竞赛是学术界和工业界在 SAT 问题研究领域的顶级赛事, 基本上每年举办一次.

国际 SAT 竞赛按照问题产生来源将 SAT 问题实例划分为应用类 (application)、组合类 (hardcombination) 和随机类 (random).

在 SAT 求解器的理论研究和实现中主要涉及以下几个方面.

SAT 问题编码方法: 理论上任何 NP 问题都可以转化为 SAT 问题, 实际转化时需要用到具体的归约和编码. 目前 SAT 问题编码多采用 CNF 形式. DIMACS 作为标准格式广泛用于 CNF 布尔公式, 也被历届 SAT 国际竞赛采用. 尽管有了统一的标准格式, 但不同实际问题的归约方法不一样, 甚至同一个实际问题在转化成 CNF 时也会有不同的表达式, 即使使用同一个求解器, 不同编码方法转换成的 SAT 问题求解效率是不一样的. 所以如何将实际中产生的 NP 问题有效地归约和 SAT 编码是解决问题的重要环节, 因此这一方面的研究一直是该领域的研究热点之一.

SAT 问题预处理技术: 将实际问题转化成布尔表达式的满足性问题后, 并不会直接用 SAT 算法求解, 一般还需要对转化后的表达式进行预处理, 以降低问题的规模和求解空间. 早期的预处理技术使用 DPLL(Davis-Putnam-Logemann-Loveland) 提出的单元传播和纯文字规则, 后来发展了一些更复杂的技术如超二元解析、单元子句和探针等. 近年来, 预处理技术方面也取得了一些优秀成果, 主要是一些新的分析方法和多种预处理技术合理集成等.

SAT 问题求解算法: 给定一个 SAT 问题的表达式 $f(x_1, \cdots, x_n)$, 在有限的时间内判定它是否是可满足的算法, 称为 SAT 问题求解算法. 目前典型的 SAT 问题求解算法包括确定性算法和随机搜索算法两大类. 确定性算法采取穷举和回溯思想, 从理论上保证给定命题公式的可满足性, 并在实例无解的情况下给出完备证明, 但不适用于求解大规模的 SAT 问题. 随机搜索算法主要基于局部搜索思想, 绝大多数随机搜索算法不能判断 SAT 问题的不可满足性, 但由于采用了启发式策略来指导搜索, 在处理可满足的大规模随机类问题时, 往往能比确定性算法更快得到一个解.

有关 SAT 问题的研究和 SAT 求解器的实现的更多的知识和进展可以参阅近几年 SAT 会议论文集 (http://www.satisfiability.org/) 和 SAT 竞赛 (http://www.satcompetition.org/) 提交的算法及其说明文件.

8.4.2　SAT 在计算 ECDLP 中的应用

近几年, SAT 求解器也被应用于密码设计与分析中, 如分组密码分析、S 盒实现、哈希函数碰撞、密码数学困难问题的求解等.

ECDLP 是 NP 问题, 自然可以转化成 SAT 问题. 前面几节讨论的 ECDLP 可以归约到子集和问题或多变量多项式方程组求解问题, 也可以再进一步转化成布尔表达式的满足性问题. 我们以 $\mathbb{F}_{2^m}$ 上的椭圆曲线为例来说明这个转化过程.

给定 ECDLP 的实例 $E, \mathbb{F}_{2^m}, \mathbb{G} = \langle P \rangle, Q, |\mathbb{G}| = n, \lambda = \lceil \log n \rceil$. 首先预计算 $S = \{P, 2P, 2^2 P, \cdots, 2^{\lambda-1} P\}$, 然后假定 $x_1, x_2, \cdots, x_\lambda$ 是 λ 个二元变量, 利用

$$\sum_{i=1}^{\lambda} x_i 2^{i-1} P = Q,$$

考虑左右有理点的 x 坐标可以得到 $\mathbb{F}_{2^m}$ 上一个关于 $x_1, x_2, \cdots, x_\lambda$ 多项式方程

$F(x_1, x_2, \cdots, x_\lambda) = 0$. 选取 $\mathbb{F}_{2^m}$ 关于 $\mathbb{F}_2$ 的一组基 $\phi_1, \cdots, \phi_m$, 则从 $F(x_1, x_2, \cdots, x_\lambda) = 0$ 可以得到 m 个 $\mathbb{F}_2$ 上的关于二元变量 $x_1, x_2, \cdots, x_\lambda$ 的多项式方程 (即 Weil 下降的方法)

$$f_1(x_1, x_2, \cdots, x_\lambda) = 0, \cdots, f_m(x_1, x_2, \cdots, x_\lambda) = 0.$$

由于得到的方程是 $\mathbb{F}_2$ 上的算术方程, $\mathbb{F}_2$ 上的乘法运算与布尔与运算 ($\wedge$) 相同, 但加法运算是异或 ($\oplus$), 不是或运算 ($\vee$), 所以需要把异或表达式转换成等价的或运算表达式, 这样才能把上面得到的方程写成 CNF 形式的布尔表达式. 例如我们可以把 $\mathbb{F}_2$ 上表达式 $x_1 + x_2 + x_3$ 或 $x_1 \oplus x_2 \oplus x_3$ 写成 $\wedge$ 和 $\vee$ 的等价形式

$$(x_1 \vee \overline{x}_2 \vee \overline{x}_3) \wedge (\overline{x}_1 \vee x_2 \vee \overline{x}_3) \wedge (\overline{x}_1 \vee \overline{x}_2 \vee x_3) \wedge (x_1 \vee x_2 \vee x_3).$$

类似地, 大小为 k 的异或子句可以转换为 2^{k-1} 个大小为 k 的或子句. 由于引入的子句的数量随异或子句的大小呈指数增长, 因此一般在继续转换之前, 最好将异或子句拆分为尽可能小的子句. 在拆分或转换过程中可能会引入新的中间变量.

转换后的 CNF 布尔表达式如果等于 1, 就保留, 如果等于 0, 则两边取反, 并将取后的左边进一步写成 CNF 形式, 这样就会得到 m 个关于变量 $y_1, \cdots, y_t$, $t \geqslant \lambda$ 的 CNF 形式的布尔表达式方程 $g_1(y_1, \cdots, y_t) = 1, \cdots, g_m(y_1, \cdots, y_t) = 1$. 令

$$\psi(y_1, \cdots, y_t) = g_1(y_1, \cdots, y_t) \wedge \cdots \wedge g_m(y_1, \cdots, y_t).$$

于是得到了一个 CNF 形式的布尔表达式. 将 $\psi(y_1, \cdots, y_t)$ 代入 SAT 求解器就可以求出 y_i, 去掉中间的辅助变量, 从而得到 x_i, 即求解了 ECDLP. 如果求解器是判定型的, 则只需要调用 t 次就可以完成.

我们可以继续使用上一节的例子, 将它转化成 CNF-SAT 问题. 任意选取 $\mathbb{F}_{2^5}$ 关于 $\mathbb{F}_2$ 的一组基 $\phi_1, \cdots, \phi_5$, 这里我们取多项式基 $\phi_1 = 1, \phi_2 = z, \phi_3 = z^2, \phi_4 = z^3, \phi_5 = z^4$. 将 $\mathbb{F}_{2^5}$ 中元素 z^i 用基 $\phi_1, \cdots, \phi_5$ 表示出来, 代入方程 $f = 0$. 通过比较 $\phi_1, \cdots, \phi_5$ 的系数, 同时考虑到在 $\mathbb{F}_2$ 上, 对任意 $a > 1$ 的正整数都有 $x^a = x$, 得到如下 $\mathbb{F}_2$ 上的 5 个方程:

$$f_1(s_0, s_1, s_2) = s_0 s_1 s_2 + s_0 s_2 + s_1 s_2 + s_1 + s_2 + 1 = 0,$$

$$f_2(s_0, s_1, s_2) = s_0 s_1 s_2 + s_0 + s_1 s_2 + s_2 = 0,$$

$$f_3(s_0, s_1, s_2) = s_0 s_2 + s_0 + s_1 s_2 + 1 = 0,$$

$$f_4(s_0, s_1, s_2) = s_0 s_1 s_2 + s_0 s_2 + s_0 = 0,$$

$$f_5(s_0, s_1, s_2) = s_0 s_1 s_2 + s_0 s_2 + s_0 + s_1 + 1 = 0,$$

我们可以将上面 $\mathbb{F}_2$ 上的方程组转化成等价的布尔表达式的形式：

$$g_1(s_0, s_1, s_2) = g_2(s_0, s_1, s_2) = g_3(s_0, s_1, s_2) = g_4(s_0, s_1, s_2) = g_5(s_0, s_1, s_2) = 1.$$

由于转化后的布尔表达式都比较大，我们这里只把一个简单些的方程 $f_3(s_0, s_1, s_2) = 0$ 的等价布尔表达式写出来：

$$g_3(s_0, s_1, s_2) = ((s_0 \wedge s_2) \vee \overline{s_0} \vee (\overline{s_1} \vee \overline{s_2})) \wedge ((\overline{s_0} \vee \overline{s_2}) \vee \overline{s_0} \vee (s_1 \wedge s_2))$$

$$\wedge ((\overline{s_0} \vee \overline{s_2}) \vee s_0 \vee (\overline{s_1} \vee \overline{s_2})) \wedge ((s_0 \wedge s_2) \vee s_0 \vee (s_1 \wedge s_2)) = 1.$$

令

$$\psi(s_0, s_1, s_2) = g_1(s_0, s_1, s_2) \wedge g_2(s_0, s_1, s_2) \wedge g_3(s_0, s_1, s_2)$$

$$\wedge g_4(s_0, s_1, s_2) \wedge g_5(s_0, s_1, s_2).$$

可以验证 $s_0 = 0, s_1 = 1, s_2 = 1$ 使得 $\psi(s_0, s_1, s_2) = 1$，也可以进一步将 $\psi(s_0, s_1, s_2)$ 写成 CNF 形式，通过 SAT 求解器求解.

如果将 ECDLP 直接转化成布尔表达式或布尔电路，或将对应的如子集和问题或多变量多项式方程组的求解问题转化成布尔公式的满足性判定问题的话，一般得到的布尔公式规模太大，很难给出一个简单的描述. 这种情况下应用 SAT 求解器也不会使 ECDLP 的求解算法的性能提高，实际效率可能远远不及 Pollard rho 算法.

另一种借助 SAT 求解器求解 ECDLP 的方法是把指标计算算法中的一些步骤转化成 SAT 或 3SAT 问题来解决. 前面一章我们讲述了一些利用 Semaev 的加和多项式作为点分解工具在指标计算算法上的努力. 这些算法的基本思想是指定一个因子基，然后尝试将随机点 $R = uP + wQ$ 分解为因子基中有理点的和 $P_1 + \cdots + P_m$. 不管是大素数域上的还是特征 2 有限域上的椭圆曲线，都是利用 Semaev 的加和多项式来表示和. 对于 $\mathbb{F}_{2^n}$ 上的加和多项式，还可以继续利用 Weil 下降的技术将求解加和多项式问题简化为 $\mathbb{F}_2$ 上的多项式方程组问题. 将这些方程组再进一步转化成 CNF 布尔表达式的满足性问题，这样就可以利用 SAT 求解器来解决这个问题了.

特征 2 有限域上的 Edwards 曲线在群运算和曲线形式上都有一些很好的性质. Galbraith 和 Gebregiyorgis[95] 研究了二元 Edwards 曲线上的利用加和多项式的指标计算算法. 假定 $\mathbb{F}_{2^n}$ 上 Edwards 曲线是由下面方程给出的，

$$E_{d_1, d_2}: \quad d_1(x + y) + d_2(x^2 + y^2) = xy + xy(x + y) + x^2 y^2,$$

其中 $d_1, d_2 \in \mathbb{F}_{2^m}$, 使得 $d_1 \neq 0, d_2 \neq d_1^2 + d_1$. 定义函数 $t(P) = x(P) + y(P)$, 即 $t(P)$ 是 P 的 x 坐标和 y 坐标之和. Edwards 曲线 E_{d_1,d_2} 的加和多项式可以如下定义:

$$f_2(t_1, t_2) = t_1 - t_2,$$

$$f_3(t_1, t_2, t_3) = (d_2 t_1^2 t_2^2 + d_1(t_1^2 t_2 + t_1 t_2^2 + t_1 t_2 + d_1)) t_3^2$$
$$+ d_1(t_1^2 t_2^2 + t_1^2 t_2 + t_1 t_2^2 + t_1 t_2) t_3 + d_1^2(t_1^2 + t_2^2),$$

$$f_m(t_1, \cdots, t_m) = \mathrm{Res}(f_{m-k}(t_1, t_2, \cdots, t_{m-k-1}, t), f_{k+2}(t_{m-k}, t_{m-k+1}, \cdots, t_m, t)),$$

这里 $m \geqslant 4$ 和 $1 \leqslant k \leqslant m-3$.

　　Galbraith 和 Gebregiyorgis 考虑了 Edwards 曲线 E_{d_1,d_2} 上的 4 阶点的群作用对聚合多项式的影响, 借助在相对大的群作用下不变的变量, 降低加和多项式的次数. 在因子基选取方面打破对称性, 并增加找到关系的概率. 对于用加和多项式和 Weil 限制得到的 $\mathbb{F}_2$ 上的多项式方程组一般是用 Gröbner 基方法求解, 而 [95] 中使用了 SAT 求解器来计算这一问题. Galbraith 和 Gebregiyorgis 首先使用 Magma 将这些多项式方程转换成等效的 CNF 布尔公式, 然后使用通用 MiniSAT 求解器来进行求解. 他们选择一些合理大小的素数扩域 $\mathbb{F}_{2^n}$ 做了实验. SAT 求解器通常比 Gröbner 基方法工作得更好, 尤其是在方程组的解具有低 Hamming 重量的情况下. 但是在大多数情况下 SAT 求解器还是比较慢的. 尽管从 [95] 中的实验结果看, Pollard rho 算法仍然比利用 SAT 求解器实现的指标演算算法快得多, 但 SAT 求解器的方法还有很多值得深入研究和改进的地方, 这也可能会使 SAT 求解器成为一种有用的方法.

8.5　椭圆码的列表译码与 ECDLP

　　椭圆码是根据 Goppa 的代数几何码的构造方法利用有限域 $\mathbb{F}_q$ 上椭圆曲线来构造的线性分组码 $C[n, k, d]$. 椭圆码是几乎极大距离可分的, 即要么是极大距离可分码 (MDS), 这时 $d = n - k + 1$, 要么是几乎极大距离可分码 (AMDS), 这时 $d = n - k$. Cheng 在文献 [65] 中讨论了计算椭圆码的最小距离和 ECDLP 的关系, 即如果计算出椭圆码的最小距离, 则该椭圆曲线上的 ECDLP 就可解. 在文献 [243] 中, 我们借助椭圆码的列表译码 (list decoding) 算法来求解椭圆码的最小重量码字, 从而求解 ECDLP 的方法进行了尝试. 这一节, 我们将讨论这一方法. 首先介绍一下纠错码、代数几何码及其列表译码的基本知识.

8.5.1 纠错码与代数几何码

有限域 $\mathbb{F}_q$ 上的 $[n, k]$ 线性分组码 C 实际上就是域 $\mathbb{F}_q$ 上的 n 维向量空间的 k 维子空间, 每个码字就是一个 n 维向量. 给定一个码字 $\vec{c} = (c_1, c_2, \cdots, c_n) \in \mathbb{F}_q^n$, 它的 Hamming 重量记为 $\mathrm{wt}(\vec{c})$, 定义为这个向量的非零坐标的数目, 即 $\mathrm{wt}(\vec{c}) = |\{i \mid c_i \neq 0, 1 \leqslant i \leqslant n\}|$. 两个码字 $\vec{c}_1, \vec{c}_2$ 的距离, 记为 $\mathrm{dis}(\vec{c}_1, \vec{c}_2)$, 是这两个码字中不同坐标的数目. 线性分组码 C 的最小距离 $d(C)$ 是任意两个不同码字的距离的最小值, 可以如下表示

$$d(C) := \min_{\vec{c}_1, \vec{c}_2 \in C, \vec{c}_1 \neq \vec{c}_2} \mathrm{dis}(\vec{c}_1, \vec{c}_2).$$

利用 C 的线性性, $d(C)$ 可以由 C 中的所有非零码字的最小 Hamming 重量来确定, 即 $d(C) = \min_{\vec{c} \in C \setminus \{0\}} \mathrm{wt}(\vec{c})$. 如果 $[n, k]$ 线性分组码 C 具有最小距离 d, 那么 C 被称为 $[n, k, d]$ 线性码. C 中具有最小重量 d 的码字称为 C 的最小重量码字, 最小重量是唯一的, 但最小重量码字不一定唯一.

对有限域 $\mathbb{F}_q$ 上的任一 $[n, k]$ 线性分组码 C, 假定 $\vec{0} = (0, \cdots, 0)$ 是传输的码字, 而 $\vec{e}$ 是接收到的向量. 定义 $f(\vec{e}, t) := |\{\vec{c} \in C \setminus \{0\} : |\vec{e} - \vec{c}| \leqslant t\}|$ 为以 $\vec{e}$ 为中心的距离在 t 内的相关码字的数目. 如果 $f(\vec{e}, t) = m$, 那么 $\vec{e}$ 是 m 重不正确可译码的. 定义 $D(u, t) := \sum_{|\vec{e}| = u} f(\vec{e}, t)$ 是重量为 u 的不正确可译码的总数, 包含所有重量为 u 的所有可能接收的向量. 利用 C 的线性性, 对任何一个发送码字 $\vec{c}$ 和任一错误图样 $\vec{e}$, $f(\vec{e}, t)$ 记为以接收向量 $\vec{r} = \vec{c} + \vec{e}$ 为中心, 所有距离为 t 的可能码字的数量. 根据 Berlekamp 等和 Mceliece[36,167] 的研究, 我们有下面的结论:

定理 8.1[36,167] 如果 $|\vec{e}| = u$, 那么在半径为 t 的解码范围内, 重量为 u 的所有错误模式中的可能码字的平均数量是

$$\bar{L}(u, t) = \frac{D(u, t)}{\displaystyle \binom{n}{u} (q - 1)^u}.$$

对 $[n, k, d]$ Reed-Solomon 码, Berlekamp 和 Ramsey 证明了如果 $u + t = d$,

$$D(u, t) = \binom{d}{t} \binom{n}{d} (q - 1).$$

所以, 如果 $u + t = n - k + 1$,

$$\bar{L}(u, t) = \frac{1}{(q - 1)^{u - 1}} \binom{n - u}{t}.$$

代数几何码 (AGC) 是定义在代数曲线或代数簇上的线性纠错码. 最早是由 Goppa 提出的 Goppa 码, 它可以看成是 Reed-Solomon 码的推广. 令 $\mathcal{X}$ 是定义在有限域 $\mathbb{F}_q$ 上的一条绝对不可约的亏格为 g 的曲线, $\mathbb{F}_q(\mathcal{X})$ 记为 $\mathcal{X}$ 的函数域. 令 $D = \sum_P n_P P$ 是 $\mathcal{X}$ 的一个除子, 如果系数 n_P 都是非负的, 则该除子称为有效的 (effective).

对每一个有理点 $P \in \mathcal{X}$ 和任意 $f \in \mathbb{F}_q(\mathcal{X}) \setminus \{0\}$, 我们可以利用局部参数和离散赋值函数 $v_P : \mathbb{F}_q(\mathcal{X}) \to \mathbb{Z} \cup \{\infty\}$ 来刻画 f 在 P 的赋值 (记为 $v_P(f)$). 如果 $v_P(f) = m > 0$, 则称点 P 是 f 的 m 重零点. 如果 $v_P(f) = m < 0$, 则称点 P 是 f 的 $-m$ 重极点. 任何函数 $f \in \mathbb{F}_q(\mathcal{X}) \setminus \{0\}$ 定义除子 $\mathrm{div}(f) := \sum_P v_P(f)P$, 该类除子称为主除子. 主除子是 0 次除子.

令 $G = \sum_P n_P P$ 是 $\mathcal{X}$ 上次数为 k 的任一除子, 定义

$$\mathcal{L}(G) := \{f \in \mathbb{F}_q(\mathcal{X}) \setminus \{0\} \mid \mathrm{div}(f) + G是有效的\} \cup \{0\}. \tag{8.2}$$

由 Riemann-Roch 定理可知, $\mathcal{L}(G)$ 是有限域 $\mathbb{F}_q$ 上一个维数为 $k - g + 1$ 的向量空间.

给定一不可约代数曲线 $\mathcal{X}$, $\mathbb{F}_q(\mathcal{X})$ 是定义在 $\mathcal{X}$ 的函数域, $P_1, P_2, \cdots, P_n$ 是 $\mathcal{X}$ 上互不相同的有理点. 这 n 个点可以定义一个除子 $D := P_1 + P_2 + \cdots + P_n$. 令 G 是 $\mathcal{X}$ 上任一除子, 使得 $\{P_1, P_2, \cdots, P_n\} \cap \mathrm{supp}(G) = \varnothing$. 一个代数几何码 $C(D, G)$ 由下列映射定义 $\mathrm{ev} : \mathcal{L}(G) \to \mathbb{F}_q^n$,

$$\mathrm{ev}(f) := (f(P_1), f(P_2), \cdots, f(P_n)),$$

所以 $C(D, G) = \mathrm{image}(\mathrm{ev})$. 如果 $G = \sum_P n_P P$ 是一个 k 次除子, 那么 $C(D, G)$ 是 $\mathbb{F}_q$ 上的一个 $[n, k - g + 1, d]$ 线性分组码.

椭圆码是一类特殊的代数几何码, 它是由椭圆曲线来定义的. 给定 $\mathbb{F}_q$ 上一椭圆曲线 E, $\mathbb{F}_q(E)$ 是椭圆函数域. 令 $P_1, P_2, \cdots, P_n \in E(\mathbb{F}_q)$, 定义除子 $D := P_1 + P_2 + \cdots + P_n$, G 是 E 上另一除子, 且满足 $0 < \deg(G) = k < n$ 和 $\mathrm{supp}(D) \cap \mathrm{supp}(G) = \varnothing$. 那么由 G 和 D 定义的椭圆码 $C(D, G)$ 是

$$C(D, G) := \{(f(P_1), \cdots, f(P_n)) \mid f \in \mathcal{L}(G)\} \subseteq \mathbb{F}_q^n.$$

$[n, k]$ 椭圆码的最小距离要么是 $d = n - k$, 要么是 $d = n - k + 1$. 如果 $d = n - k + 1$, 此时的椭圆码是一个极大距离可分码 (MDS), 否则是一个几乎极大距离可分码 (AMDS). Shokrollahi 在 [210] 中证明, 一个 $[n, k]$ 椭圆码 $C(D, G)$ 是一个 AMDS 当且仅当存在 k 个有理点 $P_{i_1}, \cdots, P_{i_k} \in \mathrm{supp}(D)$ 使得 $P_{i_1} + \cdots + P_{i_k} - G$ 是一个主除子.

下面举一个椭圆码的例子. 为了与 ECDLP 提前建立联系, 我们在选取除子 D 和 G 时, 其支撑点由 ECDLP 的实例 P 和 Q 产生. 考虑定义在 $\mathbb{F}_{127}$ 上的椭圆曲线 $E: y^2 = x^3 - 3x + 72$. $E(\mathbb{F}_{127})$ 的阶是素数 137. $P = (44, 65)$ 是 $E(\mathbb{F}_{127})$ 的一生成元. 假定 $Q = (84, 14) \in E(\mathbb{F}_{127})$ 是要求解的 ECDLP. 假定 $\mathcal{O}$ 是无穷远点.

令除子 $G := 3\mathcal{O} + Q$, 除子 $D := P_1 + P_2 + \cdots + P_8$, 这里 $P_1 = P, P_2 = 2P = (50, 9), P_3 = 4P = (49, 90), P_4 = 8P = (105, 83), P_5 = 16P = (74, 43), P_6 = 32P = (114, 94), P_7 = 64P = (120, 125), P_8 = 128P = (40, 43)$, 我们得到一个 $[8, 4]$ 椭圆码 $C[G, D]$, 生成矩阵如下

$$
\mathrm{GM} = \begin{bmatrix}
1 & 1 & 1 & 1 & 1 & 1 & 1 & 1 \\
1 & 7 & 6 & 62 & 31 & 71 & 77 & 124 \\
52 & 18 & 95 & 53 & 7 & 29 & 85 & 42 \\
115 & 124 & 69 & 90 & 123 & 117 & 26 & 15
\end{bmatrix}
$$

我们也可以考虑 k 次除子 G 是单点除子, 如 $G = kQ$, 甚至总是用无穷远点来定义除子 G, 即 $G = k\mathcal{O}$. 当考虑 $G = k\mathcal{O}$ 时, 为了使得生成的椭圆码与 ECDLP 实例 P 和 Q 有联系, 一般可考虑除子 D 的支撑点 P_i 都形如 $a_i P + b_i Q$.

对于一个 $[n, k]$ 椭圆码的生成矩阵 GM, 如果我们可以判定 (或求出) 是否存在 k 列线性相关, 则我们就可以求解椭圆码的最小重量问题 (或找出最小重量码字). 例如上面的矩阵 GM 的第 1, 3, 6, 7 列组成的 4×4 矩阵的行列式是 0, 从而这 4 列线性相关, 所以椭圆码 $C[G, D]$ 的最小重量是 4. 实际上也不难验证, $P_1 + P_3 + P_6 + P_7 - (3\mathcal{O} + Q)$ 是一个主除子. 给定一个 $k \times n$ 的矩阵, 判定是否存在一个 k 阶子式为 0 并不是一个容易的问题. 在文献 [141] 和 [66] 中, Khachiyan 及 Chistov 等证明了这是一个 NPC 问题.

8.5.2 列表译码

列表译码是纠错码理论中一类特殊的译码算法, 它可以输出与接收向量在给定的 Hamming 距离内的全部合法码字, 并且它的纠错能力超过了传统的唯一译码算法. 对列表译码的研究最早可以追溯到 20 世纪 50 年代的 Elias [78], 但当时只是提出了列表译码的概念, 并没有给出可行的算法. 1999 年, Guruswami 和 Sudan [112] 对 $[n, k]$ RS 码和 AG 码提出了列表译码算法. 该算法能够有效地输出一系列码字, 这些码字位于以噪声码字 (即接收向量) 为中心的半径 t 的球范围内, 最大可达 $t = n - \sqrt{nk}$. 更准确地说, 列表解码算法 $\mathrm{ListDecode}(C, \vec{r}, t)$ 以线性 $[n, k]$ 码 C、接收向量 $\vec{r}$ 和参数 $t \leqslant n - \sqrt{nk}$ 作为输入, 并输出到 $\vec{r}$ 的 Hamming 距离最多为 t 的码字列表.

现在回顾一下 Guruswami-Sudan 对 $[n,k,d]$ AG 码 $C(D,G)$ 的列表译码算法 ListDecode$(C,\vec{r},t)$ [113], 这里 $D = P_1 + P_2 + \cdots + P_n$, G 是亏格 g 的代数曲线 $\mathcal{X}$ 的一个单点除子, 即 $G = \alpha Q$, 且 $Q \notin \text{supp}(D)$. 假定 $\alpha > 2g - 2$, 那么由 Riemann-Roch 定理, $\dim(\mathcal{L}(\alpha Q)) = k = \alpha - g + 1$.

Guruswami-Sudan 列表译码包含 3 个步骤: **初始化、插值和求根**. 下面我们给出 AG 码 $C(D,G)$ 的列表译码算法的一个简单的描述, 具体的可以参看文献 [112] 和 [113].

根据 [112] 的分析, 对任一代数几何码 $C[n,k]$, 当 $t \leqslant n - \sqrt{nk}$ 时, Guruswami-Sudan 的列表译码都能适用, 且计算复杂度是 $O(\lambda^6 n^3)$ (这里 λ 是设计的列表大小).

下面给出椭圆码的列表译码算法的实现.

对定义在有限域 $\mathbb{F}_q$ 上一椭圆曲线 E, 令 $G = k\mathcal{O}$ 是一个 k 次除子, $D = P_1 + P_2 + \cdots + P_n$, 这里 P_i 是 E 上的有理点, 则 $C(G,D)$ 是一个椭圆码. 对椭圆码的 Guruswami-Sudan 列表译码算法的首先和最重要的一步是计算 $\mathcal{L}(l\mathcal{O})$ 的两个基: 零基和极基.

$\mathcal{L}(l\mathcal{O})$ 的极基是很容易得到的, 即 $\{\phi_1, \phi_2, \cdots, \phi_l\} := \{1, x, y, x^2, xy, x^3, x^2 y, \cdots, x^i y^j \mid j = 0 \text{ 或 } 1, \ 2i + 3j = l\}$.

对每一个点 P_i, $1 \leqslant i \leqslant n$, 我们需要找 $\mathcal{L}(l\mathcal{O})$ 的一个零基 $\{\psi_{j_3, P_i} : 1 \leqslant j_3 \leqslant l\}$, 使得 P_i 是 ψ_{j_3, P_i} 的重数至少是 $j_3 - 1$ 的零点 (根). 考虑主除子

$$\text{div}(f_{m, P_i}) = mP_i + (-m \cdot P_i) - (m+1)\mathcal{O}.$$

如果 $m < l$, 那么 $\text{div}(f_{m, P_i}) + l\mathcal{O}$ 是有效的, 所以 $f_{m, P_i} \in \mathcal{L}(l\mathcal{O})$. 也就是说 P_i 在除子 $\text{div}(f_{m, P_i})$ 中出现的次数至少是 m. 令

$$\psi_{1, P_i} = 1, \psi_{2, P_i} = f_{1, P_i}, \cdots, \psi_{l, P_i} = f_{l-1, P_i},$$

这样, 对于点 P_i, 我们得到了 $\mathcal{L}(l\mathcal{O})$ 的一组零基. 为了从除子 $mP_i + (-m \cdot P_i) - (m+1)\mathcal{O}$ 计算有理函数 f_{m, P_i}, 我们可以利用 Miller 算法 [175] 得到. 注意到 $\{\phi_i\}$ 和 $\{\psi_{j_3, P_i}\}$ 都是向量空间 $\mathcal{L}(l\mathcal{O})$ 的基, 借助基之间的过渡矩阵, 很容易得到集合 $\{a_{P_i, j_1, j_3} \in \mathcal{F}_q : 1 \leqslant i \leqslant n, 1 \leqslant j_1, j_3 \leqslant l\}$, 使得对每一个 i 和每一个 j_1, $\phi_{j_1} = \sum_{j_3} a_{P_i, j_1, j_3} \psi_{j_3, P_i}$ 成立. 算法中的插值和求根步骤与原始的 Guruswami-Sudan 列表译码算法类似.

8.5.3　列表译码与计算最小重量码字

给定一个 $[n,k,d]$ AG 码 $C(D,G)$, 即使知道它的最小重量, 或者可以猜测它的最小重量, 但计算它的最小重量码字仍然是困难的. 假定 AG 码 $C(D,G)$ 存在

有效的列表译码 ListDecode$(C, \vec{r}, t)$, 这一小节我们尝试利用列表译码算法来计算 C 的一最小重量码字.

当 C 的最小重量 d 未知时, 我们可以先猜测它的最小重量为 d'. 下面给出的计算最小重量码字的算法描述, 其中输入是猜测的最小重量 d'、一个错误重量 u 和 C 的列表译码算法中的译码界 t_m.

下面的引理说明为什么算法 36 可以计算最小重量码字.

引理 8.3 对任一 $[n, k, d]$ 线性分组码 C, 令 $\vec{c}' = \vec{c} + \vec{e}$ 是一个接收码字, 错误向量 $\vec{e}$ 的重量是 $\mathrm{wt}(\vec{e}) = u$. 定义列表译码算法 ListDecode$(C, \vec{c}', t)$ 的输出是集合 $\Omega_{\vec{c}'}$.

(1) 如果 $|\Omega_{\vec{c}'} \setminus \{\vec{c}\}| \geqslant 1$, 那么对任意码字 $\vec{c}_1 \in \Omega_{\vec{c}'} \setminus \{\vec{c}\}$, 都有 $\mathrm{dis}(\vec{c}_1, \vec{c}) \leqslant u + t$.

(2) 如果 $u + t = d$ 和 $u \leqslant t$, 则要么 $\Omega_{\vec{c}'} = \{\vec{c}\}$ 要么 $|\Omega_{\vec{c}'}| \geqslant 2$. 如果是后一种情形, 则对所有 $\vec{c}_1 \in \Omega_{\vec{c}'} \setminus \{\vec{c}\}$, 我们有 $\hat{\vec{c}} = \vec{c} - \vec{c}_1$ 是最小重量码字.

证明 (1) 列表译码算法 ListDecode$(C, \vec{c}', t)$ 输出的码字在以 $\vec{c}'$ 为球心、半径为 t 的球内. 如果 $|\Omega_{\vec{c}'} \setminus \{\vec{c}\}| \geqslant 1$, 我们有 $\mathrm{dis}(\vec{c}_1, \vec{c}') \leqslant t$. 结合事实 $\mathrm{dis}(\vec{c}, \vec{c}') = \mathrm{wt}(\vec{e}) = u$, 利用三角不等式我们有 $\mathrm{dis}(\vec{c}, \vec{c}_1) \leqslant u + t$.

(2) 如果 $u \leqslant t$, 那么 $\mathrm{dis}(\vec{c}, \vec{c}') = u \leqslant t$. 作为一个输出结果, $\vec{c} \in \Omega_{\vec{c}'}$ 总是成立的. 线性分组码 C 的线性性保证 $\hat{\vec{c}} := \vec{c} - \vec{c}_1 \in C$. 所以 $\mathrm{wt}(\hat{\vec{c}}) \geqslant d$. 如果 $u + t = d$, 那么 $d \leqslant \mathrm{wt}(\hat{\vec{c}}) = \mathrm{dis}(\vec{c}, \vec{c}_1) \leqslant u + t = d$, 这就意味着 $\mathrm{wt}(\hat{\vec{c}}) = d$, 且 $\hat{\vec{c}} = \vec{c} - \vec{c}_1$ 是最小重量码字. $\qquad\square$

利用列表译码找最小重量码字的基本思想就是希望对于比较小的错误重量 u, 能译出多于 1 个的合法码字. 具体来说, 对于 $\vec{c}' = \vec{c} + \vec{e}$, 错误向量 $\vec{e}$ 的重量是 $\mathrm{wt}(\vec{e}) = u$. 如果列表译码能力超过 u, 那么利用列表译码去译 $\vec{c}'$ 时一定会得到 $\vec{c}$. 如果此时还存在另一个码字 $\vec{cc}$, 使得 $u < \mathrm{dis}(\vec{cc}, \vec{c}') \leqslant t$, 那我们也可以将 $\vec{c}'$ 译成 $\vec{cc}$. 这样的码字是可能存在的, 因为 $\vec{c}'$ 中关于码字 $\vec{c}$ 的错误的分量可能是某个合法码字的分量. 我们设计如下的算法 37 来寻找满足某些条件的码字.

算法 36 Guruswami-Sudan 列表译码算法: ListDecode$(C, \vec{r}, t)$

输入: 有限域 $\mathbb{F}_q$ 上曲线 $\mathcal{X}$ 的除子 $G = \alpha Q$ 和 D 定义的 AG 码 $C(D, G)$, 一个接收向量 $\vec{r} = (r_1, \cdots, r_n)$ 和一个错误边界 t.

输出: 一个码字的集合 $\Omega_{\vec{r}}$, 使得 $\mathrm{dis}(\vec{r}, \vec{c}) \leqslant t$.

初始化 **0.1** $\Omega_{\vec{r}} := \varnothing$.

    0.2 利用 n, t 和 g 计算列表译码的一个参数 l, 这里 $l \geqslant \alpha$.

    0.3 固定 $\mathcal{L}(lQ)$ 的一组极基 $\{\phi_{j_1} : 1 \leqslant j_1 \leqslant l - g + 1\}$, 使得 ϕ_{j_1} 在 Q 点至多有 $j_1 + g - 1$ 重极点.

    0.4 对每一个 P_i, $1 \leqslant i \leqslant n$, 找 $\mathcal{L}(lQ)$ 的一组零基 $\{\psi_{j_3, P_i} : 1 \leqslant j_3 \leqslant l - g + 1\}$, 使得 P_i 是 ψ_{j_3, P_i} 的 $j_3 - 1$ 重 (至少) 根.

  0.5 计算集合 $\{a_{P_i,j_1,j_3} \in \mathbb{F}_q : 1 \leqslant i \leqslant n, 1 \leqslant j_1, j_3 \leqslant l - g + 1\}$, 使得对每一个 i 和每一个 j_1, 有 $\phi_{j_1} = \sum_{j_3} a_{P_i,j_1,j_3} \psi_{j_3,P_i}$.

插值 令 $s = \dfrac{l-g}{\alpha}$. 计算一个非零多项式 $H \in \mathcal{L}(lQ)[T]$, 具有如下形式

$$H[T] = \sum_{j_2=0}^{s} \sum_{j_1=1}^{l-g+1-\alpha j_2} h_{j_1,j_2} \phi_{j_1} T^{j_2}.$$

求根 求解 $H[T] = 0$ 的所有根 $h \in \mathcal{L}(\alpha Q) \subseteq \mathcal{L}(lQ)$. 对每一个 h, 检查是否至少 $n - t$ 个点满足 $h(P_i) = r_i$, 这里 $i \in \{1, 2, \cdots, n\}$. 如果是, 则将 h 放入 $\Omega_{\vec{r}}$.

输出 $\Omega_{\vec{r}}$.

算法 37 FindCodeword(C, u, d', t_m)

输入: 能够列表译码 t_m 个错误的 $[n, k]$ 线性码 C, 两个参数 $u, d' \in \mathbb{Z}^+$, $u < t_m < d'$.

输出: 一个码字 $\vec{c} \in C$, 或终止符号 $\perp$.

过程:

1. 如果 $d' - u > t_m$, 输出 $\perp$.
2. 随机选择一个码字 $\vec{c} \in \mathcal{C}$.
3. 随机选择一个错误图样 $\vec{e}$ 使得 $\mathrm{wt}(\vec{e}) = u$. 计算 $\vec{c}' := \vec{c} + \vec{e}$. 令 $\Omega_{\vec{c}'} := \varnothing$.
4. 调用 C 的列表译码算法 $\Omega_{\vec{c}'} \leftarrow \mathrm{ListDecode}(C, \vec{c}', d' - u)$.
5. 如果 $\Omega_{\vec{c}'} \setminus \{\vec{c}\} = \varnothing$, 返回 $\perp$. 否则对每一个码字 $\vec{c}_i \in \Omega_{\vec{c}'} \setminus \{\vec{c}\}$ 计算 $\vec{c}_i := \vec{c}_i - \vec{c}$, 这里 $i = 1, 2, \cdots, |\Omega_{\vec{c}'}| - 1$.
6. 从 $\{\vec{c}_1, \cdots, \vec{c}_{|\Omega_{\vec{c}'}|-1}\}$ 中选择最小重量的 $\vec{c}$.
7. 输出 $\vec{c}$.

  上述算法 FindCodeword(C, u, d') 的计算复杂度主要取决于 ListDecode, 所以也是 $O(\lambda^6 n^3)$ 的级别. 假定 $[n, k]$ 线性码 C 的最小重量是 d, 在 $u \leqslant d/2$ 和 $d - u \leqslant t_m$ 时, 我们在 [243] 中分析了算法 FindCodeword(C, u, d) 输出最小重量码字的概率如下:

  定理 8.2 对一个 $[n, k, d]$ 线性码 C, 令 μ 是最小重量码字的数目. 如果 $u \leqslant d/2$ 和 $d - u \leqslant t_m$, 那么

$$\Pr[\vec{c} \leftarrow \mathrm{FindCodeword}(C, u, d, t_m) : \mathrm{wt}(\vec{c}) = d] \approx \frac{\mu \cdot \dbinom{d}{u}}{\dbinom{n}{u}(q-1)^u}. \tag{8.3}$$

  如果我们知道了 $[n, k]$ 线性码 C 的最小重量 d, 可以直接运行上面算法来计算最小重量码字. 但是给定任一 $[n, k]$ 线性码 C, 计算它的最小重量 d 也是 NPC

问题, 所以我们很难准确计算它. 不过最小距离有个上界的, 即 $d \leqslant n - k + 1$. 所以我们可以从 $d' = 3, 4, \cdots, n - k + 1$, 依次调用算法 37 求解最小重量码字, 于是对任一可使用列表译码的 $[n, k]$ 线性码 C, 我们最终有下面的计算最小重量码字的算法 (算法 38).

算法 38　MinWeiCodeword(C, Γ, t_m, T_m)

输入: 一个最小重量未知的列表可译的 $[n, k]$ 线性码 C; 集合 $\{3, 4, \cdots, n-k+1\}$ 的子集 Γ; t_m 是列表译码算法的可译上界; T_m 是调用 FindCodeword(C, u, d') 的最大次数.

输出: 一个码字 $\vec{c} \in C$ 或终止符号 $\perp$.

初始化 $\vec{c} := \perp$; $\mathrm{wt}(\vec{c}) := n$.

对每一个 $d' \in \Gamma$ (按递增顺序选取 d'),

　　For $u = d' - t_m$ **to** $\lfloor d'/2 \rfloor$

　　　　For $i = 1$ **to** T_m

　　　　　　$\vec{c}' \leftarrow$ FindCodeword(C, u, d', t_m);

　　　　　　If $\mathrm{wt}(\vec{c}') < \mathrm{wt}(\vec{c})$ **then** $\vec{c} := \vec{c}'$.

返回 $\vec{c}$.

在算法 MinWeiCodeword(C, Γ, T_m) 中, 共有 T_m 次调用 FindCodeword (C, u, d'), 并且 u 的取值能够从 $d' - t_m$ 到 $\lfloor d'/2 \rfloor$. 所以 MinWeiCodeword 成功输出一个最小重量码字的概率至少是

$$\Pr[\vec{c} \leftarrow \mathrm{MinWeiCodeword}(C, \Gamma, t_m, T_m) : \mathrm{wt}(\vec{c}) = d']$$

$$\geqslant 1 - \prod_{u=d'-t_m}^{\lfloor d'/2 \rfloor} \left(1 - \frac{\mu \cdot \dbinom{d'}{u}}{\dbinom{n}{u}(q-1)^u} \right)^{T_m}. \tag{8.4}$$

如果 C 的最小重量 d' 已知, 那么在上面算法中令 $\Gamma = \{d'\}$, 则 MinWeiCodeword 成功输出一个最小重量码字的概率至少是

$$\Pr[\vec{c} \leftarrow \mathrm{MinWeiCodeword}(C, \{d'\}, t_m, T_m) : \mathrm{wt}(\vec{c}) = d']$$

$$\approx 1 - \left(1 - \frac{\mu \cdot \dbinom{d'}{u}}{\dbinom{n}{u}(q-1)^u} \right)^{T_m}. \tag{8.5}$$

由于 $d' = u + t$ 这一事实, 只要列表译码算法允许 $t = d - u$, 给定 d', 我们总是可以选择尽可能小的 u 以使 (8.3) 中的概率更大. 对于 AG 码, Guruswami-Sudan 列表译码算法可以使 t 达到 $t_m = \lceil n - \sqrt{nk} \rceil$ (这个界限被称为 GS 界限或 Johnson 界限).

如果列表译码技术的研究能取得新发展, 使得译码上界 t_m 超过当前的 $\lceil n - \sqrt{nk} \rceil$ 界限, 那么算法 FindCodeword(C, u, d) 将通过为 u 设置较小的值而变得更有效. 例如, 如果我们有一个有效的列表译码算法来纠正某些纠错码的最大错误部分, 即 $t_m = n - k$ (这被称为 Singleton 界), 那么可以使用算法 FindCodeword (C, u, d) 有效计算这些纠错码的最小重量码字.

8.5.4　利用列表译码计算 ECDLP

下面通过构造几乎极大距离可分椭圆码和借助列表译码求最小重量码字的算法提出一个计算 ECDLP 的概率算法.

假定要求解的 ECDLP 实例是: $\mathbb{F}_q$, E, P 是 $E(\mathbb{F}_q)$ 的一个素数 p 阶点, $Q(= sP) \in \langle P \rangle$. 下面的算法 39 SolveECDLP 就是将算法 MinWeiCodeword 应用到椭圆码的最小重量码字求解上, 并不断调用它, 从而求解出 s $(= \log_P Q)$.

我们通过下面的定理证明来分析我们提出的算法 SolveECDLP 的成功概率.

定理8.3　假定 ECDLP 实例是 $\mathbb{F}_q$, E, p, P, $Q(= sP) \in \langle P \rangle$. 令 $\theta := \lceil \log_2 p \rceil$, $n := 2\theta$, $k := \lfloor (\theta+1)/2 \rfloor$, $u \leqslant (n-k)/2$ 和 $u \geqslant n - k - t_m$. 那么算法 SolveECDLP 成功求解 ECDLP 的概率是

$$\left(1 - \left(1 - \frac{\dbinom{\theta}{k-1}}{2^\theta} \right)^{n-\theta} \right) \cdot \left(1 - \left(1 - \frac{\lambda \cdot \dbinom{n-k}{u}}{\dbinom{n}{u}(q-1)^{u-1}} \right)^{T_m} \right) \cdot \left(1 - \frac{1}{p} \right),$$

这里 λ 记为集合 $\mathcal{J} = \{i_1, i_2, \cdots, i_k\} \subseteq \{1, 2, \cdots, n\}$ 的使得 $G - \sum_{j \in \mathcal{J}} P_j$ 是一个主除子的子集的数量.

算法 39　SolveECDLP$(E(\mathbb{F}_q), P, Q, p)$

输入: 椭圆曲线群 $E(\mathbb{F}_q)$、一个素数 p 阶生成元 P 和一个元素 $Q \in \langle P \rangle$.

输出: $s \in \mathbb{Z}_p$ (使得 $Q = sP$).

1. 定义 $\theta := \lceil \log_2 p \rceil$, $n := 2\theta$, $k := \lfloor (\theta+1)/2 \rfloor$. 如果 p 的二进制表示中 1 的个数是 k, 那么 $k := \lfloor (\theta+1)/2 \rfloor + 1$.

2. 定义除子 $G := k\mathcal{O}$ 和 $P_i := 2^{i-1}P$, $i = 1, 2, \cdots, \theta$.

3. 从 $\mathbb{Z}_p$ 中随机选择 $r_2, r_3, \cdots, r_{n-\theta}$, 令 $r_1 := 1$, 并定义 $P_{\theta+j} := r_j Q$, $j = 1, 2, \cdots, n - \theta$.

4. 构造一个椭圆码 $C(G, D)$, 这里 $D = P_1 + P_2 + \cdots + P_n$.

5. 令 $t_m = n - \sqrt{nk}$ 和 $T_m = O(\text{poly}(n))$.

6. 调用求解最小重量码字算法 $\vec{c} \leftarrow \text{MinWeiCodeword}(C(G, D), \{n - k\}, t_m, T_m)$.

7. 如果 $\vec{c} = \bot$, 则转向第 3 步.

8. 如果 $\vec{c} \neq \bot$, 那么 $\text{wt}(\vec{c}) = n - k$. 令 $\vec{c} = (c_1, c_2, \cdots, c_n)$, 假定 $\vec{c}$ 的分量的 0 部分是 $c_{i_1}, c_{i_2}, \cdots, c_{i_k}$.

9. 假定 $i_{j-1} \leqslant \theta$, 且 $i_j > \theta$, 那么计算 $s' :\equiv -(r_{i_j - \theta} + r_{i_{j+1} - \theta} + \cdots + r_{i_k - \theta})^{-1}(2^{i_1 - 1} + 2^{i_2 - 1} + \cdots + 2^{i_{j-1} - 1}) \bmod p$.

10. 如果 $Q = s'P$, 那么返回 s', 否则返回 $\bot$.

证明 注意到对 $G := k\mathcal{O}$, 椭圆码 $C(G, D)$ 是一个 AMDS 码, 当且仅当存在一个主除子 $\text{div}(f) := P_{i_1} + P_{i_2} + \cdots + P_{i_k} - k\mathcal{O} \in (G)$, 即 $P_{i_1} + P_{i_2} + \cdots + P_{i_k} = \mathcal{O}$, 这里的加法是椭圆曲线群的点加运算. 总共有三种情况.

情形 I $i_1 \leqslant \theta$ 和 $i_k > \theta$. 在这种情形, 假定 $i_{j-1} \leqslant \theta$ 和 $i_j > \theta$, 那么 $(2^{i_1 - 1} + 2^{i_2 - 1} + \cdots + 2^{i_{j-1} - 1})P + (r_{i_j - \theta} + r_{i_{j+1} - \theta} + \cdots + r_{i_k - \theta})Q = \mathcal{O}$, 所以, $-(r_{i_j - \theta} + r_{i_{j+1} - \theta} + \cdots + r_{i_k - \theta})s \equiv (2^{i_1 - 1} + 2^{i_2 - 1} + \cdots + 2^{i_{j-1} - 1}) \bmod p$.

情形 II $i_1 > \theta$. 在这种情形, $(r_{i_1 - \theta} + r_{i_2 - \theta} + \cdots + r_{i_k - \theta})Q = \mathcal{O}$, 即 $r_{i_1 - \theta} + r_{i_2 - \theta} + \cdots + r_{i_k - \theta} \equiv 0 \bmod p$.

情形 III $i_k \leqslant \theta$. 在这种情形, $(2^{i_1 - 1} + 2^{i_2 - 1} + \cdots + 2^{i_k - 1})P = \mathcal{O}$, 即 $(2^{i_1 - 1} + 2^{i_2 - 1} + \cdots + 2^{i_k - 1}) \equiv 0 \bmod p$. 因为 $\theta := \lceil \log_2 p \rceil$ 和 $k = \lfloor \theta/2 \rfloor + 1$, 所以 $(2^{i_1 - 1} + 2^{i_2 - 1} + \cdots + 2^{i_k - 1}) < 2p$.

显然, 当 $\ell \in \{2, 3, \cdots, n - \theta\}$, r_ℓ 是随机选取的时候, 情形 II 发生的概率是 $1/p$, 而因为我们要求 $\text{wt}(p) \neq k$, 所以情形 III 永远不会发生.

现在我们考虑当 $s, r_2, \cdots, r_{n-\theta}$ 从 $\mathbb{Z}_p$ 中随机选取时 $C(G, D)$ 是一个 AMDS 码的概率.

$\Pr[C(G, D) \text{ 是 AMDS}]$

$= \Pr[\exists i_1, \cdots, i_k \in [n] \text{ s.t. 除子 } P_{i_1} + P_{i_2} + \cdots + P_{i_k} - G \text{是主的}]$

$= \Pr[\exists i_1, \cdots, i_k \in [n] \text{ s.t. } P_{i_1} + P_{i_2} + \cdots + P_{i_k} = \mathcal{O}(E(\mathbb{F}_q) \text{ 中群运算})]$

$= \Pr[\exists i_1, \cdots, i_k \in [n] \text{ s.t. 情形 I 发生}] + \Pr[\exists i_1, \cdots, i_k \in [n] \text{ s.t. 情形 II 发生}]$

$\quad + \Pr[\exists i_1, \cdots, i_k \in [n] \text{ s.t. 情形 III 发生}]$

$= 1/p + \Pr[\exists i_1, \cdots, i_k \in [n] \text{ s.t. 情形 II 发生}] + 0 \qquad (8.6)$

$\geqslant \Pr[\exists i_1, \cdots, i_k \text{ s.t. 情形 II 发生}]$

$= \Pr[\exists i_1, \cdots, i_k \in [n], \exists i_{j-1} \leqslant \theta, i_j > \theta : -(r_{i_j - \theta} + \cdots + r_{i_k - \theta})s$

$$= (2^{i_1-1} + \cdots + 2^{i_{j-1}-1}) \bmod p]$$

$$\geqslant \Pr\left[\exists i_1, \cdots, i_k \in [n], \exists i_k > \theta : -r_{i_k-\theta}s = (2^{i_1-1} + \cdots + 2^{i_{k-1}-1}) \bmod p\right]$$

$$= 1 - \Pr[\nexists i_k, i_k \in [n], i_k > \theta \text{ s.t. } -r_{i_k-\theta}s = (2^{i_1-1} + \cdots + 2^{i_{k-1}-1}) \bmod p]$$

$$= 1 - \left(1 - \frac{\dbinom{\theta}{k-1}}{2^\theta}\right)^{n-\theta}. \tag{8.7}$$

给定一个 AMDS 椭圆码 $C(G, D)$, 则 $C(G, D)$ 的最小距离是 $d = n - k$. 根据 (8.5) 可知, MinWeiCodeword$(C(G, D), \{n - k\}, t_m, T_m)$ 成功输出一个最小重量码字 $\vec{c} = (c_1, c_2, \cdots, c_n)$ 的概率是

$$1 - \left(1 - \frac{\lambda \cdot \dbinom{n-k}{u}}{\dbinom{n}{u}(q-1)^{u-1}}\right)^{T_m}.$$

假定最小重量码字 $\vec{c}$ 的分量为 0 的部分是 $c_{i_1}, c_{i_2}, \cdots, c_{i_k}$, 那么 $P_{i_1} + P_{i_2} + \cdots + P_{i_k} = \mathcal{O}$ 一定成立. 类似的有三种情形: $i_1 \leqslant \theta$ 和 $i_k > \theta$; $i_1 > \theta$; $i_k \leqslant \theta$. 如前面分析的, 第二种情形以概率 $1/p$ 发生, 而第三种情形从不发生. 所以, 第一种情形发生的概率是 $1 - 1/p$. 也就是说, 第一种情形意味着 $\exists i_{j-1} \leqslant \theta, i_j > \theta$, 所以

$$(2^{i_1-1} + 2^{i_2-1} + \cdots + 2^{i_{j-1}-1})P + (r_{i_j-\theta} + r_{i_{j+1}-\theta} + \cdots + r_{i_k-\theta})Q = \mathcal{O},$$

即

$$s \equiv -(r_{i_j-\theta} + r_{i_{j+1}-\theta} + \cdots + r_{i_k-\theta})^{-1}(2^{i_1-1} + 2^{i_2-1} + \cdots + 2^{i_{j-1}-1}) \bmod p.$$

在这种情况下, SolveECDLP 成功求解了 ECDLP.

因此

$$\Pr[\text{SolveECDLP成功}]$$

$$= \Pr[C(G, D)\text{是 AMDS} \wedge \text{MinWeiCodeword成功} \wedge \text{情形 I 发生}]$$

$$= \Pr[C(G, D)\text{是 AMDS}]$$

$$\cdot \Pr[\text{MinWeiCodeword成功} \mid C(G, D)\text{是 AMDS}]$$

$\cdot \Pr[\text{情形 I 发生} \mid \text{MinWeiCodeword成功}, C(G,D) \text{是 AMDS}]$

$$= \left(1 - \left(1 - \frac{\dbinom{\theta}{k-1}}{2^{\theta}} \right)^{n-\theta} \right)$$

$$\cdot \left(1 - \left(1 - \frac{\lambda \cdot \dbinom{n-k}{u}}{\dbinom{n}{u}(q-1)^{u-1}} \right)^{T_m} \right) \cdot \left(1 - \frac{1}{p} \right).$$

这里 λ 记为集合 $\mathcal{J} = \{i_1, i_2, \cdots, i_k\} \subseteq \{1, 2, \cdots, n\}$ 的使得 $G - \sum_{j \in \mathcal{J}} P_j$ 是一个主除子的子集的数量. $\qquad\qquad\qquad\qquad\qquad\qquad\qquad\qquad\square$

概率 (8.7) 只是给出了 $C(G,D)$ 是 AMDS 码的下界. 尽管只是下界, 但 (8.7) 已经接近 1 了. 例如, 我们考虑利用 ECCp-131 曲线来构造椭圆码, 此时 $\theta = 131, k = 66$. 取 $n = 262$, 那么, $C(G,D)$ 是一个 AMDS 码的概率可以达到 0.99992.

在算法 MinWeiCodeword$(C(G,D), \{n-k\}, t_m, T_m)$ 中, 调用了 T_m 次 FindCodeword$(C(G,D), u, d, t_m)$. 对每一次调用, FindCodeword 用 Guruswami-Sudan 的列表译码算法找到一个最小重量码字的概率是

$$\Pr[\vec{c} \leftarrow \text{FindCodeword}(C, u, d, t_m) : \text{wt}(\vec{c}) = d] \approx \frac{\lambda \cdot \dbinom{d}{u}}{\dbinom{n}{u}(q-1)^{u-1}}. \qquad (8.8)$$

所以, 为使得 MinWeiCodeword 能够成功, 调用 FindCodeword 的次数 T_m 应该是如下级别

$$\frac{\dbinom{n}{u}(q-1)^{u-1}}{\lambda \cdot \dbinom{d}{u}}. \qquad (8.9)$$

不管是 Guruswami-Sudan 还是 Shokrollahi-Wasserman 的列表译码算法[211], 算法复杂度都是码长的多项式时间. 然而, 如果 $n := 2\lceil \log_2 p \rceil$, $k := \lceil \log_2 p \rceil / 2$, 此时 λ 的值最大也不会超过 q^2. 所以如果 u 大于 3, 由于概率 (8.8) 太小, 无法使

T_m 成为多项式表示 (基本会大于 q 了). 因此, 算法 SolveECDLP 不是有效的, 甚至达不到平方根时间算法. 为了降低 SolveECDLP 的计算复杂度, 可能的方法是提高列表译码的错误界限 t_m 和加速列表译码的效率, 不过这两个问题在编码理论界也不是容易的事情.

第 9 章 量 子 算 法

1994 年, Peter Shor [202] 提出了大整数因子分解和有限域上离散对数问题的多项式时间的量子算法. Shor 的关于有限域上离散对数问题的量子算法可以推广到任意群上的离散对数问题, 自然它也可以推广到椭圆曲线群的情况. 因此, 在可以建造规模足够大的通用量子计算机的前提下, 可以利用 Shor 提出的算法多项式时间攻破目前所有的基于因子分解或计算离散对数的困难性的密码系统. Shor 的文章具有重要的理论和现实意义, 这一成果就像一剂催化剂, 催生了一场延续至今的量子计算机研制的竞赛. 特别是近几年来, 量子计算硬件和软件的研制和开发都取得了重大进展. 本章主要介绍一下如何利用量子算法求解椭圆曲线离散对数问题.

9.1 量子比特和量子门

我们先介绍一下和量子算法及量子电路相关的一些基础知识, 想深入了解量子计算的话, 可以参看文献 [178].

9.1.1 量子比特

经典计算机信息的基本单元是比特, 比特可以取两个值: 0 或 1, 所以对于经典的 1 比特来说, 不是处于 "0" 态就是处于 "1" 态, 并且测量它对它的值没有任何影响. 经典比特可以用 AND (与) 或 OR (或) 这样的门来运算. 在量子计算机中, 基本信息单位是量子比特 (qubit). 量子比特除了处于 "0" 态或 "1" 态外, 还可处于叠加态 (superposed state). 叠加态是 "0" 态和 "1" 态的任意线性叠加, 它既可以是 "0" 态又可以是 "1" 态, "0" 态和 "1" 态各以一定的概率同时存在. 所以量子比特相较于传统比特来说, 有着独一无二的存在特点, 它以两个逻辑态的叠加态的形式存在, 这表示的是两个状态是 0 和 1 的相应量子态叠加.

量子比特可以取值的叠加, 这意味着量子比特可以同时处于两种状态, 测量一个量子比特会通过将其叠加为 0 或 1 来改变其值. 量子比特的基本态 (basic state) 用 ket 符号表示为 $|0\rangle$ 和 $|1\rangle$, 叠加是这两个基本态的加权和, 即

$$\alpha|0\rangle + \beta|1\rangle,$$

其中 $\alpha, \beta \in \mathbb{C}$, 且 $\alpha^2 + \beta^2 = 1$. 一个带有 $|\alpha| = |\beta|$ 的量子比特, 如 $\frac{1}{\sqrt{2}}|0\rangle - \frac{1}{\sqrt{2}}|0\rangle$, 被称为是均匀叠加, 此时它被测量为 0 或 1 的概率相等.

两个量子比特的基本态是 $|00\rangle, |01\rangle, |10\rangle, |11\rangle$. 任何 2 量子比特可以表示为

$$|\psi\rangle = \alpha_0|00\rangle + \alpha_1|01\rangle + \alpha_2|10\rangle + \alpha_3|11\rangle.$$

对任意一个 n 量子比特的基本态可以用 $|s_0, s_1, \cdots, s_{n-1}\rangle$ 来表示, 其中 $s_i \in \{0,1\}$, 总共有 2^n 可能的基本态. n 量子比特的 2^n 个基本态可能的叠加量子态是

$$\sum_{i=0}^{2^n-1} \alpha_i|q_{0,i}, q_{1,i}, \cdots, q_{n-1,i}\rangle,$$

使得 $\sum_{i=0}^{2^n-1} |\alpha_i^2| = 1$. 这里 $i = q_{0,i} + q_{1,i}2 + \cdots + q_{n-1,i}2^{n-1}$ 是表示 2^n 可能的基本态中的任何一个. 有时也把上面 n 量子比特的叠加态简记为 $\sum_{i=0}^{2^n-1} \alpha_i|i\rangle$, 此时输出测量值为 i 的概率是 $|\alpha_i^2|$.

9.1.2 量子门

量子计算或量子电路和经典电路一样, 也是需要一些基本运算门的, 但与经典的 AND 或 OR 门不同, 量子计算所需要的门必须是可逆的, 即双射的 (每个输入态对应一个输出态, 并且输入状态可以从其输出状态唯一地导出), 这样的门需要相等数量的输入和输出量子比特. 经典的 AND 或 OR 门是 2 比特输入 1 比特输出的, 而用在量子计算中的门都是要求相同的输入输出比特, 以实现可逆.

量子计算中常见的可逆门有:

(1) **NOT** 门: 即非门, 这个与经典的非门类似, 是 1 输入 1 输出的. 如果输入是 $|0\rangle$, 则输出 $|1\rangle$, 反之亦然. 将 NOT 门应用到 $\alpha|0\rangle + \beta|1\rangle$, 可得到结果 $\alpha|1\rangle + \beta|0\rangle$.

(2) **CNOT** 门: 即受控 NOT 门, 也称为 Feynman 门. 这个门是 XOR(异或) 门的可逆的等价的表示. 受控 NOT 门有两个量子比特作为输入, 然后将其中一个量子比特加到另一个量子比特上作为输出, 即

$$(a, b) \xrightarrow{\text{CNOT}} (a \oplus b, b).$$

它的逆如下: 将 CNOT 应用于 $(a \oplus b, b)$, 得到 $(a \oplus b \oplus b, b) = (a, b)$.

(3) **TOF** 门: 即 Toffoli 门, 它是 AND 门的可逆的等价的表示. 这个门有 3 个量子比特作为输入, 把第一个量子比特乘以第二个量子比特后, 再加上第三个量子比特作为第三个量子比特的输出, 即

$$(a, b, c) \xrightarrow{\text{TOF}} (a, b, c \oplus (a \cdot b)).$$

这个门也是可逆的, 即 $(a, b, c \oplus (a \cdot b) \oplus (a \cdot b)) = (a, b, c)$.

(4) **SWAP 门**: 即交换门, 这个操作是交换两个量子比特 a 和 b, 交换后我们称量子比特 a 为 b, 称量子比特 b 为 a.

上面的非门是单量子比特门. 实际上任何一个单量子比特门都可以对应一个 2×2 酉矩阵, 如 $\text{NOT}(\alpha|0\rangle + \beta|1\rangle) = \alpha|1\rangle + \beta|0\rangle$ 可以表示成

$$X \begin{bmatrix} \alpha \\ \beta \end{bmatrix} = \begin{bmatrix} 0 & 1 \\ 1 & 0 \end{bmatrix} \begin{bmatrix} \alpha \\ \beta \end{bmatrix} = \begin{bmatrix} \beta \\ \alpha \end{bmatrix}.$$

典型的单量子比特门还有共轭门 $Z = \begin{bmatrix} 1 & 0 \\ 0 & -1 \end{bmatrix}$ 和 Hadamard 门 $H = \dfrac{1}{\sqrt{2}} \begin{bmatrix} 1 & 1 \\ 1 & -1 \end{bmatrix}$.

多量子比特门也可以利用酉矩阵来表示. 所谓酉矩阵, 就是共轭转置矩阵等于逆矩阵的复数方阵, 又称幺正矩阵. 例如 2 量子比特的 CONT 和交换门可以分别对应一个 4×4 酉矩阵,

$$\text{CNOT} = \begin{bmatrix} 1 & 0 & 0 & 0 \\ 0 & 1 & 0 & 0 \\ 0 & 0 & 0 & 1 \\ 0 & 0 & 1 & 0 \end{bmatrix}, \quad \text{SWAP} = \begin{bmatrix} 1 & 0 & 0 & 0 \\ 0 & 0 & 1 & 0 \\ 0 & 1 & 0 & 0 \\ 0 & 0 & 0 & 1 \end{bmatrix},$$

而 TOF 门则是可以对应一个 8×8 酉矩阵. 一般地, 操作 k 量子比特的门可以用 $2^k \times 2^k$ 的酉矩阵表示.

通过多次组合可以无限逼近任意量子门的量子门有限集合称为通用量子门集合, 也就是说任何量子运算操作都可以从这个集合组合出一个有限长度的序列来近似表示. Clifford+T 门是一个经常出现并且在文献中被广泛研究的量子门, 该门由 Hadamard 门 H、相位门 $P = \begin{bmatrix} 1 & 0 \\ 0 & i \end{bmatrix}$、受控 NOT (CNOT) 门, 以及由 $T = \begin{bmatrix} 1 & 0 \\ 0 & e^{\frac{\pi}{4}i} \end{bmatrix}$ 形式的 T 门组成. 因为受控 NOT 门的作用可以实现映射 $(x, y) \mapsto (x, x \oplus y)$, 从而可当作 Clifford 群的生成元, 所以称这些组合门为 Clifford+T 门. 我们知道 Clifford+T 门集合是通用的. 这意味着, 它可以使用长度为 $4\log_2(1/\epsilon)$ 的序列和使用纠缠门 (如 CNOT 门) 来近似任意给定目标的酉单量子比特运算到精度 ϵ 范围内, 与此同时, Clifford+T 门集可以近似任意酉运算. 当评估由 Clifford+T 门构建的量子电路的复杂性时, 通常只有 T 门被计算在内, 因为在逻辑门级别设置的 Clifford+T 门的容错实现对于 T 门比 Clifford 门需要更多的资源.

量子电路 (或线路) 就是一些集合各种门来实现某个函数或算法的计算. 因为任何经典线路都可以由与非门组合而成, 而量子 Toffoli 门可模拟与非门, 所以量子

线路可有效模拟任何经典线路, 但反之不然. 这就说明量子计算机比经典计算机强大. 量子计算的优势在于可以利用量子比特和量子门去计算功能更强大的函数.

9.2 离散对数的 Shor 算法

9.2.1 量子傅里叶变换

经典离散傅里叶变换 (discrete Fourier transform) 是将一个长度为 N 的复向量 $(x_0, x_1, \cdots, x_{N-1})$ 变为另一个长度为 N 的复向量 $(y_0, y_1, \cdots, y_{N-1})$, 输出向量的每个分量都是输入向量所有分量的函数, 即

$$y_k = \frac{1}{\sqrt{N}} \sum_{j=0}^{N-1} x_j e^{2\pi i j k / N}.$$

量子傅里叶变换与经典情形类似, 给定一个量子态 $\sum_{j=0}^{N-1} x_j |j\rangle$, 我们可以通过 $y_k = \frac{1}{\sqrt{N}} \sum_{j=0}^{N-1} x_j e^{2\pi i j k / N}$, 把它映射到 $\sum_{j=0}^{N-1} y_j |j\rangle$. 因为变化的是振幅, 那我们可以写

$$\mathrm{QFT}|x\rangle = \frac{1}{\sqrt{N}} \sum_{y=0}^{N-1} e^{2\pi i x y / N} |y\rangle.$$

下面取 $N = 2^n$. $|0\rangle, |1\rangle, \cdots, |2^n - 1\rangle$ 是 n 量子比特的所有 2^n 可能的基本态. 对任一状态 $|j\rangle$, 可以把 j 写成 $j = j_1 2^{n-1} + j_2 2^{n-2} + \cdots + j_n 2^0$, 则状态 $|j\rangle$ 可以写成 $|j_1, \cdots, j_n\rangle$. 同时, 为了方便起见, 用记号 $0.j_l j_{l+1} \cdots j_m$ 表示二进制分数 $j_l/2 + j_{l+1}/4 + \cdots + j_m/2^{m-l+1}$. 按照量子傅里叶变换的定义, 在这种情况下可以得到量子傅里叶变换的一个有用的积形式:

$$|j_1, \cdots, j_n\rangle \to \frac{(|0\rangle + e^{2\pi i 0.j_n}|1\rangle)(|0\rangle + e^{2\pi i 0.j_{n-1} j_n}|1\rangle) \cdots (|0\rangle + e^{2\pi i 0.j_1 \cdots j_n}|1\rangle)}{2^{n/2}}.$$

这个积形式非常有用, 甚至可以把它当作量子傅里叶变换的定义.

不难验证, 当考虑 1 量子比特时, 即 $n = 1$, 对任一量子态 $\alpha|0\rangle + \beta|1\rangle$ 作傅里叶变换时, 得到的结果实际上就是对该量子态应用了 Hadamard 门. 对于多量子比特的量子傅里叶变换, 上面的积形式定义告诉我们, 量子傅里叶变换也具有酉性, 可以用量子电路实现.

9.2.2 Shor 算法

Shor[202] 提出的求解离散对数的量子算法可以应用到任意循环群上. 假定有限群 $\mathbb{G}$ 是由 a 生成的 r 阶循环群. 给定 $b \in \mathbb{G}$, 计算某个整数 s, 使得 $a^s = b$. 假

定 $\mathbb{G}$ 的群运算可以有效实现, 所以函数 $f(x_1, x_2) = b^{x_1} a^{x_2}$ 可以用量子电路有效实现. 这样, 一定存在量子黑箱 U 变换, 使得

$$U|x_1\rangle|x_2\rangle|y\rangle = |x_1\rangle|x_2\rangle|y \oplus f(x_1, x_2)\rangle.$$

有了函数 $f(x_1, x_2)$, 我们就可以把 $\mathbb{G}$ 上的离散对数计算问题转化为函数的周期问题. 函数 $f(x_1, x_2)$ 是二元函数, 如果是周期的, 就会是一个二元周期函数. 因为 $\mathbb{G}$ 是 r 阶循环群, 且存在整数 l, 使得

$$f(x_1 + l, x_2 - sl) = b^{x_1 + l} a^{x_2 - sl} = b^{x_1} b^l a^{x_2} a^{-sl} = b^{x_1} a^{x_2} = f(x_1, x_2),$$

所以 $f(x_1, x_2)$ 是二元周期函数. 如果我们可以找到 $f(x_1, x_2)$ 的任一周期 (l_1, l_2), 则有

$$f(x_1 + l_1, x_2 + l_2) = b^{x_1 + l_1} a^{x_2 + l_2} = b^{x_1} a^{x_2} b^{l_1} a^{l_2} = f(x_1, x_2),$$

所以 $b^{l_1} a^{l_2} = 1$, 即 $sl_1 + l_2 \equiv 0 \bmod r$, 从而 $s \equiv \dfrac{-l_2}{l_1} \bmod r$. 所以求 $\mathbb{G}$ 中 b 关于 a 的离散对数问题就可以转化为计算函数 $f(x_1, x_2) = b^{x_1} a^{x_2}$ 的周期问题.

下面我们参考 [178] 中 5.4.2 节给出任意 r 阶循环群上离散对数问题的量子算法 (算法 40).

算法 40　Shor 算法求解离散对数

输入: (1) 对 $f(x_1, x_2) = b^{x_1} a^{x_2}$ 执行运算 $U|x_1\rangle|x_2\rangle|y\rangle = |x_1\rangle|x_2\rangle|y \oplus f(x_1, x_2)\rangle$ 的黑箱; (2) 一个初始化为 $|0\rangle$ 的存储函数值的状态; (3) 初始化为 $|0\rangle$ 的两个 $t = O(\lceil \log r \rceil + \log(1/\epsilon))$ 量子比特寄存器.

输出: $s \in \mathbb{Z}_r$ (使得 $b = a^s$).

过程:

1. $|0\rangle|0\rangle|0\rangle$.　　　　　　　　　　　　　　　　　　　// 初态

2. $\to \dfrac{1}{2^t} \sum_{x_1=0}^{2^t-1} \sum_{x_2=0}^{2^t-1} |x_1\rangle|x_2\rangle|0\rangle$.　　　　　　　// 产生叠加

3. $\to \dfrac{1}{2^t} \sum_{x_1=0}^{2^t-1} \sum_{x_2=0}^{2^t-1} |x_1\rangle|x_2\rangle|f(x_1, x_2)\rangle$　　　　　//应用 U

$\approx \dfrac{1}{2^t \sqrt{r}} \sum_{l=0}^{r-1} \sum_{x_1=0}^{2^t-1} \sum_{x_2=0}^{2^t-1} e^{2\pi i (slx_1 + lx_2)/r} |x_1\rangle|x_2\rangle|\hat{f}(sl, l)\rangle$

$= \dfrac{1}{2^t \sqrt{r}} \sum_{l=0}^{r-1} [\sum_{x_1=0}^{2^t-1} e^{2\pi i slx_1/r} |x_1\rangle][\sum_{x_2=0}^{2^t-1} e^{2\pi i lx_2/r} |x_2\rangle]|\hat{f}(sl, l)\rangle$.

4. $\to \dfrac{1}{\sqrt{r}} \sum_{l=0}^{r-1} |\overline{sl/r}\rangle|\overline{l/r}\rangle|\hat{f}(sl, l)\rangle$.　　　//前两个寄存器应用傅里叶逆变换

5. $\to (\overline{sl/r}, \overline{l/r})$.　　　　　　　　　　　　　//测量前两个寄存器

6. $\to s$.　　　　　　　　　　　　　　　　　　//利用推广的连分式方法

这个算法的运行用到一次 U 运算和 $O(\lceil \log r \rceil^2)$ 个运算, 成功概率是 $O(1)$.

9.3　ECDLP 的量子算法

Shor 算法适用于任意群的离散对数问题. 在 [189] 中, Proos 和 Zalka 首次描述了如何在椭圆曲线群的情况下实现 Shor 算法. 他们根据椭圆曲线群的规模大小, 给出了逻辑量子比特和时间的资源估计表. 此外, 他们将这些估计与 Shor 的因子分解算法进行了比较, 认为在可比较的经典安全级别上, 计算椭圆曲线离散对数比分解 RSA 的模数要容易得多. 然而, [189] 没有构造和模拟出执行椭圆曲线点加运算的电路. 在 2017 年亚洲密码会议 (Asiacrypt, 简称亚密会) 上, Roetteler 等 [192] 给出了素数域上椭圆曲线密码的具体的量子密码分析, 并首次详细研究了素数域上椭圆曲线群运算电路. 文献 [25] 优化了特征 2 有限域的运算和椭圆曲线群运算, 详细分析了特征 2 有限域上椭圆曲线离散对数问题的 Shor 算法的具体量子门实现.

下面我们讨论将求解离散对数的 Shor 算法具体应用到 ECDLP 上, 这主要涉及与椭圆曲线标量乘运算有关的具体量子电路实现以及黑箱 U 变换的具体构造, 本部分的介绍主要参考了文献 [192] 和 [25].

令 E 是定义在有限域 $\mathbb{F}_q$ 上的一条椭圆曲线, 令 $P \in E(\mathbb{F}_q)$ 是一个阶为 r 的点, $\mathbb{G} = \langle P \rangle$ 是由点 P 生成的子群. 要求解的 ECDLP 是给定 $Q \in \mathbb{G}$, 计算整数 s $(0 \leqslant s < r)$ 使得 $Q = sP$. 不管有限域 $\mathbb{F}_q$ 是大素数域 (即 $q = p$) 还是特征 2 的域 (即 $q = 2^n$), 构造量子电路实现 ECDLP 的 Shor 算法都需要首先构造出有限域 $\mathbb{F}_q$ 上的加法、减法、乘法、平方和求逆 (或除法) 的量子电路, 然后利用它们构造出椭圆曲线的群运算.

9.3.1　有限域基本运算的量子门实现

1. 有限域加法和减法

现在我们来看一下模素数 p 的加法和减法运算. 假定 n 量子比特的量子寄存器 $|x\rangle$ 和 $|y\rangle$ 中两个整数分别为 x 和 y, 我们要计算它们的模加运算, 其中模数为 p. 它在 $|x\rangle|y\rangle \mapsto |x\rangle|(x + y) \bmod p\rangle$ 处执行操作并用结果替换第二个输入. 该操作使用量子电路进行简单的整数加法与模的常数加法和减法. 它使用两个辅助量子比特, 其中一个用作常量加减法中的辅助量子比特, 它可以处于未知状态, 在电路结束时返回. 另一个量子比特决定是否需要以模减的形式进行模规约. 它不需要计算, 而是由一个严格的比较电路对最后的结果和首个输入进行比较后决定. 模减法通过逆向实现此电路得到. 模 p 的倍加电路遵循同样的原理. 因为它只在一个 n 量子比特输入的整数 $|x\rangle$ 上工作, 并计算 $|x\rangle \mapsto |2x \bmod p\rangle$, 所以它只使用 $n + 2$ 量子比特. 模加电路中的第一个整数加法被更有效的乘 2 运算所取代, 该乘法通过循环移位实现.

对于特征为 2 的有限域上的加法和减法是一样的, 都是异或操作. $\mathbb{F}_2$ 上的加法可以通过一个 CNOT 门实现, 次数小于 n 的多项式的加法可以通过 n 个 CNOT 门实现.

2. 有限域乘法和平方

模乘法可以通过重复模加和倍加来计算, 因为两个数相乘可以通过将第一个乘数二元分解后使用乘积的简单扩展来实现, 即

$$x \cdot y = \sum_{i=0}^{n-1} x_i 2^i \cdot y = x_0 y + 2(x_1 y + 2(x_2 y + \cdots + 2(x_{n-2} y + 2(x_{n-1} y)) \cdots)).$$

电路运行在 $3n + 2$ 个量子比特上, 其中 $2n$ 个用于存储输入, n 个用于累积结果, 2 个辅助量子比特用于模加和倍加运算.

模平方 $z = x^2 \bmod p$ 运算是模乘的特殊情况. 可以通过删除第二个输入的乘数的 n 个量子比特并添加一个辅助量子比特来使平方运算做到只使用 $2n + 3$ 个量子比特, 该辅助量子比特在第 i 轮中用于复制输入的当前位 x_i, 从而做到以 x_i 为条件将 x 加到累加器中.

在经典应用中, 如果模没有特殊结构, Montgomery 乘法通常是模乘法最有效的选择. 令 $R > p$ 是一个与 p 互素的整数. 模 p 的整数 a 用 Montgomery 表示写为 $aR \bmod p$. Montgomery 约简算法以整数 $0 \leqslant c < Rp$ 为输入, 计算 $cR^{-1} \bmod p$. 因此, 给定两个整数 $aR \bmod p$ 和 $bR \bmod p$ 的 Montgomery 表示, 对它们的乘积应用 Montgomery 约简, 得到乘积的 Montgomery 表示 $(ab)R \bmod p$. 如果 R 是 2 的幂, 则可以将 Montgomery 约简与教科书乘法交织, 获得联合的 Montgomery 乘法算法. 在每一轮乘法运算中, 计算余数通常需要的除法运算被二进制移位代替. 我们用 mul-modp(dbl/add) 和 mul-modp(Montgomery) 分别记为是用模加-倍加实现的模乘法和 Montgomery 模乘, 对平方运算类似也有 squ-modp(dbl/add) 和 squ-modp(Montgomery).

$\mathbb{F}_{2^n}$ 上的乘法运算需要 $O(n^2)$ 个 CONT 门、$O(n^{\log_2 3})$ 个 Toffoli 门以及总共 $3n$ 个量子比特: $2n$ 个用于输入 f, g, 输出 h 需要 n 个. 文献 [25] 的附录 A 中给出了 $\mathbb{F}_{2^n}$ 上的乘法实现的详细算法. $\mathbb{F}_{2^n}$ 上平方运算如果将结果覆盖输入的话, 只需要 $n^2 - n$ 个 CNOT 门和部分逆门.

3. 有限域的求逆运算

到目前为止, 在量子计算机上进行有限域的求逆或除法运算是实现仿射坐标下椭圆曲线群运算所需的最昂贵的操作. 不管是大素数域还是特征 2 的有限域, 求逆运算都可以通过扩展的欧几里得算法来实现. 除法实际上就是一次求逆和

一次乘法. 文献 [192] 给出的模 p 求逆的电路大约是 $32n^2 \log n$ 个 Toffoli 门和 $7n + 2\log n + 9$ 个量子比特 (其中有 $5n + 2\log n + 9$ 个辅助量子比特). 文献 [25] 给出的 $\mathbb{F}_{2^n}$ 上的除法实现用了 $12n^2 + (88n-44)\log n + 116n - 62$ 个 Toffoli 门和 $24n^2 + 8n \log n + O(n)$ 个 CNOT 门, 输入输出用了 $3n$ 个量子比特, 同时用到了 $4n + \log n + 8$ 个辅助量子比特.

$\mathbb{F}_{2^n}$ 上的求逆还可以利用费马小定理方法来实现, 即

$$f^{-1} = f^{2^n-2} = f^2 \cdot f^{2^2} \cdot f^{2^3} \cdot \cdots \cdot f^{2^{n-1}}.$$

如果把 $n - 1$ 写成 $\sum_{s=1}^{t} 2^{k_s}$, 文献 [25] 给出的费马小定理方法计算除法的算法需要 $n - 1$ 个平方和 $k_1 + t - 1$ 个乘法, 转化成量子电路情形比扩展的欧几里得算法要好.

9.3.2　椭圆曲线运算的量子门实现

1. 椭圆曲线点加运算

有了有限域上的基本运算的量子电路, 我们就可以构造椭圆曲线点加电路. 考虑有限域 $\mathbb{F}_p$ 上椭圆曲线 E 的仿射坐标下的一般点的加法: 令 $P_1 = (x_1, y_1)$, $P_2 = (x_2, y_2) \in E(\mathbb{F}_p)$, $P_1, P_2 \neq \mathcal{O}$. 更进一步, 令 $x_1 \neq x_2$, 即有 $P_1 \neq \pm P_2$. 回忆一下 $P_3 = P_1 + P_2 \neq \mathcal{O}$, 其中有 $P_3 = (x_3, y_3)$ 且 $x_3 = \lambda^2 - x_1 - x_2$ 和 $y_3 = \lambda(x_1 - x_3) - y_1$, 这里 $\lambda = (y_1 - y_2)/(x_1 - x_2)$. 用量子门实现上面点加运算, 就是利用模 p 的基本运算门电路实现一个可逆的点加运算量子电路.

为了可逆地和适当地 (用总和替换输入点 P_1) 计算和 P_3, 可以通过结果点加运算 $P_3 + (-P_2)$ 而不通过点 P_1 重新计算斜率 λ. 计算的方程为

$$\frac{y_1 - y_2}{x_1 - x_2} = -\frac{y_3 + y_2}{x_3 - x_2}.$$

下面算法 41 是文献 [192] 给出的椭圆曲线点加量子电路实现算法. 作为输入, 它获取 P_1 和 P_2 (一个控制位 ctrl) 的四个点坐标, 并用结果 $P_3 = (x_3, y_3)$ 替换持有 P_1 的坐标. 我们假设 P_2 是一个经过经典预计算的常数点, 因此, 涉及坐标 x_2 和 y_2 的运算可被实现为常数运算. 算法 41 使用了两个额外的临时变量 λ 和 t_0. 所有点坐标和临时变量都存储在 n 位寄存器中, 因此该算法可以用量子寄存器 $|x_1\rangle, |y_1\rangle, |\text{ctrl}\rangle, |\lambda\rangle, |t_0\rangle, |\text{tmp}\rangle$ 上的电路实现, 其中寄存器 tmp 保存使用的模算术运算所需的辅助寄存器. 在每个运算过后, 行尾的注释显示了变量中可能被更改的当前值. 符号 $[\,\cdot\,]_1$ 表示控制位为 ctrl = 1 时的变量值, 如果为 ctrl = 0, 则表示为 $[\,\cdot\,]_0$. 在后一种情况下, 很容易检查算法是否确实返回寄存器的原始状态.

算法 41 $\mathbb{F}_p$ 上椭圆曲线点加的量子门实现

输入: $P_1 = (x_1, y_1)$、控制量子比特 ctrl 和两个辅助值 λ 和 t_0 的量子寄存器, 第二个点 $P_2 = (x_2, y_2)$.

输出: $P_1 \leftarrow P_1 + P_2$.

1. sub_const_modp x_1 x_2;   // $x_1 \leftarrow x_1 - x_2$

2. ctrl_sub_const_modp y_1 y_2 ctrl;   //$y_1 \leftarrow [y_1 - y_2]_1, [y_1]_0$

3. inv_modp x_1 t_0 ;   // $t_0 \leftarrow 1/(x_1 - x_2)t$

4. mul_modp y_1 t_0 λ; $//\lambda \leftarrow \left[\dfrac{y_1 - y_2}{x_1 - x_2}\right]_1, \left[\dfrac{y_1}{x_1 - x_2}\right]_0$

5. mul_modp λ x_1 y_1;   //$y_1 \leftarrow 0$

6. inv_modp x_1 t_0 ;   //$t_0 \leftarrow 0$

7. squ_modp λ t_0 ;   //$t_0 \leftarrow \lambda^2$

8. ctrl_sub_modp x_1 t_0 ctrl;   //$x_1 \leftarrow [x_1 - x_2 - \lambda^2]_1, [x_1 - x_2]_0$

9. ctrl_add_const_modp x_1 $3x_2$ ctrl;   //$x_1 \leftarrow [x_2 - x_3]_1, [x_1 - x_2]_0$

10. squ_modp λ t_0;   //$t_0 \leftarrow 0$

11. mul_modp λ x_1 y_1;   //$y_1 \leftarrow [y_3 + y_2]_1, [y_1]_0$

12. inv_modp x_1 t_0 ; $//t_0 \leftarrow \left[\dfrac{1}{x_2 - x_3}\right]_1, \left[\dfrac{1}{x_1 - x_2}\right]_0$

13. mul_modp t_0 y_1 λ;   //$\lambda \leftarrow 0$

14. inv_modp x_1 t_0 ;   //$t_0 \leftarrow 0$

15. ctrl_neg_modp x_1 ctrl;   //$x_1 \leftarrow [x_3 - x_2]_1, [x_1 - x_2]_0$

16. ctrl_sub_const_modp y_1 y_2 ctrl;   //$y_1 \leftarrow [y_3], [y_1]_0$

17. add_const_modp x_1 x_2;   //$x_1 \leftarrow [x_3]_1, [x_1]_0$

18. 输出 (x_1, y_1).

  算法 41 中的函数都使用的模数 p 是个常数, 利用这一事实, 我们解释一下算法 41 中用到的一些基本运算:

  (1) add_const_modp 是一个常数对量子态的模加法, 而 sub_const_modp 是它的逆, 一个常数的模减法.

  (2) ctrl_add_const_modp 是单个量子比特控制的常数到量子比特寄存器的模加法, 即上述的受控版本. 它的逆 ctrl_sub_const_modp 执行受控的模减法.

  (3) ctrl_sub_modp 是一个单量子比特控制的两个量子比特寄存器上的模减法, 作为相应的模加法的逆向实现.

  (4) ctrl_neg_modp 是一个单量子比特控制寄存器上的模块化取负.

  (5) mul_modp, squ_modp, inv_modp 分别是两个输入量子比特寄存器上的错位 (out-of-place) 模乘法、平方和求逆算法.

文献 [25] 给出了 $\mathbb{F}_{2^n}$ 上椭圆曲线 E 的仿射坐标下的一般点的加法的量子门实现算法, 具体算法如下描述 (算法 42).

算法 42 $\mathbb{F}_{2^n}$ 上椭圆曲线点加的量子门实现

输入: $P_1 = (x_1, y_1)$、控制量子比特 q 和两个辅助值 λ 和 t_0 的量子寄存器, 第二个点 $P_2 = (x_2, y_2)$.

输出: (x, y), 如果 $q = 1$, 输出则是 $P_1 + P_2 = P_3 = (x_3, y_3)$; 如果 $q = 0$, 输出则是 P_1.

1. $x \leftarrow \text{const\_ADD}(x_1\ x_2)$; $//\ x = x_1 + x_2$
2. $y \leftarrow \text{ctrl\_const\_ADD}_q(y_1, y_2)$; $//\ y = y_1 + q y_2$
3. $\lambda \leftarrow \text{DIV}(x, y, \lambda)$; $//\lambda = y/x$
4. $y \leftarrow \text{MODMULT}(x, \lambda, y)$; $//y = y + x \cdot (y/x) = 0$
5. $y \leftarrow \text{SQUARE}(\lambda, y)$; $//y = \lambda^2$
6. $x \leftarrow \text{ctrl\_const\_ADD}_q(x, a + x_2)$; $//x = x_1 + x_2 + q(a + x_2)$
7. $x \leftarrow \text{ctrl\_ADD}_q(x, \lambda)$; $//x = x_1 + x_2 + q(\lambda + a + x_2)$
8. $x \leftarrow \text{ctrl\_ADD}_q(x, y)$; $//x = x_1 + x_2 + q(\lambda + \lambda^2 + a + x_2)$
9. $y \leftarrow \text{SQUARE}(\lambda, y)$; $//y = \lambda^2 + \lambda^2 = 0$
10. $y \leftarrow \text{MODMULT}(x, \lambda, y)$; $//y = x \cdot \lambda$
11. $\lambda \leftarrow \text{DIV}(x, y, \lambda)$; $//\lambda = \lambda + (x \cdot \lambda)/x = 0$
12. $x \leftarrow \text{const\_ADD}(x, x_2)$; $//x = x_1 + q(\lambda + \lambda^2 + a + x_2)$
13. $y \leftarrow \text{ctrl\_ADD}_q(y, x)$; $//y = y + q \cdot x_3$
14. $y \leftarrow \text{ctrl\_const\_ADD}_q(y, y_2)$; $//y = y + q \cdot y_2$
15. 输出 (x, y).

算法 42 给出的 $\mathbb{F}_{2^n}$ 上椭圆曲线点加的量子门实现算法用了 $3n$ 个 TOF 门、$3n$ 个 CNOT 门和分别 2 次调用 SQUARE, DIV 和 MODMULT.

2. 椭圆曲线标量乘运算

为了计算一个已知阶为 r 的基点 P 的标量乘法 mP, 可以通过经典的预计算 P 点的 $n = \lceil \log r \rceil$ 个 2 次幂, 然后将这些常数点的 $n = \lceil \log m \rceil$ 个受控加法序列沿着标量的二进制表示添加到量子寄存器中的累加器来计算标量乘. 即, 令 $m = \sum_{i=0}^{n-1} m_i 2^i, m_i \in \{0, 1\}$ 为 n 比特标量 m 的二进制表示. 然后有

$$mP = \left[\sum_{i=0}^{n-1} m_i 2^i \right] P = \sum_{i=0}^{n-1} m_i ([2^i] P).$$

这样做的优点是, 所有的倍点运算都可以在经典计算机上进行, 而量子电路只需要一般的点加法, 简化了整体的实现. 这也是我们为什么在前面没有考虑椭圆曲线倍点运算的量子电路的原因.

在 Shor 算法中, 我们需要计算一个双标量乘法 $[a+k]P+\ell Q$, 其中 P 和 Q 是我们试图求解的 ECDLP 实例给出的点, a 是一个固定的模 r 的均匀随机非零整数. 这里 r 是点 P 的阶. 我们试图找到一个整数 m 对 r 取模使 $Q=[m]P$. 由于 r 是一个大素数, 可以假设 $m \in \{1,\cdots,r-1\}$, 则 $P=[m^{-1}]Q$. 对模 r 的元素乘 m^{-1} 是一个双射, 简单地置换这些标量. 因此, 在处理完上面计算 $[a+k]P$ 的标量乘法之后, 我们可以对第二部分应用相同的处理, 即向该结果添加 $[\ell]Q$.

设 a 是均匀随机选择的. 对任意的 k, 写作 $[a+k]P = [m^{-1}(a+k)]Q$. 对于这个固定的 a, 假设 k 是一个有效的标量. 然后, $[a+k]P$ 的计算不涉及任何例外情况, 因此有 $[a+k]P = \mathcal{O}$, 这意味着 $a+k \neq 0 \pmod r$. 如果我们假设未知的离散对数 m 在 $\{1,\cdots,r-1\}$ 上均匀随机, 那么值 $b = m^{-1}(a+k) \bmod r$ 在 $\{1,\cdots,r-1\}$ 上均匀随机, 并且当我们查看 a 的选择和 $[a+k]P$ 的计算时, 我们遇到了与上面相同的情况. 使用上述无效标量部分的粗略上限, 对于 a 的固定随机选择, 随机标量 k 有效的概率至少为 $1-n/2^n$. 此外, (k,ℓ) 是用于计算 $[a+k]P+[\ell]Q$ 的一对有效标量, 有效计算 $[a+k]P$ 的满足条件的 k 的概率也至少为 $1-n/2^n$. 因此, 对于固定的均匀随机数 a, (k,ℓ) 有效的概率至少为 $(1-n/2^n)^2 = 1-n/2^{n-1}+n^2/2^{2n} \approx 1-n/2^{n-1}$. 这一结果证实了 Proos 和 Zalka ([189], Sect.4.2) 对保真度损失 $4n/p \geqslant 4n/2^{n+1}$ 的粗略估计.

通过预计算 2^iP, 我们可以只通过点加计算任意 mP. 类似于传统的关于标量乘或幂次运算中的窗口方法, 我们也可以在量子算法中考虑利用窗口方法快速计算标量乘. 对于窗口为 l 的标量乘算法, 需要预计算 $P,2P,3P,\cdots,(2^l-1)P$, 然后通过查找和点加实现标量乘. 窗口越多, 预计算和查找的点就越多. 文献 [25] 和 [114] 考虑了这一方法, 为了知道理想的窗口大小, 需要知道查找的成本与 Toffoli 门的成本的比值. Banegas 等在 [25] 中假定查找一次 l 大小的窗口需要 $2(2^l-1)$ 个 Toffoli 门, 通过分析发现, 对于 233 比特大小的标量乘, 窗口 $l=14$ 是最优的, 此时标量乘的量子电路实现所用的 Toffoli 门的数量大约比不用窗口的情况下小 10 倍.

9.3.3 ECDLP 的量子计算评估

令 $P \in E(\mathbb{F}_p)$ 是已知阶为 r 的 $E(\mathbb{F}_p)$ 的循环子群的固定生成元, 令 $Q \in \langle P \rangle$ 为一个由 P 生成的子群的固定的元素; 我们的目标是寻找一个唯一的整数 $m \in \{1,\cdots,r\}$ 使得 $Q=[m]P$ 成立. Shor 算法求解 ECDLP 的过程如下: 首先, 创建两个长度为 $n+1$ 个量子比特的寄存器, 每个量子比特初始化为 $|0\rangle$ 状态. 然后, 对每个量子比特作 Hadamard 变换 H, 得到状态 $\frac{1}{2^{n+1}}\sum_{k,\ell=0}^{2^{n+1}-1}|k,\ell\rangle$. 接下来, 根据持有标签 k 或 ℓ 的寄存器的内容, 寄存器加上 P 和 Q 的相应倍数, 即我们实现映射

$$\frac{1}{2^{n+1}} \sum_{k,\ell=0}^{2^{n+1}-1} |k,\ell\rangle \mapsto \frac{1}{2^{n+1}} \sum_{k,\ell=0}^{2^{n+1}-1} |k,\ell\rangle |[k]P + [\ell]Q\rangle.$$

此后, 第三个寄存器被丢弃, 并对于前两个寄存器, 我们在每一个寄存器上计算 $n+1$ 个量子比特的量子傅里叶变换 $\mathrm{QFT}_{2^{n+1}}$. 最后, 测量出前两个寄存器的状态, 它们总共包含 $2(n+1)$ 个量子比特. 如 Shor 在 [202] 介绍的, 离散对数 m 可以通过经典的后处理从该测量数据中计算出来. 相应的量子电路如图 9.1 所示.

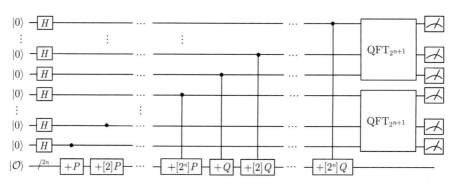

图 9.1　求解点 P 生成的椭圆曲线子群中的离散对数的 Shor 算法

采用半经典的傅里叶变换方法, Roetteler 等 [192] 对 Shor 的 ECDLP 算法进行修正, 得到的结果如图 9.2 所示. 这里相位偏移门 $R_i = \begin{bmatrix} 1 & 0 \\ 0 & e^{i\theta_k} \end{bmatrix}$, $\theta_k = -\pi \sum_{j=0}^{k-1} 2^{k-j} \mu_j$ 依赖于所有以前的测量结果 $\mu_j \in \{0,1\}, j \in \{0, \cdots, k-1\}$.

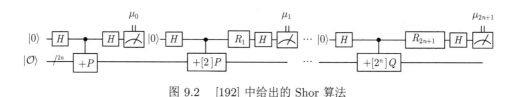

图 9.2　[192] 中给出的 Shor 算法

Roetteler 等在 [192] 中对求解 ECDLP 的量子资源进行了估计. 他们给出的受控椭圆曲线点加运算的逻辑量子比特总数为 $9n + 2\lceil \log_2 n \rceil + 10$, 椭圆曲线点的加法电路的 Toffoli 门的数量为 $224n^2 \log_2 n + 2045n^2$. 他们给出的 Shor 的 ECDLP 算法中 Toffoli 门数量的总体估计为

$$(448 \log_2 n + 4090)n^3.$$

文献 [192] 中还给出了求解不同安全级别的 ECDLP 的量子资源与同等安全级别的 [115] 中 Shor 分解算法资源进行了对比, 给出了如下的资源对照表 9.1 (我们省去了模拟时间).

表 9.1　在 $E(\mathbb{F}_p)$ 中计算 ECDLP 的 Shor 算法的资源估计与 RSA 模 N 因式分解的 Shor 算法的资源估计 [115]

$E(\mathbb{F}_p)$ 中 ECDLP				分解 RSA 模 N [115]		
$\lceil \log_2 p \rceil$	量子比特数	#Toffoli 门	Toffoli 深度	$\lceil \log_2 N \rceil$	量子比特数	#Toffoli 门
110	1014	9.44×10^9	8.66×10^9	512	1026	6.41×10^{10}
160	1466	2.97×10^{10}	2.76×10^{10}	1024	2050	5.81×10^{11}
192	1754	5.30×10^{10}	4.86×10^{10}	—	—	—
224	2042	8.43×10^{10}	7.73×10^{10}	2048	4098	5.20×10^{12}
256	2330	1.26×10^{11}	1.16×10^{11}	3072	6146	1.86×10^{13}
384	3484	4.52×10^{11}	4.15×10^{11}	7680	15362	3.30×10^{14}
512	4719	1.14×10^{12}	1.05×10^{12}	15360	30722	2.87×10^{15}

文献 [114] 对大素数域上的求解 ECDLP 的 Shor 算法的量子资源进行了进一步的优化, 在最小化电路宽度 (即逻辑量子比特的总数)、电路中 Toffoli 门的总数或电路总深度方面都取得了一定改进. 文中在 Clifford+T 这个层面上考虑量子资源的估计. 一般一个 Toffoli 门可以用 7 个 T 门和 9 个 Clifford 门的序列来实现. 考虑通用门 Clifford+T 可以在以上的三个方面对量子资源进一步优化, 例如对 n 比特的素数域 ECDLP 的 Shor 算法所使用的量子比特总数由 [192] 中的 $9n + 2\lceil \log_2 n \rceil + 10$ 减少到 $8n + 10.2\lceil \log_2 n \rceil - 1$, 而电路使用的 T 门数量是 $436n^3 - 1.05 \times 2^{26}$, T 深度是 $120n^3 - 1.67 \times 2^{22}$, 总的门数大约是 $2900n^3 - 1.08 \times 2^{31}$.

量子比特的大小是实现 Shor 算法的主要障碍, 文献 [25] 分析和优化了 $\mathbb{F}_{2^n}$ 上 ECDLP 的 Shor 算法的量子门实现, 优化了量子比特的数目. Banegas 给出的实现所用的量子比特是 $7n + \lceil \log_2 n \rceil + 9$, 在倍点-点加标量乘算法下的实现用了 $48n^3 + 8n^{\log_2 3 + 1} + 352n^2 \log_2 n + 512n^2 + O(n^{\log_2 3})$ 个 Toffoli 门, 如果使用窗口方法提速标量乘的话, Toffoli 门数还可以带来对数因子的减少. [25] 中也对一些具体的 ECDLP 的规模给出了量子比特和量子门数的估计, 详细如表 9.2.

当前量子计算机的研制如火如荼, 但是大规模、可容错的量子计算机的制造和实用看起来还比较遥远. 从目前公开的数据看, 超过 100 量子比特的通用量子计算机还没有研制出来, 而从上面的两个表中的数据可以看出, 解决 160 比特左右的 ECDLP 至少也需要 1000 量子比特以上的量子计算机, 而解决目前广泛应用的 256 比特的 ECC 需要 2000 左右量子比特的量子计算机. 所以说, 量子计算机只是 ECC 的一个潜在威胁, 什么时候能够真正攻破 ECC 还不确定. 随着量子计算机的研发, 人们对 ECDLP 的量子算法的改进和量子电路的设计以及量子算法的编程会日趋关注.

表 9.2　在 $E(\mathbb{F}_{2^n})$ 中计算 ECDLP 的 Shor 算法的资源估计 [25]

n	量子比特数	Toffoli 门总数
8	68	132480
16	125	714544
127	904	143140096
163	1157	293095880
233	1647	781231932
283	1998	1378754592
571	4015	10281586744

参 考 文 献

[1] 邓映蒲, 刘木兰. 特征 2 有限域上的亏格 2 超椭圆曲线的同构类. 中国科学 (A 辑), 2006, 36(1): 72-83.

[2] 国家密码管理局. SM2 椭圆曲线公钥密码算法. https://www.oscca.gov.cn/sca/xxgk/2010-12/17/content_1002386.shtml.

[3] 国家密码管理局. SM9 标识密码算法. GM/T0044—2016 https://www.oscca.gov.cn/sca/xxgk/2016-03/28/content_1002407.shtml.

[4] 关沛冬, 罗玉琴, 张方国, 等. ECC2-131 的并行 Pollard rho 算法实现分析. 密码学报, 2022, 9(2): 322-340.

[5] 王平. Pollard rho 算法求解 ECDLP 的研究. 广州: 中山大学, 2012.

[6] 王学理, 裴定一. 椭圆与超椭圆曲线公钥密码的理论与实现. 北京: 科学出版社, 2006.

[7] 张方国. 椭圆曲线在密码中的应用: 过去, 现在, 将来···. 山东大学学报 (理学版), 2013, 48(5): 1-13.

[8] 张方国. 从双线性对到多线性映射. 密码学报, 2016, 3(3): 211-228.

[9] 张方国, 王育民. 超椭圆曲线离散对数的 Weil Descent 代数攻击的分析. 通信学报, 2002, 23(3): 1-9.

[10] 赵昌安, 张方国. 双线性对有效计算研究进展. 软件学报, 2009, 20(11): 3001-3009.

[11] 祝跃飞, 裴定一. 求异常椭圆曲线上的 DLP 的一个算法. 中国科学 (A 辑), 2001, 31(4): 332-336.

[12] 朱玉清, 庄金成, 于伟, 等. 特征 p 椭圆曲线上 p-群的离散对数问题. 密码学报, 2018, 5(4): 368-375.

[13] Abdalla M, Bellare M, Catalano D, et al. Searchable encryption revisited: Consistency properties, relation to anonymous IBE, and extensions. Journal of Cryptology, 2008, 21(3): 350-391.

[14] Adleman L M. A subexponential algorithm for the discrete logarithm problem with applications to cryptography. 20th FOCS, IEEE Computer Society Press, 1979: 55-60.

[15] Adleman L M. The function field sieve//ANTS-1, LNCS 877. Berlin, Heidelberg: Springer, 1994: 108-121.

[16] Adleman L, De Marrais J, Huang M D. A subexponential algorithm for discrete logarithms over the rational subgroup of the Jacobians of large genus hyperelliptic curves over finite fields//ANTS-1, LNCS 877. Berlin, Heidelberg: Springer, 1994: 28-40.

[17] Arora S, Barak B. Computational Complexity: A Modern Approach. Cambridge: Cambridge University Press, 2009.

[18] Atkin A O L. The number of points on an elliptic curve modulo a prime (ii). Preprint, 1992.

[19] Atkin A O L, Morain F. Elliptic curves and primality proving. Mathematics of Computation, 1993, 61: 29-68.

[20] Avanzi R, Cohen H, Doche C, et al. Handbook of Elliptic and Hyperelliptic Curve Cryptography. Boca Raton: CRC Press, 2005.

[21] Bai S, Brent R P. On the efficiency of Pollard's rho method for discrete logarithms. CATS 2008, Australian Computer Society, 2008: 125-131.

[22] Bailey D V, Baldwin B, Batina L, et al. The Certicom Challenges ECC2-X. Cryptology ePrint Archive, Report, 2009: 466.

[23] Bailey D V, Batina L, Bernstein D J, et al. Breaking ECC2K-130. Cryptology ePrint Archive, Report, 2009: 541.

[24] Balasubramanian R, Koblitz N. The improbability that an elliptic curve has subexponential discrete log problem under the Menezes-Okamoto-Vanstone algorithm. J. Cryptology, 1998, 11(2): 141-145.

[25] Banegas G, Bernstein D J, van Hoof I, et al. Concrete quantum cryptanalysis of binary elliptic curves. IACR Trans. Cryptogr. Hardw. Embed. Syst., 2021(1): 451-472.

[26] Bao F, Deng R, Zhu H. Variations of Diffie-Hellman problem//ICICS 2003, LNCS 2836. Berlin, Heidelberg: Springer-Verlag, 2003: 301-312.

[27] Barbulescu R , Pierrot C. The multiple number field sieve for medium-and high-characteristic finite fields. LMS Journal of Computation & Mathematics, 2014, 17(A): 230-246.

[28] Barbulescu R, Gaudry P, Joux A, et al. A heuristic quasi-polynomial algorithm for discrete logarithm in finite fields of small characteristic//EUROCRYPT 2014, LNCS 8441. Berlin, Heidelberg: Springer-Verlag, 2014: 1-16.

[29] Barbulescu R, Gaudry P, Kleinjung T. The tower number field sieve//ASIACRYPT 2015, LNCS 9453. Berlin, Heidelberg: Springer-Verlag, 2015: 31-55.

[30] Barreto P S L M, Kim H Y, Lynn B, Scott M. Efficient algorithms for pairing-based cryptosystems//CRYPTO 2002, LNCS 2442. Berlin, Heidelberg: Springer-Verlag, 2002: 354-370.

[31] Barreto P S L M, Galbraith S, Ó'hÉigeartaigh C, et al. Efficient pairing computation on supersingular Abelian varieties. Designs. Codes and Cryptography, 2007, 42(3): 239-271.

[32] Barreto P S L M, Lynn B, Scott M. Constructing elliptic curves with prescribed embedding degrees//SCN 2002. LNCS, 2576. Berlin, Heidelberg: Springer-Verlag, 2002: 257-267.

[33] Barreto P S L M, Naehrig M. Pairing-friendly elliptic curves of prime order//SAC 2006, LNCS 3897. Berlin, Heidelberg: Springer-Verlag, 2006: 319-331.

[34] Bellare M, Palacio A. GQ and Schnorr identification schemes: Proofs of security against impersonation under active and concurrent attacks//CRYPTO 2002. LNCS 2442. Heidelberg: Springer, 2002: 149-162.

[35] Bentahar K. The equivalence between the DHP and DLP for elliptic curves used in practical applications, revisited//IMA International Conference on Cryptography and Coding. Berlin, Heidelberg: Springer, 2005: 376-391.

[36] Berlekamp E R, McEliece R J, van Tilborg H C. On the inherent intractability of certain coding problems. IEEE Trans. Inf. Theory, 1978, 24(3): 384-386.

[37] Bernstein D J, Birkner P, Joye M, et al. Twisted Edwards curves//AFRICACRYPT 2008, LNCS 5023. Berlin, Heidelberg: Springer, 2008: 389-405.

[38] Bernstein D J, Chen H, Cheng C, et al. ECC2K-130 on NVIDIA GPUs. IACR Cryptol. ePrint Arch., 2012: 2.

[39] Bernstein D J, Engels S, Lange T, et al. Faster discrete logarithms on FPGAs. http://eprint.iacr.org/2016/382.

[40] Bernstein D J, Duif N, Lange T, et al. High-speed high-security signatures//CHES 2011, LNCS 6917. Heidelberg: Springer, 2011: 124-142.

[41] Bernstein D J, Lange T. Faster addition and doubling on elliptic curves//ASIACRYPT 2007, LNCS 4833. Berlin, Heidelberg: Springer, 2007: 29-50.

[42] Bernstein D J, Lange T, Farashahi R R. Binary edwards curves//CHES 2008, LNCS 5154. Berlin, Heidelberg: Springer, 2008: 244-265.

[43] Bernstein D J, Lange T, Schwabe P. On the correct use of the negation map in the Pollard rho method//PKC 2011, NCS 6571. Berlin, Heidelberg: Springer-Verlag, 2011: 128-146.

[44] Bernstein D J, Lange T. Two grumpy giants and a baby. Proceedings of the Tenth Algorithmic Number Theory Symposium, MSP, 2013, 1: 87-111.

[45] Billet O, Joye M. The Jacobi model of an elliptic curve and side-channel analysis//Applied Algebra, Algebraic Algorithms and Error-Correcting Codes, LNCS 2643. Berlin, Heidelberg: Springer, 2003: 34-42.

[46] Blake I, Seroussi G, Smart N. Advances in Elliptic Curve Cryptography. Cambridge: Cambridge University Press, 2005.

[47] Boneh D, Boyen X. Short signatures without random oracles//EUROCRYPT 2004, LNCS 3027. Springer-Verlag, 2004: 56-73.

[48] Boneh D, Crescenzo G, Ostrovsky R, et al. Public key encryption with keyword search//EUROCRYPT 2004, LNCS 3027. Springer-Verlag, 2004: 506-522.

[49] Boneh D, Franklin M. Identity-based encryption from the Weil pairing//CRYPTO 2001, LNCS 2139. Berlin, Heidelberg: Springer-Verlag, 2001: 213-229.

[50] Boneh D, Hamburg M. Generalized identity based and broadcast encryption schemes//ASIACRYPT 2008, LNCS 5350. Springer-Verlag, 2008: 455-470.

[51] Boneh D, Lynn B, Shacham H. Short signatures from the Weil pairing//ASIACRYPT 2001, LNCS 2248. Berlin, Heidelberg: Springer-Verlag, 2001: 514-532.

[52] Boneh D, Shparlinski I E. On the unpredictability of bits of the elliptic curve diffie-hellman scheme//CRYPTO 2001, LNCS 2139. Berlin, Heidelberg: Springer-Verlag, 2001: 201-212.

[53] Boneh D, Venkatesan R. Hardness of computing the most significant bits of secret keys in Diffie-Hellman and related schemes//CRYPTO 1996. LNCS 1109. Heidelberg: Springer, 1996: 129-142.

[54] Bos J W, Kleinjung T, Lenstra A K. On the use of the negation map in the Pollard rho method//Algorithmic Number Theory (ANTS) 2010, LNCS 6197. Berlin, Heidelberg: Springer, 2010: 66-82.

[55] Bos J W, Kaihara M E, Kleinjung T, et al. Solving a 112-bit prime elliptic curve discrete logarithm problem on game consoles using sloppy reduction. International Journal of Applied Cryptography, 2012, 2(3): 212-228.

[56] Bos J W, Kleinjung T, Niederhagen R, et al. ECC2K-130 on cell cpus// AFRICACRYPT 2010, LNSC 6055. Berlin, Heidelberg: Springer, 2010: 225-242.

[57] Brands S. An efficient off-line electronic cash system based on the representation problem. CWI Technical Report CS-R9323. 1993. http://courses.csail.mit.edu/6.857/2010/handouts/brands-ecash.pdf.

[58] Brent R P. An improved Monte Carlo factorization algorithm. BIT, 1980, 20(2): 176-184.

[59] Brown E. Three Fermat trails to elliptic curves. The College Mathematics Journal, 2000, 31: 162-172.

[60] Cantor D G. Computing in the Jacobian of a hyperelliptic curve. Mathematics of Computation, 1987, 48: 95-101.

[61] Camenisch J, Lysyanskaya A. Signature schemes and anonymous credentials from bilinear maps//CRYPTO 2004, LNCS 3152. Heidelberg: Springer-Verlag, 2004: 56-72.

[62] Cassels J W S. Lectures on Elliptic Curves. Cambridge: Cambridge University Press, 1991.

[63] Certicom C. The Certicom ECC Challenge: Defind. https://www.certicom.com/content/certicom/en/the-certicom-ecc-challenge.html.

[64] Certicom R. Certicom ECC Challenge. https://www.certicom.com/images/pdfs/challenge-2009.pdf.

[65] Cheng Q. Hard problems of algebraic geometry codes. IEEE Trans. Inform. Theory, 2008, 54(1): 402-406.

[66] Chistov A, Fournier H, Gurvits L, et al. Vandermonde matrices, NP-completeness, and transversal subspaces. Found. Comput. Math., 2003, 3: 421-427.

[67] Chudnovsky D V, Chudnovsky G V. Sequences of numbers generated by addition in formal groups and new primality and factorization tests. Adv. in Appl. Math., 1986, 7: 385-434.

[68] Coppersmith D, Odlzyko A M, Schroeppel R. Discrete logarithms in GF(p). Algorithmica, 1986, 1(1-4): 1-15.

[69] Diem C. The GHS attack in odd characteristic. Journal of the Ramanujan Mathematic Society, 2003, 18(1): 1-32.

[70] Diem C. Systems of polynomial equations associated to elliptic curve discrete logarithm problems. preprint, 2004. https://www.math.uni-leipzig.de/~diem/preprints/ecdlp-system.pdf.

[71] Diem C. On the discrete logarithm problem in elliptic curves. Compositio Mathematica, 2011, 147(1): 75-104.

[72] Diem C. On the discrete logarithm problem in elliptic curves II. Algebra & Number Theory, 2013, 7(6): 1281-1323.

[73] Diffie W, Hellman M. New directions in cryptography. IEEE Transactions on Information Theory, 1976, 22: 644-654.

[74] Duursma I M, Gaudry P, Morain F. Speeding up the discrete log computation on curves with automorphisms//ASIACRYPT'99, LNCS 1716. Berlin, Heidelberg: Springer-Verlag, 1999: 103-121.

[75] Duursma I M, Lee H S. Tate Pairing implementation for hyperelliptic curves $y^2 = x^p - x + d$//ASIACRYPT 2003, LNCS 2894. Berlin, Heidelberg: Springer, 2003: 111-123.

[76] Edwards H M. A normal form for elliptic curves. Bull. Am. Math. Soc., 2007, 44: 393-422.

[77] ElGamal T. A public-key cryptosystem and a signature scheme based on discrete logarithms. IEEE Transactions on Information Theory, 1985, 31: 469-472.

[78] Elias P. List decoding for noisy channels. 1957-IRE WESCON Convention Record, 1957, 2: 94-104.

[79] Elkies N D. Elliptic and modular curves over finite fields and related computational issues. Computational Perspectives on Number Theory, volume 7 of AMS/IP Studies in Advanced Mathematics, 1998, 21-76.

[80] Enge A. Elliptic Curves and Their Applications to Cryptography: An introduction. New York: Kluwer Academic Publishers, 1999.

[81] Enge A, Gaudry P. A general framework for subexponential discrete logarithm algorithms. Acta Arithmetica, 2002, 102: 83-103.

[82] Faugère J C, Huot L, Joux A, et al. Symmetrized summation polynomials: Using small order torsion points to speed up elliptic curve index calculus//EUROCRYPT 2014, LNCS 8441. Berlin, Heidelberg: Springer-Verlag, 2014: 40-57.

[83] Faugère J C, Gaudry P, Huot L, et al. Using symmetries in the index calculus for elliptic curves discrete logarithm. Journal of Cryptology, 2014: 27: 595-635.

[84] Faugère J C, Perret L, Petit C, et al. Improving the complexity of index calculus algorithms in elliptic curves over binary fields//EUROCRYPT 2012, LNCS 7237. Berlin, Heidelberg: Springer-Verlag, 2012: 27-44.

[85] Fazio N, Gennaro R, Perera I M, et al. Hard-core predicates for a Diffie-Hellman problem over finite fields//CRYPTO 2013, LNCS 8043. Berlin, Heidelberg: Springer-Verlag, 2013: 148-165.

[86] FIPS 186-2. Digital signature standard. Federal Information Processing Standards Publication 186-2, February 2000.

[87] Fong K, Hankerson D, Lopez J, et al. Field inversion and point halving revisited. IEEE Trans. Computers, 2004, 53(8): 1047-1059.

[88] Fotiadis G, Konstantinou E. TNFS resistant families of pairing-friendly elliptic curves. Theoretical Computer Science, 2019, 800: 73-89.

[89] Freeman D, Scott M, Teske E. A taxonomy of pairing-friendly elliptic curves. J. Cryptology, 2010, 23(2): 224-280.

[90] Frey G. How to disguise an elliptic curve (Weil descent). Talk at ECC' 98, Waterloo, 1998.

[91] Frey G, Rück H G. A remark concerning m-divisibility and the discrete logarithm in the divisor class group of curves. Mathematics of Computation, 1994, 62(206): 865-874.

[92] Galbraith S D. Elliptic curve Paillier schemes. Journal of Cryptology, 2001, 15: 129-138.

[93] Galbraith S D. Mathematics of Public Key Cryptography. Cambridge: Cambridge University Press, 2012.

[94] Galbraith S D, Gaudry P. Recent progress on the elliptic curve discrete logarithm problem. Des. Codes Cryptogr, 2016, 78: 51-72.

[95] Galbraith S D, Gebregiyorgis S W. Summation polynomial algorithms for elliptic curves in characteristic two//INDOCRYPT 2014, LNCS 8885. Cham: Springer, 2014: 409-427.

[96] Galbraith S D, Hess F, Smart N P. Extending the GHS Weil descent attack//EURO-CRYPT 2002, LNCS 2332. Berlin, Heidelberg: Springer-Verlag, 2002: 29-44.

[97] Galbraith S D, Hopkins H J, Shparlinski I E. Secure bilinear Diffie-Hellman bits //ACISP 2004, LNCS 3108. Heidelberg: Springer, 2004: 370-378.

[98] Galbraith S D, Paterson K G, Smart N P. Pairings for cryptographers. Discrete Applied Mathematics, 2008, 156(16): 3113-3121.

[99] Galbraith S D, Pollard J M, Ruprai R S. Computing discrete logarithms in an interval. Math. Comp., 2013, 82(282): 1181-1195.

[100] Galbraith S D, Ruprai R S. Using equivalence classes to accelerate solving the discrete logarithm problem in a short interval//PKC 2010, LNCS 6056. Berlin: Springer, 2010: 368-383.

[101] Galbraith S D, Wang P, Zhang F. Computing elliptic curve discrete logarithms with improved baby-step giant-step algorithm. Adv. in Math. of Comm., 2017, 11(3): 453-469.

[102] Gallant R, Lambert R, Vanstone S. Improving the parallelized Pollard lambda search on anomalous binary curves. Mathematics of Computation, 1999, 69: 1699-1705.

[103] Gaudry P. An algorithm for solving the discrete log problem on hyperelliptic curves//Eurocrypt 2000, LNCS 1807. Heidelberg: Springer, 2000, 19-34.

[104] Gaudry P. Index calculus for abelian varieties of small dimension and the elliptic curve discrete logarithm problem. Journal of Symbolic Computation, 2009, 44(12): 1690-1702.

[105] Gaudry P, Hess F, Smart N. Constructive and destructive facets of Weil descent on elliptic curves. J. Cryptology, 2002, 15: 19-46.

[106] Gaudry P, Schost E. A low-memory parallel version of Matsuo, Chao, and Tsujii's algorithm//ANTS VI. LNCS 3076. Berlin: Springer, 2004: 208-222.

[107] Gaudry P, Thome E, Theriault N, et al. A double large prime variation for small genus hyperelliptic index calculus. Math. Comput., 2007, 76(257): 475-492.

[108] Goldreich O. Foundations of Cryptography: Basic Tools. Cambridge: Cambridge University Press, 2001.

[109] Goldreich O. Computational Complexity: A Conceptual Perspective. Cambridge: Cambridge University Press, 2008.

[110] Goldwasser S, Kilian J. Almost all primes can be quickly certified. Proceedings of the Eighteenth Annual ACM Symposium on Theory of Computing, 1986, 316-329.

[111] Gordon D M. Discrete logarithms in $GF(p)$ using the number field sieve. SIAM J. Discr. Math., 1993, 6: 124-138.

[112] Guruswami V, Sudan M. Improved decoding of Reed-Solomon and algebraic-geometry codes. IEEE Trans. Inf. Theory, 1999, 45(6): 1757-1767.

[113] Guruswami V, Sudan M. On representations of algebraic-geometry codes. IEEE Trans. Inf. Theory, 2001, 47(4): 1610-1613.

[114] Häner T, Jaques S, Naehrig M, et al. Improved quantum circuits for elliptic curve discrete logarithms//PQCrypto 2020, LNCS 12100. Cham: Springer, 2020: 425-444.

[115] Häner T, Roetteler M, Svore M. Factoring using $2n + 2$ qubits with Toffoli based modular multiplication. Quantum Inf. Comput., 2017, 18(7/8): 673-684.

[116] Hartshorne R. Algebraic Geometry. New York: Springer-Verlag, 1977.

[117] Håstad J, Näslund M. The security of all RSA and discrete log bits. J. ACM, 2004, 51(2): 187-230.

[118] Hellman M E, Reyneri J M. Fast computation of discrete logarithms in $GF(q)$. CRYPTO, 1982, 82: 3-13.

[119] Hess F. Pairing lattices. Pairing 2008, LNCS 5209. Berlin, Heidelberg: Springer-Verlag, 2008: 18-38.

[120] Hess F, Smart N P, Vercauteren F. The Eta pairing revisited. IEEE Transactions on Information Theory, 2006, 52: 4595-4602.

[121] Heß F, Stein A, Stein S, et al, The magic of elliptic curves and public-key cryptography. Jahresbericht der Deutschen Mathematiker-Vereinigung, 2012, 114(2): 59-88.

[122] Hitchcock Y, Montague P, Carter G, et al. The efficiency of solving multiple discrete logarithm problems and the implications for the security of fixed elliptic curves. Int. J. Inf. Secur., 2004, 3: 86-98.

[123] Howgrave-Graham N, Joux A. New generic algorithms for hard knapsacks//EURO-CRYPT 2010, LNCS 6110, 2010: 235-256.

[124] Huang M D A, Kosters M, Yeo S. Last fall degree, HFE, and Weil descent attacks on ECDLP. CRYPTO 2015, LNSC 9215. Berlin, Heidelberg: Springer, 2015: 581-600.

[125] Husemoller D. Elliptic curves. Graduate Texts in Mathematics 111. New York: Springer-Verlag, 1987.

[126] Itoh T, Tsujii S. A fast algorithm for computing multiplicative inverses in $GF(2^m)$ using normal bases. Inf. Comput., 1988, 78: 171-177.

[127] Jao D, Miller S D, Venkatesan R. Do all elliptic curves of the same order have the same difficulty of discrete log//ASIACRYPT 2005, LNCS 3788. Berlin, Heidelberg: Springer, 2005, 21-40.

[128] Jacobson M, Koblitz N, Silverman J H, et al. Analysis of the Xedni calculus attack. Designs, Codes and Cryptography, 2000, 20(1): 41-64.

[129] Jacobson M, Menezes A, Stein A. Solving elliptic curve discrete logarithm problems using Weil descent. J. Ramanujan Mathematical Society, 2001, 16: 231-260.

[130] Johnson D, Menezes A, Vanstone S. The elliptic curve digital signature algorithm (ECDSA). Int. J. Inf. Sec., 2001, 1(1): 36-63.

[131] Joux A. A one round protocol for tripartite Diffie-Hellman. Algorithmic number theory. Berlin, Heidelberg: Springer, 2000: 385-393.

[132] Joux A. A new index calculus algorithm with complexity $L(1/4 + o(1))$ in small characteristic//SAC 2013, LNSC 8282. Berlin, Heidelberg: Springer, 2013: 355-379.

[133] Joux A. Faster index calculus for the medium prime case application to 1175-bit and 1425-bit finite fields. EUROCRYPT 2013, LNCS 7881. Springer, 2013: 177-193.

[134] Joux A, Lercier R. The function field sieve in the medium prime case. EUROCRYPT 2006, LNCS 4004. Berlin, Heidelberg: Springer, 2006, 254-270.

[135] Joux A, Lercier R, Smart N P, et al. The number field sieve in the medium prime case//CRYPTO 2006, LNSC 4117. Berlin, Heidelberg: Springer, 2006: 326-344.

[136] Joux A, Odlyzko A, Pierrot C. The Past, evolving present and future of discrete logarithm. Open Problems in Mathematics and Computational Science. Berlin: Springer International Publishing, 2014: 5-36.

[137] Joux A, Pierrot C. Technical history of discrete logarithms in small characteristic finite fields. Des. Codes Cryptogr, 2016, 78: 73-85.

[138] Joux A, Vitse V. Cover and decomposition index calculus on elliptic curves made practical//EUROCRYPT 2012, LNCS 7237. Springer, 2012: 9-26.

[139] Joye M, Tibouchi M, Vergnaud D. Huff's model for elliptic curves//Algorithmic Number Theory, LNCS 6197. Berlin, Heidelberg: Springer, 2010: 234-250.

[140] Kim T, Barbulescu R. Extended tower number field sieve: A new complexity for medium prime case//CRYPTO 2016, LNCS 9814. Berlin, Heidelberg: Springer, 2016: 543-571.

[141] Khachiyan L. On the complexity of approximating extremal determinants in matrices. J. Complexity, 1995, 11: 138-153.

[142] Knapp A W. Elliptic Curves. Princeton: Princeton University Press, 1992.

[143] Koblitz N. Elliptic curve cryptosystems. Mathematics of Computation, 1987, 48: 203-209.

[144] Koblitz N. Hyperelliptic cryptography. J.of Crypto., 1989, 1: 139-150.

[145] Koblitz N, Menezes A. Another look at non-standard discrete log and Diffie-Hellman problems. J. Math. Crypt., 2008, 2: 311-326.

[146] Konoma C, Mambo M, Shizuya H. Complexity analysis of the cryptographic primitive problems through square-root exponent. IEICE Trans. Fundamentals, vol. E87-A, 2004, 5: 1083-1091.

[147] Kosters M, Yeo S L. Notes on summation polynomials. Preprint (2015). http://arxiv.org/abs/1503.08001.

[148] Knudsen E. Elliptic scalar multiplication using point halving//ASIACRYPT'99, LNCS 1716. Heidelberg: Springer, 1999: 135-149.

[149] Kusaka T, Joichi S, Ikuta K, et al. Solving 114-bit ECDLP for a Barreto-Naehrig curve. ICISC, 2017: 231-244.

[150] Knuth D. The Art of Computer Programming: Seminumerical Algorithms. 3rd ed. Boston: Addison-Wesley, 1998.

[151] Lauter K, Stange K. The elliptic curve discrete logarithm problem and equivalent hard problems for elliptic divisibility sequences//SAC 2008, LNCS 5381. Berlin, Heidelberg: Springer, 2008: 309-327.

[152] Lee E, Lee H S, Park C M. Efficient and generalized pairing computation on Abelian varieties. IEEE Trans. on Information Theory, 2009, 55(4): 1793-1803.

[153] Lenstra Jr H W. Factoring integers with elliptic curves. Annals of Mathematics, 1987, 126(3): 649-673.

[154] Lenstra A K, Lenstra Jr H W. The development of the number field sieve. Lecture Notes in Mathematics 1554. Berlin: Springer, 1993: 95-102.

[155] Lewko A B, Okamoto T, Sahai A, et al. Fully secure functional encryption: Attribute-based encryption and (hierarchical) inner product encryption//EUROCRYPT 2010, LNCS 6110. Berlin, Heidelberg: Springer, 2010: 62-91.

[156] Li W C W, Näslund M, Shparlinski I E. The hidden number problem with the trace and bit security of XTR and LUC//Crypto 2002, LNCS 2442. Berlin: Springer-Verlag, 2002, 433-448.

[157] Liardet P Y, Smart N P. Preventing SPA/DPA in ECC systems using the Jacobi form//Cryptographic Hardware and Embedded Systems 2001, LNCS 2162. Berlin, Heidelberg: Springer, 2001: 391-401.

[158] MAGMA Computational Algebra System. http://magma.maths.usyd.edu.au/magma/.

[159] Mao W. Modern Cryptography: Theory and Practice. New Jersey: Prentice Hall PTR, 2003.

[160] Matsuda S, Kanayama N, Hess F, et al. Optimised versions of the Ate and twisted Ate pairings//The 11th IMA International Conference on Cryptography and Coding, LNCS 4887. Berlin, Heidelberg: Springer-Verlag, 2007: 302-312.

[161] Maurer U M. Towards the equivalence of breaking the Diffie-Hellman protocol and computing discrete logarithms//CRYPTO94, LNCS 839. Heidelberg: 1994: 271-281.

[162] Maurer U M, Wolf S. The Diffie-Hellman oracles//CRYPTO96, LNCS 1109. Heidelberg: Springer Verlag, 1996: 268-282.

[163] Maurer U M, Wolf S. The Diffie-Hellman protocol. Designs, Codes, and Cryptography, 2000, 19: 147-171.

[164] Maurer U M, Wolf S. The relationship between breaking the Diffie-Hellman protocol and computing discrete logarithms. SIAM J. Comput., 1999, 28(5): 1689-1721.

[165] Mazur B. Modular curves and the Eisenstein ideal. Inst. Hautes Etudes Sci. Publ. Math, 1977, 47: 33-186.

[166] McEliece R J. A public-key cryptosystem based on algebraic. Coding Theory, 1978, (42-44) 114-116.

[167] McEliece R J. On the average list size for the Guruswami-Sudan decoder//7th International Symposium on Communications Theory and Applications (ISCTA), 2003.

[168] Menezes A, Okamoto T, Vanstone S. Reducing elliptic curve logarithms to logarithms in a finite field. IEEE Trans on Information Theory, 1993, 39(5): 1639-1646.

[169] Menezes A, Qu M. Analysis of the Weil descent attack of Gaudry, Hess and Smart//CT-RSA 2001, LNCS 2020. Berlin, Heidelberg: Springer, 2001: 308-318.

[170] Menezes A, Sarkar P, Singh S. Challenges with assessing the impact of NFS advances on the security of pairing-based cryptography//Mycrypt 2016. LNCS 10311. Cham: Springer-Verlag, 2017: 83-108.

[171] Menezes A, Teske E. Cryptographic implications of Hess' generalized GHS attack. AAECC, 2006, 16: 439-460.

[172] Merel L. Bornes pour la torsion des courbes elliptiques sur les corps de nombres. Invent. Math., 1996, 124: 437-449.

[173] Merkle R C, Hellman M. Hiding information and signatures in trapdoor knapsacks. IEEE Transactions on Information Theory, 1978, 24(5): 525-530.

[174] Miller V. Use of elliptic curves in cryptography//Crypto'85, LNCS 218. Berlin, Heidelberg: Springer-Verlag, 1986: 417-426.

[175] Miller V. Short programs for functions on curves. Unpublished manuscript, 1986.

[176] Montgomery P L. Speeding the Pollard and elliptic curve methods of factorization. Mathematics of Computation, 1987, 48: 243-264.

[177] Muzereau A, Smart N P, Vercauteren F. The equivalence between the DHP and DLP for elliptic curves used in practical applications. LMS J. Comput. Math., 2004, 7(2004): 50-72.

[178] Nielsen M A, Chuang I L. Quantum Computation and Quantum Information. 10th ed. Cambridge: Cambridge University Press, 2010.

[179] Nivasch G. Cycle detection using a stack. Information Processing Letters, 2004, 90(3): 135-140.

[180] Okamoto T. Efficient blind and partially blind signatures without random oracles//TCC 2006, LNCS 3876. Berlin: Springer, 2006: 80-99.

[181] van Oorschot P, Wiener M. Parallel collision search with cryptanalytic applications. Journal of Cryptology, 1999, 12(1): 1-28.

[182] Paillier P. Trapdooring discrete logarithms on elliptic curves over rings//ASIACRYPT 2000, LNCS 1976. Berlin, Heidelberg: Springer-Verlag, 2000: 573-584.

[183] Petit C, Quisquater J J. On polynomial systems arising from a Weil descent//ASIACRYPT 2012, LNCS 7658. Heidelberg: Springer, 2012: 451-466.

[184] Pohlig S C, Hellman M E. An improved algorithm for computing logarithms over $GF(p)$ and its cryptographic significance. IEEE Transactions on Information Theory, 1978, 24(1): 106-110.

[185] Pollard J M. A Monte Carlo method for factorization. BIT, 1975, 15(3): 331-334.

[186] Pollard J M. Monte Carlo methods for index computation mod p. Mathematics of Computation, 1978, 32: 918-924.

[187] Pollard J M. Kangaroos, Monopoly and discrete logarithms. Journal of Cryptology, 2000, 13: 437-447.

[188] Pollard J M. The Lattice Sieve//Lenstra A K, Lenstra Jr H W. The Development of the Number Field Sieve. Berlin: Springer, 1993: 43-49.

[189] Proos J, Zalka C. Shor's discrete logarithm quantum algorithm for elliptic curves. Quantum Information & Computation, 2003, 3(4): 317-344.

[190] Quisquater J J, Delescaille J P. How easy is collision search? Application to DES// EUROCRYPT'89, LNCS 434. Springer-Verlag, 1989: 429-434.

[191] Quisquater J J, Delescaille J P. How easy is collision search? New results and applications to DES//Crypto'89, LNCS 435. New York: Springer-Verlag, 1989: 408-413.

[192] Roetteler M, Naehrig M, Svore K M, et al. Quantum resource estimates for computing elliptic curve discrete logarithms//ASIACRYPT 2017, LNCS 10625. Cham: Springer, 2017: 241-270.

[193] Roh D, Hahn S G. The square root Diffie-Hellman problem. Designs, Codes and Cryptography, 2012, 62(2): 179-187.

[194] Sadeghi A R, Steiner M. Assumptions related to discrete logarithms: Why subtleties make a real difference//EUROCRYPT 2001, LNCS 2045. Berlin, Heidelberg: Springer-Verlag, 2001: 244-261.

[195] Sakai R, Ohgishi K, Kasahara M. Cryptosystems based on pairing. Symposium on Cryptography and Information Security, 2000: 135-148.

[196] Sahai A, Waters B. Fuzzy identity-based encryption//EUROCRYPT' 05, LNCS3494. Berlin, Heidelberg: Springer-Verlag, 2005: 457-473.

[197] Satoh T, Araki K. Fermat quotients and the polynomial time discrete log algorithm for anomalous elliptic curves. Commentarii Mathematici Universitatis Sancti Pauli, 1998, 47(1): 81-92.

[198] Sattler J, Schnorr C P. Generating random walks in groups. Ann. Univ. Sci. Budapest. Sect. Comput., 1985, 6: 65-79.

[199] Schirokauer O. Discrete logarithms and local units. Philos. Trans. Roy. Soc. London Ser. A 345, 1993, 1676: 409-423.

[200] Schnorr C. Security of allmost all discrete log bits. Electronic Colloquium on Computational Complexity (ECCC), 1998, 5(33): 1-13.

[201] Schoof R. Elliptic curves over finite fields and the computation of square roots mod p. Math. Comp., 1985, 44: 483-494.

[202] Shor P W. Algorithms for quantum computation: Discrete logarithms and factoring//FOCS 1994, IEEE Computer Society, 1994: 124-134.

[203] Semaev I A. Evaluation of discrete logarithms in a group of p-torsion points of an elliptic curve in characteristic p. Mathematics of Computation, 1998, 67(221): 353-356.

[204] Semaev I A. Summation polynomials and the discrete logarithm problem on elliptic curves. Preprint, 2004.

[205] Semaev I A. New algorithm for the discrete logarithm problem on elliptic curves. Preprint. available at eprint.iacr.org/2015/310/.

[206] Serre J P. Abelian l-adic representations and elliptic curves//Research Notes in Mathematics, vol. 7. A K Peters Ltd, Wellesley, 1998.

[207] Shamir A. Identity-based cryptosystems and signature schemes//CRYPTO 1984, LNCS 196. New York: Springer-Verlag, 1984: 47-53.

[208] Shanks D. Five number-theoretic algorithms. Proceedings of the Second Manitoba Conference on Numerical Mathematics, Congressus Numerantium, No. VII, Utilitas Math., Winnipeg, Man., 1973, 51-70.

[209] Shipsey R, Swart C. Elliptic divisibility sequences and the elliptic curve discrete logarithm problem. IACR Cryptol. ePrint Arch., 2008: 444.

[210] Amin Shokrollahi M. Minimum distance of elliptic codes. Advances in Mathematics, 1992, 93: 251-281.

[211] Shokrollahi M A, Wasserman H. List decoding of algebraic-geometric codes. IEEE Trans. Inform. Theory, 1999, 45(2): 432-437.

[212] Shoup V. Lower bounds for discrete logarithms and related problems//EUROCRYPT'97, LNCS 1233. Berlin, Heidelberg: Springer-Verlag, 1997, 256-266.

[213] Silverman J H, Tate J. Rational Points on Elliptic Curves. New York: Springer-Verlag 1992.

[214] Silverman J H. The Arithmetic of Elliptic Curves. New York: Springer-Verlag, 1986.

[215] Silverman J H. The Xedni calculus and the elliptic discrete logarithm problem. Designs, Codes and Cryptography, 2000, 20: 5-40.

[216] Silverman J H. Lifting and elliptic curve discrete logarithms//SAC2008, LNCS 5381. Berlin, Heidelberg: Springer-Verlag, 2009: 82-102.

[217] Silverman J H, Suzuki J. Elliptic curve discrete logarithms and the index calculus//ASIACRYPT 1998, LNCS 1514. Heidelberg: Springer, 1998: 110-125.

[218] Smart N P. The discrete logarithm problem on elliptic curves of trace one. Journal of Cryptology, 1999, 12(3): 193-196.

[219] Stinson D R. Cryptography: Theory and Practice. Boca Raton: CRC Press, 1995.

[220] Teske E. Speeding up Pollard's rho method for computing discrete logarithms// ANTS-III, LNCS 1423. Berlin, Heidelberg: Springer, 1998, 541-554.

[221] Teske E. On random walks for Pollard's rho method. Mathematics of Computation, 2001, 70(234): 809-825.

[222] Teske E. An elliptic curve trapdoor system. J. Cryptology, 2006, 19: 115-133.

[223] Tian S, Li B, Wang K, et al. Cover attacks for elliptic curves with cofactor two. Designs, Codes and Cryptography, 2018, 86(11): 2451-2468.

[224] Thériault N. Index calculus attack for hyperelliptic curves of small genus//ASIACRYPT 2003, LNCS 2895. Springer, 2003: 75-92.

[225] Vanstone S, Zuccherato R. Elliptic curve cryptosystems using curves of smooth order over the ring Z_n. In IEEE Trans. Inf. Theory, 1997, 43(4): 1231-1237.

[226] Vercauteren F. Optimal pairings. IEEE Tran. Inf. Theroy, 2010, 56(1): 455-461.

[227] Wang M, Zhan T, Zhang H. Bit security of the CDH problems over finite fields//SAC 2015, LNCS 9566. Cham: Springer, 2015: 441-461.

[228] Wang P, Zhang F. Computing elliptic curve discrete logarithms with the negation map. Information Sciences, 2012, 277-286.

[229] Wang P, Zhang F. An efficient collision detection method for computing discrete logarithms with Pollard's rho. J. Appl. Math., 2012: 1-15.

[230] Ward M. Memoir on elliptic divisibility sequences. American Journal of Mathematics, 1948, 70: 31-74.

[231] Ward M. The law of repetition of primes in an elliptic divisibility sequence. Duke Mathematical Journal, 1948, 15: 941-946.

[232] Washington L. Elliptic Curves: Number Theory and Cryptography. New York: Chapman and Hall/CRC, 2003.

[233] Waters B. Efficient identity-based encryption without random oracles//EUROCRPT 2005, LNCS 3494. Heidelberg: Springer-Verlag, 2005: 114-127.

[234] Wenger E, Wolfger P. Solving the discrete Logarithm of a 113-bit Koblitz curve with an FPGA cluster//SAC 2014, LNCS 8781. Springer-Verlag, 2014: 363-379.

[235] Wenger E, Wolfger P. Harder, better, faster, stronger: Elliptic curve discrete logarithm computations on FPGAs. J. Cryptogr. Eng., 2016, 6(4): 287-297.

[236] Wiener M, Zuccherato R. Faster attacks on elliptic curve cryptosystems//SAC'98, LNCS 1556. Berlin, Heidelberg: Springer-Verlag, 1998: 190-200.

[237] Wu H, Feng R. Elliptic curves in Huff's model. Wuhan Univ. J. Nat. Sci, 2012, 17: 473-480.

[238] Yun A. Generic hardness of the multiple discrete logarithm problem//EUROCRYPT 2015, LNCS 9057. Berlin, Heidelberg: Springer-Verlag, 2015: 817-836.

[239] Zhang F. The computational square-root exponent problem-revisited. Cryptology ePrint Archive, Report 2011/263. https://eprint.iacr.org/2011/263.

[240] Zhang F. Bit security of the hyperelliptic curves Diffie-Hellman problem//ProvSec 2017, LNCS 10592. Cham: Springer-Verlag, 2017: 219-235.

[241] Zhang F, Chen X, Susilo W, et al. A new short signature scheme without random oracles from bilinear pairings//VietCrypt 2006, LNCS 4341. Berlin, Heidelberg: Springer-Verlag, 2006: 67-80.

[242] Zhang F, Liu Z, Wang P, et al. Improving ECDLP computation in characteristic 2. Inscrypt 2019, LNCS 12020. Cham: Springer-Verlag, 2020: 535-550.

[243] Zhang F, Liu S. Solving ECDLP via list decoding//ProvSec 2019, LNCS 11821. Cham: Springer-Verlag, 2019: 222-224.

[244] Zhang F, Safavi-Naini R, Susilo W. An efficient signature scheme from bilinear pairings and its applications//PKC 2004, LNCS 2947. Berlin, Heidelberg: Springer-Verlag, 2004: 277-290.

[245] Zhang F, Wang P. On relationship of computational Diffie-Hellman problem and computational square-root exponent problem//IWCC 2011, LNCS 6639. Heidelberg: Springer, 2011: 283-293.

[246] Zhang F, Wang P. Speeding up elliptic curve discrete logarithm computations with point halving. Des. Codes Cryptogr, 2013, 67(2): 197-208.

[247] Zhang L, Wang K, Wang H. Unified and complete point addition formula for elliptic curves. Chinese Journal of Electronics, 2012, 21(2): 345-349.

[248] Zhao C A, Zhang F, Huang J. A note on the Ate pairing. Int. J. Inf. Security, 2008, 7(6): 379-382.

[249] Icart T. How to hash into elliptic curves. Crypto 2009, LNCS 5677. Springer-Verlag, 2009: 303-316.

[250] Maximov A, Sjoberg H. On fast multiplication in binary finite fields and optimal primitive polynomials over $GF(2)$. IACR Cryptology ePrint Archive, 2017: 2017/889. https://eprint.iacr.org/2017/889.pdf.

[251] Cook S A. The complexity of theorem proving procedures. In Proc. 3rd Ann. ACM Symp.Theory of Computing, ACM, 1971: 151-158.

[252] Levin L A. Universal sequential search problems. Problems of Information Transmission, 1973, 9(3): 265-266.

[253] Karp R M. Reducibility among combinatorial problems//Complexity of Computer Computations. Miller R E, Thatcher J W, Bohlinger J D. Boston: Springer, 1972: 85-103.

[254] Schroeppel R, Shamir A. A $T = O(2^{n/2})$, $S = O(2^{n/4})$ algorithm for certain NP-complete problems. SIAM J. Comput., 1981, 10(3): 456-464.

索　引

后 记

经过三十多年的研究与发展, ECC 理论目前已经非常成熟, 并且早已走向实用. 对于 ECC 的研究, 当前依然还是有很多工作正在开展和值得去继续深入探索的, 主要的还是侧重于 ECC 的应用和安全性的研究. 密码的研究最终还要落地于应用, ECC 是当前应用最广泛的公钥密码体制.

安全性是任何一个密码体制的核心问题, ECC 是建立在计算椭圆曲线离散对数问题困难基础之上的. 求解 ECDLP 的算法主要可以分为两大类: 一类是与所选取的椭圆曲线及定义域无关的通用算法, 另一类是基于所选椭圆曲线或定义域的特殊性质而设计的特殊算法. 我们在本书中对这两类算法都做了较为详细的介绍. 对于特殊曲线上的 ECDLP 求解算法, 主要是借助特殊曲线所带来的一些代数或几何性质来完全求解或提速求解. 这类方法是很容易避免的, 即我们在选择 ECC 参数时刻意避免选用这些特殊曲线就可以了. ECDLP 通用算法的研究主要集中在两个方面. 一方面是平方根算法的提速, 特别是 Pollard rho 算法和它的并行变形的改进. 这类算法主要是将离散对数问题的通用求解算法搬到 ECDLP 上, 同时考虑椭圆曲线群的特有性质来提升求解速度. 另一方面就是寻求指标计算方法及其他亚指数时间算法的努力. ECDLP 的求解算法已经历了三十多年的研究, 目前除了对一些特殊椭圆曲线具有有效算法外, 并没有发现 ECDLP 的致命弱点, 也就是说对于大素数域和特征 2 的素数次扩张的有限域上的随机椭圆曲线的素数阶子群的离散对数问题, 在经典计算机下还没有有效的计算算法. ECDLP 依然是密码学, 乃至计算机科学和数学领域的一块硬骨头. 寻找计算 ECDLP 的有效和新算法仍然是值得深入研究的.

近年来, 借助侧信道所泄露的信息, 如计算需要的时间、计算能量消耗等, 提出了对密码协议实施攻击的各种侧信道攻击方法. 这些侧信道攻击也可以应用在椭圆曲线密码体制中. 关于 ECC 中的各种侧信道攻击及其预防技术, 国内外研究人员做了大量研究, 不过我们在本书中没有过多涉猎这部分的内容.

由于 Shor 算法的提出和广泛研究, 量子计算机成为 ECC 的最大威胁. 近几年, 随着量子计算机的研制和量子算法的发展, 人们日趋关注 ECDLP 的具体量子实现. 量子算法的实效性和可验证性是 Shor 算法实现 ECDLP 的关键, 基于量子计算机目前研发的实际情况看, 量子计算机可以有效计算 ECDLP 还仍然只是处在算法理论层面. 为了对将来的大规模和实用的量子计算机的应用做准备, 当前对 ECDLP 的 Shor 算法的量子实现电路、量子编程及其优化成了研究热点, 并且将在未来一段时间被持续关注.

　　量子计算机成为 ECC 的真正威胁取决于大规模可纠错的量子计算机的实用化, 在这一时刻到来之前, 相信 ECDLP 在经典计算机上的攻击算法也将在持续探索中. 经典算法还有很多可探索和提升的空间, 这些提升可能是通过一些初等的途径实现, 这是因为 ECC 涉及的方面太多, 从有限域的基本运算到椭圆曲线的形式, 从数学理论到实际的软硬件实现. 任何一个环节都有可能被发现有提升 ECDLP 计算的信息和工具. 例如有限域的形式及其运算的提速都可能提升求解 ECDLP 的效率, 椭圆曲线的形式或群运算方式等的改进也会影响求解 ECDLP 的效率等; 也可能是通过一些高深的途径来发现新算法或提升老方法, 这是因为椭圆曲线涉及代数几何、代数数论等这些非常丰富和深奥的学科, 可能还有很多方法和技术没有被发现或发展利用. 不管怎么说, ECC 在未来, 如果乐观地看, 能扛到实用量子计算机的出现; 悲观地看 (当然也不一定是坏事), 也可能等不到实用量子计算机的问世就找到了有效攻击算法. 因为密码领域就是这样, 什么事情都是有可能的!

"密码理论与技术丛书"已出版书目

(按出版时间排序)

1. 安全认证协议——基础理论与方法　2023.8　冯登国　等　著
2. 椭圆曲线离散对数问题　2023.9　张方国　著